国家卫生健康委员会"十三五"规划教材配套教材
全国高等学校配套教材
供本科应用心理学及相关专业用

变态心理学
学习指导与习题集

第2版

主　编　刘新民

副主编　赵静波　周晓琴　蔡昌群

编　委　（以姓氏笔画为序）

王立金（蚌埠医学院）　　　　　　　　周晓琴（安徽医科大学附属巢湖医院）

王立菲（陆军军医大学）　　　　　　　郑　铮（南京中医药大学）

凤林谱（皖南医学院）　　　　　　　　赵静波（南方医科大学）

刘华清（北京大学回龙观临床医学院）　胡晓华（华中科技大学同济医学院附

刘新民（皖南医学院）　　　　　　　　　　　　属武汉精神卫生中心）

孙　磊（齐齐哈尔医学院）　　　　　　郭文斌（中南大学湘雅二医院）

杨甫德（北京大学回龙观临床医学院）　韩　璐（黑龙江中医药大学）

张　宁（南京医科大学附属脑科医院）　蔡昌群（芜湖市第四人民医院）

张　欣（河北省精神卫生中心）

秘　书　金明琦（皖南医学院）　　　　　　　王　鑫（北京大学回龙观临床医学院）

　　　　刘培培（芜湖市第二人民医院）

人民卫生出版社

图书在版编目（CIP）数据

变态心理学学习指导与习题集 / 刘新民主编 . —2 版 .
—北京 : 人民卫生出版社, 2018
全国高等学校应用心理学专业第三轮规划教材配套
教材
ISBN 978-7-117-27654-2

Ⅰ. ①变… Ⅱ. ①刘… Ⅲ. ①变态心理学 - 高等学校 -
教学参考资料 Ⅳ. ①B846

中国版本图书馆 CIP 数据核字（2018）第 240533 号

| 人卫智网 | www.ipmph.com | 医学教育、学术、考试、健康,
购书智慧智能综合服务平台 |
| 人卫官网 | www.pmph.com | 人卫官方资讯发布平台 |

变态心理学学习指导与习题集
第 2 版

主　　编：刘新民
出版发行：人民卫生出版社（中继线 010-59780011）
地　　址：北京市朝阳区潘家园南里 19 号
邮　　编：100021
E - mail：pmph @ pmph.com
购书热线：010-59787592　010-59787584　010-65264830
印　　刷：三河市尚艺印装有限公司
经　　销：新华书店
开　　本：787 × 1092　1/16　　印张：20
字　　数：499 千字
版　　次：2013 年 3 月第 1 版　　2018 年 12 月第 2 版
　　　　　2018 年 12 月第 2 版第 1 次印刷（总第 2 次印刷）
标准书号：ISBN 978-7-117-27654-2
定　　价：49.00 元

打击盗版举报电话：010-59787491　E-mail：WQ @ pmph.com
（凡属印装质量问题请与本社市场营销中心联系退换）

前　言

　　《变态心理学学习指导与习题集》是为国家卫健委应用心理学本科"十三五"规划教材《变态心理学》而编写的配套教材，其宗旨是促进变态心理学的学习、复习、测试和备考需要，以达到提升学习效果和复习效率的目的。本书力求在内容上反映变态心理学基本知识、基本理论和基本技能，突出重点、提示难点、明确概念和形成体系，编撰与教材内容相匹配的复习题及答案，为学生学习、教师教学和专业人员的继续教育提供帮助。

　　本书按照主教材的十九个章节的顺序展开，内容包括教学大纲、重点、难点、内容概要与知识点，以及复习题和参考答案等。

　　首先，在每一章章前列出教学大纲和重点、难点提示：教学大纲依据本科教学目标及教材基本要求制定，按重要程度划分为掌握内容、熟悉内容和了解内容三个层次；重点与难点为该章关键概念与疑难问题的抽象，并进行适当解释。

　　第一部分为"内容概要与知识点"，是教材各章的主要内容的凝练，既突出了重点和要点，又兼顾了该章节内容的系统性，对某些关键内容还进行了知识拓展与解读。

　　第二部分为"试题"。题型包括名词解释、填空题、单项选择题和问答题。题目与教材的知识点相配套，同时兼顾知识的广度和深度。结合第一部分的学习，在记忆和理解的基础上，通过习题练习检验学习效果，提高对知识的综合运用能力。

　　本书是众多高校和精神卫生机构老中青专家学者的共同结晶，除内封编委名单外，参与编写的作者还有：曹瑞想（首都医科大学附属北京安定医院，第三章），查贵芳（芜湖市第四人民医院，第八章），黄慧兰（皖南医学院弋矶山医院，第九章），韦淑宝（广西壮族自治区江滨医院，第十章），陶桂凤（大庆市第三医院，第十一章），刘洋（北京大学回龙观临床医学院，第十二章），李志勇（哈尔滨市第一专科医院，第十三章），金明琦（皖南医学院，第十三章），谈成文（安徽医科大学附属巢湖医院，第十五章），刘培培（芜湖市第二人民医院，第十六章），刘莉（蓬莱市精神病防治站，第十七章），冯映映（华中科技大学同济医学院附属武汉精神卫生中心，第十八章）。在此，我们对参与编写的所有作者表示感谢！

　　由于时间和水平所限，书中难免存在错误或不足之处，恳请各位老师、同学、同行和广大读者批评指正。

编　者
2018 年 7 月

目 录

目录

第一章　　变态心理学绪论

【教学大纲——目的要求】
1. 掌握变态心理学的研究对象、任务与意义。
2. 熟悉变态心理的主要特征和基本概念。
3. 了解变态心理学的历史发展与研究方法。

【重点与难点提示】
1. **重点提示**　本章重点内容是变态心理学学科基本原理的学习,如定义、范围、对象与任务等,明确变态心理与正常心理之间的关系,变态心理学与相关学科的关系,充分理解变态心理学的意义。
2. **难点提示**　主要有两个难点:①什么是变态心理?在学习过程中要始终树立正常心理与异常心理相对性的基本观点,按照心理的动态平衡理念与生物心理社会整体模式进行理解。②概念的不确定性。主要原因是描述异常心理现象词汇缺乏生物学或物理学标记,导致名词繁多、专业术语一致差、对概念质疑多且确定少,名词术语变化过于超前。学习中要吃透各种概念的背景与含义,对不同名词术语进行利弊分析,必要时参考各论中的相关内容。

第一部分　内容概要与知识点

本章导读　绪论即为总论,主要从"元理论"和学科史两个方面阐述什么是变态心理学,使学生掌握该学科的定义、对象、范围、性质、任务和意义等基本的理论问题,并从纵向历史演进过程中理解变态心理学的形成与发展,明确该学科与相关学科的边界与关系。最后还附有经常遇到并容易产生困惑的重要概念。有关变态心理学的研究方法将有专门章节进行介绍。

第一节　变态心理学的对象与任务

1. **定义**　变态心理学(abnormal psychology)又称为异常心理学或病理心理学(pathological psychology),是研究异常心理与行为及其规律的一门心理学的分支学科。变态心理学从心理学角度出发,研究心理障碍的表现与分类,探讨其原因与机制,揭示异常心理现象的发生、发展和转变的规律,并把这些成果应用于异常心理的防治实践。广义的变态心理泛指健康心理的偏离,是对各种心理或行为异常的总称;狭义的变态心理是指精神病学分类系统收入的各种病症,英文为 mental disorder(心理/精神障碍)。本书倾向于广义的概念。

2. 变态心理的描述　中文描述异常心理的词汇非常混乱,如变态(异常)心理、变态(异常)行为、行为障碍、心理障碍、精神障碍,还有病理心理、心理疾病、心理疾患等,其意义大同小异。当前,采用 mental disorder(心理/精神障碍)术语,试图取代过去的"疾病"(disease)术语。

DSM-5 对精神障碍的定义:"精神障碍是一种综合征,其特征表现为个体认知、情绪调节或行为方面有临床意义的紊乱,它反映了精神功能潜在的心理、生物或发展过程中的异常。精神障碍通常与社交、职业或其他重要活动中显著的痛苦或功能障碍有关。对常见的压力/丧痛等可预期或文化认同的反应,如所爱的人死亡,不属于精神障碍。社会越轨行为(例如政治、宗教或性)和主要表现为个体与社会之间的冲突也不属于精神障碍,除非这种越轨或冲突是上述个体功能失调的结果。"

3. 异常心理与正常心理的关系　人的心理状态几乎每时每刻都随着外界环境的改变或内在的生理心理环境的改变而变化,不存在心理上始终处于一成不变、完美无缺心理状态的人。正常心理和异常心理是一种相互交叉、相互移行、相互转化和不断演变的动态过程,人的心理健康状态也只能是不断变化和相对稳定的连续体。心理的正常及其偏移状态是生命的组成部分,正常心理与异常心理是相对的。

4. 变态心理的特征(判别标准)　主要有:①自我体验标准。是个体求治的主要因素,但是它不能排除所有的异常,且痛苦也不一定都是心理变态。②行为功能标准。包括心理功能低下(disability)或功能障碍(dysfunction),体现在社会功能或职业功能、生活能力和人际关系能力等方面,但是对功能正常与否存在着如何定义问题。③社会规范标准。但是社会标准在不同的文化或不同历史阶段有一定的差别。④统计学标准。但是人们的大多数行为还难以定量。⑤综合标准。即根据心理障碍特点具有多样性和多变性,再综合运用上述标准形成可操作的界定。mental disorder 是指个体存在的行为异常导致个人感到痛苦或功能损害。后者包括心身功能和社会功能低下或丧失,而且社会功能还要考虑个体所处的文化背景。是达到医学上"疾病"性质的综合征,即具有临床"诊断意义"的行为异常。

5. 变态心理学的任务　四大任务:①正确描述异常行为;②揭示异常心理的原因和机制;③研究异常心理的评估和诊断;④探讨异常心理的防治和身心健康的维护。

6. 学习变态心理学的意义　主要是:①异常心理识别和防治的需要;②从另一角度促进人的身心健康;③提供洞悉人生和解释世界的新视角。

第二节　变态心理学的历史

异常心理与正常心理一样是人类心理活动的客观存在,伴随着人类的进化和发展的始终。对异常心理的理解和处置,不同的历史阶段有不同的主流看法和做法,变态心理学经历了漫长而曲折的过程:古代为超自然与自然主义;中世纪为残害时期;文艺复兴到 19 世纪为科学至上与人道主义;现代则为变态心理学科学建立时期。

一、古代：超自然与自然主义

1. **超自然（supernatural）的解释**　是指在古代运用科学方法探索世界之前，对超过人类控制能力的现象都认为是超自然的，例如日食、地震、风暴、火灾、疾病和季节等。人类祖先常常把异常行为看成由超自然力量控制与影响的结果。

2. **鬼神学（demonology）的解释**　是指认为魔鬼可以存在于人体内并能控制人的身体和心理的学说。它认为异常行为是由于着魔或中邪引起或是上帝惩罚的结果，因此使用某种仪式或拷打的驱魔法（exorcism）进行治疗，与念经和咒语同时施予的还有鞭笞、火烧、凌辱和虐待等。

3. **体质发生论（somatogenesis）**　为 Hipporcrates 所倡导，认为心理或行为障碍的原因是躯体的不平衡或缺陷，将医学与宗教、魔法和迷信区分开来，强调这些疾病具有自然原因，就像感冒和便秘等疾病一样。

二、中世纪：残害时期

从公元 476 年到 16 世纪的文艺复兴运动时期。随着古希腊和古罗马文明败落，科学、知识和理智被神秘主义、迷信和愚昧所代替。教会流行，宗教独立于国家，医院被破坏，心理疾病的研究受到魔鬼学、占星术和巫术的控制，基督教僧侣们通过传教士和教育活动，代替了医生对于心理障碍的处理，甚至出现迫害女巫的极端表现。

三、文艺复兴到19世纪：科学至上与人道主义

欧洲文艺复兴运动被认为是近代的开始，人文主义是此时期主流社会思潮的核心。思想家们惊醒于人们对魔鬼的信仰和因巫术所受的迫害，从而促进了对心理疾病科学认识和治疗的产生。

1. **收容所的发展**　为变态心理的救济时期。在 15 世纪至 16 世纪，随着麻风病的逐渐消失，人们开始关心精神病人，将麻风病院改成精神病人的收容所（asylum），精神病院开始产生。

2. **Pinel 的改革**　法国 Pinel 通常被认为是首先对使用地牢、锁链和鞭打对待精神病人作出挑战的医生，也被认为是在收容所开展人道主义运动，对精神病人进行基本治疗的第一人。Pinel 将精神病看作一种需要治疗的疾病，主张给予精神病人的待遇，给他们自由、阳光和新鲜空气，解开了一些精神病人的锁链，并开始了保存病历和记录以及同病人谈话的活动。Pinel 认为，如果他们严重的个人和社会问题祛除了，就有可能恢复正常。

3. **道德疗法**　美国建立于 1817 年的同胞收容所和建立于 1824 年的哈特福德收容所，在 Pinel 和 Tuke 提供治疗的影响下，形成了道德疗法（moral treatment）。主要做法是护理员与病人紧密接触，与他们交谈，了解他们，鼓励他们参加有目的的活动；住院医生引导他们尽可能正常生活，并且在限制行为障碍方面增强自我责任感。

4. **Dorothea Dix 的心理卫生运动**　波士顿女教师 Dorothea Dix 在多家医院工作时被精神病人的悲惨状况震惊，便以极大的热情推动精神病院的大量建立，后人将她所从事的工作称为心理卫生运动（mental hygiene movement）。

5. **大脑与心理障碍的研究**　主要有：① 1819 年，Gall F.J 出版了《神经系统及脑部的解剖学和生理学，及以人和动物的头颅的形状，测定其智力和道德的品性之学》，为颅相学的

第一部著作；② 1905 年，Schaudinn，发现了梅毒螺旋体，从而揭示了麻痹性痴呆行为异常的原因，促进了对心理异常的生物学原因的研究。

6. **心理发生论**　心理发生论（psychogenesis）是认为行为异常具有心理原因的观点。主要有：① Mesmer 于 18 世纪后期开始对催眠术与心理的探索；② 19 世纪 Breuer 从 Anna O 这位癔症女病人的治疗中发现了宣泄疗法（atharsis），也称之为谈话疗法（talking cure）。

四、变态心理学建立的标志性事件

主要事件有：① 1879 年科学心理学的诞生；② Emil Kraepelin 把心理学实验方法运用于异常行为的研究，奠定了现代变态心理学基础；③ 1906 年，美国医生 Morton Prince 创办《变态心理学杂志》（Journal of Abnormal Psychology）；④梅毒性痴呆病理学的发现，促进了变态心理医学模式的发展；⑤ Freud 创立了精神分析，形成心理疾病的心理发生论；⑥ 20 世纪五六十年代美国开始了脱离机构治疗（deinstitutionalization）运动，转向于重点探讨家庭、集体、社会等各种因素对人的心理机制的影响，突出了社区心理健康中心以及心理咨询和预防服务，预防运动和社区心理卫生运动开始兴起；⑦ 1964 年 Caplan 出版《精神预防的原则》一书，区分了三种不同水平的预防；⑧ 1978 年 WHO 的《阿拉木图宣言》坚决支持初级预防等社区心理卫生工作。

五、中国变态心理学思想

我国是一个有着五千年历史的文明古国，心理学思想源远流长。在浩瀚的医学和哲学等典籍中，有关变态心理学的描述十分丰富，仅记载的心理治疗案例就达千例以上。在古代，中国与其他国家一样，对异常心理的认识经历了超自然和自然的解释。与西方不同的是，中医学中有关异常心理学思想没有经历中世纪欧、美洲那样的阻滞，而是在朴素唯物辩证法的指导下不断发展。但是，中医理论和实践在近代没有得到相应的提升，尤其是没有注意运用现代科技方法进行更深入的研究，因此在现代变态心理学体系中还没有得到应有的体现。

第三节　变态心理学的相关学科

1. **普通心理学**（general psychology）　是研究正常人心理活动及其规律的学科。主要研究认知、情感、意志，以及气质、性格和能力等。变态心理学是研究正常人的变异，即异常心理及其规律的学科。普通心理学是变态心理学的基础，变态心理学是普通心理学的补充，正常心理研究与异常心理的研究成果会促进双方更深刻的理解。

2. **医学心理学**（medical psychology）　主要研究心理因素在健康和疾病中的作用规律。Prokop 认为医学心理学与行为医学大多研究躯体或生理疾病（功能障碍）的心理因素的作用问题，它以医疗实践中心理学问题为主要对象。变态心理学和医学心理学的内容和任务存在着互相交叉和补充。

3. **临床心理学**（clinical psychology）　研究目的是应用心理学原则和方法调整和解决人类的心理问题，改善人们的行为模式，最大限度地发挥人的潜能。其主要工作有心理咨询与治疗、心理评估与诊断、教学与研究、咨询与辅导等。在美国，临床心理学是心理学分支中从业人数最多的领域。

4. **行为医学**（behavioral medicine） 是研究和发展行为科学中与健康、疾病有关的知识和技术，并把这些知识技术应用于疾病预防、诊断、治疗和康复的一门新兴科学。1977年，由一群多学科专家汇聚在耶鲁大学宣布创立，变态心理学是研究异常心理与行为的科学，是行为医学的重要组成部分。

5. **精神病学**（psychiatry） 是研究精神疾病的医学分支，其工作者是一名医生。作为医学的分支，精神病学首先和临床医学有同样的特定对象、任务和方法；作为精神科医生，其服务对象主要是病人，工作重点是为病人提供诊断、治疗、预防和护理服务。Jaspers（1963）认为精神病学家在他自己的实际工作中应用这门科学作为他的工具，而心理病理学家则把它作为自己的目的。变态心理学的对象应针对所有的异常心理与行为，而不限于现有的精神障碍分类系统内容，更注重理论的多元性和方法的多样性。

第二部分 试 题

一、名词解释

1. 健康
2. 疾病
3. 心理学
4. 变态心理学
5. 心理障碍
6. 精神病学
7. 道德疗法
8. 宣泄疗法
9. 变态心理的鬼神学解释
10. 体质发生论
11. 心理发生论
12. 精神病性症状
13. 非精神病性症状
14. 精神病
15. 神经病
16. 脑器质性精神障碍
17. 神经症
18. 应用心理学
19. 健康心理学
20. 去机构化运动

二、填空题（在空格内填上正确的内容）

1. 心理 / 精神障碍中的"障碍"一般意味着存在一系列临床上可辨认的_____。
2. 古希腊医生 Hipporcrats 认为，心理行为异常的原因是躯体的不平衡或缺陷所致，其观点现被认为是_____论。

3. 将一个人的行为与大多数人进行量化比较，看是否一致。这种数量化判别心理是否正常的方法称之为_____标准。

4. 变态心理学是研究_____的一门心理学的分支学科。

5. 用一个人是否对自己心理或行为感到痛苦的方法来衡量心理是否正常的方法称之为_____标准。

6. 看一个人的行为变态行为是否偏离或违反社会规范，以此判别心理是否正常的方法称之为_____标准。

7. 异常行为导致个人生活领域的心理功能低下（disability）或功能障碍（dysfunction），主要包括个人社会功能或_____、_____能力和_____能力。

8. Hipporcrats 把心理障碍划分为_____、_____和_____三种类型。

9. Hipporcrats 认为健康心理取决于_____、_____、_____、_____四种液体的平衡，不平衡就会产生障碍。

10. 在古代运用科学方法探索之前，所有超过人类控制能力的现象都被认为是_____的解释；认为魔鬼可以存在于人体内并能控制人的身体和心理的学说被称为_____。

11. 体质发生论认为心理与行为障碍是_____所致；心理发生论则认为变态心理只是_____所致。

12. 让患者再度体验已经遗忘了的过去的经历所导致的情绪灾难并且释放情绪紧张的方法称为_____。

13. _____首先在收容所开展人道主义运动，是对精神病人进行基本治疗的第一人。

14. 目前，为更好地对社会环境中人群的心理健康进行预防，应积极开展社区_____工作。

15. 在分类系统中，一个普遍性操作性定义是：个体存在的心理症状或综合征，其严重程度已导致个人_____或_____。

16. 变态心理所致的患者功能损害一般包括_____和_____。

17. "社会功能"指的是个人_____社会生活要求的能力。

18. _____认为心理与行为障碍是躯体的不平衡或缺陷所致，而_____则认为变态心理只是心理和社会原因引起。

19. 波士顿女教师 Dorothea Dix 以极大的热情投入到促使州立法机关建立新的精神病院，后人将她所从事的工作称为_____。

20. 最早把心理学实验方法运用于异常行为的研究，在实验心理学和精神病学之间搭起了桥梁，还按照医学分类的通则对精神疾病进行分类的学者是_____。

21. Breuer 通过对 Anna O 施行了催眠术并使病人谈出了引起症状的处境和经历，把体验过的情感表达出来达到了治疗目的。这种方法被称为_____，也称之为_____。

22. 从_____年代开始，人们开始重视心理障碍的预防。

23. 心理障碍的预防中，初级预防的目的是_____；二级预防的对象是_____；三级预防的对象是_____。

三、单项选择题（在5个备选答案中选出1个最佳答案）

1. 当前对心理/行为/精神异常使用最多的专业术语是
   A. psychosis   B. mental disorder   C. mental disease
   D. psychological disorder   E. psychological disease

2. 变态心理学的研究对象主要是
   A. 精神病的诊断与治疗   B. 违法犯罪心理规律
   C. 异常心理和行为及其规律   D. 躯体疾病的心理规律
   E. 心理测验与心理治疗

3. 在日常生活中，人的正常心理和异常心理之间的关系是
   A. 截然不同且完全相反   B. 相对独立，界线分明
   C. 完全混杂无法分辨   D. 交叉存在和不断变化的过程
   E. 具有明显的因果关系

4. 中世纪欧洲对变态行为解释的主流观点是
   A. 自然与超自然的解释   B. 鬼神学的解释
   C. 体质发生论的解释   D. 迷信和巫术的解释
   E. 科学至上与人道主义的解释

5. 变态心理学的研究范围是
   A. 各种异常心理与行为   B. 精神障碍分类学罗列的内容
   C. 健康心理与行为   D. 精神病症状学
   E. 精神病以外的异常心理

6. 一种以体征和症状表现的生物学过程或状态被称为
   A. 障碍   B. 病感   C. 疾病
   D. 病痛   E. 病患

7. 在异常心理与行为研究中，"障碍"的主要意思是指
   A. 结构的改变   B. 心理痛苦与行为异常
   C. 疾病发展过程   D. 病患的体征
   E. 躯体功能缺陷

8. 使用"心理障碍"概念的主要目的是
   A. 绝对不考虑病因   B. 排除医学倾向
   C. 为心理学研究提供平台   D. 避免疾病概念导致的问题
   E. 强调社会因素

9. 治疗师掌握变态心理学最直接的重大意义是
   A. 异常心理的识别和防治的需要   B. 促进个人的身心健康的需要
   C. 提供洞悉人生和社会的新视角的需要   D. 精神病的药物治疗的需要
   E. 身体疾病诊断的需要

10. 智力测验通常用智商作为衡量标准，此标准属于
    A. 社会规范标准   B. 自我体验标准   C. 行为功能标准
    D. 统计学标准   E. 生物医学标准

11. 一般人对恋物症的判定主要采用的判别标准是

A. 社会规范标准 B. 自我体验标准 C. 行为功能标准

  D. 统计学标准 E. 生物医学标准

12. 判别一个人有无心理障碍，比较全面的标准是

  A. 自我体验标准 B. 自感痛苦与功能损害 C. 行为功能标准

  D. 社会规范标准 E. 生物医学标准

13. 对异常心理迷信与鬼神学的解释，正确的是

  A. 为古希腊医生 Hipporcrats 所信奉

  B. 存在于人类历史各个时期的落后地区

  C. 导致收容所的诞生

  D. 导致梅毒螺旋体的发现

  E. 仅见于中世纪以前的社会里

14. 提出体质发生论的学者是

  A. Pinel B. Hipporcrats C. Breuer

  D. Kraepelin E. Freud

15. Pinel 在精神病院改革的主要贡献是

  A. 导致了颅相学的产生 B. 开始了精神病人的病人待遇

  C. 发明了道德疗法 D. 促进精神病人的住院

  E. 开始了药物治疗

16. 对颅相学的创立作出贡献的学者是

  A. Pinel B. Gall C. Breuer

  D. Kraepelin E. Breuer

17. 梅毒与麻痹性痴呆关系的发现证实了哪种学说

  A. 生物发生论 B. 心理发生论 C. 社会文化论

  D. 认知理论 E. 精神分析论

18. Breuer 发明的宣泄疗法的治疗要点是

  A. 挖掘出潜意识的痛苦并进行精神分析

  B. 进行了催眠分析

  C. 进行系统脱敏以消除害怕

  D. 使之再度体验遗忘了的痛苦并释放情绪

  E. 体现了认知治疗

19. Freud 的心理病理学产生影响最大的案例是

  A. Freud 的小汉斯案例 B. Freud 的埃米·冯·N 夫人案例

  C. Freud 露西·R 小姐案例 D. Freud 伊丽莎白·冯·R 案例

  E. Breuer 的安娜·O 案例

20. 对心理发生论产生最有影响的事件是

  A. 道德疗法的产生 B. 催眠疗法的形成 C. 社区心理卫生运动

  D. 精神分析的产生 E. 非住院化运动

21. 创立实验心理病理学的学者是

  A. Pinel B. Hipporcrats C. Breuer

  D. Kraepelin E. Mesmer

22. 把精神疾病患者作为预防的重点属于
    A. 一级预防　　　　　B. 二级预防　　　　　C. 三级预防
    D. 四级预防　　　　　E. 综合预防
23. 把社区所有成员的心理健康作为预防重点属于
    A. 一级预防　　　　　B. 二级预防　　　　　C. 三级预防
    D. 四级预防　　　　　E. 综合预防
24. 对高危人群干预的预防工作属于
    A. 一级预防　　　　　B. 二级预防　　　　　C. 三级预防
    D. 四级预防　　　　　E. 综合预防
25. 我国变态心理学思想，以下说法**不正确**的是
    A. 我国变态心理学思想源远流长
    B. 我国对异常心理的认识也经历过超自然和自然的解释
    C. 我国异常心理的对待基本上没有经历中世纪欧洲那样的阻滞
    D. 我国变态心理学遗产有待于进一步总结和提升
    E. 我国历史上对异常心理治疗的案例较少
26. 研究心理因素在健康和疾病中的作用规律的科学是
    A. 变态心理学　　　　B. 普通心理学　　　　C. 精神病学
    D. 医学心理学　　　　E. 生理心理学
27. 研究心理现象及其规律的科学是
    A. 变态心理学　　　　B. 普通心理学　　　　C. 精神病学
    D. 医学心理学　　　　E. 实验心理学
28. 精神病是指
    A. 具有精神病性症状的一组精神障碍
    B. 被称为神经官能症的一组精神障碍
    C. 一组被称为心身疾病的躯体疾病
    D. 一组脑器质性精神障碍
    E. 一组创伤性精神障碍
29. 大脑、脊髓与周围神经所发生的器质性病变属于
    A. 神经症　　　　　　B. 心身疾病　　　　　C. 神经病
    D. 神经官能症　　　　E. 精神病
30. 下列病症属于精神病的是
    A. 焦虑症　　　　　　B. 恐怖症　　　　　　C. 强迫症
    D. 神经衰弱　　　　　E. 精神分裂症
31. 下列症状属于精神病性症状的是
    A. 妄想　　　　　　　B. 恐怖　　　　　　　C. 强迫
    D. 抑郁　　　　　　　E. 焦虑
32. 以下观点哪一种**不是**我国《素问·阴阳应象大论》的观点
    A. 怒伤肝　　　　　　B. 喜伤心　　　　　　C. 思伤阴
    D. 忧伤肺　　　　　　E. 恐伤肾

四、问答题

1. 在异常心理/精神领域为何提倡使用"障碍"而非"疾病"概念？
2. 试述健康心理与变态心理之间的关系。
3. 简述学习变态心理学的意义。
4. 简述变态心理与正常心理的主要判别标准的作用及存在问题。
5. DSM-5 对精神障碍的定义要点是什么？
6. 试述变态心理学的主要任务。
7. 简述从文艺复兴到 19 世纪异常心理学思想发展的重大事件。
8. 试述预防运动与社区心理卫生运动对心理障碍防治的影响。
9. 试述精神疾病的一级预防及其意义，并列举若干预防措施。

第三部分　参考答案

一、名词解释

1. 健康，关于健康的定义，历史上人们多是将健康作为与疾病相对的术语来理解。1948 年 WHO 成立时的宪章指出：健康乃是一种身体上、心理上和社会上的完满状态，而不仅仅是没有疾病和虚弱的现象。这成为最为公认的定义。

2. 疾病，长期以来，疾病（disease）被看作一种影响人体器官与组织的生物学过程或状态，它以结构、功能和生化变化为特征，以体征和症状的形式表现出来，并往往提示临床表现与特定的病因和病理过程之间的联系。因此，传统的疾病概念侧重于躯体障碍，强调生物学特征。

3. 心理学是研究心理现象（包括心理过程、个性心理特征、行为）及其规律的科学。

4. 变态心理学（abnormal psychology）也称之为异常心理学，是研究异常心理和行为及其规律的一门心理学分支学科。

5. 心理障碍（mental disorder）又称为精神障碍，它是对各种达到一定程度的心理和行为异常的统称，意味着存在一系列临床上可辨认的症状或行为，这些症状或行为在大多数情况下伴有痛苦和个人功能受干扰。

6. 精神病学是临床医学中研究精神疾病病因、发病机制、临床表现、疾病发展规律以及治疗、康复和预防的一门医学分支学科。

7. 道德疗法（moral treatment）是起始于 19 世纪上半叶的一种早期心理疗法。该疗法的主要做法是医护人员与病人紧密接触，与他们交谈，了解他们，鼓励他们参加有目的的活动，引导他们尽可能正常生活，并且在限制行为障碍方面增强自我责任感等。

8. 宣泄疗法（atharsis）又称精神宣泄，也称为谈话疗法（talking cure），为 Breuer 在治疗一位名为 Anna O 的癔症病人时发现，是一种在催眠状态下再度体验已经遗忘了的经历所导致的情绪灾难，并且释放情绪紧张的方法。

9. 变态心理的鬼神学解释，认为精神错乱是神灵发怒或魔鬼附体所致，异常行为是由于着魔或中邪引起，是上帝的惩罚。因此通常使用某种仪式或拷打的驱魔法进行"治疗"，甚至还有鞭笞、火烧、凌辱和虐待等。

10. 体质发生论源于古希腊医生 Hipporcrats 时代,该观点认为心理或行为障碍的原因是躯体的不平衡或缺陷,反对把躯体疾病和心理障碍看成是上帝惩罚的观点,强调这些疾病的自然原因。该观点相当于现代的生物学观点。

11. 心理发生论(psychogenesis)相对于体质发生论而言,是一种认为行为异常是心理因素所致的观点。其产生的主要事件有18世纪的催眠术和19世纪的宣泄疗法(atharsis)。

12. 精神病性症状是指精神病所特有的一类症状,主要包括严重意识障碍、幻觉、妄想、思维逻辑障碍等,这些症状的共同特点是严重脱离现实并缺乏症状自知力,使社会功能严重受损。

13. 非精神病性症状指除精神病性症状以外的各种心理症状,如焦虑、恐惧、强迫、疲劳、失眠、人格障碍、智力落后等。

14. 精神病(psychosis)是指具有精神病性症状的一组精神疾病(精神障碍),包括器质性精神病和功能性精神病两大类。后者主要有精神分裂症、情感性精神障碍、偏执性精神障碍等。

15. 神经病是指大脑、脊髓与周围神经所发生的器质性病变,通常用肉眼或显微镜检查可发现有神经组织、细胞(神经元)或神经纤维的破坏、坏死与退化变性的证据。

16. 脑器质性精神障碍指由于脑部感染、变性、血管病、外伤、肿瘤等病变引起的精神异常。

17. 神经症又称神经官能症,是指包括焦虑症、恐怖症、强迫症、疑病症、神经衰弱和人格解体等在内的精神障碍。但最近几十年来,其概念和分类有相当大的变化。

18. 应用心理学(applied psychology)是将心理学的理论、方法与技术,运用于健康、教育、法律、工业组织、军事等社会实际领域,以解决各领域中有关心理问题的心理学分支学科。如临床心理学、健康心理学、工业心理学、军事心理学、司法心理学等。

19. 健康心理学是运用心理学知识和技术研究保持或促进人类健康、预防和治疗躯体疾病的心理学分支。

20. 去机构化运动是美国于20世纪五六十年代兴起的,主张把关押在精神病治疗机构中的精神病人释放出来,让他们回归社会,在社区的医疗机构中接受院外治疗,并参与社会活动的一种照管方式。

二、填空题

1. 症状或行为
2. 体质发生
3. 统计学
4. 异常心理及行为及其规律
5. 主观体验(自我体验)
6. 社会(规范)
7. 职业功能　生活　人际关系
8. 躁狂症　抑郁症　精神错乱
9. 血液　黑胆汁　黄胆汁　黏液
10. 超自然　鬼神学
11. 生物学原因　心理或社会原因

12. 宣泄疗法（精神宣泄）

13. Pinel

14. 心理卫生

15. 感到痛苦　功能损害

16. 心身功能　社会功能

17. 适应

18. 体质发生论　心理发生论

19. 心理卫生运动

20. 克雷丕林（Kraepelin）

21. 宣泄疗法（精神宣泄）　谈话疗法

22. 20世纪60

23. 在社区内消除影响人们行为的有害因素　处于"危险阶段"的人们　精神疾病患者

三、单项选择题

1. C　2. C　3. D　4. D　5. A　6. C　7. B　8. D　9. A　10. D

11. A　12. B　13. B　14. B　15. B　16. B　17. A　18. E　19. E　20. D

21. D　22. C　23. A　24. B　25. E　26. D　27. B　28. A　29. C　30. E

31. A　32. C

四、问答题

1. 在异常心理/精神领域为何提倡使用"障碍"而非"疾病"概念？

答：首先，心理障碍是一个描述性概念，它仅限于对事实和现象的辨认和界定，主要强调的是病感，这有利于对各种行为异常进行现象学描述，从而减少使用"疾病"和"病患"导致的问题；其次，心理障碍一般不涉及理论性假设，它可以只考虑表现，而不考虑异常行为的本质、原因、病理和发病机制等，这有利于不同学派的接受和认同；第三，心理障碍不是一个生物学概念，而是一个心理社会概念，这有利于非医学家，如心理学家、社会学家、教育工作者、社会工作者、法律工作者、生物学家和人类学家等共同对其进行研究。

2. 试述健康心理与变态心理之间的关系。

答：（1）人的心理状态几乎每时每刻都随着环境的改变而变化，并且也随着内在的生理心理环境的改变而变化。

（2）正常心理和异常心理是一种相互交叉、相互移行、相互转化和不断演变的动态过程，人的心理健康状态也是不断变化和相对稳定的连续体。正常心理与异常心理是相对的。

（3）广义的变态心理泛指健康心理的偏离的总称，从这个意义上来讲，每个人都有程度不等的异常心理及其问题。因此，维护心理健康是每一个人一生的任务。

（4）心理/精神障碍指的是心理异常达到一定严重程度，明显影响了个人的正常生活、职业功能或自感痛苦，并符合"疾病"性质的综合征。多数需要治疗。

3. 简述学习变态心理学的意义。

答：学习变态心理学的意义可概括为三个方面：①是异常心理识别和防治的需要，变态心理学的基本任务就是揭示心理异常现象发生、发展和变化的原因及规律，提供划分心理异常的标准和有效方法，并为各种临床方法提供理论依据；②对每一个人的身心健康都有帮助，变态心理的研究为人们提供了解决心理困扰、环境适应、改善自我的特殊途径，包括在生活中、工作中、学习中、情爱中或人际关系中；③变态心理学为人们提供洞悉人生和社会的新视角，使人们从另一个角度获得对历史与人性的洞察，丰富对各种生活和社会现象的理解，包括解释与世界政治和经济有关的事件与人物。

4. 简述变态心理与正常心理的主要判别标准的作用及存在问题。

答：（1）个人的痛苦体验：是将一个人自感痛苦的主观体验作为衡量变态心理的标准，如焦虑、抑郁、恐惧和强迫行为等。优点：容易发现和感觉到，是衡量变态心理最常用的标准。缺点：一是不能排除所有的变态，即没有主观痛苦体验的人不一定没有异常；二是具有主观痛苦的感觉也不一定是变态，例如饥饿或分娩时的体验就不被认为异常，而属于其他情况。

（2）行为功能障碍：以异常行为导致个人生活领域的心理功能低下或功能障碍作为衡量的标准，包括个人社会功能或职业功能、生活能力和人际关系能力等。优点：普遍、实用，便于操作；缺点：一是并非所有心理异常都具有功能低下或功能障碍；二是对功能低下或功能障碍也存在着如何确定标准和定义的问题。

（3）社会规范标准：即认为变态行为是偏离或违反社会规范的行为。优点：一些行为偏离社会规范，明显可以判断，如性变态等。缺点：一是此标准的缺陷不是太宽就是太窄，如，政治犯和妓女的行为，目前还不是变态心理诊断系统的内容；而严重焦虑或抑郁通常不违背社会规范，却是明显的异常；二是同样的行为，在不同的文化环境中或在不同的历史阶段中都有不同的标准。

（4）统计学标准：是将他的行为与社会上的大多数人用数学方法进行量化比较，看是否一致，如果不一致就有可能是不正常。如智商测验。优点：对人的行为评价提供了一种定量的方法，简便。缺点：一是人的许多行为不能定量；二是偏离常态也未必是异常，如高智商。

5. DSM-5 对精神障碍的定义要点是什么？

答：DSM-5 认为，精神障碍是一种综合征，其特征表现为个体认知、情绪调节或行为方面有临床意义的紊乱，它反映了精神功能潜在的心理、生物或发展过程中的异常。精神障碍通常与社交、职业或其他重要活动中显著的痛苦或功能障碍有关。对常见的压力／丧痛等可预期或文化认同的反应，如所爱的人死亡导致的丧痛不属于精神障碍。社会越轨行为（例如政治、宗教或性）和主要表现为个体与社会之间的冲突也不属于精神障碍，除非这种越轨或冲突是上述个体功能失调的结果。

6. 试述变态心理学的主要任务。

答：变态心理学的主要任务是运用心理学的原理和方法，研究人的心理行为异常的表现形式和分类，探讨其影响因素和发生机制，阐明其发生、发展和转变的规律，并把这些科学知识运用于心理障碍的防治实际。包括：

（1）描述异常行为：对各种异常心理现象的表现进行观察、分析和描述性研究，比较异常心理与正常心理之间的关系和差别，研究各种异常行为的特征和本质，发现正常与异常心理的判别标准和鉴别方法，并在此基础上确定心理障碍的命名和分类。

（2）揭示异常心理的原因和机制：从生物、心理、社会文化与家庭等角度，对影响异常心理的各种因素进行研究，揭示心理障碍的发生和发展机制，并形成基本的理论观点，为心理障碍的防治奠定理论基础。

（3）研究异常心理的评估和诊断：运用心理学和相关学科方法以及现代科技手段，对可能存在心理障碍的个体的心理进行取样和描述，同时获取有关生理和社会学影响因素，进而综合各种信息做出系统的评定、判断和预测，形成某些结论性意见，为不同的研究和应用目的服务。

（4）探讨异常心理的防治和身心健康的维护：从反面论证维护正常心理的基本原则和具体方法，试图解决异常心理防治的深层次问题，提示形成最坚强的健康人格的关键作用，优选防治异常心理的最佳环境和条件，包括采用积极心理学的方法解决问题。

7. 简述从文艺复兴到 19 世纪异常心理学思想发展的重大事件。

答：从欧洲文艺复兴运动开始，思想的解放导致科学的解放，从而促进了心理障碍科学认识和治疗的产生。被称之为科学至上与人道主义。主要事件有：

（1）收容所的发展：随着麻风病的逐渐消失人们开始关心精神病人，收容所诞生，被称为心理障碍的救济时期。

（2）Pinel 的改革：由 Pinel 开启收容所的人道主义运动，解开病人的锁链，对精神病人进行基本治疗。

（3）道德疗法产生：该疗法的主要做法是护理员与病人紧密接触，与他们交谈，了解他们，鼓励他们参加有目的的活动；住院医生引导他们尽可能正常生活，并且在限制行为障碍方面增强自我责任感。

（4）精神病院的建立：以美国波士顿女教师 Dorothea Dix 为代表人物开始了心理卫生运动。1854 年首先在新泽西州，接下来陆续在其他 31 个州建立了精神病院，使很多病人得以住院治疗。

（5）发现大脑与心理障碍的关系：颅相学确立了脑是心理器官的思想，将异常心理予以定位。1905 年发现了梅毒螺旋体，这为体质发生论获得了可信的依据，促进了对心理异常的生物学原因的研究。

（6）心理发生论：由催眠术在心理疗愈中的应用为典型事件，尽管不少专业人士和专业团体认为其是骗术。Mesmer 利用了催眠的强大动力帮助许多癔症病人解决了问题，在他去世几十年后人们才承认催眠术的作用。

8. 试述预防运动与社区心理卫生运动对心理障碍防治的影响。

答：从 20 世纪后半叶开始，预防运动和社区心理卫生运动在西方国家兴起，突出的人物有 George Albee 和 Gerald Caplan 等。他们主张变态心理学要从对病人的内部作用的研究，转向于重点探讨家庭、集体和社会等各种因素对人的心理机制的影响。认为任何人在相应的内外紧张刺激作用下都可能产生心理障碍，而社区对个人缺乏支持则是精神崩溃的重要原因。具体内容是成立社区心理健康中心、提供心理咨询、提供预防服务等，目的是减少心理障碍住院病人数量，让他们在比较正常的环境中康复，重视现实的生活情境，突出预防重点。

9. 试述精神疾病的一级预防及其意义，并列举若干预防措施。

答：1964 年，Gerald Caplan 提出了精神疾病的三级预防概念与模式。三级预防相当于对患有精神疾病的人们的治疗；二级预防的对象是被认为处于"危险阶段"的人们；一级预防的目的是在社区内消除尚未有机会影响人们行为的有害影响，降低精神疾患的发病率，因此是范围最广、内容最丰富的预防。

（1）一级预防旨在消除和减少致病因素，以防止或减少精神障碍的发生。例如通过最积极、最主动的预防措施，对病因已明的精神障碍采取果断预防措施。

（2）个体心理反应随诱发因素强度、持续时间和个体功能状态不同而不同，也与病人病前个性特征密切相关，故开展多种活动增强人们的身心健康，提高心理健康水平。

（3）重视家庭心理健康与家庭教育，培养儿童健全的人格，通过爱劳动、爱别人、爱集体的品德培养，提高心理素养和社会适应能力。

（4）积极开展各年龄阶段的心理卫生咨询及行为指导工作。纠正人们的各种行为问题、情绪问题，关注青少年违纪行为、老年人心理不适应及大中学生的心理卫生问题。

（5）大力提倡优生、优育、优教，积极开展心理障碍病因学研究，力争从根本上预防心理障碍的发生。

（刘新民）

第二章　变态心理的理论模型

第一部分　内容概要与知识点

本章导读　模型（model，paradigm）是人们分析和解决问题的基本认识方式，一般在实践中通过研究和总结逐步形成。变态心理的理论模型，是对变态心理产生的理论假设，包括对变态心理的形成、诊断和防治的分析与解释。本章系统性地阐述了各理论学派的主要观点，分析比较了各学派有关变态心理形成的理论、原因、治疗及评价等方面的内容，明确了不同理论学派之间的差异。

第一节　生物学模型

1. **定义**　生物学模型，又称为医学模型（medical model）或疾病模型（disease model），该模型认为心理障碍是生物学过程的异常所致，并借助于现代科学技术，按照生物学理论，寻找心理障碍的生物学标记和特异性的诊疗方法一直是变态心理学的热点。生物学模型起源于 Hippocrates 和 Galen，他们把心理障碍解释为体液不平衡或是大脑发育不良。

2. **理论观点**　该模型认为，个体的心理障碍由异常的生物学过程引起，总是与大脑结构、遗传、生理生化等方面的改变有关，每一种心理疾患都可以被看成是某些生物学过程障碍所致，因此生物学模型假设心理障碍的原因都可以从躯体方面找到答案。行为遗传学研究个体在行为方面的差异,为医学模型提供了有力的支持。

3. 治疗 生物学模型把心理障碍等同于躯体疾病一样进行分类、诊断与治疗,认为心理障碍是由躯体因素引起的,心理异常是一种疾病,就需要像躯体疾病一样对待,需要通过住院、服药等特定的医学成果和技术进行治疗。自 20 世纪 30 年代问世的电休克治疗(electric convulsion therapy,ECT)开始了医学治疗技术治疗心理障碍的真正运用;1951 年,氯丙嗪作为第一个有效的抗精神病药在法国研究成功。至今,心理障碍的外科治疗、物理治疗以及各种治疗性仪器等不断涌现,此外,基因诊断、预防和治疗也在研究之中。

4. 评价 生物学模型为各种心理异常提供了许多令人信服的、科学的证据,为探索心理障碍的确切原因、诊断和防治作出了极为重要的贡献,为揭示各种心理障碍的本质展示了美好的未来。但是,对人的心理现象的解释,如果仅仅遵循生物学的思维模式是不够的,在变态心理学领域,一些问题如妄想性信念、歪曲的认知等,是不能单纯用生物学机制来解释的。

第二节 心理学模型

变态心理的心理学模型是不同心理学流派依据各自流派的理论观点,对变态心理的发生、发展、诊断、治疗及预后形成的不同理论观点与假设。本节内容将主要围绕心理动力学理论、行为主义理论、认知理论和存在主义、人本主义理论等主要心理学流派进行介绍。

一、定义

1. 心理动力学模型(psychoanalytic or psychodynamic model) 又称为精神分析学说,于 19 世纪由奥地利精神病医生 Freud S(1856—1939)创立。该理论模型重点探索心理疾病的个体内在的深层次原因,并强调心理冲突,即心理动力因素的重要性,认为正常和变态人格都是意识与无意识欲望驱动或本能矛盾冲突的结果,其基本理论要点主要有潜意识学说、人格结构学说、释梦学说、性心理学说、心理病理学说和心理防御学说等。

2. 行为模型(behavioral model) 又称学习模型(learning model),该模型认为人的一切行为都是在环境中学习的结果,变态心理与正常心理一样是通过学习获得的。

3. 认知模型(cognitive model) 它研究人的高级心理过程,主要是认知过程,如注意、知觉、表象、记忆、思维和语言等。认知心理学家研究那些不能观察的内部机制和过程,如记忆的加工、存储、提取和记忆力的改变。认知模型是包括各种与认知过程有关的理论系统、治疗策略和技术有关的一组理论和方法的总称。

4. 存在 - 人本主义模型(existential-humanistic model) 是以存在主义哲学和人本主义心理学为指导思想的心理模型。存在主义(existentialism)是一种以人为中心,尊重人的个性和自由的人生哲学思想。它认为人生存在的主要问题是如何发现自己、肯定自己和实现自己。人本主义心理学(humanistic psychology)是以存在主义思想为基础,对人性本质中的积极层面进行深入探讨的心理学思想。存在 - 人本主义模型发展过程中最有影响的是美国心理学家 Carl Rogers。他的心理疗法最初被称作"非指示性治疗"(nondirective therapy),后来发展为"以人为中心的治疗"(person-centered therapy)。

二、理论观点

1. 心理动力学理论

（1）心理结构理论：Freud 将人的心理划分为本我、自我和超我三个层次来比喻心理的特殊功能或能量。本我（id），是心理最原始的部分，代表人们生物性的本能冲动，循着"唯乐原则"（pleasure principle）行事。自我（ego），自我的动力一方面来自于本我，即为了满足各种本能的冲动和欲望；另一方面，它又是在超我的要求下顺应外在的现实环境，采取社会所允许的方式指导行为，保护个体的安全，遵循着"现实原则"（reality principle）调节和控制"本我"的活动。超我（superego），是在社会生活过程中，由社会规范、道德观念等内化而成，遵循"至善原则"（principle of ideal）行事。

Freud 认为自我在本我和超我中间起协调作用，使两者之间保持平衡，如果两者之间的矛盾冲突达到自我无法调节时，就会产生各种心理障碍和病态行为。

（2）性心理学说：Freud 认为人格发展经历五个不同的精神性欲阶段，每个阶段都有不同的身体部位对性兴奋最敏感，因此大多数能为本我提供力比多（libido）即性本能的满足。这五个阶段分别是口欲期（oral stage）、肛欲期（anal stage）、性器期（phallic stage）、潜伏期（latency period）和生殖期（genital stage）。

（3）焦虑理论：Freud 认为焦虑是一种自我功能（ego function），它使人警惕即将到来的危险，并对其做出适应性反应。根据焦虑的来源把焦虑分为三种形式，即现实焦虑（realistic anxiety）或客观焦虑（objective anxiety）、神经质焦虑（neurotic anxiety）和道德焦虑（moral anxiety）。

（4）防御机制：防御机制（defense mechanism）是人在潜意识中自动克服本我和自我冲突时的焦虑，保持心理平衡和保护自我的方法。防御机制类型多样，单个防御机制或几种防御机制结合起来，可能变得十分突出，以致主宰了一个人的人格及其发展，或者损害了他的有效功能。心理防御机制的过度运用常引起明显的心理异常和人格缺陷。

2. 行为主义理论

（1）经典条件反射：经典条件反射（classical conditioning reflex）指在未经学习之前，非条件刺激可以引起非条件反射。自主神经系统的很多反应，包括与焦虑和恐惧有关的反应都是可以条件化的。

（2）操作条件反射：操作条件反射（operant conditioning reflex）源于 19 世纪 90 年代 Edward Thorndike 的工作。Thorndike 提出"尝试错误说"（trial and error theory）和"效果律"（law of effect）。尝试错误说认为问题解决是一个尝试性质的渐进过程；效果律说明成功的反应是学会的。当行为得到奖励，该行为产生的可能性就越大；反之，该行为产生的可能性就会减弱。Thorndike 的理论是操作条件反射的出发点。

（3）社会学习理论：社会学习理论（social learning theory）是美国心理学家 A.Bandura 等人在 20 世纪 60 年代通过实验证明的理论。Bandura 主张把依靠直接经验的学习（传统的学习理论）和依靠间接经验的学习（观察学习）综合起来说明人类的学习。观察学习是社会学习的最主要形式。人类的大量行为都是观察他人的行为后通过模仿（modeling）学习学会的。模仿学习可分为主动和被动两种类型。Bandura 认为，如果给有行为问题的人提供模仿学习的机会，就有可能改变其不良行为，建立健康的行为。

3. 认知模型

（1）对认知加工过程的解释：认知理论将行为主义心理学的刺激（S）- 反应（R）公式改为 S-O-R 公式，强调中间的 "O"（organism，认知）对行为的重要作用。认知理论学家将人脑的信息加工分为自动加工和控制加工两种。自动加工（automatic processing）是指无需很多关注，发生迅速，长期稳定，自动依据信息做出反应的加工方式，如开车；控制加工（controlled processing）指在整合信息和计划反应过程中需要逻辑推理和思考的信息加工方式。

（2）对异常心理的解释：认知心理学认为不合理的信念、认知歪曲、错误的归因、自我效能低下以及自我图式等方面影响人们的心理健康。比如积极的自我图式有利于心理健康，而许多心理障碍患者则具有消极图式，表现出适应不良，而且可以追溯到童年期。Beck 认为，抑郁是由于自我图式受到无价值、内疚和丧失之类的观念支配；焦虑是由于歪曲的自我图式引起，"威胁"和"不确定性"在其中发挥了重要作用。

4. 存在 - 人本主义理论

存在主义者认为，人类的深层次的矛盾正是因为"人存在于世界"造成的。Rogers 认为，在尊重和信任的前提下，人都有一种以积极及建设性态度去发展自我的倾向。即使是有心理困惑的人，也都具有不需要治疗者直接干预就能了解及解决自己困扰的极大潜能，只要在一定的治疗环境或关系中，他们就能朝向自我引导的方向成长。每个人都生来就具有自我实现的内驱力和获得别人赞许和积极关注的需求。一般来说，人们常常得牺牲和压抑自我实现方面的欲望，按照社会或别人的标准来违心地做出"好"的表现，这种矛盾如果长期存在或过于强烈，便会出现心身方面的障碍。其理论观点包括实现的倾向、自我概念、体验和不协调等。

三、治疗技术

1. 精神分析治疗

精神分析家认为任何适应不良行为的根源都可以在童年期的经验及持续影响一生的婴儿期的思维和情感中被发现，因此通过对童年期成长过程的洞察有助于个体采用更为成熟和有效的方式使生活更开心，也使成年后的生活更具活力。同时，所有的心理异常都与某种满足本能欲望的努力被固着在早期发展阶段有关。如果个体的发展经历中遇到阻碍，会在本能欲望和对惩罚的恐惧之间产生冲突，这种欲望和恐惧由于固着而被从童年期带入了青少年和成人时期，并在防御机制作用下引起神经症或精神病。精神分析治疗是一种顿悟疗法，它试图去除早年的压抑并帮助病人面对孩童时期的冲突，从而获得顿悟并且按照成人的现实方法予以解决。

2. 行为治疗

根据行为模型的观点，可根据相同的学习原则对异常行为进行矫正治疗，称之为行为疗法（behavior therapy）。行为治疗的目标主要有两个：建立新的适宜行为和消除旧的适应不良行为。前者遵循强化原则，后者遵循消退原则，但矫正的技术有所不同。具体技术有：

（1）对抗条件作用（counter conditioning）：建立在经典条件反射理论之上。它是通过对一个特殊刺激引起的反应实现新的学习。J.Wolpe 在对抗条件作用的基础上，提出交互抑制（reciprocal inhibition）理论，以后发展成为系统脱敏疗法（systematic desensitization）。另一种对抗条件作用是厌恶条件作用（aversive conditioning），也称厌恶疗法。它是一种通过提供适当的刺激（通常是令人厌恶的刺激）来消除不良行为的方法。此外，还有暴露疗法（exposure）。

（2）操作条件作用：人类的大多数随意行为属于操作行为，所以许多不良行为可以通过操作条件作用来矫正。行为矫正主要涉及三种情况：塑造一种新行为、增加适应性行为的发生率和减少或消除不适应行为。

（3）示范法（modeling）：包括榜样示范和模仿学习两个方面。榜样示范是治疗者以多种方式演示新的行为。模仿练习是患者依照样板行为进行实际演练。

3. 认知治疗　认知治疗（cognitive therapy）包括各种与认知过程有关的理论系统、治疗策略和与技术有关的一组治疗方法的总称。认知治疗的假设是，只要疾病中的认知成分继续活跃，疾病就会持续下去。所以改变认知就能改善疾病。它还假设必须修正加工和解释内在和外在信息，从而长期改变心理功能，防止疾病的复发。常用的治疗技术包括：

（1）Ellis 的合理情绪疗法（rational-emotion therapy，RET）：RET 并不以简单消灭症状为目标，而在于引导当事人去反思及改变自己曾自以为是的人生观和价值观，认识到正是这些信念才是导致他们困扰的真正原因，学习以新的理性思维代替非理性思维，鼓励他们正确评价情境，减少因生活中的错误而责备自己或他人的倾向，减少或消除后者给情绪和行为带来的不良影响，并且布置作业强化这种解析经验的新方式。常用技术针对三个方面的问题，即认知问题、情绪问题和行为问题。

（2）Beck 的认知治疗（cognitive therapy，CT）：源于抑郁症的治疗。Beck 认为抑郁症与自己负面的思考与曲解有密切的联系。Beck 提出重点放在纠正不正确思维方式的认知疗法。CT 的独到之处是注重从逻辑角度，看待当事人的非理性信念的根源，通过鼓励患者自己收集与评估支持或反对其观点或假设的证据，以瓦解其信念的基础。CT 更主张对话式的合作气氛，较少教条地遵从已有的方法，通过对提问的方式，让患者自己逐渐发现自己的错误。

（3）Meichenbaum 的认知行为矫正（cognitive behavior modification，CBM）：CBM 也称为自我指导治疗（self-instruction therapy），该疗法将治疗的重点放在协助当事人察觉自己的内心对话，并改变自我告知（self-verbalization）的方式和内容。CBM 改变过程包括自我观察、开始一种新的内部对话和学习新的技能三个阶段。

4. 存在 - 人本主义治疗

（1）存在主义治疗：存在主义治疗（existential therapy）强调存在的问题，如目的、选择和责任感。存在主义治疗强调自由意志（free will），即人的选择能力，所以存在主义相信：你可以选择成为你想要成为的人。存在主义治疗试图通过鼓励促使来访者做出能有回报的和有社会意义的建设性选择，其特点在于注重人对存在的"最大忧虑"，如对死亡（death）、自由（freedom）、孤立（isolation）和无意义（meaninglessness）的忧虑。存在主义治疗的一个关键是对抗（confrontation），即让来访者面临挑战，在对抗中检查自己的价值观和选择，希望通过治疗促使来访者产生对自己存在质量的责任感。

（2）人本主义治疗：人本主义认为人是一个统一体，从人的整体人格去解释其行为，把自我实现看作是一种先天的倾向，认为应该从来访者自身的主观现实角度而不是治疗师的客观角度去分析。其基本技术包括：①无条件的积极关注（unconditional positive regard），要毫无保留地接受来访者，对来访者所说或所感受的任何事绝不做出惊讶、失望或不同意的反应；②共情（empathy），要能够通过来访者的眼神洞悉其内心世界，能够体验到来访者的一部分感受；③真挚（authentic），即坦率和诚实，治疗者要放下专家架子；④重述（reflect），治疗者要做的是对来访者的思想和情感进行重述，如复述、总结或重复。

四、评价

1. 对精神分析理论评价 精神分析理论把异常心理的研究引入到一个新的境地,使心理学家和精神病学家从研究过程本身转移到研究心理异常的动力和内容。它对变态心理学的研究和临床做出了巨大的贡献。精神分析作为第一个专业性的治疗方法开辟了心理治疗的新途径,在当前的数百种心理治疗方法中,有1/3是精神分析取向的。

Freud 是历史上获得批评和荣誉同样多的杰出心理学家。批评的焦点是认为他的理论来源建立在主观经验和逻辑演绎之上,因而被认为缺乏事实根据,也难以进行科学验证;此外,他的研究样本来源于心理疾病患者,人们因此怀疑他混淆了正常人与心理障碍患者的区别。Freud 的弟子们不断修正和丰富他的学说,建立了许多新的理论,被广义统称为新精神分析(neo-psychoanalysis)。

2. 对行为主义的评价 行为主义模型对变态心理的解释和治疗有重要贡献。该模型以实证研究为基础,以及可验证的疗效对心理学产生了革命性的影响,改变了心理动力学理论和方法的缺陷。同时,行为主义也受到一些批评和质疑。例如,行为主义将心理问题的本质和原因太简单化;有宿命论的倾向;忽视认知过程和语言;忽视咨询关系;有对人的控制与操纵等。

3. 认知模型的评价 认知理论的出现使变态心理学的发展产生了重要转变。其优势主要有该模型关注具体的操作变量,坚持以经验为依据,且把思维、情绪等模糊不清的过程也考虑进去;认知治疗有详细的操作手册,这有利于培训治疗师,以及对结果进行研究;认知理论最成功的方面是对抑郁症和焦虑症治疗的显著疗效,以及对物质依赖、饮食障碍和人格异常等有效。不足在于认知理论其假设为核心的因素很难确定。认知理论的一个主要缺陷是,改变对世界的思维方式并非能解决所有问题的;其次,该理论无法解释适应不良的认知与心理障碍的因果关系;第三,如何证明枯燥的理性方式就是对待自己和世界最好的思维方式。

4. 存在-人本主义评价 存在-人本主义疗法的优点表现在对人的主观能动性的肯定和褒扬以及对人性的关注,特别强调人的内在体验和意识的重要性,关注现在。不足之处在于语言的晦涩和偏激、反对理智主义、现象学方法的模糊性、对评估诊断和治疗技术的忽视以及研究的缺乏等方面。

第三节 社会文化模型

1. 定义 社会模型或社会文化模型(sociocultural model)认为变态心理尽管会给社会带来不利的影响,但社会本身对心理变态也负有责任,各种社会因素和各种社会关系对个人的心理异常的产生、发展和防治都有重要的作用,主张对心理障碍的定义、病因的解释以及治疗都应立足于社会。

2. 理论观点 社会文化模型强调社会文化因素(sociocultural causal factors)的作用,它认为大多数变态心理和正常心理一样都是个人的社会文化生活的产物,认为经济贫困、种族歧视、生活变故、社会压力、天灾人祸、社会动荡等都可能引起心理变态,因此变态心理乃是社会病理学的反映。

(1)异常心理是人对客观现实歪曲的反映:躯体疾患的主要表现是生理功能的异常,这在不同的历史阶段和不同的文化背景中基本一致；而心理疾患的主要表现是对客观现实不协调，其表现与社会文化的不同有明显的差异。从内容来说，心理异常与人的社会 - 文化环境有着密不可分的联系，无论是最简单的心理现象还是最复杂的心理现象，都可以从客观现实中找到它们的根源。

（2）不同的社会 - 文化关系影响表现方式：同样的一种心理异常，在不同的时代、不同的社会 - 文化背景下，其表现方式很不相同。

（3）社会 - 文化因素对情绪影响更加明显：比如对于抑郁症，中国人和美国人的主诉有不同的表现。据调查，美国病人能比较准确、适当地表达出自己的忧郁心情，如对什么都没有兴趣、不想活等；而中国人则多诉说自己胸中发闷，胃口不好，全身无力气等。即美国人较会诉说精神症状和心理问题，而中国人则较易于诉说身体症状。

（4）社会模式下的精神疾病诊断：绝大多数偏离社会 - 文化规范和准则的行为不是被认为是犯罪，就是被认为是精神障碍。

3. 治疗　社会模式认为心理行为的变态并不是个人问题，而是社会的病态的反映。因此，主张对精神障碍的治疗应当从病人本身转移到整个社会方面。对变态行为的认识取决于在前后关系中对它的仔细观察，个人不应该被看成是基本的研究单位，孤立地治疗个人没有意义。不同的社会 - 文化背景使人们对心理异常的处理办法也有很大的不同。

4. 评价　社会模式对变态心理学和精神病学的发展起了很大的促进作用，但它本身也只是强调了事物的一个方面，难以对心理异常进行全面的解释，忽视了个体内因的作用，推托个人的主导责任。

第四节　家庭模型

1. 定义　美国精神分析师兼儿童精神科医师 Nathan Ackerman 于 20 世纪 50 年代首次提出"家庭治疗"的概念。家庭治疗关注当事人（client）个人问题和病症的消除，但它同个人取向的咨询和治疗方法有着显著的差异。它超越了过去只关注个人内在的心理冲突、人格特征、行为模式的局限，把人及其症状放在整个家庭背景中去了解并治疗。因此，把家庭治疗法称作"系统疗法"或"关系疗法"似乎更为合适。

2. 理论观点　家庭模型（family model）强调的是家庭成员或其他社会群体成员之间的相互依赖，家庭和其他社会群体采用的是具有一种倾向于成员之间保持平衡、互让特征的互动模式，或称可预言的行为模式。病态行为正是家庭系统不良运转的结果。家庭问题常以下列几种形式影响到个人，使个人出现心理问题。

（1）个人心理问题是当前家庭问题的表现：来找医生就诊的"病人"，诉说自己在心理和行为上的问题，只是冰山露出海面的一角，背后还存在着大量的家庭问题。

（2）个人的心理问题源于过去的家庭问题：有些病人的心理问题不是与现在的家庭有关，而是源于过去的家庭环境，这些人仍保持着过去的家庭所造成的影响并以心理或行为问题的方式表现出来。

（3）个人心理问题与家庭问题同时共存：有些病人的个人心理问题与家庭问题刚好同时共存，两种问题较少有因果关系，但因互相影响彼此加重。

3. 治疗　家庭治疗的目标是协助家庭消除异常、病态情况，以执行健康的家庭功能。

（1）忽略理由与道德，注重感情与行为：家庭是一个特殊的亲人群体，不能单靠说理来追究责任,也不能依赖惩罚来解决问题。

（2）淡化缺点、强化优点：要多看家庭成员好的和积极的一面,淡化消极的一面,帮助家庭成员看到对方行为体现的好意。

（3）只提供辅导,不代替做决定：不能代替家庭成员决定他们是否要分居或离婚,或勉强维持他们的婚姻,也不能决定家长是否应跟子女分开居住等人生大事。

主要的治疗模式包括系统性家庭治疗、结构性家庭治疗、行为家庭治疗、策略性家庭治疗和分析性家庭治疗。

4. **评价**　家庭模型以系统论、控制论为范式,对个体心理行为的解释有很多超越,成为心理学发展的重要思想。在多元文化主义下,治疗师必须要把握家庭所在的文化背景,包括民族、种族群体成员之间的关系、宗教、教育水平、社会阶层、性取向以及家庭赖以生活的文化规范等,必须对来访家庭中不断增长的文化多样性保持敏感,并且把他们的注意力从家庭内部扩展到影响家庭成员行为的更广的社会文化背景之中。

第五节　生物心理社会模型

1. **定义**　生物心理社会模式(bio-psycho-social model)认为心理障碍的产生、发展与预后是生物、心理和社会三方面因素共同作用的结果,三者在疾病的发生、发展和预后中处于同等重要地位。

2. **理论观点**　随着现代医学模式由单一的生物医学模式向生物心理社会三轴模式的转变,对异常心理的解释同样要考虑生物、心理和社会三轴因素,且三个方面既各具特点又相互联系和相互制约。生物学因素是最基本的因素,是整个模式的核心部分,是心理学因素赖以产生的物质基础,也是心理和社会因素所作用的物质载体或承受者。心理因素是在生物学因素的基础上产生出来的,而它一旦产生会给予生物学因素以深刻的影响。社会因素又是心理学因素赖以形成的根源;社会学因素对生物学因素的影响和制约是间接的,一般来说要通过心理学因素的折射才能实现。在人的心理与行为活动(包括正常和变态)的发生、发展和变化过程中,所有因素错综复杂地交织在一起而起作用,对变态心理的发生、发展和治疗过程都具有一定的影响。

3. **治疗**　在理论上必须从多元的、系统的和整体的角度认识心理疾病,在临床方面强调重视人的社会属性,将躯体治疗、心理治疗和社会功能康复等有机地结合在一起,并在力所能及的范围内帮助病人适应自己所处的社会文化环境。

4. **评价**　生物心理社会模式表明,在解释各种各样的变态心理现象时,不应片面地只从某一个侧面来加以说明,而应该运用综合分析的观点,同时从社会的、心理的和生物的各个方面来探索心理变态发生的根源,才能避免简单化和片面性的偏向。

第二部分　试　　题

一、名词解释

1. 模型
2. 生物学模型

3. 心理动力学模型

4. 本我

5. 自我

6. 超我

7. 现实焦虑

8. 神经质焦虑

9. 道德焦虑

10. 防御机制

11. 压抑

12. 行为模型

13. 社会学习理论

14. 埃里斯 ABC 理论

15. 无条件的积极关注

16. 社会文化模型

17. 社会心理治疗

18. 家庭模型

19. 萨提亚模式

20. 生物心理社会模式

二、填空题（在空格内填上正确的内容）

1. 变态心理的理论模型主要包括_____、_____、_____、_____和_____等。

2. 心理障碍的生物学模型可以划分为_____、_____、_____三个方面。

3. 19 世纪，_____是最系统地应用医学模型对心理障碍进行病因学分类的学者。

4. 按照_____的观点，心理障碍由躯体因素引起，心理异常是一种疾病。

5. 心理动力学模型基本理论要点主要有_____、_____、_____、_____、_____和_____等。

6. Freud 将人格划分为_____、_____、_____三个层次，以此比喻心理的特殊功能或能量。

7. Freud 认为人格发展经历五个不同的精神性欲阶段，即_____、_____、_____、_____和_____。

8. 经典的精神分析建立在 Freud 的_____理论基础上。

9. 行为模型认为心理异常是过去不良学习的结果，是通过_____、_____、尝试错误或_____等方式获得。

10. 贝克的认知曲解包括_____（将小事看得极为重要）、_____（由小事得出非常严重的结论）、_____（只关注特定的事件而忽视其他同等重要的信息）等。

11. 存在主义治疗的特点在于注重人对存在的"最大忧虑"，如对_____、_____、_____和_____的忧虑。

12. 心理学家斯金纳进行的著名行为实验研究称为_____。

13. 经典条件反射的特点包括_____、_____和_____。

14. 班杜拉的示范作用包括_____和_____两个方面。

15. 埃里斯的 ABC 认知理论中，A 是指_____，B 代表_____，C 则代表_____。

16. 人本主义心理学的主要代表人物有_____和_____。

17. 人本主义治疗的基本技术主要包括_____、_____、_____和_____等。

18. 家庭治疗的目标是协助家庭_____、病态情况，以执行健康的_____功能。

19. 1977 年，Engel GL 提出了医学模式应从_____模式转变为_____医学模式的论点。

20. 生物心理社会医学模式图表明，_____因素是最基本的因素，是整个模式的核心部分，是_____因素赖以产生的物质基础，也是心理和社会因素所作用的物质载体或承受者。

21. Freud 的人格结构理论认为，_____具有要求即刻被满足的倾向，遵循着所谓"唯乐原则"行事，自我遵循着_____调节和控制_____的活动。超我遵循_____行事。

22. 心理防御机制的类型主要包括_____、_____、_____和_____四大类。

三、单项选择题（在 5 个备选答案中选出 1 个最佳答案）

1. 把心理障碍归因于生物学过程异常的理论模型是
   A. 心理学模型　　　　　B. 生物学模型　　　　　C. 社会文化模型
   D. 家庭模型　　　　　　E. 生物心理社会模型

2. 把心理障碍解释为体内体液不平衡的学者是
   A. 希波克拉底　　　　　B. 盖伦　　　　　　　　C. 克雷佩林
   D. 高尔登　　　　　　　E. 弗洛伊德

3. 19 世纪，系统地应用医学模型对心理障碍进行病因学分类的学者是
   A. Freud　　　　　　　B. Hippcrates　　　　　C. Galen
   D. Maslow　　　　　　　E. Kraepelin

4. 关于生物学模型的描述恰当的是
   A. 心理障碍是由心理因素引起的
   B. 心理异常只是偏离正常，不是疾病
   C. 心理障碍是由异常的生物学过程引起的
   D. 心理障碍不能使用外科治疗
   E. 所有的心理障碍都可以通过生物学机制来解释

5. 关于心理障碍的描述，属于生物学模型观点的是
   A. 心理障碍是压力过大引起的　　　　B. 心理障碍与基因异常无关
   C. 心理障碍与家庭教育有关　　　　　D. 心理障碍是由大脑结构异常所致
   E. 心理障碍是后天学习获得的

6. 心理动力学模型的理论基础是
   A. 生物学理论　　　　　B. 行为学习理论　　　　C. 心理动力学说
   D. 体液学说　　　　　　E. 应激学说

7. 弗洛伊德认为人格中最根本的动力是
   A. 自我　　　　　　　　B. 本我　　　　　　　　C. 想象我
   D. 超我　　　　　　　　E. 无我

8. 弗洛伊德的人格结构理论认为,"自我"依据何种原则行事
    A. 快乐原则　　　　　　　B. 理想原则　　　　　　　C. 现实原则
    D. 社会原则　　　　　　　E. 至善原则

9. 弗洛伊德的人格结构理论认为,"本我"依据何种原则行事
    A. 快乐原则　　　　　　　B. 理想原则　　　　　　　C. 现实原则
    D. 社会原则　　　　　　　E. 至善原则

10. 弗洛伊德的人格结构理论认为,"超我"依据何种原则行事
    A. 快乐原则　　　　　　　B. 理想原则　　　　　　　C. 现实原则
    D. 社会原则　　　　　　　E. 至善原则

11. 根据弗洛伊德的性心理学说,利比多集中于生殖器官,从而成为获得性满足的主要来源的阶段是
    A. 口欲期　　　　　　　　B. 肛欲期　　　　　　　　C. 性器期
    D. 潜伏期　　　　　　　　E. 生殖期

12. 根据弗洛伊德的性心理学说,利比多处于停滞或退化,转向学习、文化体育活动的阶段是
    A. 口欲期　　　　　　　　B. 肛欲期　　　　　　　　C. 性器期
    D. 潜伏期　　　　　　　　E. 生殖期

13. 属于自恋防御机制的是
    A. 否认　　　　　　　　　B. 退行　　　　　　　　　C. 合理化
    D. 压抑　　　　　　　　　E. 理智化

14. 属于神经症防御机制的是
    A. 否认　　　　　　　　　B. 幻想　　　　　　　　　C. 合理化
    D. 歪曲　　　　　　　　　E. 理智化

15. 属于成熟的心理防御机制的是
    A. 否认　　　　　　　　　B. 退行　　　　　　　　　C. 合理化
    D. 压抑　　　　　　　　　E. 升华

16. 属于自我中心的防御机制,也是其他防御机制的基础是
    A. 否认　　　　　　　　　B. 退行　　　　　　　　　C. 合理化
    D. 压抑　　　　　　　　　E. 理智化

17. 行为主义主要的理论假设是
    A. 起决定作用的是人们现时现场的所思所想
    B. 先前学习对现在的行为起决定作用
    C. 环境对人的现时行为有决定作用
    D. 以前的信息加工对现在有影响
    E. 人对环境有认识评价有关

18. 属于社会学习理论的代表人物是
    A. 霍曼斯　　　　　　　　B. 班杜拉　　　　　　　　C. 勒温
    D. 布鲁默　　　　　　　　E. 米勒

19. 巴甫洛夫在铃声-唾液分泌实验中提出何种概念
    A. 强化　　　　　　　　　B. 条件反射　　　　　　　C. 联想

D. 模仿   E. 刺激

20. 提出"尝试错误说"的学者是
    A. 巴甫洛夫   B. 班杜拉   C. 斯金纳
    D. 马斯洛   E. 桑代克

21. 系统脱敏疗法的理论基础是
    A. 人本主义   B. 人性主义   C. 精神分析理论
    D. 行为学习理论   E. 存在主义理论

22. 被看作心理学界的"第三势力"的理论是
    A. 行为学习理论   B. 人本主义心理学派   C. 精神分析学派
    D. 认知心理学   E. 应激理论

23. "我是一个不受欢迎的人",这种认知歪曲属于
    A. 不合理信念   B. 归因   C. 贴标签
    D. 灾难化   E. 过度概括

24. "我被所有人拒绝",这种认知歪曲属于
    A. 夸大   B. 贴标签   C. 选择性概括
    D. 灾难化   E. 两极化思维

25. 不属于认知模型理论所描述的是
    A. 20世纪50年代中期兴起的一种心理学思想
    B. 研究人的高级心理过程
    C. 研究认知过程中所有的内部机制和过程
    D. 代表人物有 A. Ellis、A. Beck 和 D. Meichenbaum
    E. 认知理论的主要缺陷是,改变对世界的思维方式并非能解决所有问题

26. 属于存在主义先驱的学者是
    A. 罗杰斯   B. 马斯洛   C. 巴甫洛夫
    D. 克尔凯郭尔   E. 笛卡尔

27. 有关存在主义治疗的描述,最为恰当的是
    A. 存在主义治疗强调存在的信念
    B. 存在主义治疗强调人为的防御机制后面的"真实自我"
    C. 存在主义治疗强调每个人都必须面对生活的现实
    D. 存在主义治疗强调为了获得成功,来访者可以接受不以改变生活为目的的任务
    E. 存在主义强调对抗

28. 不属于人本主义理论观点的是
    A. 实现的倾向   B. 自我概念   C. 体验
    D. 自我效能   E. 不协调

29. "人性本善"的观点来自于
    A. 精神分析理论   B. 行为学习理论   C. 人本主义理论
    D. 认知理论   E. 社会文化理论

30. 要毫无保留地接受来访者,对来访者所说或所感受的任何事绝不做出惊讶、失望或不同意的反应,所采用的人本主义治疗技术是
    A. 无条件积极关注   B. 有条件积极关注   C. 真挚

27

D. 重述　　　　　　　　　E. 共情

31. 关于社会文化模型的描述**错误**的是
　　A. 个人都是一定社会文化关系的产物，是特定社会文化的体现者
　　B. 社会因素与文化密切相关，故又称之为社会 - 文化因素
　　C. 心理障碍的社会学观点在第二次世界大战以后逐步发展起来
　　D. 社会 - 文化模型主张对心理障碍的定义、病因的解释以及治疗都应立足于社会
　　E. 变态心理乃是社会病理学的反映

32. 社会文化模型对异常心理的理论解释**不正确**的是
　　A. 异常心理是人对主观现实歪曲的反映
　　B. 异常心理是人对客观现实歪曲的反映
　　C. 不同的社会 - 文化关系影响异常心理的表现方式
　　D. 社会 - 文化因素对情绪影响更加明显
　　E. 不同社会模式下的精神疾病诊断标准有差异

33. 对于同性恋的描述恰当的是
　　A. 同性恋是精神疾病
　　B. 同性恋不符合社会主流伦理道德，应予以禁止
　　C. 同性恋不是疾病，应予以鼓励
　　D. 应强制同性恋者进行治疗
　　E. 对于同性恋的认知，需要在不同社会文化视角、不同时代的观点下评定

34. 首次提出"家庭治疗"概念的学者是
　　A. Nathan Ackerman　　　　B. Murray Bowen　　　　C. Virginia Satir
　　D. A. Beck　　　　　　　　E. D. Meichenbaum

35. 关于家庭模型的描述恰当的是
　　A. 就是对家庭矛盾和问题的咨询与治疗
　　B. 把当事人及其症状放在整个家庭背景中去了解并治疗
　　C. 只关注当事人个人问题和病症的消除
　　D. 只关注个人内在的心理冲突
　　E. 当事人的心理问题只与现在的家庭环境有关

36. 从家庭、社会等系统方面着手，更全面地处理个人身上所背负的问题的家庭治疗模式是
　　A. 萨提亚沟通模式　　　B. 系统性家庭治疗　　　C. 结构性家庭治疗
　　D. 策略性家庭治疗　　　E. 分析性家庭治疗

37. 属于生物心理社会模式观点的是
　　A. 正常和变态人格都是意识与无意识欲望驱动或本能矛盾冲突的结果
　　B. 心理障碍是由躯体因素引起的，心理异常是一种疾病
　　C. 异常行为是观察他人的行为后通过模仿学习学会的
　　D. 从社会、心理和生物三个方面来探索变态心理发生的根源，避免简单化和片面性的解释
　　E. 变态心理乃是社会病理学的反映

38. 有关生物心理社会模式对于变态心理的理论解释，**错误**的是

A. 1977 年, Engel 提出了医学模式应从生物医学模式转变为生物心理社会医学模式的论点

B. 生物学因素是整个模式的核心部分,是心理因素赖以产生的物质基础

C. 社会因素在生物学和心理因素的基础上发挥作用,反过来又影响和制约着心理因素

D. 社会因素对生物因素的影响和制约是间接的,要通过心理因素的折射才能实现

E. 心理因素对生物因素的影响和制约是间接的,要通过社会因素的折射才能实现

四、问答题

1. 简述生物学模型的主要理论观点。
2. 试评价生物学模型的优缺点。
3. 简述弗洛伊德精神分析的人格结构理论的主要观点。
4. 试评价精神分析理论的优缺点。
5. 简述 Ellis 的合理情绪疗法。
6. 简述人本主义治疗的基本技术。
7. 简述社会文化模型对异常心理的主要观点。
8. 简述家庭模型的主要观点。
9. 简述人本主义理论的主要内容。
10. 试述生物心理社会模式中,生物 - 心理 - 社会因素的相互关系。

第三部分　参考答案

一、名词解释

1. 模型是人们分析和解决问题的基本认识方式,一般在实践中通过研究和总结逐步形成。变态心理的理论模型或理论观点(viewpoints)是对变态心理机制的一种理论假设,包括对变态心理的形成、诊断和防治的分析与解释。

2. 生物学模型又称为医学模型或疾病模型,它建立在生物医学的各种研究基础之上,寻找心理障碍的生物学标记和特异性的诊疗方法,这种把心理障碍归因于生物学过程异常的理论解释称为生物学模型。

3. 心理动力学模型是指弗洛伊德创立的心理动力学说,又称为精神分析学说。这一理论模型重点探索心理疾病的个体内在的深层次原因,并强调心理冲突,即心理动力因素的重要性。

4. 本我又叫伊的,存在于无意识深处,是人格中最原始的部分,代表人们生物性的本能冲动,主要是性本能和攻击本能,其中性本能或称为 libido(欲力或性力)对人格发展尤为重要。

5. 自我属于精神分析人格的一个成分,它一方面接受来自本我的动力,为了满足各种本能的冲动和欲望;另一方面又是在超我的要求下,顺应外在的现实环境,采取社会所允许的方式指导行为,保护个体的安全。它遵循着“现实原则”,调节和控制“本我”的活动。

6. 超我类似于良心、良知、理性。是在长期社会生活过程中，社会规范、道德观念等内化而成。其特点是能辨明是非，分清善恶，因而能对个人的动机行为进行监督管制，使人格达到完善的程度。它遵循着"至善原则"。

7. 现实焦虑是指感到外界环境中真实的危险以及害怕这种危险所带来的感受。

8. 神经质焦虑是指自我不能控制本我本能产生的害怕，是一种恐惧的、非现实的且不能与外部的威胁连接的感觉。

9. 道德焦虑是指当自我受到超我惩罚威胁时产生的害怕。道德焦虑指引行为符合个人的良心与社会标准，因此最后的发展使超我产生社会焦虑。大多数焦虑密闭于潜意识中，通过防御机制的运用来处理。

10. 防御机制是按照弗洛伊德的观点，人在潜意识中自动克服本我和自我冲突时的焦虑，保持心理平衡和保护自我的方法。

11. 压抑又称潜抑，指把不能允许的念头、情感和冲动在不知不觉中压抑到无意识中去，它是自我的中心防御机制，也是所有其他防御机制的基础。

12. 行为模型又称学习模型。此模型认为变态心理与正常心理一样是通过学习获得的，它与弗洛伊德观点的不同在于强调人的行为是由外部环境决定的，而不是前者的心理决定论，其核心是强调学习在人类行为中的作用。

13. 社会学习理论是美国心理学家 A.Bandura 等人在 20 世纪 60 年代通过实验证明的理论。该理论认为，人类的许多行为都不能用传统的学习理论来解释，现实生活中个体在获得习得行为的过程中并不都要强化。Bandura 主张把依靠直接经验的学习（传统的学习理论）和依靠间接经验的学习（观察学习）综合起来说明人类的学习。观察学习是社会学习的最主要形式。

14. 埃利斯 ABC 理论是指埃利斯利用 ABC 理论来解释不合理信念的过程：外部事件环境刺激或诱发事件 A（activating event）和情绪、行为问题或苦恼 C（emotional and behavioral consequences）之间中介有不合理的信念 B（beliefs）或信念系统。造成问题的不是事件，而是人们对事件的判断和解释。

15. 无条件的积极关注是指治疗师要毫无保留地接受来访者，对来访者所说或所感受的任何事绝不做出惊讶、失望或不同意的反应。

16. 社会文化模型是指它强调社会文化因素的作用，认为大多数变态心理和正常心理一样都是个人的社会文化生活的产物，比如经济贫困、种族歧视、生活变故、社会压力、天灾人祸、社会动荡等都可能引起心理变态。变态心理乃是社会病理学的反映。

17. 社会心理治疗是指运用社会心理学的理论和方法以及有关技术、技巧来诊断和治疗由心理社会因素造成的器质性、功能性心理障碍，以及与之有关的各种躯体疾病，防止和消除由于心理社会因素造成的不健康行为。

18. 家庭模型是指它强调的是家庭成员或其他社会群体成员之间的相互依赖，家庭和其他社会群体采用的是具有一种倾向于成员之间保持平衡、互让特征的互动模式，或称可预言的行为模式。由于每一个成员都向其他成员提供自己行为的反馈。

19. 萨提亚模式又称萨提亚沟通模式、联合家庭治疗，是由美国首期家庭治疗专家 Virginia Satir 女士所创建的理论体系。萨提亚建立的心理治疗方法，最大特点是着重提高个人的自尊、改善沟通及帮助人活得更"人性化"，而不是求消除"症状"，治疗的最终目标是个人达致"身心整合，内外一致"。

20. 生物心理社会模式是指它用来分析和解释心理障碍的发生、发展及预后时，要求我们必须综合考虑三个方面因素的共同作用，三者在疾病的发生、发展和预后中处于同等重要地位。

二、填空题

1. 生物学模型 心理学模型 社会文化模型 家庭模型 生物心理社会模型
2. 结构理论 生化理论 遗传理论
3. Kraepelin
4. 生物学模型
5. 潜意识学说 人格结构学说 释梦学说 性心理学说 心理病理学说 心理防御学说
6. 本我 自我 超我
7. 口欲期 肛欲期 性器期 潜伏期 生殖期
8. 神经质焦虑
9. 条件反射 操作性条件反射 社会学习
10. 夸大 过度概括 选择性概括
11. 死亡 自由 孤立 无意义
12. 操作条件反射
13. 强化 泛化 消退
14. 榜样示范 模仿学习
15. 诱发事件 信念 情绪后果
16. 马斯洛 罗杰斯
17. 无条件积极关注 共情 真挚 重述
18. 消除异常 家庭
19. 生物医学 生物心理社会
20. 生物学 心理学
21. 本我 现实原则 本我 至善原则
22. 自恋防御 不成熟的防御 神经症防御 成熟的心理防御

三、单项选择题

1. B　2. B　3. E　4. C　5. D　6. C　7. B　8. C　9. A　10. E
11. C　12. D　13. A　14. C　15. E　16. D　17. B　18. B　19. B　20. E
21. D　22. B　23. C　24. E　25. C　26. D　27. D　28. D　29. C　30. A
31. C　32. A　33. E　34. A　35. B　36. A　37. D　38. E

四、简答题

1. 简述生物学模型的主要理论观点。

答：生物学模式又称为医学模型或疾病模型，它建立在生物医学的各种研究基础之上，寻找心理障碍的生物学标记和特异性的诊疗方法，这种把心理障碍归因于生物学过程异常的理论解释称为生物学模型。①生物模型理论认为，个体的心理障碍是由异常的生物学过程引起的，与大脑结构、神经生化、遗传等方面的改变有关；②现代生化技术等的应用，使人们对人类大脑内部的物质代谢过程改变与异常外显行为之间的关系有了深入的了解；③行为遗传学研究个体行为差异为医学模型提供了有力的支持。

2. 试评价生物学模型的优缺点。

答：（1）优点：生物学模型为各种心理异常提供了许多令人信服的、科学的证据，为探索心理障碍的确切原因、诊断和防治做出了极为重要的贡献。可以预见，立足于生物医学模式的进展，将在很大程度上影响或改变变态心理学的理论模式，为揭示各种心理障碍的本质展示了美好的未来。

（2）不足：对人的心理现象的解释，如果仅仅遵循生物学的思维模式是不够的。在变态心理学领域，一些现象如妄想性信念、歪曲的认知等，是不能单纯用生物学机制来解释的，并且用于变态心理的生物治疗技术并不都是成功的。

3. 简述弗洛伊德精神分析的人格结构理论的主要观点。

答：精神分析学说认为，人格是由本我（或他我）、自我或超我三部分构成。①本我。存在于无意识深处，是人格中最原始的部分，代表人们生物性的本能冲动，主要是性本能和攻击本能，对人格发展尤为重要。本我具有要求即刻被满足的倾向，遵循"快乐原则"。②自我。大部分存在于意识中，小部分是无意识的。自我是人格结构中最为重要的部分，自我的发育及功能决定着个体心理健康的水平。自我的动力来自本我，是本我的各种本能、冲动和欲望得以实现承担者；同时它又是在超我的要求下，要顺应外在的现实环境，采取社会所允许的方式指导行为，保护个体的安全，遵循"现实原则"。③超我。类似于良心、良知、理性等含义，大部分属于意识的。超我是在长期社会生活过程中，社会规范、道德观念等内化而成，遵循"至善原则"。

4. 试评价精神分析理论的优缺点。

答：（1）优点：精神分析理论源于心理疾病的临床实践，作为第一个专业性的治疗方法开辟了心理治疗的新途径，对异常心理研究和临床作出了巨大的贡献。精神分析理论使人们对正常和异常行为的认识由表面深入到内心深处，让人们意识到心理问题其实都是内心世界各种力量斗争的结果。

（2）不足：Freud 的理论来源建立在主观经验和逻辑演绎之上，缺乏事实根据，也难以进行科学验证。此外，Freud 的研究样本来源于心理疾病患者，有人因此怀疑他混淆了正常人与心理障碍患者的区别。

5. 简述 Ellis 的合理情绪疗法。

答：Ellis 的合理情绪疗法并不以简单消灭症状为目标，而在于引导当事人去反思及改变自己曾自以为是的人生观和价值观，认识到正是这些信念才是导致他们困扰的真正原因，学习以新的理性思维代替非理性思维，鼓励他们正确评价情境，减少因生活中的错误而责备自己或他人的倾向，减少或消除后者给情绪和行为带来的不良影响，并且布置作业强化这种解析经验的新方式。常用技术针对三个方面的问题：①认知问题，运用辩论、诘难的方法和阅读疗法、家庭作业法等；②情绪问题，采用想象法、面对法和定式练习法等；③行为问题，使用操作条件作用法、示范法和系统脱敏法等。

6. 简述人本主义治疗的基本技术。

答：其基本技术有：

（1）无条件的积极关注：要毫无保留地接受来访者，对来访者所说或所感受的任何事绝

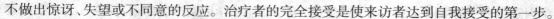

不做出惊讶、失望或不同意的反应。治疗者的完全接受是使来访者达到自我接受的第一步。

（2）共情：要能够通过来访者的眼神洞悉其内心世界，能够体验到来访者的一部分感受。

（3）真挚：即坦率和诚实，治疗者要放下专家架子。

（4）重述：治疗者要做的是对来访者的思想和情感进行重述，如复述、总结或重复。这时，治疗者的作用是扮演一面"心理镜子"，使来访者能够从"镜子"中更清楚地看清自己。

7. 简述社会文化模型对异常心理的主要观点。

答：社会文化模型主张对心理障碍的定义、病因的解释以及治疗都应立足于社会。

（1）异常心理是人对客观现实歪曲的反映：躯体疾患的主要表现是生理功能的异常，这在不同的历史阶段和不同的文化背景中基本一致；而心理疾患的主要表现是对客观现实不协调，其表现与社会文化的不同有明显的差异。

（2）不同的社会 - 文化关系影响表现方式：同样的一种心理异常，在不同的时代、不同的社会 - 文化背景下，其表现方式很不相同。

（3）社会 - 文化因素对情绪影响更加明显：对于抑郁症，中国人和美国人的主诉有不同的表现。据调查，美国病人能比较准确、适当地表达出自己的忧郁心情，如对什么都没有兴趣、不想活等；而中国人则多诉说自己胸中发闷，胃口不好，全身无力气等。即美国人较会诉说精神症状和心理问题，而中国人则较易于诉说身体症状。

（4）社会模式下的精神疾病诊断：绝大多数偏离社会 - 文化规范和准则的行为不是被认为是犯罪，就是被认为是精神障碍。

8. 简述家庭模型的主要观点。

答：家庭模型强调的是家庭成员或其他社会群体成员之间的相互依赖，家庭和其他社会群体采用的是具有一种倾向于成员之间保持平衡、互让特征的互动模式，或称可预言的行为模式。

（1）个人心理问题是目前家庭问题的表现：这种情况往往是病人来找医生就诊，诉说自己在心理和行为上如何出现了问题。主要是背后存在的家庭问题。

（2）个人的心理问题源于过去的家庭问题：有些病人的心理问题不是与现在的家庭有关，而是源于过去的家庭环境，仍保持着过去的家庭所造成的影响并以心理或行为问题的方式表现出来。

（3）个人心理问题与家庭问题同时共存：有些病人的个人心理问题与家庭问题刚好同时共存，两种问题较少有因果关系，但因互相影响彼此加重。

9. 简述人本主义理论的主要内容。

答：人本主义理论是继精神分析理论、行为主义理论后兴起的心理学理论学派，被称为心理学的"第三种力量"。它的代表人物是马斯洛（Maslow AH）和罗杰斯（Rogers CR）。人本主义理论重视研究人的本性、动机、潜能，关注人的价值与尊严，反对行为主义的机械决定论和精神分析的生物还原论。主要包括：自我概念的形成和发展、条件性积极关注对自我发展的影响、自我实现倾向和功能完备与失常等内容。

10. 试述生物心理社会模式中，生物 - 心理 - 社会因素的相互关系。

答：在生物心理社会模式中，有其独特内容的生物、心理和社会因素，具有相互联系、相互包含和相互制约、不可分割的关系。①生物学因素是整个模式最基本的核心部分，是心理学因素赖以产生的物质基础，也是心理和社会因素所作用的物质载体或承受者；②心理学因素是在生物学因素的基础上产生的,它给予生物学因素产生深刻的影响;③社会因素是在个体生物学和心理学因素的基础上发挥作用,反过来又直接影响和制约着心理学因素,是心理学因素赖以形成的根源;社会学因素对生物学因素的影响和制约是间接的,一般来说要通过心理学因素的折射才能实现。在人的心理与行为活动(包括正常和变态)的发生、发展和变化过程中,各种因素是错综复杂地交织在一起而起作用的。在解释变态心理现象时,应该运用综合分析的观点。

(凤林谱)

第三章　变态心理的分类、诊断与评估

第一部分　内容概要与知识点

本章导读　本章主要介绍变态心理及行为的分类、诊断与评估。从基本的概念着手，逐一介绍了什么是变态心理及行为，对于变态心理及行为主要的分类原则及分类方法有哪些，目前存在哪些问题需要加以批判性分析。接着介绍了国内常用的三大诊断系统（ICD-10、DSM-5、CCMD-3）以及国际功能、残疾与健康分类（ICF）。介绍了分类相关知识后，对变态心理的诊断做了详细的介绍，变态心理的诊断原则有哪些，接触可能存在心理异常的个体时，基本的临床诊断思路是什么，此外，对一些焦点问题进行了分析。最后，本章就变态心理的评估方法、基本流程、搜集内容以及可供使用的标准化量表进行了详细阐述。本章对分类系统仅作了概括性介绍，有关各类精神障碍的诊断标准详见各论章节。

第一节 概　　述

1. 基本概念

（1）疾病命名即给疾病起一个名字。理想的疾病名称应既能反映疾病的内在本质和外在表现，又具有唯一性。20世纪Bleuler首次使用"精神分裂症"（schizophrenia）这一诊断命名。DSM-5（2013）与此相关的章节为"精神分裂症谱系障碍及其他精神病性障碍"。所谓"谱系"，即认为心理健康和心理障碍并不是截然不可分割的，从正常到极端异常是一个连续谱，而个体在谱系上的位置决定了是否需要治疗。

（2）疾病分类是把各种疾病按各自特点和从属关系划分出疾病种类、病种和病型，并列成系统，为临床诊断和鉴别诊断提供参照依据。

（3）疾病诊断就是根据病史、临床检查和实验室检查等资料判断个体是否存在异常，并按分类系统和诊断标准确定疾病种类、病型和病期。

（4）异常心理评估是采用访谈、调查、有组织的测验、直接的行为观察等综合手段，多层面、多方位地收集异常心理及行为相关信息，包括病因、诱因、症状体征、发展过程和实验数据等，为疾病诊断和治疗提供较为全面的定性和定量依据。

2. 变态心理的分类原则

（1）单维原则：精神障碍可以按不同维度进行分类，同一层次最好按一个维度进行分类，但目前精神障碍分类恰恰违反了这一分类原则。

（2）等级原则：又称层次原则。目前精神障碍亦难以完全按照等级原则进行分类，只能大致依照此原则进行。

（3）独立原则：每种精神障碍必须是独立的疾病单元，具有特定的内涵和外延。现有的诊断分类系统还没有达到这种要求，有些种类的共同特征不明确。

3. 变态心理的分类方法

（1）病因学分类：这是医学致力追求的理想分类方法，但多数精神障碍病因不明，难以完全按病因分类。

（2）临床特征分类：根据综合病因、临床症状、病程和预后等信息进行分类。

（3）心理特征分类：这是传统的心理学分类。

（4）其他分类：如按起病形式、按发病年龄分类等。

4. 目前分类存在的问题　①重症状轻病因；②重现状轻过程；③重数量轻性质；④重标签轻内容。

第二节　主要诊断分类系统

1.《国际疾病分类第10版》（ICD-10）　世界卫生组织（1992）制定。包含10大类精神障碍。

2.《精神障碍诊断与统计手册第5版》（DSM-5）　美国精神病协会（2013）制定。主要包括22大类精神障碍。相比于DSM-Ⅳ-TR，DSM-5有以下重要变化：精神障碍由17类变成了22类。合并了孤独症、Asperger障碍、儿童期瓦解性障碍、其他未加标明的广泛性发育障碍，将其统称为"孤独症谱系障碍"。将心境障碍拆分为"双相障碍与其他相关障碍"与

"抑郁障碍"两个独立章节。将"焦虑障碍"拆分、重组为"焦虑障碍""强迫障碍及其他相关障碍"和"创伤与应激相关障碍"。取消了精神分裂症的亚型划分。不再强调精神分裂症中怪异的妄想和 Schneider 一级症状中幻听的重要性，在 A 项诊断标准中强调个体必须符合妄想、幻觉及言行紊乱三个症状中的至少一个。在特性说明方面，增加了"具有混合发作的特征"这一新的特性说明，在抑郁发作的特性说明中，强调了自杀风险评估的重要性。在强迫障碍和其他相关障碍中，提到了"自知力不良"的特性说明。DSM-5 取消了五轴诊断，使用非轴性的诊断记录，伴有对重要心理社会和背景因素的说明和残疾评估。

3.《中国精神障碍分类与诊断标准第 3 版》（CCMD-3）　中华医学会精神医学分会（2001）制定，将精神障碍分为 10 大类。

第三节　国际功能、残疾和健康分类（ICF）

1. **ICF 简史**　WHO 于 1980 年制定并公布了第 1 版《国际残损、残疾、残障分类》（ICIDH），1996 年颁布了《国际残损、活动与参与分类》（被称为 ICIDH-2），2001 年 ICIDH-2 被认可，正式更名为 ICF，即国际功能、残疾和健康分类，简称国际功能分类。

2. **ICF 的理论模式及成分**　ICF 认为，个体在特定领域的功能是健康状况和背景性因素间交互作用和复杂联系的结果，干预一个方面可能导致一个或多个方面的改变。ICF 具有两部分，每一部分有两种成分，分别为功能和残疾（包括身体功能和结构、活动和参与）、背景性因素（包括环境因素和个人因素）。身体功能是身体各系统的生理功能（包括心理功能）；身体结构是身体的解剖部位，如器官、肢体及其组成成分；损伤是身体功能或结构出现的问题，如显著的变异或缺失；活动是个体执行一项任务或行动；参与是投入到一种生活情景中；活动受限是个体进行活动时可能遇到的困难；参与局限性是个体投入到生活情景中可能经历到的问题；环境因素构成了人们生活和指导人们生活的自然、社会和态度环境。

3. **ICF 的编码系统**　ICF 运用了一种字母数字编码系统，字母 b、s、d 和 e 代表身体功能、身体结构、活动和参与以及环境因素。其中，字母 d 指明在活动和参与的成分中的领域，根据使用者的情况，可以用 a 或 p 替代首字母 d 以分别指明活动或参与。ICF 编码只有在加上一个限定值后才算完整限定值用于显示健康水平的程度（即问题的严重性），没有限定值的编码是没有意义的。ICF 的限定值运用 0~4 级等级量表评定，表示阻碍程度，有时也会在限定值前加 +，表示存在有利因素。

4. **ICF 的主要用途**　ICF 作为综合分析身体、心理、社会和环境因素的手段，提供了一个有效的系统性评价工具，可用于保健、保险、社会保障、就业、科研、教育和训练等各个领域。基于 ICF 理念设计的 WHO DAS 2.0 被 DSM-5 采用，用以评估精神障碍病人的功能情况。

第四节　变态心理诊断

1. **诊断原则**

（1）一元诊断：指在临床诊断中对患者所有症状和体征尽可能用一种疾病来解释。根据精神症状及年龄、病程等，首先考虑最可能的常见病、多发病，而不是少见病、疑难病，即"马与斑马"原则。

（2）等级诊断：又称层次诊断。指临床诊断中按疾病严重性和治疗迫切性对可能存在的多种疾病按主次或先后进行诊断排序。如果患者的病情符合较高等级的诊断标准，即便也符合较低等级的诊断标准，则按较高等级诊断，不要诊断等级较低的障碍。

（3）循证诊断：指在临床诊断中注重客观依据、不断验证诊断的正确性。临床诊断确定后，应继续观察和随访，根据疾病动态发展过程、治疗反应和结局情况，进一步验证诊断的正确性。

（4）多轴诊断：可以帮助医生及治疗师更好地了解个体心理现象的复杂情况，CCMD-3、ICD-10 及 DSM-Ⅳ 都推行多轴诊断。

2. **诊断思维** 精神障碍诊断主要遵循"症状—综合征—假说—诊断"的程序化思维模式。首先，根据病史、临床访谈和心理评估等资料发现和确定精神症状；其次，根据症状特点和内在联系构建临床综合征；再次，综合分析精神症状或综合征的动态发展趋势，结合发病过程、病程等相关资料，提出各种可能诊断假设（hypothesis diagnosis）；最后，根据诊断标准，按可能性从小到大的次序逐一予以排除，作出结论性诊断，即作出最可能的症状性诊断或结合病因作出病因性诊断。精神障碍的诊断所遵循的从症状（symptoms）构建综合征（syndrome），再到疾病分类学诊断（nosology diagnosis）的基本思路，也被称为"S-S-D"思路。

在诊断过程中，需收集以下资料：①发病基础：包括一般资料、家族史、病前性格、既往病史和生活环境等；②起病及病程：目前国内比较公认的是从可疑精神异常到明显精神异常的时间来判断，2 周以内为急性起病，2 周~3 个月为亚急性起病，3 个月以上为慢性起病；③临床表现：根据症状的三要素（性质、频率和强度、持续时间）确定症状，并按照"知、情、意"等对症状进行归类，然后分析现有症状是否构成临床综合征（症状群），并将每一症状或综合征与类似现象进行比较，了解不同精神症状或综合征性质特点及与心理背景、环境之间的相互关系；④病因与诱因：一般而言，由理化生物因素引起的精神障碍，一般伴有相应的症状与体征，通过体格检查或实验室检查可获得相关的异常躯体表现。心理社会因素引起的精神障碍，起病前必然有明显的精神创伤或应激性事件存在。

3. **诊断标准** 在我国有三套精神障碍诊断标准（ICD-10、DSM-5 和 CCMD-3）可以使用，这些诊断标准都以症状组合、严重程度或功能损害、病期或病程等作为主要标准，同时结合病因和排除标准进行诊断。

4. **焦点问题**

（1）误诊：有三种情况：把精神活动正常的变异诊断为精神障碍；未及时发现轻度精神障碍或早期精神障碍；将 A 病诊断为 B 病。

（2）共病现象：精神障碍的共病比较常见。如抑郁障碍很少单独存在，常与人格障碍、焦虑障碍等共病。

（3）被精神病：通常指第三方有目的地编造虚假信息将精神正常者诊断为某种精神障碍，多强行送到精神病院就诊和（或）接受强制性住院治疗。

（4）早期诊断与早期干预：精神障碍的早期干预被定义为前驱期干预（一级预防）和精神障碍发生后的早发现、早治疗（二级预防）。前驱期干预较为主动，但因存在假阳性（即个体日后并没有发展为精神障碍）的风险，且面临着伦理风险，故目前较为重视精神障碍发生后的早期干预。越早发现，越早干预，患者的预后与结局越好。早期干预的前提是早期识别。不仅要会识别相对典型的症状，还要注意不典型的表现如情感症状、认知症状等，尤其注意结合整个发生发展过程来分析这些变化。注意长期规律地随访。在未达诊断标准之前，可自愿选择不涉及伦理的非药物治疗方式如认知行为干预等，而一旦符合某一精神障碍的诊断标准，可尽早展开治疗，缩短发作期，以期取得良好的预后。

第五节　变态心理评估

临床评估是对可能存在心理障碍个体的心理、生理和社会因素进行系统的评价和衡量。评估不同于诊断，后者好比漏斗，侧重从许多资料中得出一个或几个结论性意见，倾向于找出共性的特征；评估是全面而深刻地了解一个人的更多的特征的过程，更倾向于个性的了解。

1. 临床访谈与观察

（1）摄入性访谈：就是收集有关病史资料，是临床心理学家了解病情最基本、最有用的技术。收集资料包括感知觉障碍、注意力和定向力、情绪表现、自知力等。

（2）个案史访谈：要对病人的生活以及他和社会的关系做出尽可能详尽而全面的估计，通常按编年史顺序收集。主要内容有本人体验、父母、同胞、教育、喜爱的活动、工作史、婚姻史等。

（3）检查性访谈：心理状况检查时的访谈是一项技巧性工作。访谈内容主要包括言语和沟通过程、感觉和认识功能、思想内容、情绪、自知力和判断等。

（4）行为观察：主要观察内容有仪表、身体外观、人际沟通风格、言语和动作、交往中表现出的兴趣爱好和对人对事对己的态度、在困难情境中的应付方式等。

2. 结构化临床访谈

（1）复合性国际诊断交谈检查表（CIDI-C）内容与 ICD-10 相呼应。

（2）DSM-Ⅳ定式临床访谈（SCID）与 DSM 诊断标准相配套。

（3）简明国际神经精神访谈（MINI）可以评定 ICD-10 和 DSM-Ⅳ中的 16 种精神疾病。

3. 标准化量表

（1）一般能力测验或量表：一般能力包括认知能力（记忆和智力）和社会适应能力。一般用于精神发育迟滞、痴呆和脑器质性疾病的诊断和康复效果的评定，以及脑损害者的司法鉴定和劳动能力或残疾鉴定。国内常用的智力测验有韦氏智力量表修订版和中国比内智力测验，还有一些简易认知功能测验或评定量表，如简易精神状况检查（MMSE）。

（2）人格测验或量表：分为自陈式的人格测验和投射式的人格测验两类，前者包括明尼苏达多项人格量表（MMPI）、艾森克人格问卷（EPQ）、卡特尔 16 种人格因素问卷（16PF）和加州心理调查表（CPI）等；后者包括罗夏墨迹测验（RT）、主题统觉测验（TAT）和语句填充测验等。

（3）症状评定量表：可协助临床诊断、评定病情的严重程度和评定各种治疗的效果。按评定者性质可分成自评量表和他评量表。按内容可分为综合评定量表和专项评定量表，前者如症状自评量表（SCL-90）等，后者如抑郁自评量表（SDS）、焦虑自评量表（SAS）、Bech-Rafaelsen 躁狂量表（BRMS）等。

（4）社会功能评定量表：如生活质量综合评定问卷（GQOLI-74）、WHO 残疾评估量表（WHODAS 2.0）等。

（5）其他量表：如生活事件量表（LES）、应付方式问卷和认知偏差问卷等。

4. 客观生物学标记   精神障碍的诊断面临的最大挑战就是能否找到敏感或特异的客观生物学标记。随着科学技术的快速发展，活体脑检查技术（事件相关电位、脑功能成像和分子显像等）和遗传学检测技术（全基因扫描、拷贝数变异和诱导多能干细胞等）取得了显著进展，近年来研究者将这些技术用于精神障碍研究，取得了不少有价值的发现，但这些发现离我们的目标或实际临床应用还有很长的距离。

第二部分　试　　题

一、名词解释

1. 异常心理评估
2. 临床诊断
3. 一元诊断
4. 等级诊断
5. 循证诊断
6. 被精神病
7. 早期干预
8. 临床评估
9. 摄入性访谈
10. 个案史访谈
11. 疾病命名
12. 疾病分类
13. 谱系
14. 病因学分类
15. 临床特征分类
16. "马与斑马"原则
17. "S-S-D"思路
18. 行为观察
19. 症状评定量表
20. 心理特征分类

二、填空题（在空格内填上正确的内容）

1. 所谓_____，即认为心理健康和心理障碍并不是截然不可分割的，从正常到极端异常是一个连续谱，而个体在谱系上的位置决定了是否需要治疗。

2. 事物或现象的分类按照从大到小，从抽象到具体进行分类，如动物按界、门、纲、目、科、属、种等进行分类，属于疾病分类原则中的_____。

3. _____是指按疾病发生的主要原因进行分类，这是医学致力追求的理想分类方法。

4. _____是根据心理过程的异常和心理功能或个性特征的改变进行分类的一种方

法，这是传统的心理学分类。

5. 《精神障碍诊断与统计手册第 5 版》（DSM-5）于_____年颁布。

6. DSM-5 在特性说明方面，增加了_____这一新的特性说明，用以表征躁狂或轻躁狂发作时存在抑郁特征，以及抑郁发作时存在躁狂或轻躁狂两种情况。

7. 为了消除某些专业术语的贬义色彩，DSM-5 将"精神发育迟滞"改为"_____"。

8. DSM-5 取消了五轴诊断，建议使用非轴性的诊断记录、伴有对重要心理社会和背景因素的说明和_____。

9. 国际功能、残疾和健康分类（ICF）是对健康进行分类，更多采取_____模式，而 ICD-10 等诊断标准主要对造成死亡原因的疾病予以编码和分类，更倾向于_____模式。

10. ICF 认为，_____是一个包括所有的身体功能、活动和参与在内的包罗万象的术语。

11. 在精神障碍的诊断中，根据精神症状及年龄、病程等，首先考虑最可能的常见病、多发病，而不是少见病、疑难病，即"_____"原则。

12. 精神障碍的诊断主要遵循"_____"的程序化思维模式。

13. _____是指一个病人同时患两种或以上疾病。

14. 精神障碍的临床访谈的内容很广，按访谈目的来分，有_____、心理咨询和治疗访谈。

15. _____主要了解来访者在访谈和测查过程中的行为表现，形成初步印象，对访谈方向和测验选择具有指向作用。

16. DSM-Ⅳ 配套的定式临床访谈是_____。

17. _____测验一般用于精神发育迟滞、痴呆和脑器质性疾病的诊断和康复效果的评定，以及脑损害者的司法鉴定和劳动能力或残疾鉴定。

18. 人格测验分_____的人格测验和_____的人格测验两类。

19. 明尼苏达多项人格量表的英文缩写是_____。

20. _____量表主要是对精神症状进行量化评定，客观地反映症状的严重程度，可以协助临床诊断、评定病情的严重程度和评定各种治疗的效果。

21. 在国内外所有变态心理学教材或专著中基本上都借鉴了_____的分类诊断方法。

22. 20 世纪 Bleuler 首次使用"_____"（schizophrenia）这一诊断命名，认为这类疾病有着同一病因，但具有不同表现，其结局也不一定为衰退。

23. _____是采用访谈、调查、有组织的测验、直接的行为观察等综合手段，多层面、多方位地收集异常心理及行为相关信息，为疾病诊断和治疗提供较为全面的定性和定量依据。

24. ICD-10 类别目录列出了 10 大类（F0~F9），其中 F0 和 F1 按_____分类，F9 按年龄分类，其他按症状特点分类。

25. DSM-5 的最重要部分，主要包括_____大类精神障碍。

26. DSM-5 将"焦虑障碍"拆分、重组为"焦虑障碍""_____"和"创伤与应激相关障碍"。

27. DSM-5 在抑郁发作的特性说明中，还强调了_____的重要性。

28. 在全世界推广应用的分类诊断标准是_____。

29. 精神障碍的诊断遵循的从"症状"到"综合征",再到"分类学诊断"的基本思路称为_____。

30. _____原则要求,在临床诊断确定以后,应继续观察和随访,根据疾病的动态发展过程、治疗反应和结局情况,进一步验证诊断的正确性。

三、单项选择题(在 5 个备选答案中选出 1 个最佳答案)

1. 首次使用"精神分裂症"(schizophrenia)这一诊断命名的是
   A. Bleuler   B. Kahlbaum   C. Hecker
   D. Kreapelin   E. Moral

2. 每种精神障碍必须是独立的疾病单元,具有特定内涵和外延,指的是
   A. 单维原则   B. 等级原则   C. 层次原则
   D. 独立原则   E. 单一原则

3. 综合病因、临床症状、病程和预后等信息进行分类的分类方法为
   A. 病因学分类   B. 临床特征分类   C. 心理特征分类
   D. 病理特征分类   E. 发病年龄分类

4. 目前精神障碍的分类中存在的主要问题是
   A. 重病因轻症状   B. 重主观轻客观   C. 重现状轻过程
   D. 重性质轻数量   E. 重内容轻标签

5. 在全世界推广应用的分类诊断标准是
   A. ICD-10   B. CCMD-3   C. DSM-5
   D. WHO DAS 2.0   E. MINI5.0.0

6. 只在中国使用的分类诊断标准是
   A. ICD-10   B. CCMD-3   C. DSM-5
   D. SCID   E. MINI

7. 关于 DSM-5 的变化,下列说法正确的是
   A. 未取消精神分裂症亚型的划分
   B. 抑郁发作不能伴有混合特征
   C. 强迫症必须自知力完好
   D. 将"精神发育迟滞"改为"智能残疾"
   E. 仍采用五轴诊断

8. 在 ICF 中,描述"投入到一种生活情景中"的术语是
   A. 身体功能   B. 身体结构   C. 损伤
   D. 参与   E. 环境

9. 关于 ICF,下列说法正确的是
   A. 字母 d 代表身体功能
   B. 字母 b,可以用 a 或 p 替代以分别指明活动或参与
   C. ICF 编码的限定值用于显示健康水平(问题的严重性)
   D. ICF 的限定值运用 0~7 级等级量表评定
   E. 编码没有限定值也是有意义的

10. 基于 ICF 理念设计的量表是

    A. SCL-90   B. WHO DAS 2.0   C. GAF

    D. SOFAS   E. GQOLI-74

11. 在 ICF 中身体功能的英文缩写是

    A. a   B. b   C. d

    D. e   E. s

12. 按照目前国内公认的标准,急性起病指从可疑精神异常到明显精神异常的时间为

    A. 发病2周以内   B. 发病4周内   C. 2周至3个月

    D. 3个月以上   E. 3个月至2年

13. 按照目前国内公认的标准,亚急性起病指从可疑精神异常到明显精神异常的时间为

    A. 发病4周以内   B. 2周至3个月   C. 3个月至1年

    D. 3个月至2年   E. 3个月至5年

14. **不是**变态心理诊断的原则的是

    A. 一元诊断   B. 共病诊断   C. 等级诊断

    D. 询证诊断   E. 多轴诊断

15. 精神障碍诊断的"马与斑马"原则是

    A. 诊断确定后,继续观察随访,根据疾病动态发展过程等,进一步验证诊断的正确性

    B. 按疾病严重性和治疗迫切性对可能存在的多种疾病按主次或先后进行诊断排序

    C. 可以帮助医生及治疗师更好地了解个体心理现象的复杂情况,对病人全面把握

    D. 根据诊断标准,按可能性从小到大的次序逐一予以排除,作出结论性诊断

    E. 根据症状及年龄、病程等,首先考虑最可能的常见病、多发病,而不是少见病、疑难病

16. 精神障碍的诊断主要遵循程序化思维模式是

    A. 假说—症状—综合征—诊断   B. 症状—假说—综合征—诊断

    C. 症状—综合征—假说—诊断   D. 症状—综合征—诊断—假说

    E. 假说—症状—综合征—诊断

17. 精神障碍的诊断遵循的从"症状"到"综合征",再到"分类学诊断"的基本思路称为

    A. SSN 思路   B. SSD 思路   C. ABC 思路

    D. SSA 思路   E. SSE 思路

18. 关于早期干预,下列**错误**的是

    A. 精神障碍的早期干预被定义为前驱期干预和精神障碍发生后的早发现、早治疗

    B. 前驱期干预为一级预防,虽较为主动,但存在假阳性风险和伦理风险

    C. 精神障碍发生后,越早发现,越早干预,患者的预后与结局越好

    D. 前驱期干预,可选非药物治疗方式如认知行为干预,也可选药物治疗方式

    E. 早期干预需要对高风险患者长期规律地随访

19. 收集有关病史资料,是临床心理学家了解病情最基本、最有用的技术是

    A. 摄入性访谈   B. 个案史访谈   C. 检查性访谈

    D. 行为观察   E. 心理治疗访谈

20. MINI 是
    A. 复合性国际诊断交谈检查表　　　　　B. 简明国际神经精神访谈
    C. 精神现状检查第 10 版　　　　　　　D. DSM-Ⅳ定式临床访谈
    E. 国际人格障碍检查表

21. 属于症状评定量表的是
    A. MMSE　　　　　　　B. MMPI　　　　　　　C. EPQ
    D. TAT　　　　　　　　E. SCL-90

22. 一般而言,精神障碍的致病因素大致分为理化生物因素与
    A. 躯体因素　　　　　　B. 诱发因素　　　　　　C. 素质因素
    D. 心理社会因素　　　　E. 保护因素

23. 关于个案史访谈,说法正确的是
    A. 其重点在于搜集症状,而非个体的工作史、婚姻史等内容
    B. 记录时,应把个体提及的所有内容不加选择地记录下来
    C. 记录时,要着重记录那些有意义的回忆和客观报告的事件
    D. 书写报告时,访谈者可以加入自己的理解与判断
    E. 应充分信任个体的描述,不需要向家属等知情人士证实

24. 与DSM诊断标准相配套的标准化临床访谈是
    A. SCID　　　　　　　B. MINI　　　　　　　C. CIDI-C
    D. GAF　　　　　　　E. WHO DAS2.0

25. 艾森克人格问卷的缩写是
    A. MMPI　　　　　　　B. EPQ　　　　　　　C. 16PF
    D. CPI　　　　　　　E. TAT

26. 卡特尔16种人格因素问卷的缩写是
    A. MMPI　　　　　　　B. EPQ　　　　　　　C. 16PF
    D. CPI　　　　　　　E. TAT

27. 汉密尔顿抑郁量表的缩写是
    A. HAMA　　　　　　　B. HAMD　　　　　　　C. SAS
    D. SDS　　　　　　　E. BAI

28. 焦虑自评量表的缩写是
    A. HAMA　　　　　　　B. HAMD　　　　　　　C. SAS
    D. SDS　　　　　　　E. BAI

29. 主要用于评定个体的社会功能的量表是
    A. 16PF　　　　　　　B. MMPI　　　　　　　C. CMI
    D. GQOLI-74　　　　　E. LES

30. 对于精神障碍诊断的客观生物学标记,说法正确的是
    A. 在精神障碍诊断中,客观的生物学标记并不重要
    B. 近年来发现在活体脑检查技术等上的发现,对精神障碍无重大价值
    C. 目前器质性标记能确认原发疾病的存在,也能确认精神障碍的存在
    D. 内表型是架起复杂的遗传因素与复杂的临床症状之间的桥梁
    E. 遗传学标记的研究,对精神障碍的诊断及转归预测意义不大

31. DSM-5 中,抑郁症的诊断标准 A 指出,在连续两周内,有 5 项或以上的下述症状……,"持续两周"是诊断抑郁症的

    A. 症状标准   B. 病程标准   C. 排除标准

    D. 功能损害标准   E. 症状频度标准

32. DSM-5 中,抑郁症的诊断标准 B "症状引起具有临床意义的痛苦,或导致社交、职业或其他重要功能的损害",是

    A. 症状标准   B. 病程标准   C. 排除标准

    D. 功能损害标准   E. 症状频度标准

33. DSM-5 在强迫障碍和其他相关障碍章节中,用来区分自知力完好、自知力不全和自知力缺乏 / 伴妄想观念的个体的特性说明是

    A. 自知力不良   B. 伴焦虑痛苦   C. 伴混合特征

    D. 伴忧郁特征   E. 伴非典型特征

34. 关于不同患者 ICD 编码和 ICF 编码,叙述正确的是

    A. 患者 ICD 编码相同,ICF 编码也一样

    B. 患者 ICF 编码相同,ICD 编码也一样

    C. 患者 ICD 编码相同,ICF 编码可能也不相同

    D. 如果患者 ICD 编码不同,ICF 编码一定不同

    E. 患者的 ICD 编码与 ICF 编码没有任何关系

35. WHO DAS 2.0 包括认知、移动、自理、与人相处、生活活动、社会参与 6 个维度,所有维度的根据都是 ICF 的

    A. 身体功能分类   B. 身体结构分类   C. 环境因素分类

    D. 个人因素分类   E. 活动和参与分类

36. 在国际分类家族中,用来编码影响健康本身的情况(如疾病、中毒、损伤等)的是

    A. ICD   B. ICF   C. ICA

    D. DSM   E. CCMD

37. 在国际分类家族中,用来编码个人健康状况的长期影响(如功能、残疾、活动及社会参与能力、环境因素等)的是

    A. ICD   B. ICF   C. ICA

    D. DSM   E. CCMD

38. 如欲对病人的生活以及他和社会的关系做出尽可能详尽而全面的估计,需进行

    A. 摄入性访谈   B. 个案史访谈   C. 检查性访谈

    D. 回顾性访谈   E. 前瞻性访谈

39. 对于精神障碍的共病现象,叙述正确的是

    A. 精神障碍的共病现象非常少见

    B. 抑郁障碍和焦虑障碍多单独存在

    C. 焦虑抑郁的共病并不存在危险因素

    D. 存在两种疾病的症状就是两种疾病共病

    E. 抑郁障碍最常共病焦虑障碍

40. 关于"被精神病"的技术性因素,下列说法正确的是

    A. 并非由第三方有目的地捏造虚假信息所致

B. 精神障碍的诊断并没有所谓的"金标准"

C. 家属或监护人提供的病史资料是绝对可靠的

D. 患者及家属提供的病史和症状是完全真实的

E. 家属总能对患者的精神状态客观详尽描述

四、问答题

1. 简述变态心理的诊断原则。

2. 简述精神障碍的"症状—综合征—假说—诊断"的程序化思维模式。

3. 简述精神障碍的早期干预。

4. 简述变态心理及行为的分类方法。

5. 精神科临床上常用的标准化量表有哪些?

6. 临床评估与临床诊断有何不同?

7. 简述变态心理或行为的分类原则。

8. 目前的分类诊断系统主要存在哪些问题?

9. 简述精神障碍的共病现象。

10. 与"被精神病"有关的技术性因素有哪些?

第三部分 参 考 答 案

一、名词解释

1. 异常心理评估是指采用访谈、调查、有组织的测验、直接的行为观察等综合手段,多层面、多方位地收集异常心理及行为相关信息,包括病因、诱因、症状体征、发展过程和实验数据等,为疾病诊断和治疗提供较为全面的定性和定量依据。

2. 临床诊断指临床医师根据收集的资料,运用专业知识和经验,按客观规律进行分析综合,判断推理找出疾病本质特点,按诊断标准确定诊断和处置原则的过程。

3. 一元诊断指在临床诊断中对患者所有症状和体征尽可能用一种疾病来解释。根据精神症状及年龄、病程等,首先考虑最可能的常见病、多发病,而不是少见病、疑难病,即"马与斑马"原则。

4. 等级诊断指临床诊断中按疾病严重性和治疗迫切性对可能存在的多种疾病按主次或先后进行诊断排序。如果患者的病情符合较高等级的诊断标准,即便也符合较低等级的诊断标准,仍按较高等级诊断,不诊断等级较低的障碍。

5. 循证诊断指在临床诊断中注重客观依据、不断验证诊断的正确性。循证诊断应遵循实践、认识、再实践、再认识的原则。临床诊断确定以后,应继续观察和随访,根据疾病的动态发展过程、治疗反应和结局情况,进一步验证诊断的正确性。

6. 被精神病通常指第三方有目的地编造虚假信息将精神正常者诊断为某种精神障碍,多强行送到精神病院就诊和(或)接受强制性住院治疗。

7. 早期干预是指精神障碍的早期干预,被定义为前驱期干预(一级预防)和精神障碍发生后的早发现、早治疗(二级预防)。

8. 临床评估是对可能存在心理障碍个体的心理、生理和社会因素进行系统的评价和衡量。与临床诊断不同，临床评估是全面而深刻地了解一个人的更多的特征的过程，更倾向于个性的了解。在临床中，诊断和评估往往是同时进行的。

9. 摄入性访谈是收集有关病史资料，是临床心理学家了解病情最基本、最有用的技术。收集资料包括感知觉障碍、注意力和定向力、情绪表现、自知力等。

10. 个案史访谈是指收集个案史的访谈与诊断访谈不同，其重点不在症状，而是要对病人的生活以及他和社会的关系做出尽可能详尽而全面的估计，通常按编年史顺序收集。

11. 疾病命名即给疾病起一个名字。理想的疾病名称应既能反映疾病的内在本质和外在表现，又具有唯一性。

12. 疾病分类是把各种疾病按各自特点和从属关系划分出疾病种类、病种和病型，并列成系统，为临床诊断和鉴别诊断提供参照依据。

13. 谱系即认为心理健康和心理障碍并不是截然不可分割的，从正常到极端异常是一个连续谱，而个体在谱系上的位置决定了是否需要治疗。

14. 病因学分类指按疾病发生的主要原因进行分类，这是医学致力追求的理想分类方法。许多疾病都是多种原因共同作用的结果，按其在疾病发生中所起的作用，可以区分为主要原因和次要原因。

15. 临床特征分类是综合病因、临床症状、病程和预后等信息进行分类，这是目前国内外精神障碍分类和诊断系统的主流分类方法，对制订治疗计划和预测转归具有重要的指导价值。

16. "马与斑马"原则是指"听到马蹄声首先考虑是马而不是斑马"，根据精神症状及年龄、病程等，首先考虑最可能的常见病、多发病，而不是少见病、疑难病，即"马与斑马"原则。

17. "S-S-D"思路是指精神障碍的诊断所遵循的从症状（symptoms）构建综合征（syndrome），再到疾病分类学诊断（nosology diagnosis）的基本思路，也被称为"S-S-D"思路。

18. 行为观察主要了解来访者在访谈和测查过程中的行为表现，形成初步印象，对访谈方向和测验选择具有指向作用。

19. 症状评定量表主要是对精神症状进行量化评定，客观地反映症状的严重程度，可以协助临床诊断、评定病情的严重程度和评定各种治疗的效果。

20. 心理特征分类是根据心理过程的异常和心理功能或个性特征的改变进行分类的一种方法，这是传统的心理学分类。

二、填空题

1. 谱系
2. 等级原则
3. 病因分类
4. 心理特征分类
5. 2013
6. 具有混合发作的特征
7. 智能残疾
8. 残疾评估

9. 心理社会 生物医学

10. 功能

11. 马与斑马

12. 症状—综合征—假说—诊断

13. 共病

14. 心理评估访谈

15. 行为观察

16. SCID

17. 一般能力

18. 自陈式 投射式

19. MMPI

20. 症状评定

21. 精神病学

22. 精神分裂症

23. 异常心理评估

24. 病因

25. 22

26. 强迫障碍及其他相关障碍

27. 自杀风险评估

28. ICD-10

29. S-S-D 思路

30. 循证诊断

三、单项选择题

1. A	2. D	3. B	4. C	5. A	6. B	7. D	8. D	9. C	10. B
11. B	12. A	13. B	14. B	15. E	16. C	17. B	18. D	19. A	20. B
21. E	22. D	23. C	24. A	25. B	26. C	27. D	28. C	29. D	30. D
31. B	32. D	33. A	34. C	35. E	36. A	37. B	38. B	39. E	40. B

四、问答题

1. 简述变态心理的诊断原则。

答：变态心理的诊断原则如下：①一元诊断。指在临床诊断中对患者所有症状和体征尽可能用一种疾病来解释。根据精神症状及年龄、病程等，首先考虑最可能的常见病、多发病，而不是少见病、疑难病，即"马与斑马"原则。②等级诊断，又称层次诊断。指临床诊断中按疾病严重性和治疗迫切性对可能存在的多种疾病按主次或先后进行诊断排序。如果患者的病情符合较高等级的诊断标准，即便也符合较低等级的诊断标准，则按较高等级诊断，不要诊断等级较低的障碍。③循证诊断。指在临床诊断中注重客观依据、不断验证诊断的正确性。临床诊断确定后，应继续观察和随访，根据疾病动态发展过程、治疗反应和结局情况，进一步验证诊断的正确性。④多轴诊断。可以帮助医生及治疗师更好地了解个体心理现象的复杂情况。CCMD-3、ICD-10 及 DSM-Ⅳ 都推行多轴诊断。

2. 简述精神障碍的"症状—综合征—假说—诊断"的程序化思维模式。

答：精神障碍诊断主要遵循"症状—综合征—假说—诊断"的程序化思维模式。首先，根据病史、临床访谈和心理评估等资料发现和确定精神症状；其次，根据症状特点和内在联系构建临床综合征；再次，综合分析精神症状或综合征的动态发展趋势，结合发病过程、病程等相关资料，提出各种可能的诊断假设（hypothesis diagnosis）；最后，根据诊断标准，按可能性从小到大的次序逐一予以排除，作出结论性诊断，即作出最可能的症状性诊断或结合病因作出病因性诊断。精神障碍的诊断所遵循的从症状（symptoms）构建综合征（syndrome），再到疾病分类学诊断（nosology diagnosis）的基本思路，也被称为"S-S-D"思路。

3. 简述精神障碍的早期干预。

答：精神障碍的早期干预被定义为前驱期干预（一级预防）和精神障碍发生后的早发现、早治疗（二级预防）。前驱期干预较为主动，但因存在假阳性（即个体日后并没有发展为精神障碍）的风险，且面临着伦理风险，故目前较为重视精神障碍发生后的早期干预。研究提示，越早发现，越早干预，患者的预后与结局越好。早期干预的前提是早期识别。精神科医生需要不断熟悉三大诊断系统（ICD-10、DSM-5、CCMD-3）精神障碍的诊断标准，尤其是症状标准中具有相对特异性的症状，如幻觉、妄想、思维及言行紊乱等，注意上述症状的个体化的表现形式，注意症状严重程度的变化，注意频率的变化，这些变化是不是具有临床诊断意义。不仅要会识别相对典型的症状，还要注意不典型的表现如情感症状、认知症状等，尤其注意结合整个发生发展过程来分析这些变化。注意长期规律地随访。在未达诊断标准之前，可自愿选择不涉及伦理的非药物治疗方式如认知行为干预等，而一旦符合某一精神障碍的诊断标准，可尽早展开治疗，缩短发作期，以期取得良好的预后。

4. 简述变态心理及行为的分类方法。

答：分类首先要把种类繁多的精神障碍按各自的定义、临床特征、病程和结局进行划分，然后将每一诊断类别，根据其从属关系细分为病类、病种和病型。目前变态心理的分类规则主要有：①病因学分类。指按疾病发生的主要原因进行分类，这是医学致力追求的理想分类方法。多数精神障碍病因不明，难以完全按病因分类。②临床特征分类。综合病因、临床症状、病程和预后等信息进行分类，是目前国内外精神障碍分类和诊断系统的主流分类方法，对制订治疗计划和预测转归具有重要的指导价值。③心理特征分类。是根据心理过程的异常和心理功能或个性特征的改变进行分类的一种方法，是传统的心理学分类。④其他分类。除上述三种主要分类以外，还有一些其他分类方法。例如，按起病形式可分为急性、亚急性或慢性精神障碍；按发病年龄可能分为儿童青少年期、成年期或老年期精神障碍等。

5. 精神科临床上常用的标准化量表有哪些？

答：精神科常用的测验或量表根据用途可分以下几类：①一般能力测验或量表。这类测验一般用于精神发育迟滞、痴呆和脑器质性疾病的诊断和康复效果的评定，以及脑损害者的司法鉴定和劳动能力或残疾鉴定。目前国内常用的有韦氏智力量表修订版和中国比内智力测验、儿童适应行为量表、韦氏记忆量表、简易精神状况检查（MMSE）等。②人格测验或量表。人格测验分两类：自陈式的人格测验和投射式的人格测验，前者包括明尼苏达多项人格量表（MMPI）、艾森克人格问卷（EPQ）、卡特尔16种人格因素问卷（16PF）和加州心理调查表（CPI）等；后者包括罗夏墨迹测验（RT）、主题统觉测验（TAT）和语句填充测验等。③症状评定量表。症状评定量表主要是对精神症状进行量化评定，客观地反映症状的严重程度，可以协助临床诊断、评定病情的严重程度和评定各种治疗的效果。如焦虑自评量表（SAS）、汉密尔顿焦虑量表（HAMA）、症状自评量表（SCL-90）、简明精神症状评定量表（BPRS）等。④社会功能评定量表。社会功能评定量表主要评定个体的社会功能，如学习工作能力、人际关系、婚姻及家庭功能、生活质量等。这类量表也很多，如生活质量综合评定问卷（GQOLI-74）、生活满意度评定量表（LSR）、Olson婚姻质量问卷、家庭功能评定（FAD）和WHO残疾评估量表（WHO DAS 2.0）等。⑤其他量表。有调查发病因素的生活事件量表（LES）、父母养育方式评价量表（EMBU）和社会支持量表（SSRS）等；调查发病中介因素的应付方式问卷、防御方式问卷（DSQ）和认知偏差问卷等。

6. 临床评估与临床诊断有何不同？

答：临床评估和诊断过程是变态心理学研究的重要部分，也是心理障碍治疗的中心环节。临床评估是对可能存在心理障碍个体的心理、生理和社会因素进行系统的评价和衡量。这一过程从临床访谈和观察开始，收集有关来访者各方面信息，采用评估的策略和程序，使用各种心理、行为评估的技术和工具来完成。评估不同于诊断，后者好比漏斗，侧重于从许多资料中得出一个或几个结论性意见，倾向于找出共性的特征；评估则是全面而深刻地了解一个人的更多的特征的过程，更倾向于个性的了解。

7. 简述变态心理或行为的分类原则。

答：变态心理或行为的分类原则如下：①单维原则。首先，任何客观现象都可以按某些维度进行分类，而且同类现象可以按不同维度进行分类。精神障碍同样可以按不同维度进行分类，如按病因可以分为器质性精神障碍、发育性精神障碍、心因性精神障碍等；按临床特征可以分为精神分裂症、情感障碍、焦虑障碍、人格障碍等。其次，同一层次只能按一个维度进行分类，不能在同一层次交替使用病因、年龄或临床特征等多维度进行分类。②等级原则，又称层次原则。事物或现象的分类可以按等级或层次进行，从大到小，从抽象到具体。精神障碍也可以按病因、病变性质、心理特征、临床特点或病程等进行分类。③独立原则。在每类中包含的各种精神障碍、每种精神障碍中包含的各种亚型必须具有可识别的共同特征，与其他类或种之间必须有显著的区别，即每种精神障碍必须是独立的疾病单元，具有特定内涵和外延。

8. 目前的分类诊断系统主要存在哪些问题？

答：目前的分类诊断系统存在的主要问题如下：①重症状轻病因。现行的精神障碍分类诊断系统基本上都是描述性，虽然DSM-5吸收了最新的遗传学及神经影像学的研究成果，但在病因方面，仍不尽如人意。在分类或诊断时，仍依据主要临床相把不同机制的临床综合征堆积在一起，把主要因素、次要因素、促发因素混为一谈。②重现状轻过程。目前精神障碍诊断标准都是横断面的，只能反映疾病现状，尽管有病程标准，但基本上不能反映疾病的发生发展过程和症状之间的联系。③重数量轻性质。在诊断标准中规定符合几条症状、病程达到多少天以及满足其他标准，就可以诊断为某种精神障碍。如果机械地按照症状标准、病程标准和严重程度标准进行诊断，将不同性质的症状等量相加，得出的诊断可能会歪曲事实真相，亦容易导致误诊、漏诊。④重标签轻内容。现行分类诊断系统可能导致重标签轻探索倾向，不仅忽视人的心理特征，而且忽略个体的家庭和社会因素，而这些可能是导致异常的真正原因。

9. 简述精神障碍的共病现象。

答："共病"是指一个同时患两种或以上疾病。精神障碍的共病比较常见。如抑郁障碍很少单独存在,常与人格障碍、焦虑障碍、精神活性物质所致精神障碍等共病。荷兰 2004 年至 2007 年的一项调查显示,抑郁障碍的患者中 67% 在调查当时共病焦虑障碍(现患), 75% 当时或曾经共病焦虑障碍(终身患),抑郁障碍和焦虑障碍共病的危险因素包括童年创伤、神经质人格、起病早、抑郁/焦虑症状持续时间长、症状更加严重等。仍有些问题需要进一步思考,如个体表现出一定数量的其他症状是否就是共病,一个人存在两种疾病的症状是否就意味着得了两种疾病,或者原本是一种复杂疾病被我们的诊断标准错误地诊断为两种疾病等,相信随着相关研究的深入,诊断标准的进一步完善,这些问题也能逐步解决。

10. 与"被精神病"有关的技术性因素有哪些?

答:"被精神病"通常指第三方有目的地编造虚假信息将精神正常者诊断为某种精神障碍,多强行送到精神病院就诊和(或)接受强制性住院治疗。"被精神病"与下列技术性因素有关:其一,多数精神障碍的病因和发病机制尚不清楚,临床医师主要根据病史和精神检查进行诊断,没有所谓的"金标准";其二,重性精神障碍患者认识不到自己有病(自知力缺乏),通常需要家属或监护人提供病史资料以及他们观察到的精神症状,对患者的精神状态不一定能客观详细描述;其三,临床医师诊断总是基于一个基本假设:患者或病史提供者是真诚的,提供的病史或样本是可靠和可信的。当患者或病史提供者编造虚假信息,精神障碍诊断的基石(病史和症状)不复存在,错诊、误诊难以避免,所以与患者本人的接触交谈,对其横向和纵向的观察和评估就显得尤为重要。

(曹瑞想　张　宁)

第四章　变态心理学的研究方法

第一部分　内容概要与知识点

本章导读　首先介绍科学研究的步骤，随后逐一介绍观察法、流行病学研究、相关研究、实验研究和单被试研究等具体的研究方法的概念、类型划分、使用目的、特点和优缺点等。最后阐明研究伦理问题。

第一节　研　究　步　骤

1. **提出研究假设**　假设主要来源于三个方面：对个案或系列案例的临床观察、人类心理或行为的理论和以往的研究结果。

2. **确定研究对象和变量**　变态心理学的研究对象是人或者是动物，要视具体情况和研究的需要而定。然后观察研究对象的行为或心理变化，其观察指标即称为变量（variable）。研究者要确定探讨哪些变量？怎样对变量进行测量？变量之间可能是何种关系？

3. **选择研究方法**　变态心理学在现实的研究过程中，应该思考哪一种方法最有助于解决研究者提出的问题，可以参考以往的研究者曾采用哪些方法，比较其优势和缺点，从而寻找解决问题的最佳途径。

4. **假设检验**　完成资料的收集后，就需要进行统计学分析，如统计描述和统计推断，以检验假设的正确与否。

5. **结果解释和推论**　研究的目的主要是取得研究结果,解决所提出的问题,并进一步将具有代表性的研究结果进行推广,以解决其他同类的问题。

6. **发表论文和报告**　研究的最后一步是将研究结果公之于众。

第二节　观　察　法

观察法(observational method)是由研究者直接观察并记录研究对象的行为活动,进而分析所记录的变量之间是否存在某种关系的一种方法。几乎从事任何研究都离不开观察法,它是科学研究中基础的和应用最广泛的一种方法。可以分为参与型观察和非参与型观察或分为自然观察法、控制观察法和案例研究。

1. **自然观察法**　自然观察法(naturalistic observation)是在自然情境或者现实生活中,对人或者动物的行为进行直接的观察与记录,然后分析与解释,从而推断研究对象的行为变化的规律。主要特点是对周围环境中的任何因素均不加以控制地进行观察。

2. **控制观察法**　控制观察法(controlled observation)是指研究者对研究的情境施加一定程度的控制,对研究对象的行为活动进行观察、记录和分析,从而推断其行为变化的规律的一种研究方法。

3. **案例研究**　案例研究(case study)是指以个人或由个人组成的团体(一个家庭或一个企业)为研究对象进行深入细致研究的一种方法。案例研究需要深入细致地研究和描述单一的研究对象。案例研究的最大价值在于其内容的丰富性,它所包含的内容是其他研究所无法比拟的,是研究独特的心理现象时无可替代的方法。其缺陷是研究内容的主观性和无法得出因果推论。

4. **评价**　观察法可以获得大量的资料但是不能得出因果关系的推论和无法推广研究结果。

第三节　流行病学研究

1. **现况调查**　是指在一定的时间内(某个时点或者短时间内),通过调查的方法,对研究人群中某种疾病或者健康状况以及相关因素进行调查,从而描述该疾病或者健康状态在该研究人群中的分布情况及其与相关因素的相互关系。主要通过发病率和患病率这两个指标描述人群中某种疾病或者健康状态的分布情况。现况调查的主要目的是描述在一定时间内研究人群中某种疾病或状态的分布情况,描述某些相关因素或特征与疾病之间的关系,寻找疾病的病因线索。现况调查适用于病程较长且发病频率较高的疾病,对病程短或者患病率极低的疾病用处不大。现况调查常使用抽样调查的方法。

2. **病例对照研究**　是首先选择一组患有某种疾病的患者作为病例组,同时选择一组没有患该疾病的对象作为对照组,再追溯在疾病发生之前可能的危险因素的出现情况,如果危险因素在两组中出现的频率存在差异,则可以建立该疾病与此种因素之间存在关联的假说。是一种从"果"到"因"的研究方法。主要用于探索疾病的危险因素和病因。

3. **队列研究**　将具有共同经历或者具有某种共同特征的人群作为研究对象,将其分为暴露于某种危险因素和未暴露于此种危险因素的两组,或者不同暴露水平的几个组,追踪观察各组在未来一段时间内的发病例数,比较各组的发病率,从而判断该危险因素与此种疾病是否存在因果关系及其关系的程度。分为前瞻性队列研究和回顾性队列研究。队列研究是一种从"因"到"果"的观察性研究方法。

4. 评价 流行病学研究在描述疾病的发病与患病情况和探讨疾病的致病因素或危险因素方面有其独特的价值。研究过程中具有抽样代表性问题和信息的真实性等问题。

第四节 相 关 研 究

相关研究是用于确定两个或两个以上变量之间的相关程度。相关分析包括简单相关分析和复相关分析。相关系数(correlation coefficient)用于表示变量之间相互关系的程度,它可以量化相关的密切程度和方向,符号为 r,取值范围从 -1 经 0 到 $+1$。散点图可以直观地说明正相关、负相关、完全正相关、完全负相关、零相关等不同相关性质。

1. 简单相关 用于判断两个变量之间是否存在直线相关关系,并回答相关的密切程度和方向的问题。在变态心理学研究中主要用于探索疾病的病因或者危险因素。

2. 复相关 用于回答多个变量之间是否存在直线相关关系,以及相关密切程度和方向的问题。它可以在通过简单相关分析探索相关因素的基础上,对多种因素之间的相互关系进行深入分析。

3. 评价 相关分析可以建立变量之间因果关系的假设,但相关关系并非一定就是因果关系。

第五节 实 验 研 究

实验研究主要用于探讨变量之间的因果关系,它通过控制一个或多个自变量(原因),来确定其对一个或一系列因变量(结果)的影响。主要运用于评价预防措施或治疗方法对疾病的干预效果,或在实验室条件下探索心理障碍的病因。包括临床试验和模型研究。

1. 临床试验 临床试验是一种前瞻性的纵向研究,主要用于评价治疗方法和干预措施的效果,包括组间研究设计(between group design)和组内研究设计(within group design)。组内研究设计的最大优势是只需较少的研究对象即可进行研究。

2. 模型研究 当存在现实条件的严格限制和伦理学要求时,研究者只能在实验室条件下对疾病或者状态的真实状况在动物身上进行模拟,进行模型研究(analog research)。实验条件和影响因素在实验室内都容易受到严格的控制,使之类似于真实的生活情境。模型研究常常应用于探讨心理病理学的病因或治疗方法的效果。

3. 评价 因为通过随机化分组、组间匹配、单盲法等尽可能地控制潜在的干扰因素,所以实验研究能够获得变量之间论证程度最强的对因果关系。实验研究的主要缺陷是研究的真实性问题,包括内部真实性和外部真实性。

第六节 单被试研究

1. 单被试研究(single-case designs) 是在控制条件下研究单个被试的系列方法,它是从观察法和实验法中自然发展出来的一种方法,与案例研究和实验法均有相似性。目的仅仅是集中观察单一个体的行为反应。单被试研究法的条件是,在实验的或非实验的情境中，尤其是研究者设计的特殊实验情境中，被试可以自己"控制"自己的行为。单被试研究法常常用于研究治疗方法的效果。

2. **ABAB研究设计**　是在初始条件下，研究者对个体的行为进行测量（A），以建立行为的基线，随后对个体施加干预措施，继续观察并测量其行为是否随着干预的出现而改变（B），然后又回到初始条件，同时测量个体的行为，以确定其行为的各项指标是否恢复到初始的基线水平（A），然后再施加第二次干预并测量个体的行为变化（B）。研究者是在系统地施加和取消干预的过程中观察并测量个体的行为，从而测量干预措施的效果。

3. **多基线研究设计**　多基线研究设计（multiple baseline design）是在控制相应条件的情况下进行系列研究，它同时观察多个行为，为每个行为建立一个基线水平，所施加的干预措施每次只针对一个行为。现在它越来越多地用于研究复杂的行为模式。

4. **评价**　单被试研究法可以建立因果关系的假设，在探讨心理问题的新的治疗方法时更能显示其优势，非常适用于难以找到足够的研究对象时。单被试研究法可以对任何一个普通的或者具有特征性的个案进行研究，不同于研究结果是平均值而忽视个体差异的研究。但是单被试研究是针对单一个体的观察，其结果的普遍性或者真实性尚存在问题。

第七节　研究与伦理

1. **知情同意**　研究者必须在研究对象参与研究之前即获得其签署的知情同意书。
2. **资料保密**　每一个研究对象的数据均应保密并且避免被公众查看。
3. **欺骗与解释**　在一定情况下，研究目的或研究对象的反应是应有所保留的。此时，欺骗手段应该只能用于重要的研究，并且除了使用欺骗手段没有其他更好的方法时。欺骗手段不能轻易使用。当使用时，应当极度小心并避免研究对象发觉自己被利用或察觉后退出研究。因此，实验结束时的报告非常重要，此时研究对象会被确切地告知为什么必须使用欺骗。
4. **报告结果**　研究者有义务在结束研究时进行报告，因为研究对象有权利知道为何研究者对他们的行为感兴趣。应当向研究对象解释进行这项研究的理由、重要性和结果如何。
5. **数据处理**　研究者应该最诚实地报告真实的数据。在任何条件下都不可以以任何方式修改所获得的数据。伪造数据的行为会给研究者在法律、职业和伦理方面带来大量问题。

第二部分　试　题

一、名词解释

1. 参与观察
2. 非参与观察
3. 发病率
4. 患病率
5. 调查法

6. 问卷法

7. 访谈法

8. 相关系数

9. 盲法

10. 单盲法

11. 抽样误差

12. 偏倚

13. 双盲法

14. 真实性

15. 知情同意

16. 信度

17. 效度

18. 常模

19. 心理测验

20. 横向研究

21. 纵向研究

22. 安慰剂效应

23. 随机对照

24. 抽样研究

二、填空题

1. 变态心理学研究的基本过程有_____、确定研究对象、_____、检验假设、结果解释和推论、发表论文等。

2. 变态心理学研究方法有_____、流行病学研究、_____、实验研究、单被试研究等。

3. 评价研究是否有应用价值需要确定研究结果是否具有_____。

4. _____是由研究者直接观察并记录研究对象的行为活动，从而分析所记录的变量之间是否存在某种关系的研究方法。

5. 观察成人的行为，研究者一般以_____身份进行观察。观察儿童或动物的行为，研究者一般以_____身份进行观察。

6. _____指观察者是被观察者中的一员，实际参与被观察者的活动，随时记录所见所闻。

7. _____指观察者以旁观者的身份，随时记录所见所闻。

8. _____是以个人或由个人组成的团体(一个家庭或一个工厂)为研究对象进行深入细致的研究的一种研究方法。

9. 流行病学研究主要包括_____和_____。

10. 描述人群中某种疾病分布情况的主要指标有_____和_____。

11. 流行病学研究具体的研究设计类型有_____、_____和_____。

12. 相关分析包括_____和_____。

13. 临床试验主要包括_____和_____。

14. 描述随机事件发生可能性大小的一个度量是_____。

15. 重复多次某个随机试验时,出现某个结果的比例称为_____。

16. 观察两个变量之间的相关程度的方法为_____。

17. 观察多个变量之间的相关程度的方法为_____。

18. 表示变量之间相互关系程度的参数为_____。

19. 在简单相关中,如果两变量同时增大或减小,变化趋势是同向称为_____,变化趋势是反向称为_____。

20. 在施加干预措施时采用安慰剂等方法不让研究对象知道所接受的具体措施,避免其主观因素影响的方法为_____;对观察者也隐瞒研究对象的分组情况、干预措施和研究设计等,避免观察者主观因素影响的方法为_____。

21. 进行简单相关分析时的两个变量分别为_____和_____。

22. 方差和标准差是描述数据_____趋势的主要指标。

23. 均数和中位数是描述数据_____趋势的主要指标。

24. 误差包括_____和_____。

25. _____研究是指从研究总体中抽取样本,根据样本信息来推断总体特征的研究方法。

26. 假设检验的结论可能发生两类错误,即_____和_____。

27. 根据研究变量的属性,可将研究资料分为_____、_____和_____。

28. 在相关研究中,当自变量和因变量变化趋势为反向时称为_____。

29. 观察法可分为_____、_____和_____。

30. 现况调查通常使用_____方法,即从全体研究人群中随机抽取一部分进行调查。

31. 流行病学研究主要包括_____、_____和_____。

32. 研究者对每个观察单位的某项特征进行观察和测量,这种特征,能表现观察单位的变异性,称为_____,其测得值为_____。

33. 流行病学研究中,_____是一种从"果"到"因"的研究方法,_____是一种从"因"到"果"的研究方法。

34. 相关研究中相关系数的取值范围为_____。

35. 单被试研究的设计类型通常包括_____和_____。

36. 统计图表中_____最能直观地表示两变量之间的相关性及其程度。

37. ABAB研究设计中A指_____,B指_____。

38. 单被试研究是针对单一个体的观察,其最大的问题是研究结果的_____。

39. _____是指某项心理测验或量表能将实际具有此种特征的人正确识别出来的能力。

40. _____是指某项心理测验或量表能将实际不具有此种特征的人正确识别出来的能力。

41. _____是指从总体中随机抽得的部分观察单位,其实测值的集合。

42. _____是指从总体中抽取部分观察单位的过程。

43. 探索疾病各因素之间的关系常用_____研究方法。

44. 假设检验中,拒绝了实际上成立的无效假设,所产生的"弃真"的错误为_____;

接受了实际上不成立的无效假设，所产生的"取伪"的错误为_____。

45. 研究假设的来源包括_____。

46. _____是指心理测验或量表的可靠性和稳定性程度。

47. _____是指心理测验或量表是否达到其所测查的目的，测查至何种程度。

48. _____是指在临床试验中，采用安慰剂等方法不让研究对象或者观察者知道研究设计或具体干预措施等，避免研究对象或者观察者的主观因素影响的方法。

49. 常模的常用量数形式有_____、_____和_____等。

50. 根据研究者的立场和身份，将观察法分为_____和_____。根据研究者是否对研究情境施加控制，可以将观察法分为_____和_____。

51. 流行病学研究的主要目的是_____和_____。

三、单项选择题（在 5 个备选答案中选出 1 个最佳答案）

1. 对因果关系论证程度最强的方法是
   A. 观察法 B. 流行病学研究 C. 相关研究
   D. 实验研究 E. 现况调查

2. 疗效研究质量和可靠程度最高的是
   A. 设计良好的大样本随机临床试验 B. 中等规模的随机对照试验
   C. 个案报告 D. 专家意见
   E. 模型研究

3. 下列疗效研究的质量和可靠性最低的是
   A. 设计良好的大样本随机临床试验 B. 多个随机对照试验的系统综述
   C. 中等规模的随机对照试验 D. 无对照的系列病例分析
   E. 模型研究

4. 进行简单相关分析的变量数目为
   A. 一个 B. 两个 C. 三个
   D. 四个 E. 五个

5. 现况调查适用于
   A. 病程长且发病率高的疾病 B. 病程短的疾病
   C. 患病率低的疾病 D. 发病率低的疾病
   E. 机制简单的疾病

6. 正确评价一项研究的应用价值需要确定
   A. 研究的对象是否合适 B. 研究方法是否选择恰当
   C. 研究结果出现的概率低于 5% D. 研究结果是否具有临床意义
   E. 研究平台是否具备

7. 从事任何研究都离不开的，科学研究中基础的和应用最广泛的一种方法是
   A. 试验研究 B. 观察法 C. 相关研究
   D. 案例研究 E. 模型研究

8. 其最大价值在于内容的丰富性，而且在帮助心理学家理解独特的现象时，任何研究方法都**不可能**替代的是

A. 试验研究   B. 观察法   C. 相关研究

D. 案例研究   E. 模型研究

9. 进行复相关分析至少需要

     A. 一个变量   B. 两个变量   C. 三个变量

     D. 四个变量   E. 五个变量

10. 主要用于评价治疗方法和干预措施的效果的研究方法是

     A. 试验研究   B. 观察法   C. 相关研究

     D. 案例研究   E. 现况调查

11. 临床试验主要用于

     A. 描述疾病的分布情况   B. 探索疾病的病因或危险因素

     C. 探索疾病的发病机制   D. 评价治疗方法的效果

     E. 多种因素之间的相互关系进行深入分析

12. 下列属于描述性研究的是

     A. 现况调查   B. 病例对照研究   C. 队列研究

     D. 临床试验   E. 动物模型

13. 统计方法的选择取决于

     A. 研究假设   B. 研究对象   C. 观察指标

     D. 研究设计类型   E. 研究者水平

14. 自然观察法和控制观察法的主要区别是

     A. 研究者是以参与者还是非参与者身份进行观察

     B. 研究者是否对研究对象的行为施加一定的控制

     C. 研究者是否对研究情境施加一定的控制

     D. 前者的观察对象是成人，后者的观察对象是儿童或动物

     E. 研究者是否进行了动物建模

15. 单被试研究存在的最大问题是

     A. 不能建立因果关系的假设   B. 忽视了个体的特异性

     C. 研究结果的普遍性或真实性存在问题   D. 研究的伦理问题

     E. 对基线时和干预后的行为进行比较而测量干预的影响

16. 相关关系是因果关系成立的

     A. 必要条件   B. 充分条件   C. 充分必要条件

     D. 充分但不必要条件   E. 以上都不是

17. 心理统计中用以表示数据离散趋势的主要指标有标准差和

     A. 众数   B. 中位数   C. 均数

     D. 回归系数   E. 方差

18. 心理统计中用以表示数据集中趋势的指标是

     A. 极差   B. 方差   C. 标准差

     D. 均数   E. 回归系数

19. 现况调查的主要目的是

     A. 描述疾病的分布情况   B. 探索疾病的发病机制

     C. 探索疾病的治疗方法   D. 评价治疗方法的效果

E. 探索疾病的影响因素

20. 一般认为，假设检验研究结果"$P < 0.05$"时，提示研究结果
    A. 有统计学意义　　　　　B. 无统计学意义　　　　　C. 有临床意义
    D. 无临床意义　　　　　　E. 无理论意义

21. 一般认为，假设检验研究结果"$P > 0.05$"时，提示研究结果
    A. 有统计学意义　　　　　B. 无统计学意义　　　　　C. 有临床意义
    D. 无临床意义　　　　　　E. 有理论意义

22. 下述关于自然观察的表述，**不恰当**的是
    A. 对特征的概括主要是描述性的
    B. 在自然情境或者现实生活中进行观察
    C. 其他研究者不容易重复结果
    D. 它不允许研究者操纵有关前提条件
    E. 涉及对一个变量或多个变量的系统性操作

23. 在 ABAB 设计中，B 是
    A. 基线　　　　　　　　　B. 实验处理阶段　　　　　C. 对照组
    D. 实验组　　　　　　　　E. 完成阶段

24. 在 ABAB 设计中，A 是
    A. 基线　　　　　　　　　B. 实验处理阶段　　　　　C. 对照组
    D. 实验组　　　　　　　　E. 完成阶段

25. 以下对案例研究的描述，**不恰当**的是
    A. 案例研究是深入细致地描述单一的研究对象
    B. 案例研究最大的价值在于其内容的丰富性
    C. 案例研究可以从独特的视角来理解或说明典型的问题
    D. 案例研究可以很好地建立事物之间的因果关系
    E. 案例研究必须要收集充足的资料

26. 现况调查方法的核心是
    A. 现况调查常使用抽样调查的方法　　　B. 对研究情境施加一定程度的控制
    C. 深入细致地研究和描述每一个研究对象　　D. 设置对照组
    E. 对新发病或者患病的病例进行简单计数

27. 现况调查最常使用的方法是
    A. 设置病例组和对照组　　　　　　　　B. 建立疾病的模型
    C. 抽样调查法　　　　　　　　　　　　D. 建立行为基线并进行干预
    E. 从"因"到"果"的分析方法

28. 对病例对照研究的描述**不恰当**的是
    A. 是回顾性研究
    B. 是从"果"到"因"的研究方法
    C. 是从"因"到"果"的研究方法
    D. 主要用于探索疾病的危险因素和病因
    E. 设置病例组和对照组

29. 对队列研究的描述**不恰当**的是

A. 研究设计包括前瞻性和回顾性的

B. 设置病例组和对照组

C. 是从"因"到"果"的研究方法

D. 主要用于探索疾病的危险因素和病因

E. 是从"果"到"因"的研究方法

30. 对流行病学研究的描述**不恰当**的是

A. 描述疾病的发病和患病情况

B. 探索疾病的病因或危险因素

C. 建立疾病与影响因素之间的关联

D. 设置病例组和对照组

E. 确定疾病与影响因素之间的因果关系

31. 下列对真实性的描述,恰当的是

A. 具有内部真实性的结果,一定具备外部真实性

B. 不具内部真实性的结果,一定具备外部真实性

C. 具有内部真实性的结果,一定不具备外部真实性

D. 不具内部真实性的结果,一定不具备外部真实性

E. 以上均不正确

32. 下列方法**不是**用于避免主观因素影响的是

A. 盲法

B. 设置对照

C. 随机化分组

D. 单盲法

E. 抽样调查法

33. 各观察值均加(或减)同一数值后

A. 均数不变,标准差改变

B. 均数改变,标准差不变

C. 两者均不变

D. 两者均改变

E. 仅均数不变

34. 假设检验中,α 是指

A. 样本量

B. 检验水准

C. 检验效能

D. Ⅱ型错误概率

E. 常模

35. 表示两个变量之间的相关关系宜用

A. 条图

B. 线图

C. 散点图

D. 直方图

E. 柱状图

36. 相关研究主要用于

A. 描述疾病的分布情况

B. 判断危险因素与疾病是否存在因果关系

C. 探索疾病的治疗方法

D. 评价治疗方法的效果

E. 探索疾病的病因或危险因素

37. 计算某地某年抑郁症的发病率,其分母应为

A. 该地体检人数

B. 该地年平均就诊人数

C. 该地年平均人口数

D. 该地平均患者人数

E. 该地成年人口数

38. 一种新的治疗方法可以延长生命,但是不能治愈其病,则

A. 该病患病率增加

B. 该病患病率减少

C. 该病发病率增加

D. 该病发病率减少　　　　E. 该病患病率不变

39. 研究精神分裂症患者解决日常问题能力与相关的神经认知功能和临床症状的各个指标之间的关系,最恰当的研究方法是

　　A. 试验研究　　　　　　B. 观察法　　　　　　　C. 相关研究
　　D. 案例研究　　　　　　E. 模型研究

40. 弗洛伊德对小汉斯的研究属于

　　A. 现况调查　　　　　　B. 案例研究　　　　　　C. 实验研究
　　D. 单被试研究　　　　　E. 临床试验

41. 某地某年抑郁症发病人数占同年精神障碍人数的10%,这一指标是指

　　A. 发病率　　　　　　　B. 患病率　　　　　　　C. 分布情况
　　D. 集中趋势　　　　　　E. 构成比

42. 华生对小阿尔伯特的研究属于

　　A. 现况调查　　　　　　B. 实验研究　　　　　　C. 动物实验
　　D. 单被试研究　　　　　E. 案例研究

43. 为调查某省的抑郁症的发病和患病情况,应采用

　　A. 观察法　　　　　　　B. 现况调查　　　　　　C. 相关研究
　　D. 临床试验　　　　　　E. 多基线研究设计

44. 为调查家庭经济收入与幸福感的关系,宜采用

　　A. 案例研究　　　　　　B. 现况调查　　　　　　C. 相关研究
　　D. 临床试验　　　　　　E. 队列研究

45. 为比较帕罗西汀与阿米替林治疗抑郁症的效果,宜采用

　　A. 案例研究　　　　　　B. 现况调查　　　　　　C. 相关研究
　　D. 临床试验　　　　　　E. 队列研究

46. 为调查某地区火灾后创伤后精神障碍的发病情况,宜采用

　　A. 案例研究　　　　　　B. 动物实验　　　　　　C. 相关研究
　　D. 临床试验　　　　　　E. 现况调查

47. 为评估系统脱敏疗法对成人社交恐惧症的治疗效果,可采用

　　A. 现况调查　　　　　　B. 临床试验　　　　　　C. 模型研究
　　D. 相关研究　　　　　　E. ABAB 研究设计

48. 为调查应激对血清去甲肾上腺素浓度的影响,宜采用

　　A. 观察法　　　　　　　B. 流行病学研究　　　　C. 实验研究
　　D. 单被试研究　　　　　E. 现况调查

49. "每一百个人就有一个是精神分裂症",这是指

　　A. 发病率　　　　　　　B. 患病率　　　　　　　C. 相对危险度
　　D. 样本量　　　　　　　E. 真实性

50. "去年某市新增抑郁症患者占全市人口的5%",这是指

　　A. 发病率　　　　　　　B. 患病率　　　　　　　C. 相对危险度
　　D. 样本量　　　　　　　E. 真实性

四、问答题

1. 试述变态心理学的研究过程。
2. 试述研究结果的真实性。
3. 试述疗效研究的质量和可靠性分级。
4. 试评价单被试研究的优缺点。
5. 试述变态心理学研究的知情同意原则。

第三部分 参考答案

一、名词解释

1. 参与观察是指观察者是被观察者中的一员，实际参与被观察者的活动，随时记录所见所闻。通常以参与者身份观察成人的行为。

2. 非参与观察是指观察者以旁观者的身份，随时观察记录其所见所闻。通常来讲以非参与者身份观察儿童或者动物的行为。

3. 发病率是指在一定时间内新发生某种疾病或者非健康状态的病例占该研究人群总人口的比例。

4. 患病率是指在一定时间内所有患有某种疾病或非健康状态的病例（包括原有的和新发生的）占该研究人群总人口的比例。

5. 调查法是指研究者以研究目的为基础预先设置提问，让受试者自由表达其态度或意见的方法，根据其所采用的方式分为问卷法和访谈法。

6. 问卷法又称问卷调查，是指调查人员用预先设计好的问卷去询问被调查者，并通过被调查者的回答来获得研究对象的有关信息的方法。

7. 访谈法又称访问调查，是指调查者通过与被调查者的交谈而获取信息的一种调查方法。

8. 相关系数用于表示两个或多个变量之间相互关系的密切程度和方向，符号为 r，取值范围从 -1 经 0 到 $+1$。r 为正值时为正相关；r 为负值时为负相关；$r=-1$ 或 1 时为完全相关，$r=0$ 时为零相关。

9. 在临床试验中，采用安慰剂等方法不让研究对象或者观察者知道研究设计或具体干预措施等，避免研究对象或者观察者的主观因素影响的方法为盲法。

10. 在临床试验中，采用安慰剂等方法不让研究对象知道所接受的具体干预措施，避免其主观因素的影响的方法称为单盲法。

11. 在抽样的过程中由于抽样的偶然性而出现的误差称为抽样误差。

12. 偏倚是指从样本的比较研究中所得的结果不能真实地反映总体的真实结果而产生的系统误差，即指随机误差以外的误差。

13. 在临床试验中，对研究对象和观察者均隐瞒研究设计、研究对象分组情况和具体的干预措施等，避免研究对象和观察者的主观因素影响的方法称为双盲法。

14. 真实性是指由研究结果所作的推论的正确程度或者可靠程度，即所得结果是否反映了研究对象或人群的真实情况，它包括内部真实性和外部真实性。

15. 知情同意是指"预先地、充分地告知，自由地、明确地同意"。研究者必须在研究对象参与研究之前告知其研究的风险、可能的不适、资料的保密情况、是否有补偿及具体的补偿方法等。研究者应同意保护研究对象的隐私、人身安全及其自由退出的权利。研究者必须在实验研究之前即获得研究对象签署的知情同意书。

16. 信度是指心理测验或量表的可靠性和稳定性程度，用信度系数表示，一般说系数越大，说明一致性越高，测得的分数可靠；反之则相反。

17. 效度指有效性，是标准化心理测验的一个重要指标，指心理测验所取得的结果与实际情况相符合的程度，即是否达到其所测查的目的，测查至何种程度，一般分为效标效度、内容效度和结构效度。

18. 常模是根据标准化测验所获得的所有研究对象的分数进行统计分析，整理出一个按高低排列的系统性分数分配表，它可作为比较的标准。其常用形式有均数、标准分、划界分、比率或商数等。

19. 心理测验是指在标准情况下采用某一标准手段将受试者的某种心理品质（如智力、记忆和个性等）以等级和数量表示，或归入某一范畴。

20. 横向研究是指对某种变态心理学现象在一个时间点或时间段内的存在状况进行研究，并描述在这一时间点上不同变量之间的相互关系。

21. 纵向研究是指在前后不同的时间里分别对某种变态心理学现象及其影响因素进行调查，以描述此种现象变化的前后联系和（或）判断影响因素的作用。

22. 安慰剂效应是指研究对象虽然使用了没有真正药理作用的安慰剂，但由于心理暗示作用使机体产生一些积极的心理和生理反应，从而有利于疾病症状的缓解的现象。

23. 随机对照是指按照严格正规的随机化方法将研究对象分为实验组和对照组，以此方法设置的对照类型为随机对照。

24. 抽样研究是指从研究总体中抽取样本，根据样本信息来推断总体特征的研究方法。

二、填空题

1. 提出假设 选择研究方法
2. 观察法 相关研究
3. 临床意义
4. 观察法
5. 参与者 非参与者
6. 参与观察
7. 非参与观察
8. 案例研究
9. 描述性研究 分析性研究
10. 发病率 患病率
11. 现况调查 病例对照研究 队列研究
12. 简单相关分析 复相关分析
13. 组间研究设计 组内研究设计

14. 概率

15. 频率

16. 简单相关

17. 复相关（或多元回归分析）

18. 相关系数

19. 正相关　负相关

20. 单盲法　双盲法

21. 因变量　自变量

22. 离散

23. 集中

24. 随机误差　系统误差

25. 抽样研究

26. Ⅰ型错误　Ⅱ型错误

27. 计量资料　计数资料　等级资料

28. 负相关

29. 自然观察法　控制观察法　案例研究

30. 抽样调查

31. 现况调查　病例对照研究　队列研究

32. 变量　变量值

33. 病例对照研究　队列研究

34. −1 到 +1

35. ABAB 研究设计　多基线研究设计

36. 散点图

37. 基线　实验处理阶段

38. 真实性

39. 灵敏度

40. 特异度

41. 样本

42. 抽样

43. 相关分析

44. Ⅰ型错误　Ⅱ型错误

45. 个案或系列案例的临床观察、人类心理或行为的理论和以往的研究结果

46. 信度

47. 效度

48. 盲法

49. 均数　标准分　划界分（比率或商数）

50. 参与观察法　非参与观察法　自然观察法　控制观察

51. 描述疾病的分布情况　探索疾病的病因和危险因素

三、单项选择题

1. D	2. A	3. D	4. B	5. A	6. D	7. B	8. D	9. C	10. A
11. D	12. A	13. D	14. C	15. C	16. A	17. D	18. D	19. A	20. A
21. B	22. E	23. B	24. A	25. D	26. A	27. D	28. C	29. E	30. E
31. D	32. E	33. D	34. D	35. D	36. E	37. C	38. A	39. C	40. B
41. E	42. E	43. B	44. C	45. D	46. E	47. B	48. C	49. B	50. A

四、简答题

1. 试述变态心理学的研究过程。

答：变态心理学研究是一个事件的依次展开并逐渐明晰的过程，它主要包括以下几个步骤：①提出假设。为了突出研究重点，需要针对问题提出一种假设，这有利于问题的解决，反映了研究者解决问题的设想。②确定研究对象和变量。变态心理学的研究对象多半是人，有时也用动物，要视具体情况和研究的需要而定。变态心理学的研究目的是观察研究对象的行为或心理变化，其观察指标即称为变量。③选择研究方法。应该思考哪一种方法才最有助于解决研究者所提出的问题。④假设检验。进行统计学分析以检验假设的正确与否。⑤结果解释和推论。取得研究结果，解决问题，并将具有代表性的研究结果推广以及解决其他同类的问题。⑥发表论文。与公众共享研究成果，而不应仅仅将其发表在科学杂志上。

2. 试述研究结果的真实性。

答：真实性是指由研究结果所作的推论的正确程度或者可靠程度，即所得结果是否反映了研究对象或人群的真实情况，它包括内部真实性和外部真实性。内部真实性是指一项研究的结果能够正确地反映研究人群及目标人群的真实状况，它强调研究结果是否无偏差地反映了研究变量与疾病的真实联系。外部真实性是指一项具有内部真实性的结果在推广至目标人群以外的其他人群仍然有效，它考虑的是从研究中得出的联系可否被外推至不同时间、不同地区的不同人群。例如，在模型研究中，动物行为与人类行为到底有多大程度的相似？在部分模型中可能极其相似，而在另一些却不然。这就导致动物研究的结果可能并不适用于人类，或者只适用于部分人类患者。另外，一项无内部真实性的结果，不可能具备外部真实性，但具有内部真实性，不一定就具备外部真实性。

3. 试述疗效研究的质量和可靠性分级。

答：根据循证医学的观点，疗效研究的质量和可靠程度大体可分为以下五级（可靠程度依次降低）：A 级：从至少一项设计良好的大样本随机临床试验或多个随机对照试验的系统综述（包括 meta 分析）中获取的证据，至少一项"全或无"的高质量队列研究中获取的证据；B 级：从一项中等规模 RCT 或者中等数量患者参与的小规模 meta 分析提供的证据；C 级：有缺点的临床试验或者分析性研究；D 级：无对照的系列病例分析和质量较差的病例对照研究；E 级：专家意见或个案报告。

4. 试评价单被试研究的优缺点。

答：单被试研究法可以建立因果关系的假设，尤其是在探讨心理问题的新的治疗方法时更能显示其优势。单被试研究法可以减少研究的样本量，非常适用于难以找到足够的研究对象时。单被试研究法可以对任何一个普通的或者具有特征性的个案进行研究，从而回避多数研究的结果是基于多个个体的数据的平均值,而忽视了个体之间的差异。

单被试研究是针对单一个体的观察,其结果的普遍性或者真实性尚存在问题。基于单被试研究法可以提出一种治疗心理问题的新方法。但是由于它可能并未获得公认,即使此治疗方法可能有一定效果,在尚未获得可靠的证明之前就施加于研究对象,在一定程度上也是不合伦理的。与此同时,在 ABAB 研究设计中,当施加干预措施后,被试的心理或行为问题得到改善,如果此时取消干预措施,也有可能导致伦理问题。治疗者和被试可能都不愿意本已消失的异常行为重现,从而重新回到初始的问题状态,这有可能剥夺人们解除痛苦的希望。

5. 试述变态心理学研究的知情同意原则。

答:①研究者必须在研究对象参与研究之前即获得其签署的知情同意书;②研究者需要告知研究对象相关的风险、可能的不适和资料的保密情况;③研究者需要告知研究对象参加研究是否有补偿及其具体的补偿方法;④研究过程中,研究者应同意保护研究对象的隐私、人身安全及其自由退出的权利;⑤研究者需告知研究对象研究的目的和过程,否则他们无法完全维护其权利。

(王立菲)

第五章　　心理障碍的基本症状

【教学大纲——目的要求】
1. 掌握心理障碍的基本症状的分类、定义与特点。
2. 熟悉心理障碍的基本症状的临床常见疾病。
3. 了解心理障碍的基本症状的诊断意义。

【重点与难点提示】
1. **重点提示**　本章重点内容是心理障碍的基本症状的学习,如分类、定义、特点、临床常见疾病等,明确心理障碍的基本症状的分类,掌握和熟悉其特点及临床常见疾病。
2. **难点提示**　主要有两个难点:①心理障碍各种基本症状的定义,在学习过程中要充分理解;②心理障碍各基本症状的特点,学习中要吃透各基本症状的特点及其临床诊断意义。

第一部分　内容概要与知识点

本章导读　本章主要采用分类的方法分别阐述认知障碍、情感障碍、意志与行为障碍、意识障碍等的定义、特点及常见疾病,以便加强对心理障碍的基本症状的整体认识和深刻的理解。最后还附有小结,对本章主要概念进行了梳理。

第一节　概　　述

1. **精神症状在诊断中的重要性**　变态心理的症状,如幻觉和妄想等,常常是精神科医生和心理医生做出诊断的重要依据。但是,精神症状诊断的特异性较差,几乎任何一种心理障碍至今尚无独特的症状。

2. **精神症状的识别方法及其特点**　交谈和观察是精神症状检查的主要方法,精神症状的识别尤其强调临床交谈技巧的重要性。能够发现患者的精神症状,特别是难以察觉的内隐症状,常取决于良好的医患关系和灵活的交谈技巧。每一种精神症状均有其明确的定义并具有以下特点:①症状的出现不受患者意识的控制;②症状一旦出现,难以通过转移令其消失;③症状的内容与周围客观环境不相称;④症状会给患者带来不同程度的社会功能损害。

3. **精神症状的归类分析**　心理障碍的症状按照大脑正常的心理活动过程分为认知过程障碍、情感过程障碍、意志与行为障碍、意识障碍等。

第二节　认 知 障 碍

1. **感觉**　是人脑对直接作用于感觉器官的客观事物个别属性的反映,如光、声、色、形等,是认识过程的最原始和最简单的阶段。

2. **知觉**　是一系列组织并解释外界客体和事件的产生的感觉信息的加工过程。

3. **感觉障碍的分类**　包括感觉过敏、感觉减退、感觉倒错和内感性不适。

4. **错觉**　是指在特定条件下产生的对客观事物的歪曲知觉,即指不符合客观实际的知觉。错觉分为生理性错觉、病理性错觉及幻觉性错觉。

5. **幻觉**　是指没有相应的客观刺激时所出现的知觉体验。根据所涉及的感觉器官,幻觉可分为幻听、幻视、幻嗅、幻味、幻触、内脏性幻觉;按幻觉体验的来源分为真性幻觉和假性幻觉。

6. **感知综合障碍**　是指患者在感知某一现实事物时,作为一个客观存在的整体来说是正确的,但对该事物的个别属性,如大小、形状、颜色、空间距离等产生与该事物不相符合的感知。感知综合障碍常见典型表现为视物变形症、非真实感、时间感知综合障碍、空间知觉障碍。

7. **思维**　是人脑对客观现实概括的和间接的反映,它反映的是事物的本质和事物间规律性的联系。思维障碍的临床表现多种多样,主要包括思维形式障碍和思维内容障碍。思维形式障碍包括思维奔逸、思维迟缓、思维贫乏等;思维内容障碍包括妄想、强迫观念、超值观念。

8. **妄想**　是指在精神病态中产生的,缺乏事实根据地坚信自己的某种错误判断和推理,是思维障碍中最常见、最重要的症状。其特征有:①信念的内容与事实不符,没有客观现实基础,但患者坚信不疑;②妄想内容均涉及患者本人,与个人的利害有关;③妄想具有个人独特性;④妄想内容因文化背景和个人经历而有所差异,但常有浓厚的时代色彩。妄想按起源可以分为原发性妄想和继发性妄想;按结构可以分为系统性妄想与非系统性妄想;临床上通常按妄想的主要内容归类,常见的妄想分为被害妄想、关系妄想、物理影响妄想等。

9. **原发性妄想和继发性妄想的区别**　原发性妄想是指突然产生的,内容与当时处境和思路无法联系的,十分明显而坚定不移的妄想体验,也不是起源于其他精神异常的一种病理信念,是精神分裂症的特征性症状。主要包括:妄想知觉、突发性妄想和妄想心境。继发性妄想是指在已有的心理障碍基础上发展起来的妄想,是以错觉、幻觉,或情感因素如感动、恐惧、情感低落、情感高涨等,或某种愿望(如囚犯对赦免的愿望)为基础而产生的。

10. **强迫观念**　又称强迫性思维,指在患者脑中反复出现的某一概念或相同内容的思维,明知没有必要,但又无法摆脱。

11. **超价观念**　又称恒定观念、优势观念、超价妄想观念、超限观念,等等,是一种在意识中占主导地位的观念。其发生常常有一定的事实基础,但患者的这种观念是片面的,与实际情况有出入的,而且带有强烈的感情色彩,明显地影响到患者的行为。

12. **注意**　是心理活动对一定对象的指向和集中,是伴随着感知觉、记忆、思维、想象等心理过程的一种共同的心理特征。常见的注意障碍包括注意增强、注意减退、注意涣散等。

13. **记忆**　是指过去经验在头脑中的反映,包括识记、保持、再认和回忆4个过程。根据记忆时间的长短可分为即刻记忆(又名瞬时记忆)、短期记忆、近事记忆和远事记忆。临床上常见的记忆障碍包括记忆增强、记忆减退、遗忘等。

14. **智能**　是一个复杂的综合的精神活动功能,指人们认识客观事物并运用知识解决实际问题的能力。包括注意力、记忆力、分析综合能力、理解力、判断力、一般知识的保持和计算力,等等。这种能力是在实践中发展的,是先天素质、后天实践(社会实践和接受教育)共同作用所产生的。临床上将智能障碍分为精神发育迟滞和痴呆两大部分。

15. **自知力**　又称领悟力或内省力,是指患者对其自身精神状态的认识能力,即能否判断自己有病和精神状态是否正常,能否正确分析和识辨,并指出自己既往和现在的表现与体验中,哪些属于病态。能正确认识自己的精神病理状态称为"有自知力",认为自己的精神病理状态不是病态称为"无自知力",介于两者之间为"有部分自知力"。

第三节　情 感 障 碍

1. **情感**　指人对客观事物所持的态度体验。与情绪在精神医学中常作为同义词。

2. **心境**　指强度较低但持续时间较长的情感。

3. **情感障碍**　在临床上通常表现为三种形式,即情感程度的改变、情感性质的改变和情感稳定性的改变。

4. **情感程度改变**　主要表现为情感表达程度的异常,主要有情感高涨、情感低落、焦虑和恐惧。

5. **情感性质改变**　主要表现为情感表达性质的异常,即缺乏常人应当表达的相应情感,主要有情感迟钝、情感淡漠、情感倒错。

6. **情感稳定性改变**　这是指情感表达稳定性的异常,即缺乏常人应当表达的相应情感,主要有情感易激惹性、情感不稳定、情感脆弱、强制性哭笑、病理激情。

第四节　意志与行为障碍

1. **意志**　是指人自觉地确定目的,并根据目的调节支配自身的行动,克服困难,实现预定目标的心理过程。常见的意志行为障碍主要包括意志障碍和动作行为障碍。

2. **意志障碍**　是意志活动的强度、一致性与现实性异常。主要包括意志增强、意志减弱、意志缺乏、矛盾意向和意向倒错。

3. **动作行为障碍**　指临床上常见的动作行为异常。主要有以下几种类型:精神运动型兴奋,包括协调性兴奋和不协调性兴奋;精神运动性抑制,包括木僵、蜡样屈曲、缄默症、违拗症;其他特殊症状,包括刻板言动、持续言动、模仿言动、作态和强迫动作。

第五节　意 识 障 碍

1. **意识**　在临床医学中意识指患者对周围环境及自身的认识和反应的能力。

2. **环境意识**　包括对外界各种事物的内容、性质及其发生的时间、地点等方面的认识,自我意识包括对自己的思维、情感、行为、功能、自我概念等方面的知识,并且能否进行自我评价和自我调整及能否将目前的自我和既往的经历联系起来的状态。

3. **环境意识障碍** 指意识清晰度下降和意识范围改变。

4. **自我意识障碍** 是在大脑皮质觉醒水平轻度降低的状态下,对自身主观状态不能正确认识的一种症状,即患者不能正确认识自己的人格特点。

5. **定向障碍** 是指对环境或自身状况的认识能力丧失或认识错误。

6. **定向力** 指一个人对时间、地点、人物以及自身状态的认识能力。

阅读 综合征

常见的综合征有幻觉 - 妄想综合征、精神自动症综合征、Cotard 综合征、科萨柯夫综合征、紧张症性综合征、Capgras 综合征等。

第二部分 试 题

一、名词解释

1. 感觉过敏

2. 错觉

3. 幻觉

4. 感知综合障碍

5. 思维奔逸

6. 思维贫乏

7. 思维散漫

8. 病理性赘述

9. 思维扩散

10. 病理性象征性思维

11. 语词新作

12. 逻辑倒错性思维

13. 妄想

14. 原发性妄想

15. 被害妄想

16. 关系妄想

17. 自罪妄想

18. 疑病妄想

19. 嫉妒妄想

20. 钟情妄想

21. 强迫观念

22. 超价观念

23. 注意狭窄

24. 记忆增强

25. 顺行性遗忘

26. 心因性遗忘

27. 错构

28. 智力发育障碍

29. 痴呆

30. 自知力

31. 情感高涨

32. 病理性激情

33. 意志增强

34. 意向倒错

35. 协调性兴奋

36. 木僵

37. 蜡样屈曲

38. 缄默症

39. 违拗症

40. 刻板动作

41. 作态

42. 强迫动作

43. 人格解体

二、填空题(在空格内填上正确的内容)

1. 临床诊断主要通过_____和_____,发现精神症状和症候群。

2. 判断某个精神活动是否为精神症状时,必须进行对比分析:_____对比、_____对比、_____分析。

3. 精神症状检查的主要方法是_____和_____。

4. 心理障碍的症状按照心理活动过程分为_____、_____、_____、_____等。

5. 知觉障碍主要包括_____、_____。

6. 按幻觉体验的来源分为_____、_____。

7. 按幻觉产生的特殊条件,可分为_____、_____、_____、_____。

8. 知觉障碍的三种常见类型为_____、_____、_____。

9. 思维障碍的临床表现多种多样,主要包括_____障碍和_____障碍。

10. 妄想按起源可以分为_____妄想和_____妄想。

11. 原发性妄想主要包括_____、_____、_____。

12. 妄想按结构可以分为_____妄想和_____妄想。

13. 超价观念与妄想的区别在于其形成有一定的_____与_____,内容比较符合客观实际或有强烈的情感需要。

14. 遗忘的三种形式分别是_____、_____、_____。

15. 智能障碍分为_____和_____两大部分。

16. _____是大脑组织结构无任何器质性损害的、由心理应激(精神创伤)引起的痴呆,预后较好。

17. 能正确认识自己的精神病理状态称为_____,认为自己的精神病理状态不是病态称为_____，介于两者之间称为_____。

18. 神经症患者通常能认识到自己的不适，主动叙述自己的病情，要求治疗。医学上称之为_____。否认自己有精神疾病，甚至拒绝治疗，称之为_____完全丧失或无自知力。

19. 在临床上，情感障碍通常表现为三种形式，即_____、_____、_____。

20. 常见的意志行为障碍主要包括_____、_____障碍。

21. 常见的意识障碍有_____、_____、_____。

22. 常见的自我意识障碍有_____、_____、_____。

23. 幻觉—妄想综合征的主要特征在于_____和_____彼此之间既密切结合而又相互依存，互相影响。

24. 精神自动症综合征的临床特点是在_____状态下产生的一组症状，其中包括假性幻觉以及患者思想、意志不受本人愿望控制等。

25. 精神自动症综合征的典型表现是患者感到本人的精神活动丧失了属于_____（即一类自我意识障碍表现）而认为这是由于_____的结果。

26. 概括地说精神自动症综合征的主要临床特征有_____、_____和_____三个特点。

27. 科萨柯夫综合征（Korsakoff's syndrome）的临床特点是_____，以_____最为突出，往往是患者刚说过的话，或做过的事，随即遗忘。

28. 紧张症性综合征包括_____状态和_____状态。

29. 紧张症性木僵状态，往往发生于上述兴奋状态之后，也可单独产生。临床特点是_____、_____、_____、_____。

30. 幻听包括_____和_____幻听。

31. 言语性幻听可分为：_____幻听、_____幻听、_____幻听。

三、单项选择题（在5个备选答案中选出1个最佳答案）

1. 引起错觉的常见因素为
   A. 感觉条件差
   B. 焦虑、紧张等情绪因素
   C. 疲劳
   D. 谵妄状态
   E. 以上都对

2. 关于幻觉的定义为
   A. 对客观事物的错误感受
   B. 对客观事物的胡思乱想
   C. 缺乏相应的客观刺激时的感知体验
   D. 客观刺激作用于感觉器官的感知体验
   E. 缺乏客观刺激时的思维过程

3. 听幻觉最常见于
   A. 躁狂症
   B. 抑郁症
   C. 精神分裂症
   D. 癔症
   E. 强迫症

4. 下列**不属于**思维形式障碍
   A. 思维迟缓
   B. 思维散漫
   C. 病理性赘述

73

D. 思维中断　　　　　　　　　　E. 牵连观念

5. 关于思维迟缓，下列说法正确的是

　　A. 是强迫症的典型症状　　　　　　　B. 是精神分裂症的典型症状

　　C. 是抑郁症的典型症状　　　　　　　D. 是癔症的典型症状

　　E. 是癫痫的典型症状

6. 关于思维奔逸，下列说法正确的是

　　A. 是精神分裂症的常见症状　　　　　B. 是躁狂症的常见症状

　　C. 是反应性精神病的典型症状　　　　D. 是神经衰弱的常见症状

　　E. 是器质性精神障碍的常见症状

7. 病人原先无任何精神异常，某次听广播时突然坚信播音员在说他，而他的生活经历与当时的广播内容并无明显联系，此病人可能的症状为

　　A. 听幻觉　　　　　　B. 原发性妄想　　　　　C. 继发性妄想

　　D. 思维散漫　　　　　E. 病理性象征性思维

8. 精神疾病中自杀最多的疾病是

　　A. 神经衰弱　　　　　B. 抑郁症　　　　　　　C. 精神分裂症

　　D. 癔症　　　　　　　E. 强迫症

9. 关于自知力的说法，正确的是

　　A. 自知力就是指病感

　　B. 自知力是对精神疾病的认识和判断能力

　　C. 神经症患者都有自知力

　　D. 重性精神病患者都没有自知力

　　E. 有自知力的病人较没有自知力的病人预后好

10. 刻板言语常见于

　　A. 强迫症　　　　　　B. 抑郁症　　　　　　　C. 精神分裂症

　　D. 器质性精神病　　　E. 癔症

11. 意志增强常见于

　　A. 精神分裂症青春型　B. 精神分裂症偏执型　　C. 精神分裂症单纯型

　　D. 精神分裂症紧张型　E. 慢性精神分裂症

12. 在记忆过程中，与保存有关的主要影响因素为

　　A. 注意力不集中　　　B. 脑部器质性疾病　　　C. 情绪因素

　　D. 思维障碍　　　　　E. 躯体疾病

13. 关于记忆障碍，下列说法正确的是

　　A. 部分或全部不能再现以往的经验称为记忆错误

　　B. 由于再现的失真而引起的记忆障碍称为遗忘

　　C. 病人以想象的、未曾亲身经历过的事件来填补亲身经历的记忆称为错构

　　D. 将过去经历过的事物在具体时间、具体人物或地点上搞错了，称为错构

　　E. 病人把从未见过的人当作熟人或朋友认识，称为虚构

14. 关于虚构，下列说法正确的是

　　A. 虚构的内容固定不变　　　　　　　B. 虚构的内容经常改变

C. 虚构是病理性谎言　　　　　　　　D. 虚构常见于人格障碍

E. 虚构就是错构

15. 谵妄属于下列哪种障碍

A. 情感障碍　　　　　　B. 思维障碍　　　　　　C. 行为障碍

D. 记忆障碍　　　　　　E. 意识障碍

16. 谵妄的表现是

A. 有幻觉　　　　　　　B. 有错觉　　　　　　　C. 有定向障碍

D. 意识障碍　　　　　　E. 以上都对

17. 下列疾病,可引起谵妄的是

A. 抑郁症　　　　　　　B. 躁狂症　　　　　　　C. 精神分裂症

D. 感染中毒　　　　　　E. 癔症

18. 谵妄时最多见的幻觉是

A. 听幻觉　　　　　　　B. 视幻觉　　　　　　　C. 味幻觉

D. 触幻觉　　　　　　　E. 嗅幻觉

19. 痴呆综合征又称为

A. 急性脑病综合征　　　B. 谵妄综合征　　　　　C. 慢性脑病综合征

D. 遗忘综合征　　　　　E. 行为紊乱综合征

20. 慢性脑病综合征一般**不出现**的精神障碍是

A. 记忆障碍　　　　　　B. 思维障碍　　　　　　C. 人格障碍

D. 意识障碍　　　　　　E. 情绪障碍

21. 遗忘综合征是

A. 一种选择性或局限性认知功能障碍　　B. 一种广泛性认知功能障碍

C. 一种半侧脑认知功能障碍　　　　　　D. 一种严重思维障碍

E. 由于酒精中毒引起

22. 一个病人意识清晰,有嗜酒史,智能相对良好,但有近事记忆障碍及言谈虚构倾向,该患者最可能的综合征是

A. 谵妄综合征　　　　　B. 酒中毒性幻觉症　　　C. 酒中毒性妄想症

D. 痴呆综合征　　　　　E. 遗忘综合征

23. 协调性精神运动性兴奋常见于

A. 精神分裂症青春型　　B. 躁狂症　　　　　　　C. 精神分裂症紧张型

D. 谵妄状态　　　　　　E. 药物中毒

24. 病人呆坐于一旁,对医生的任何提问均不作回答,医生让其开口喝水时,患者却双唇紧闭,扭头逃避面前的杯子,该患者的症状可能是

A. 缄默症　　　　　　　B. 主动违拗　　　　　　C. 被动违拗

D. 木僵　　　　　　　　E. 作态

25. 查房时,医生叫患者抬起双手以观察是否有震颤,随后叫患者放下双手并询问其他的问题,然而患者继续重复刚才的动作,直至反复多次后才开始回答问题。该患者的症状可能是

A. 强制性动作　　　　　B. 强迫性动作　　　　　C. 持续性动作

D. 刻板动作　　　　　　E. 模仿动作

26. 意识障碍的重要标志是
    A. 反应迟钝　　　　　B. 情感淡漠　　　　　C. 定向力障碍
    D. 记忆力障碍　　　　E. 注意力集中困难

27. 关于思维破裂的说法，正确的是
    A. 患者思维联想松弛，缺乏主题，一个问题与另外一个问题之间缺乏联系
    B. 概念之间联想的断裂，患者可能说出或写出完整的句子，但各句之间缺乏联系，变成词句的堆积
    C. 患者意识模糊，说出的话令人难以理解，句子之间缺乏联系，缺乏主题
    D. 患者思维联想迂回曲折，枝节较多，对一些细节容易作详细的描述，难以打断及纠正
    E. 患者思维过程突然中断，片刻后又重新说话，但所说内容与前面的话题无任何联系

28. 最常见的幻觉为
    A. 幻听　　　　　　　B. 幻视　　　　　　　C. 幻触
    D. 幻味　　　　　　　E. 幻嗅

29. 病人经常感到生殖器痒痛不适，似有小虫子在爬动，经过皮肤科反复检查却未发现任何异常，对于医生的解释患者拒绝接受。这种症状可能是
    A. 内脏性幻觉　　　　B. 内感性不适　　　　C. 幻触
    D. 错觉　　　　　　　E. 躯体化症状

30. 病人感到脑内有一"智囊团"，该"智囊团"能发声，并经常告诉患者该做什么或不该做什么，这种症状属于
    A. 错觉　　　　　　　B. 假性幻觉　　　　　C. 思维被插入
    D. 思维被广播　　　　E. 被控制感

31. 窗前落下一片纸屑，病人突然意识到有人在散发传单陷害自己，此病人可能的症状为
    A. 反射性幻觉　　　　B. 功能性幻觉　　　　C. 心因性幻觉
    D. 原发性妄想　　　　E. 继发性妄想

32. 病人感到周围环境变得灰蒙蒙一片，没有生气，似乎隔着一层膜，这种症状最可能为
    A. 幻觉　　　　　　　B. 非真实感　　　　　C. 交替人格
    D. 双重人格　　　　　E. 意识朦胧状态

33. 关于思维贫乏，下列说法正确的是
    A. 是急性精神分裂症的常见症状　　　　B. 是慢性精神分裂症的常见症状
    C. 是抑郁症的常见症状　　　　　　　　D. 是躁狂症的常见症状
    E. 是焦虑症的常见症状

34. 医生问病人为什么住院了，病人答道："我有2个孩子，红桃代表我的心，你放开手，是计算机病毒，保养自己……"，病人的症状属于
    A. 思维奔逸　　　　　B. 病理性赘述　　　　C. 刻板言语
    D. 持续言语　　　　　E. 思维破裂

35. 脑内突然涌现出大量异己的奇怪念头，病人对此也感莫名其妙，且不能控制，这种

症状可能是

    A. 思维奔逸   B. 思维散漫   C. 强制性思维

    D. 强迫性思维   E. 以上都不对

36. 关于妄想，以下说法正确的是

    A. 妄想都是与事实不相符的信念

    B. 妄想是一种病理性的歪曲信念

    C. 妄想是可以通过摆事实、讲道理说服的信念

    D. 妄想是一种坚信不疑的信念

    E. 妄想与患者的文化水平、社会背景相称

37. 超价观念

    A. 常有一定的现实基础   B. 有一定的性格基础

    C. 有强烈的情感体验及需要   D. 可以通过解释减轻或消失

    E. 以上都对

38. 下列妄想，在精神分裂症患者中少见的是

    A. 被害妄想   B. 关系妄想   C. 物理影响妄想

    D. 嫉妒妄想   E. 自罪妄想

39. 对精神分裂症常出现的意志障碍的描述，**不妥**的是

    A. 意志增强   B. 意志减退   C. 意志缺乏

    D. 矛盾意向   E. 意志坚强

40. 遗忘综合征**少见**于

    A. 慢性酒精中毒   B. 颅脑损伤   C. 脑动脉硬化症

    D. 中毒性脑病   E. 精神分裂症

41. 下列疾病，**不见**木僵的是

    A. 精神分裂症   B. 抑郁症   C. 反应性精神障碍

    D. 脑器质性精神障碍   E. 焦虑症

42. 违拗症多见于

    A. 抑郁症   B. 神经衰弱   C. 恐惧症

    D. 精神分裂症   E. 强迫症

43. 蜡样屈曲常在什么基础上发生

    A. 木僵   B. 违拗症   C. 情感淡漠

    D. 情绪不稳   E. 情绪高涨

44. 关于紧张症的正确说法是

    A. 在意识障碍的基础上发生   B. 指紧张性木僵

    C. 包括紧张性木僵及紧张性兴奋   D. 事后不能回忆

    E. 是指情绪的焦虑不安

45. 刻板言语或动作主要见于

    A. 癔症   B. 强迫症   C. 精神分裂症

    D. 器质性精神障碍   E. 躁狂症

46. 关于病态焦虑的描述，**不正确**的是

    A. 主观感觉紧张不安、顾虑重重   B. 可以出现自主神经症状

C. 可以出现濒死感、失控感及呼吸困难　　D. 可见于恐惧症

    E. 焦虑的对象常为现实中的人和事

47. 关于假性痴呆的说法，**不正确**的是

    A. 常有强烈的精神创伤刺激　　　　　　B. 可见于癔症及反应性精神障碍

    C. 可见于抑郁症　　　　　　　　　　　D. 一般预后较好

    E. 假性痴呆如不及时治疗常会变成真性痴呆

48. 作态主要见于

    A. 抑郁症　　　　　　B. 精神分裂症　　　　　　C. 躁狂症

    D. 强迫症　　　　　　E. 器质性精神病

四、简答题

1. 如何判定某一精神活动是否异常？

2. 何谓幻觉？常见的幻听分为哪几类？

3. 按照妄想的起源，简述妄想的分类及其临床特点。

4. 简述遗忘的常见分型及其临床表现。

5. 试述错构及虚构的鉴别要点。

6. 何谓遗忘综合征？

7. 试述智能障碍的分型及其临床表现。

8. 如何理解定向力？

9. 简述情感低落与情感淡漠的鉴别要点。

10. 何为精神运动性兴奋？常见有哪些类型？

11. 何为木僵状态？常见有哪些类型？

12. 试述自知力的概念及其临床意义。

13. 试述紧张综合征的临床特点。

第三部分　参考答案

一、名词解释

1. 感觉过敏是由于病理性或功能性感觉阈限降低而对外界低强度刺激的过强反应。

2. 错觉是指在特定条件下产生的对客观事物的歪曲知觉，即指不符合客观实际的知觉。

3. 幻觉是指没有相应的客观刺激时所出现的知觉体验。

4. 感知综合障碍是指患者在感知某一现实事物时，作为一个客观存在的整体来说是正确的，但对该事物的个别属性，如大小、形状、颜色、空间距离等产生与该事物不相符合的感知。

5. 思维奔逸是指联想速度加快和量的增加，表现思维和谈话都非常快，一个概念接着另一个概念大量涌现，以致有时来不及表达。常常伴有随境转移，或音连意连。

6. 思维贫乏指思想内容空虚，概念和词汇贫乏，对一般性的询问往往无明确的应答性

反应或回答得非常简单。

7. 思维散漫指在意识清楚的情况下,思维联想过程破裂,谈话内容缺乏内在意义上的连贯性和应有的逻辑性。

8. 病理性赘述是指不能简单明了、直截了当地回答问题,在谈话过程中夹杂了很多不必要的细节,但最终能讲出谈话的主题和中心思想。

9. 思维扩散是指患者体验到自己的思想一出现,即尽人皆知,感到思想与人共享,毫无隐私可言。

10. 病理性象征性思维指患者主动地以一些普通的概念、词句或动作来表示某些特殊的、不经患者解释别人无法理解的含意。

11. 语词新作是指患者创造一些文字、图形、符号,并赋予其特殊的只有本人才能理解的含意。

12. 逻辑倒错性思维是指思维逻辑明显障碍,推理既无前提也无根据,离奇古怪,不可理解。

13. 妄想是指在精神病态中产生的,缺乏事实根据地坚信自己的某种错误判断和推理。

14. 原发性妄想是指突然产生的,内容与当时处境和思路无法联系的,十分明显而坚定不移的妄想体验。

15. 被害妄想是最常见的一种妄想。患者感到正在被人监视、跟踪、窃听、诽谤、诬陷、毒害等。

16. 关系妄想是指患者把实际与他无关的事情,认为与他本人有关系。

17. 自罪妄想是指毫无根据地认为自己犯了严重错误和罪行,应受惩罚,以至拒食或要求劳动改造以赎其罪。

18. 疑病妄想是指毫无根据地坚信自己患了某种严重躯体疾病或不治之症,因而到处求医,一系列详细检查和多次反复的医学验证都不能纠正其歪曲的信念。

19. 嫉妒妄想是指坚信配偶对其不忠,另有外遇。

20. 钟情妄想是指坚信某异性对自己产生了爱情,即使遭到对方严词拒绝,反而认为对方是在考验自己对爱情的忠诚。

21. 强迫观念又称强迫性思维,指在患者脑中反复出现的某一概念或相同内容的思维,明知没有必要,但又无法摆脱。

22. 超价观念又称恒定观念、优势观念、超价妄想观念、超限观念,等等,是一种在意识中占主导地位的观念。其发生常常有一定的事实基础,但患者的这种观念是片面的,与实际情况有出入的,而且带有强烈的感情色彩,明显地影响到患者的行为。

23. 注意狭窄是指患者的注意范围显著缩小,主动注意减弱,当注意集中于某一事物时,不能再注意与之有关的其他事物。

24. 记忆增强是指病理性的记忆增强,表现为病前不能够并且不重要的事情都能回忆起来。

25. 顺行性遗忘指患者不能回忆疾病发生以后一段时间内所经历的事情。

26. 心因性遗忘是指心理因素导致的遗忘,如对以往发生的羞辱情境遗忘,一般认为它是暂时性的和可以治疗的。

27. 错构是记忆的错误,对过去曾经历过的事情,在发生的时间、地点、情节上出现错误的回忆,并坚信不疑。

28. 智力发育障碍，又称精神发育迟滞，是指个体在发育阶段（通常指 18 岁以前），由生物学因素、心理社会因素等原因所引起，以智力发育不全或受阻和社会适应困难为主要特征的一组综合征。

29. 痴呆是一种综合征，是意识清楚情况下后天获得的记忆、智能的明显受损。主要临床表现为分析综合判断推理能力下降，记忆力、计算力下降，后天获得的知识丧失。工作和学习能力下降或丧失，甚至生活不能自理，并伴有精神和行为异常。

30. 自知力又称领悟力或内省力，是指患者对其自身精神状态的认识能力。

31. 情感高涨是指患者经常面带笑容，自诉心里高兴，就像过节一样。因而精力充沛，内心充满幸福感，睡眠减少，爱管闲事。同时，自我评价过高。

32. 病理性激情是指患者骤然发生、强烈而短暂的情感爆发状态。常伴有冲动和破坏行为，事后不能完全回忆。

33. 意志增强是指意志活动增多。在病态情感或妄想的支配下，患者可以持续坚持某些行为。

34. 意向倒错是指患者的意向活动与一般常情相违背，导致患者的行为无法为他人所理解。

35. 协调性兴奋指患者的动作行为的增加与思维、情感活动一致，是有目的的、可以理解的。

36. 木僵是指动作和行为明显减少或抑制，并常常保持一种固定姿势。严重的木僵称为僵住，患者不言不语、不动、不食，大小便潴留，对刺激缺乏反应。

37. 蜡样屈曲是静卧或呆立不动，身体各部位听人摆布，即使把它摆成一个很不舒服的位置也可以维持很长的时间，就像塑料蜡人一样。

38. 缄默症是指缄默不语，不回答问题，有时以手示意。

39. 违拗症是指患者对于别人要求他做的动作，不但不执行，反而做出与要求完全相反的动作。

40. 刻板动作指患者机械刻板地反复重复某一单调的动作，常与刻板言语同时出现。

41. 作态指患者做出幼稚愚蠢、古怪做作的姿势、动作、步态与表情。

42. 强迫动作指患者明知不必要，却难于克制而去重复地做某个动作，如果不去重复患者就会产生严重的焦虑不安。

43. 人格解体是指患者意识不到自己的精神活动，意识不到自己躯体的存在，丧失了对自身行为的现实体验，感到自己正在改变，已非原来的自己，或自己已经不复存在了，不是真正的自己在行动，而是在扮演自己。

二、填空题

1. 病史　精神检查
2. 纵向　横向　具体情况具体
3. 访谈法　观察法
4. 认知过程障碍　情感过程障碍　意志与行为障碍　意识障碍
5. 错觉　幻觉
6. 真性幻觉　假性幻觉
7. 功能性幻觉　思维鸣响　心因性幻觉　入睡前幻觉

8. 错觉　幻觉　感知综合障碍

9. 思维形式　思维内容

10. 原发性　继发性

11. 妄想知觉　突发性妄想　妄想心境

12. 系统性　非系统性

13. 性格基础　现实基础

14. 顺时性遗忘　逆时性遗忘　心因性遗忘

15. 精神发育迟滞　痴呆

16. 假性痴呆

17. 有自知力　无自知力　有部分自知力

18. 自知力完整　自知力

19. 情感程度的改变　情感性质的改变　情感稳定性的改变

20. 意志障碍　动作行为

21. 环境意识障碍　自我意识障碍　定向障碍

22. 人格解体　双重人格　自我界限障碍

23. 幻觉　妄想

24. 意识清晰

25. 自己的特征　外力作用

26. 存在异己感　强制感　不由自主感

27. 记忆障碍　近事遗忘

28. 紧张性兴奋　紧张症性木僵

29. 丧失活动能力　缄默无语　不活动　肌张力增高

30. 言语性　非言语性

31. 命令性　评论性　争论性

三、单项选择题

1. B	2. E	3. C	4. E	5. C	6. B	7. B	8. B	9. B	10. C
11. B	12. B	13. D	14. B	15. E	16. E	17. D	18. B	19. C	20. D
21. A	22. C	23. B	24. C	25. C	26. C	27. B	28. A	29. C	30. B
31. D	32. B	33. B	34. E	35. C	36. B	37. E	38. E	39. E	40. E
41. E	42. D	43. A	44. C	45. C	46. E	47. E	48. B

四、简答题

1. 如何判定某一精神活动是否异常？

答：需从三个方面进行分析：①纵向比较，与其过去的一贯表现相比较，精神状态是否有明显改变；②横向比较，与大多数正常人的精神状态相比较，差别是否有显著性，持续时间是否超出一定限度；③应注意结合当事人的心理背景和所处的具体环境进行具体分析和判断，避免主观片面。

2. 何谓幻觉？常见的幻听分为哪几类？

答：幻觉是指没有相应的客观刺激时所出现的知觉体验，是临床上最常见的精神病性症状之一。

幻听既有言语性幻听，也有非言语性幻听，临床上常见的是言语性幻听，具有诊断意义。依据幻听内容，常可分为评论性幻听、议论性幻听及命令性幻听。幻听常可影响患者的思维、情感及行为。

3. 按照妄想的起源，简述妄想的分类及其临床特点。

答：妄想按其起源及与其他心理活动的关系可分为原发性妄想及继发性妄想。原发性妄想临床特点：突然产生的，内容与当时处境和思路无法联系的，十分明显而坚定不移的妄想体验，也不是起源于其他精神异常的一种病理信念，是精神分裂症的特征性症状。

原发性妄想主要包括：①妄想知觉。患者对正常知觉体验，赋以妄想性意义。②突发性妄想。妄想的形成既无前因，又无后果，没有推理，无法理解。③妄想心境。患者突然产生一种情绪，感到周围发生了某些与自己有关的情况，导致原发性妄想形成。

继发性妄想临床特点：在已有的心理障碍基础上发展起来的妄想，是以错觉、幻觉，或情感因素如感动、恐惧、情感低落、情感高涨等，或某种愿望（如囚犯对赦免的愿望）为基础而产生的。继发性妄想可以见于很多种精神疾病，在诊断精神分裂症时，其临床意义不如原发性妄想。

4. 简述遗忘的常见分型及其临床表现。

答：遗忘是指部分或全部地不能回忆以往的经历，常可分为顺行性遗忘、逆行性遗忘及心因性遗忘。

（1）顺行性遗忘是指紧接着疾病发生以后一段时间的经历不能回忆，常常是由于意识障碍而导致识记障碍，不能感知外界事物和经历所致，如脑震荡及脑挫伤患者。

（2）逆行性遗忘是指患者回忆不起病发前某一阶段的事件，也常见于脑外伤及急性脑血管疾病。上述两种遗忘阶段的长短及预后与外伤的严重程度及意识障碍持续时间的长短有关。

（3）心因性遗忘是指心理因素导致的遗忘，如对以往发生的羞辱情境遗忘，一般认为它是暂时性的和可以治疗的，遗忘的发生常与强烈的精神刺激及情绪的波动有关，遗忘的内容具有高度选择性，常与强烈的恐惧、愤怒及羞辱的情景及场面有关，多见于癔症及反应性精神病。

5. 试述错构及虚构的鉴别要点。

答：（1）错构是记忆的错误，将过去经历过的事情，在发生时间、地点或人物上出现错误记忆，并自以为是，信以为真，患者对于张冠李戴的事情常有生动的描述，并伴有相应的情感体验，常见于脑外伤、慢性酒精中毒性精神障碍、动脉硬化症等。

（2）虚构是指患者在回忆中将过去事实上从未发生过的事情，说成是确有其事，常在严重记忆障碍的基础上产生，患者也常常不能记住虚构的内容，因而内容是多变的，并且易受环境及交谈者影响，可以利用交谈者提供的各种素材，结合记忆的残余构成虚幻的故事，多见于各种原因引起的痴呆，是器质性精神障碍的特征性症状之一。

6. 何谓遗忘综合征？

答：遗忘综合征又称为科萨科夫综合征，它的特点是近记忆障碍（识记）、顺行性遗忘或逆行性遗忘、虚构或错构、定向（尤其时间定向）障碍。没有明显的意识障碍或严重智能障碍。常见于慢性酒精中毒性精神病、颅脑外伤所致精神障碍及其他脑器质性精神障碍。

7. 试述智能障碍的分型及其临床表现。

答：智能障碍可分为智力发育障碍及痴呆两大类型。

（1）智力发育障碍，又称精神发育迟滞，是指个体在发育阶段（通常指18岁以前），由生物学因素、心理社会因素等原因所引起，是以智力发育不全或受阻和社会适应困难为主要特征的一组综合征。不能随着年龄增长而增长，其智能明显低于正常的同龄人。

（2）痴呆是一种综合征，是后天获得的智能、记忆及人格的全面受损，通常发生于大脑发育成熟以后（18岁以后），其发生具有脑器质性病变基础，临床主要表现为创造性思维受损，抽象、理解、判断、推理能力下降，记忆力及计算力下降，后天获得的知识丧失，工作和学习能力下降或丧失，甚至生活不能自理，并伴有行为症状及精神症状，根据病变的性质及所涉及范围的不同，可分为全面性痴呆及部分性痴呆。

8. 如何理解定向力？

答：定向力是指一个人对时间、地点、人物以及自身状态的认识能力。前者称为周围环境的定向力，后者称为自我定向力。时间定向包括对当时所处时间的认识及年、月、日的认识；地点定向是指对所处地点的认识，包括街道、楼层及毗邻关系等；人物定向是指辨别周围环境中人物的身份及其与患者的关系；自我定向包括对自己姓名、性别、年龄及职业等状况的认识。定向障碍多见于症状性精神病或脑器质性精神病有意识障碍或严重痴呆时。此外，精神病人尚可出现双重定向，即对周围环境的时间、地点、人物出现双重体验，其中一种体验是正确的，而另外一种体验与妄想有关，是妄想性判断或解释。

9. 简述情感低落与情感淡漠的鉴别要点。

答：情感低落与情感淡漠的患者均可表现为言语动作的减少、兴趣减退、意志减退及人际关系的疏远，但两者的本质不同。

（1）情感低落是负性情感增强的表现，患者外部表情愁苦，双眉紧锁，忧心忡忡，唉声叹气，内心深感痛苦，悲观绝望，觉得一无是处，甚至反复出现想死的念头，常伴有明显的思维迟缓，言语动作的减少，以及食欲减退、早醒等生物学症状，常见于抑郁症，也可见于反应性抑郁及更年期抑郁。

（2）情感淡漠是情感反应的减弱或缺乏，患者外部表情冷淡呆板，内心对任何刺激均缺乏相应的情感反应，对自身前途及周围发生的事情均漠不关心，熟视无睹，与周围环境失去情感上的联系，它是精神分裂症晚期常见的症状，也可见于痴呆病人。

10. 何为精神运动性兴奋？常见有哪些类型？

答：精神运动性兴奋是指思维、情感及行为的多种形式的兴奋，通常可分为协调性精神运动性兴奋及非协调性精神运动性兴奋，可见于各种类型的精神障碍。

可分为以下几种类型：①躁狂性兴奋。指行为动作的增加与思维、情感活动协调一致，并且与环境密切联系，行为具有目的性、可理解性，可引起共鸣，整个精神活动是协调一致的，给人以感染力，多见于躁狂症。②青春性兴奋。指行为动作与其他精神活动之间的同一性和完整性遭到破坏。

11. 何为木僵状态？常见有哪些类型？

答：木僵是指动作行为和言语活动的完全抑制或减少，并经常保持一种固定姿势。严重的木僵称为僵住，患者不言、不动、不食、面部表情固定，大小便潴留，对刺激缺乏反应，如不予治疗，可维持很长时间。轻度木僵称为亚木僵状态，表现为问之不答、唤之不动、表情呆滞，但在无人时能自动进食，能自解大小便。木僵状态可分为以下几类：紧张性木僵、心因性木僵、抑郁性木僵、器质性木僵。

12. 试述自知力的概念及其临床意义。

答：自知力又称领悟力或内省力，是指患者对其自身精神状态的认识能力。能正确认识自己的病态并愿意接受治疗称为"有自知力"；否认自己的病态并拒绝接受治疗称为"无自知力"；介于两者之间的称为"有部分自知力"或"自知力不全"。重性精神病患者一般有不同程度的自知力缺失，他们常常否认有病并拒绝治疗，随着精神症状的消失，患者的自知力会逐渐恢复，自知力完整是精神病病情痊愈的重要指标之一。神经症患者常有自知力并主动求治。

13. 试述紧张综合征的临床特点。

答：紧张综合征是精神分裂症紧张型的一组常见症状，它包括紧张性木僵和紧张性兴奋两种状态，前者常有违拗症、刻板言语及动作、模仿言语及动作、蜡样屈曲等症状，紧张性木僵可持续时间较长，无原因地转入紧张性兴奋。紧张性兴奋持续较短暂，往往是突然爆发的兴奋激动和暴烈行为，然后进入木僵状态或缓解。紧张综合征多发生在意识清晰基础上，少数在梦样意识障碍背景上产生。

（王立金）

第六章　　创伤与应激障碍

第一部分　内容概要与知识点

本章导读　本章介绍了应激相关障碍的概述、分类；急性应激障碍的临床表现、诊断评估、防治要点；创伤后应激障碍的临床表现、诊断评估、适应障碍的临床表现及诊断评估等内容。通过本章内容的学习使学生掌握应激相关障碍的临床诊断和治疗，为将来临床工作奠定基础。

第一节　概　　述

1. **应激障碍的概念**　应激障碍(stress disorder)通常被称为应激相关障碍(stress related disorder)，是指一组主要由于强烈或持久的心理和环境因素引起的异常心理反应而导致的精神障碍。

2. **应激相关障碍的分类**　①急性应激性障碍；②创伤后应激障碍；③适应障碍；④其他或待分类的应激相关障碍。

3. **应激学说**　心理应激是一个非常复杂的过程，是一个不断变化、失衡和再平衡的整体。适度的应激有积极的作用，过度的应激会影响心身健康。生物、心理和社会等诸多因素都可能成为应激源，但必定要在人的认知评价基础上才能变成现实的应激源。

心理应激的不良后果：在应激情况下发生的生理和心理反应，都是身体对应激的适应与调整活动，又是导致疾病的生理基础。如果应激反应过于强烈和持久，超过了个体的承受能力，正常的心理生理反应便向病理的心理生理障碍转变，引起各种功能障碍与疾病。

第二节 急性应激障碍

1. **急性应激障碍的概念** 急性应激障碍（acute stress disorder, ASD）又称急性应激反应（acute stress reaction），是由于突然发生强烈的创伤性生活事件所引起的一过性精神障碍。

2. **临床表现** ASD 是遭遇创伤性事件后的一过性状况，一般在应激性事件后几分钟至几小时出现症状，临床表现为分离、再历、回避和过度警觉，有较大的变异性。主要为强烈恐惧体验的精神运动性兴奋或精神运动性抑制，行为有一定的盲目性。

按照临床优势症状可划分为以下几种：

（1）反应性朦胧状态：主要表现为定向障碍，对周围环境不能清楚感知，注意力狭窄。

（2）反应性木僵状态：以精神运动性抑制为主要表现。

（3）反应性兴奋状态：以精神运动性兴奋为主，有强烈情感反应。

（4）急性应激性精神病：以妄想或严重情感障碍为主，反应内容与应激源密切相关，易于理解。

在 DSM-5 中 ASD 的症状要点包括：①侵入性症状，即出现侵入性的痛苦记忆或反复做内容和（或）情感与创伤性事件相关的痛苦的梦；②负性心境，表现持续地不能体验到正性的情绪；③分离症状，可出现不能想起创伤性事件的某个重要方面；④回避症状，回避关于创伤性事件或与其高度有关的痛苦记忆；⑤唤起症状，表现为警觉度增高。

3. **影响因素** ①心理学研究；②生物学研究。

4. **诊断评估**

（1）评估工具：①急性应激障碍访谈问卷（ASDI）、急性应激障碍量表（ASDS）；②斯坦福急性应激反应问卷（SASRQ）；③儿童急性应激反应问卷（CASRQ）；④儿童急性应激核查表（ASC-Kids）。

（2）诊断要点：①有异乎寻常的，严重而急剧的应激事件；②起病急，在受到精神创伤后的数分钟或数小时内发病；③症状出现的时间与应激事件密切相关；④临床主要表现为有强烈情感变化的精神运动性抑制或精神运动性兴奋，可有轻度意识障碍；⑤病程短，症状随着应激源的消除或环境改变迅速缓解或逐渐减轻。在 DSM-5 的诊断中，创伤事件之后出现完整的症状必须存在至少 3 天，最多不超过 1 个月，并发生于创伤事件之后 1 个月内。若病程超过 1 个月，可考虑其他诊断。即在 DSM-5 中，创伤性事件之后立即出现的症状如果在不到 3 天的时间内消失，则不考虑 ASD 的诊断。

（3）鉴别诊断：①如果在创伤性事件后主要表现为亚临床水平的焦虑抑郁或其他非特异性症状，考虑适应障碍可能更合适；②如果症状是已有的精神障碍症状的恶化，则不诊断ASD；③ASD 的妄想和严重情绪障碍出现在强烈精神打击后，如只是原有症状的恶化并无其他症状出现，应考虑其他诊断。

5. **防治要点** ①治疗目标：主要目的是尽早消除创伤个体的病理性应激反应，恢复正常生活，减少形成 PTSD 的可能；②预防 PTSD；③心理治疗：认知行为疗法，暴露疗法，眼动脱敏；④社会支持；⑤药物治疗。

第三节　创伤后应激障碍

1. 创伤后应激障碍的概念　创伤后应激障碍（post-traumatic stress disorder，PTSD），又称为延迟性心因性反应（delayed psychogenic reaction），是一种与遭遇到威胁性或灾难性心理创伤有关，并延迟出现和（或）长期持续的精神障碍。

2. 临床表现　PTSD 主要表现为在重大创伤性事件后出现闯入性症状、回避症状和警觉性增高症状三大核心症状。患者以各种形式重新体验创伤性事件，有驱之不去的闯入性回忆，频频出现的痛苦梦境。患者对创伤相关的刺激存在持续的回避。回避对象不仅限于具体的场景与情境，还包括有关的想法、感受及话题，如患者不愿提及有关事件。另外一组症状是持续性的焦虑和警觉水平增高，如难以入睡或不能安眠。警觉性过高，容易受惊吓，做事无法专心等。

在 DSM-5 中 PTSD 的症状要点包括：①与创伤性事件有关的侵入性症状，即出现侵入性的痛苦记忆或反复做内容和（或）情感与创伤性事件相关的痛苦的梦；②持续地回避与创伤性事件有关的刺激；③与创伤性事件有关的认知和心境方面的负性改变；④与创伤性事件有关的警觉或反应性有显著的改变，可表现过度警觉、过分的惊跳反应、注意力有问题、睡眠障碍等。

3. 影响因素

（1）生物因素：①遗传；②神经内分泌系统。

（2）心理因素：①精神分析理论；②行为学习理论；③认知模型；④心理社会模型。

4. 诊断评估

（1）评估工具：临床医师专用 PTSD 量表（Clinician-Administered PTSD Scale，CAPS）；PTSD 症状会谈量表（PTSD Symptom Scale Interview，PSS-I）；创伤后应激障碍自评量表（post-traumatic stress disorder self-rating scale，PTSD-SS）。

（2）诊断要点：①由严重威胁性或灾难性的应激事件而引起；②精神障碍发生于创伤后的 3~6 个月内；③临床以反复重现创伤性体验、持续性回避和警觉性增高为主要症状，并有焦虑、抑郁、对创伤性经历的选择性遗忘等。

5. 防治要点

（1）预防性干预。

（2）心理治疗：暴露疗法、认知行为治疗、眼动脱敏与再加工。

（3）药物治疗。

第四节　适 应 障 碍

1. 适应障碍的概念　适应障碍（adjustment disorder）是指在紧张性生活事件的影响下，由于个体素质及个性的缺陷而导致对这些刺激因素不能适当地调适，从而产生较明显的情绪障碍、适应不良的行为障碍或生理功能障碍，并可使社会功能（工作、学习及人际关系）受损。

2. 临床表现　适应障碍的主要临床表现为情绪障碍，如焦虑、抑郁，也可表现为行为紊乱（包括品行问题和行为问题）及生理功能障碍如失眠、食欲不振等。

适应障碍根据抑郁情绪持续时间的长短可分为短期抑郁反应(发生不足 1 个月)、中期抑郁反应(1 个月至半年)和长期抑郁反应(半年至 2 年)。

3. 影响因素 起病前 1~3 个月内存在生活事件是适应障碍的必备条件,但 AD 的应激源的强度和性质较 ASD 和 PTSD 要小,因此从内因与外因的病因学机制考虑,个体的易感性更为重要。个体素质尤其是心理素质主要包括:①性格缺陷,如敏感、多疑、胆怯、偏执等;②应付方式缺陷;③生理状态不佳;④社会支持利用度差。

4. 诊断评估 ①有明显的生活事件(如生活环境或社会地位改变)为诱因,适应障碍往往发生于这些事件的 3 个月内;②在事件发生前,当事人的一般适应功能水平正常,但存在有一定的个性缺陷或不足;③以情绪障碍为突出表现并伴有适应行为不良或生理功能障碍;④当事人的正常社会功能受到影响,人际关系也受到不同程度的影响;⑤症状持续 1 个月以上,但一般不超过半年。

5. 防治要点

(1)适应障碍治疗的根本目的要放在帮助病人解决所面临的困境,并通过减少患者对问题的否认与回避,鼓励自己解决问题,避免不良的应付方式,提高处理应激境遇的能力,早日恢复到病前的功能水平,防止病程恶化或慢性化。

(2)心理咨询与治疗是适应障碍的主要治疗手段。

(3)问题解决咨询:①认识并列出导致痛苦的问题;②思考如何行动可以解决或减轻每一个问题;③选择某一问题,尝试比较容易并最有可能成功的行动;④总结尝试解决行动的结果。

第二部分 试 题

一、名词解释

1. 应激障碍
2. 急性应激障碍
3. 创伤后应激障碍
4. 适应障碍
5. 应激反应
6. 病理性闪回
7. 气功所致心理障碍
8. 应激源
9. 心理应激
10. 急性应激性精神病

二、填空题(在空格内填上正确的内容)

1. 应激相关障碍主要包括_____、_____和_____三种类型。

2. 应激的反应模式为一个应激过程可以分为四个部分:_____、_____、_____、_____。

3. 急性应激障碍临床表现为强烈恐怖体验的_____或_____。

4. 创伤后应激障碍临床表现为_____、_____和_____三大核心症状。

5. 在 DSM-5 中,创伤性事件之后立即出现的症状如果在不到＿＿＿＿天的时间内消失,则不考虑 ASD 的诊断。

6. 在 DSM-5 中 ASD 的症状要点包括:＿＿＿、＿＿＿、＿＿＿、＿＿＿、＿＿＿。

7. 急性应激障碍按照临床优势症状可划分为＿＿＿、＿＿＿、＿＿＿。

8. 急性反应性精神病是强烈并持续一定时间的精神创伤事件直接引起的精神病性障碍,临床以＿＿＿为主,反应内容与应激源密切相关,易于理解。

9. 大多数成人研究表明诊断为 ASD 的创伤人群至少＿＿＿以上随后会发生 PTSD。

10. 急性应激障碍心理治疗主要方法有＿＿＿、＿＿＿、＿＿＿、＿＿＿等。

11. PTSD 的诊断要点有:＿＿＿;＿＿＿;临床以＿＿＿、＿＿＿和＿＿＿为主要症状。

12. 适应障碍一般在紧张性刺激因素的作用下＿＿＿以内发生,较 ASD 起病缓慢,持续的时间较长,但一般不超过＿＿＿。

13. 适应障碍的主要临床表现为＿＿＿、＿＿＿及＿＿＿。

14. 适应障碍根据抑郁情绪持续时间的长短可分为＿＿＿、＿＿＿和＿＿＿。

15. 适应障碍根据抑郁情绪持续时间的长短分为中期抑郁反应的时间是＿＿＿。

16. 适应障碍根据抑郁情绪持续时间的长短分为长期抑郁反应的时间是＿＿＿。

17. 起病前＿＿＿内存在生活事件是适应障碍的必备条件。

18. 在适应障碍发生中的个体素质因素主要包括:＿＿＿、＿＿＿、＿＿＿。

19. 急性应激障碍的基本特征是在接触一个或多个创伤性事件之后的＿＿＿之间发展出特征性的症状。

20. 创伤后应激障碍伴延迟性发作是指创伤性事件后至少＿＿＿才符合全部诊断标准。

21. 急性应激障碍与创伤后应激障碍的区别在于急性应激障碍的症状模式局限在接触创伤性事件后＿＿＿。

22. PTSD 在创伤应激源发生后至少＿＿＿才可以做出诊断。

23. 适应障碍根据抑郁情绪持续时间的长短分为短期抑郁反应的时间是＿＿＿。

24. 适应障碍的主要临床表现可与年龄之间有某些联系:在老年人中可伴有＿＿＿;成年人多见＿＿＿;青少年以＿＿＿较常见;儿童则可表现出＿＿＿。

25. PTSD 患者对创伤相关的刺激存在着持续的＿＿＿。

26. ＿＿＿是适应障碍的主要治疗手段。

27. 适度的应激有＿＿＿作用,过度的应激则＿＿＿心身健康。

28. PTSD 可见病人仿佛又完全身临创伤性事件发生时的情境,重新表现出事件发生时所伴发的各种情感,称为＿＿＿。

29. 适应障碍以＿＿＿为主要症状者常见于青少年。

30. 在 DSM-5 关于 PTSD 的症状要点中,与创伤性事件有关的警觉或反应性有显著的改变,可表现为＿＿＿、＿＿＿、＿＿＿、＿＿＿等。

三、单项选择题(在 5 个备选答案中选出 1 个最佳答案)

1. ASD 的反应性木僵状态主要表现是

　A. 精神运动性抑制　　　B. 精神运动性兴奋　　　C. 定向障碍

D. 幻觉   E. 妄想

2. 在 ASD 急诊时,以下哪一项**不是**治疗的要点
   A. 尽快脱离创伤情境   B. 与患者适当地讨论问题
   C. 适当用药物对症治疗   D. 改变人格缺陷
   E. 鼓励他们勇敢地面对

3. 以下哪一项**不是** PTSD 的核心症状
   A. 心理麻木   B. 闯入性症状   C. 回避症状
   D. 警觉性增高   E. 分离性症状

4. 创伤后应激障碍又称为
   A. 急性应激障碍   B. 延迟性心因性反应   C. 适应障碍
   D. 反应性精神病   E. 精神病性症状

5. ASD 的急性应激性精神病的主要表现是
   A. 妄想或严重情感障碍   B. 焦虑不安   C. 躁狂发作
   D. 意识障碍   E. 精神病性症状

6. 适应障碍的主要临床表现是
   A. 品行障碍   B. 适应不良行为   C. 生理功能障碍
   D. 情绪障碍   E. 性格缺陷

7. 适应障碍中的短期抑郁反应时间为
   A. 发生不足 1 周   B. 发生不足 1 个月   C. 发生不足 2 周
   D. 发生不足 2 个月   E. 发生不足 3 周

8. 适应障碍以品行问题为主症者常见于
   A. 青少年   B. 中年人   C. 儿童
   D. 男童   E. 女童

9. 适应障碍往往病程较长,但一般**不超过**
   A. 4 个月   B. 5 个月   C. 6 个月
   D. 7 个月   E. 8 个月

10. 当人们遭遇了丧亲打击之后
    A. 有可能发展成抑郁症   B. 有可能发展为创伤后应激障碍
    C. 有可能发展为逃避型人格障碍   D. 有可能发展为广泛性焦虑障碍
    E. 有可能发展为行为紊乱

11. 急性应激障碍治疗的原则**不包括**
    A. 及时   B. 就近   C. 简洁
    D. 大剂量药物   E. 紧扣重点

12. 下列应激源,对人体健康危害最大的是
    A. 应激性生活事件   B. 环境应激源   C. 日常生活的困扰
    D. 与工作有关的应激源   E. 以上都不是

13. Selye 认为,在应激源持续作用下,出现一般性的长期躯体反应称为
    A. 应激反应综合征   B. 应激适应综合征   C. 一般反应综合征
    D. 一般适应综合征   E. 以上都不对

14. 影响个体认知评价的因素, **不正确**的是
    A. 个体的人格特征　　B. 个人的生活经验　　C. 个体对应激源的认识
    D. 个体对应激源的敏感度　E. 当时个体的身心状态

15. 对生活事件的理解, **错误**的是
    A. 生活事件是在生活中遇到的重要事件
    B. 不同的生活事件所产生的心理应激量是不同的
    C. 相同的生活事件所产生的心理应激量是相同的
    D. 也可以有正性的生活事件
    E. 也可以有负性的生活事件

16. 下列有关心理应激的论述, **不正确**的是
    A. 应激是个体对有害刺激的刺激反应
    B. 应激是引起个体产生应激反应的刺激物
    C. 应激是心理社会因素导致精神病的过程
    D. 应激是个体的认知、应对等一系列中介活动的过程
    E. 应激反应可以是适应或不适应的

17. 下列**不属于**心理应激的是
    A. 工作负担过多　　　B. 考试　　　　　　C. 丧失亲人
    D. 离婚　　　　　　　E. 吸烟

18. 心理应激在适度时**不能**发挥的作用是
    A. 提高注意力和工作效率　　　　B. 提高个体的应对和适应能力
    C. 促使心身成长发展　　　　　　D. 提高对威胁性应激原的戒备能力
    E. 保持心身健康

19. 持久的心理应激可导致的疾病须**除外**
    A. 肿瘤　　　　　　　B. 溃疡病　　　　　C. 哮喘
    D. 外伤　　　　　　　E. 高血压

20. 负性心理应激可产生的生理反应须**除外**
    A. 心率加快　　　　　B. 免疫力提高　　　C. 生长激素分泌增多
    D. 血糖升高　　　　　E. 呼吸加快

21. 下列生活事件应激最高的是
    A. 配偶死亡　　　　　B. 判刑　　　　　　C. 离婚
    D. 结婚　　　　　　　E. 患癌症

22. 同样的应激源可以引起不同的应激反应, 主要是因为个体
    A. 对应激源敏感度不同　　　　　B. 体质不同
    C. 意志力不同　　　　　　　　　D. 人格特征不同
    E. 认知评价不同

23. 以下控制心理应激的方法**除外**
    A. 学会放松技术　　　　　　　　B. 保持乐观的心情
    C. 坚持面对严酷的现实　　　　　D. 增强自己的应付能力
    E. 取得社会支持

24. 某一中年女性躺在牙科治疗床上准备接受治疗,看到医生拿起高速牙科手机,这

时,顿感手心出汗、脉搏加快、四肢发软,这种情绪是

    A. 激情　　　　　　B. 应激　　　　　　　C. 抑郁

    D. 悲哀　　　　　　E. 兴奋

25. 人们在遇到压力、痛苦、困境、困扰时引起自杀的主要原因是

    A. 不想应对遇到的应激源　　　　　　B. 已排除遇到的应激源

    C. 难以应对遇到的应激源　　　　　　D. 无意识遇到的应激源

    E. 想超越遇到的应激源

26. 表示生活事件(应激源)的强度最好用以下何种方式

    A. 情绪的焦虑强度　　B. 累计 LCU 的值　　C. 心身疾病的发病率

    D. 转化为生物学指标　E. 以上都不对

27. 以下哪项**不是**适应性障碍的特征

    A. 应激源常为日常生活中的应激性事件　　B. 适应能力不良的个体易患

    C. 病程一般不超过 1 年　　　　　　　　D. 部分病人可以表现为品行障碍

    E. 症状以情绪障碍为主

28. 有关刺激与反应,以下最正确的是

    A. 物理刺激产生物理反应　　　　　　B. 化学刺激产生化学反应

    C. 语言刺激只引起心理反应　　　　　　D. 抽象刺激的作用强度大于物理刺激

    E. 从最简单的单细胞生物到最复杂的人类,都有接受刺激和作出反应的能力

29. 有关应激与应激源的说法,**不对**的是

    A. 应激即指对应激源作出的反应

    B. 应激源指导致个体出现应激的原因

    C. 处于应激状态下的个体常有内环境的紊乱

    D. 应激源有正性与负性之分

    E. 心理健康的个体是因为他们较少碰到应激源

30. 以下哪项**不是**处于应激状态下的个体的表现

    A. 体内神经递质发生改变　　　　　　B. 体内神经内分泌发生改变

    C. 可能导致脑功能损害　　　　　　　D. 可表现精神异常

    E. 常表现交感神经抑制而副交感神经兴奋

31. 有关动机与冲突,以下说法**不对**的是

    A. 动机就是唤起、推动与维持行为去达到一定目标的内部动力

    B. 动机的产生源于个体需要与主观愿望

    C. 动机的实现还要受到许多客观环境条件的限制

    D. 动机的好坏是引起应激的根源

    E. 动机受挫,就有可能产生应激

32. 以下哪项一般**不是**心理应激状态下的情绪特征

    A. 情绪不稳、易激惹　　B. 表情茫然　　　　C. 激情发作

    D. 焦虑不安、慌张恐惧　E. 情感淡漠

33. 以下哪一项**不是**急性应激障碍的特征

    A. 可出现意识障碍　　　　　　　　　B. 精神运动性兴奋与抑制

    C. 内容常涉及心因与个人经历　　　　D. 病程一般不超过 3 个月

E. 精神症状的发生与应激事件有时间上的紧密联系

34. 以下哪项**不是**创伤后应激障碍的特点

    A. 应激源往往具有异常惊恐或灾难性质

    B. 症状常有晨重夜轻的节律变化

    C. 反复重现创伤性体验

    D. 持续性的警觉性增高

    E. 发病常在遭受创伤后数日至半年内出现

35. PTSD 的主要表现是

    A. 行为问题　　　　　　　B. 闯入性症状　　　　　　C. 回避症状

    D. 木僵状态　　　　　　　E. 警觉性增高症状

36. 以下症状,可以是 ASD 的表现的是

    A. 反应性朦胧状态　　　　B. 反应性木僵状态　　　　C. 反应性兴奋状态

    D. 急性应激性精神病　　　E. 闯入性回忆

37. 可以是适应障碍的临床表现的是

    A. 木僵状态　　　　　　　B. 品行问题　　　　　　　C. 行为问题

    D. 食欲缺乏　　　　　　　E. 情绪障碍

38. 影响 PTSD 发生的因素是

    A. 精神病家族史　　　　　B. 童年的心理创伤　　　　C. 性格内向

    D. 躯体健康状况欠佳　　　E. 异乎寻常的创伤性事件

39. 以下哪项**不是** DSM-5 关于 ASD 的症状要点

    A. 负性心境　　　　　　　B. 分离症状　　　　　　　C. 侵入性症状

    D. 回避症状　　　　　　　E. 行为紊乱

40. 以下哪项**不是**适应障碍的临床表现

    A. 焦虑　　　　　　　　　B. 失眠　　　　　　　　　C. 闯入性症状

    D. 行为紊乱　　　　　　　E. 食欲不振

四、简答题

1. 急性应激障碍的诊断要点有哪些?

2. 试述创伤性应激障碍的临床表现。

3. 适应障碍的诊断评估标准有哪些?

4. 人类的认知水平对应激性障碍产生什么作用?

5. 试述适应障碍的主要临床表现。

6. 试述创伤后应激障碍的诊断依据。

7. 试述急性应激障碍的主要临床表现。

8. 试述创伤后应激障碍药物治疗用药的目的。

9. 创伤后应激障碍认知行为治疗包括哪些?

10. 创伤后应激障碍预防性干预包括哪些?

第三部分　参　考　答　案

一、名词解释

1. 应激障碍（stress disorder）通常被称为应激相关障碍（stress related disorder），是指一组主要由于强烈或持久的心理和环境因素引起的异常心理反应而导致的精神障碍。

2. 急性应激障碍（acute stress disorder，ASD）又称急性应激反应，是由于突然发生强烈的创伤性生活事件所引起的一过性精神障碍。

3. 创伤后应激障碍（post-traumatic stress disorder，PTSD），又称为延迟性心因性反应，是一种与遭遇到威胁性或灾难性心理创伤有关，并延迟出现和（或）长期持续的精神障碍。

4. 适应障碍（adjustment disorder）是指在紧张性生活事件的影响下，由于个体素质及个性的缺陷而导致对这些刺激因素不能适当地调适，从而产生较明显的情绪障碍、适应不良的行为障碍或生理功能障碍，并可使社会功能（工作、学习及人际关系）受损。

5. 当个体遭遇到生活事件时，引起的心理、生理和行为改变就称为应激反应。

6. 病理性闪回是指创伤性事件在患者的意识中反复涌现、萦绕不去，精神创伤体验反复重现，在梦境中也经常呈现，常出现触景生情，回闪创伤性事件发生时的体验。

7. 气功所致心理障碍是指由于气功操练不当，处于气功状态时间过长而不能收功的现象，表现为思维、情感及行为障碍，并失去自我控制能力，俗称"走火入魔"或气功偏差。

8. 应激源是指环境对个体提出的各种需求，经个体认知评价后可以引起心理及生理反应的各种刺激来源。

9. 心理应激是指个体在察觉需求与满足需求的能力不平衡时倾向于通过整体心理和生理反应表现出来的多因素作用的适应过程。

10. 急性应激性精神病也称急性反应性精神病，是强烈并持续一定时间的精神创伤事件直接引起的精神病性障碍。临床以妄想或严重情感障碍为主，反应内容与应激源密切相关，易于理解。

二、填空题

1. 急性应激障碍　创伤性应激障碍　适应障碍
2. 输入　中介　反应　结果
3. 精神运动性兴奋　精神运动性抑制
4. 反复重现闯入性症状　回避症状　警觉性增高症状
5. 3
6. 侵入性症状　负性心境　分离症状　回避症状　唤起症状
7. 反应性朦胧状态　反应性木僵状　反应性兴奋状态　急性反应性精神病
8. 妄想或严重情感障碍
9. 50%
10. 认知行为疗法　暴露疗法　催眠疗法　支持性辅导
11. 由严重威胁性或灾难性的应激事件而引起　精神障碍发生于创伤后的 3~6 个月

内　反复重现创伤性体验　持续性回避　警觉性增高

12. 3个月　半年

13. 情绪障碍　行为紊乱　生理功能障碍

14. 短期抑郁反应　中期抑郁反应　长期抑郁反应

15. 1个月至半年

16. 半年至2年

17. 1~3个月

18. 性格缺陷　应付方式缺陷　生理状态不佳

19. 3天到1个月

20. 6个月

21. 3天到1个月

22. 1个月

23. 发生不足1个月

24. 躯体症状　抑郁和焦虑状态　行为异常　退缩现象

25. 回避

26. 心理治疗

27. 积极　影响/损害

28. 闪回

29. 品行问题

30. 过度警觉　过分的惊跳反应　注意力有问题　睡眠障碍

三、单项选择题

　1. A　　2. D　　3. A　　4. B　　5. A　　6. D　　7. B　　8. A　　9. C　　10. B
11. D　　12. A　　13. C　　14. D　　15. C　　16. C　　17. E　　18. D　　19. D　　20. B
21. A　　22. E　　23. C　　24. B　　25. C　　26. B　　27. C　　28. E　　29. E　　30. E
31. B　　32. E　　33. D　　34. B　　35. C　　36. A　　37. C　　38. D　　39. E　　40. C

四、简答题

1. 急性应激障碍的诊断要点有哪些？

答：(1)有异乎寻常的，严重而急剧的应激事件。

(2)起病急，在受到精神创伤后的数分钟或数小时内发病。

(3)症状出现的时间与应激事件密切相关。

(4)临床主要表现为有强烈情感变化的精神运动性抑制或精神运动性兴奋，可有轻度意识障碍。

(5)病程短，症状随着应激源的消除或环境改变迅速缓解或逐渐减轻。

2. 试述创伤性应激障碍的临床表现。

答：(1)与创伤性事件有关的侵入性症状，即出现侵入性的痛苦记忆或反复做内容和(或)情感与创伤性事件相关的痛苦的梦。

(2)持续地回避与创伤性事件有关的刺激。

(3)与创伤性事件有关的认知和心境方面的负性改变。

（4）与创伤性事件有关的警觉或反应性有显著的改变，可表现过度警觉、过分的惊跳反应、注意力有问题、睡眠障碍等。

3. 适应障碍的诊断评估标准有哪些？

答：（1）有明显的生活事件（如生活环境或社会地位改变）为诱因，适应障碍往往发生于这些事件的3个月内。

（2）在事件发生前，当事人的一般适应功能水平正常，但存在一定的个性缺陷或不足。

（3）以情绪障碍为突出表现并伴有适应行为不良或生理功能障碍。

（4）当事人的正常社会功能受到影响，人际关系也受到不同程度的影响。

（5）症状持续1个月以上，但一般不超过半年。

4. 人类的认知水平对应激性障碍产生什么作用？

答：决定个体对应激源做出反应的因素除了刺激的性质（是否符合个体的需要）、强度、个体当时的身体状态外，另一个重要的因素就是个体对刺激的认知和理解。在日常生活中，具有某些个性特征的人容易对外界刺激产生反应，并且反应强度也要大于其他人，这就是个体心理素质的作用。人们发现 A 型个性者以个性强、过分抱负、固执、好争辩、紧张、具有攻击性等为特点。他们往往对外界刺激产生比较强的反应，特别是涉及其自尊、自我实现等需求层次有关的刺激，更容易导致其产生应激反应；而具有焦虑和癔症个性的人，往往对外界的应激源产生过敏，并在刺激下采取逃避、激烈情绪变化等反应。

5. 试述适应障碍的主要临床表现。

答：适应障碍主要表现为情绪障碍，同时可出现一些适应不良行为和生理功能障碍。成年患者多以抑郁心境为主，情绪低落，沮丧、哭泣，丧失生活兴趣、自责、无望、无助感。可伴有睡眠障碍和食欲减退，但程度比重性抑郁症轻。也有以焦虑为主要表现，出现紧张不安，心烦，害怕担心。也有表现为抑郁和焦虑混合状态，但从症状的严重程度看，比抑郁症和焦虑症为轻。青少年还可表现为品行障碍和社会适应不良行为。

6. 试述创伤后应激障碍的诊断依据。

答：（1）遭受了异乎寻常的、重大的创伤性事件或处境（如天灾人祸）。

（2）反复重现创伤性体验，可表现为不由自主地回想受打击的经历，反复出现有创伤性内容的噩梦，反复发生错觉、幻觉或反复发生触景生情的精神痛苦。

（3）持续的警觉性增高，可出现入睡困难或睡眠不深、易激惹、注意集中困难，过分担心害怕。

（4）对与刺激相似或有关情境回避，表现为极力避免思考或接触与创伤经历有关的人和事，避免参加能引起痛苦回忆的活动，避免去能引起痛苦回忆的地方，不愿与人交往，对亲人变得冷淡。兴趣爱好范围变窄，但对与创伤经历无关的某些活动仍有兴趣。对与创伤经历有关的人和事常出现选择性遗忘，甚至对未来失去希望和信心。

（5）在遭受创伤后数日至数月后发生，罕见延迟到半年以上。须排除心境障碍、其他应激障碍、神经症、躯体形式障碍等疾病。

7. 试述急性应激障碍的主要临床表现。

答：急性应激障碍的主要临床表现为意识障碍。意识范围狭窄，定向障碍，言语缺乏条理，对周围事物感知迟钝，可出现人格解体。情感麻木、淡漠，也可出现焦虑、惊恐、激越或情感爆发。运动迟缓，动作减少，运动性抑制、木僵状态。可伴有自主神经系统症状和假性痴呆症状。大部分患者常处于高度警觉状态，表现为运动不安，病程短暂，离开创伤性环境后,症状可迅速缓解。事后对发作情况可部分或全部遗忘。

8. 试述创伤后应激障碍药物治疗用药的目的。

答:创伤后应激障碍药物治疗用药的目的是:①改善症状。如通过选择性 5-HT 再摄取抑制药(SSRIs)改善情绪症状等。②配合心理治疗。药物通过减少症状和增强心理功能使心理治疗比较顺利地进行。③促进疏泄(cathersis)。包括恢复记忆、降低防御、强化自我意识和提高情绪等。一般来说,药物的剂量较其他精神障碍要小。

9. 创伤后应激障碍认知行为治疗包括哪些?

答:创伤后应激障碍认知行为治疗包括:①了解对严重应激的正常反应和直面创伤事件情境与回忆的重要性;②对症状的自我监控;③暴露于回避情境;④对创伤事件的映像回忆,将其与患者的其他经历整合;⑤认知重构;⑥愤怒处理。

10. 创伤后应激障碍预防性干预包括哪些?

答:在创伤早期对经历重大创伤者进行预防性干预是非常有意义的。干预侧重于提供支持,帮助患者接受所面临的不幸与自身的反应,鼓励面对、表达和宣泄,帮助患者利用资源、学习新的应对方式和解决实际问题。

(孙　磊)

第七章　神经症性障碍

第一部分　内容概要与知识点

本章导读　本章主要介绍神经症的概念、特征和发病机制，各类神经症的临床表现、影响因素、诊断评估和防治要点等，由于癔症在很长历史期间内归类于神经症范畴，故也放在本章内一并介绍。通过本章的学习，使学生掌握神经症各亚型的特征及发生机制，尤其是从心理社会角度分析神经症的成因。

第一节　概　述

一、定义

神经症是一组主要表现为焦虑、抑郁、恐惧、强迫、疑病，或神经衰弱症状的心理障碍。此类障碍有一定人格基础，起病常受心理社会因素的影响。临床表现与患者的现实处境并不相称，但患者感到痛苦和无能为力，自知力完整或基本完整，病程多迁延，没有可证实的器质性病变作基础。类似症状或其组合可见于感染、中毒、内脏、内分泌或代谢和脑器质性疾病，称神经症样综合征。

二、神经症的病因

多因素模式认为，神经症是生物学、心理和社会因素共同作用的结果。有学者认为，某些神经症的发生是生物学因素起主要作用，而另一些则由心理因素起主要作用。一般来说，神经症的病因包括心理应激因素、素质因素和生物学因素。

三、神经症的特征

神经症不同类型的临床表现虽然各异，但却有一些共同的特征。具体表现为焦虑防御行为、躯体不适和人际冲突。

四、神经症的诊断

神经症的诊断主要根据临床表现，参考定式的诊断标准做出。诊断标准包括总的标准与各亚型的标准，均按照症状标准、严重标准、病程标准以及排除标准而制订。在做出各亚型的诊断之前，任一亚型首先必须符合神经症总的诊断标准。

第二节 恐 惧 症

一、概述

恐惧症（phobia）也叫恐怖性神经症（phobia neurosis），是指患者对某种客观事物或情境产生异乎寻常的恐惧紧张，并常伴有明显的自主神经症状。患者所表现出的恐惧强度与其所面临的实际威胁极不相称，往往在某一事物或情境面前出现一次焦虑和恐惧发作以后，该物体或情境就成为恐惧的对象。患者明知这种恐惧反应是过分的或不合理的，但在相同场合下仍反复出现，难以控制。由于不能自我控制，因而极为回避所害怕的事物或情境，从而影响正常的社会活动。

二、临床表现

恐惧症按患者所恐惧的对象可分为场所恐惧症、社交恐惧症和特殊恐惧症等。

1. **场所恐惧症（agoraphobia）** 又称广场恐惧症，患者所恐惧的对象为某些特定的场所或环境，如商店、剧院、车站、机场、广场、闭室、拥挤场所和黑暗场所等。

2. **社交恐惧症（social phobia）** 又称社交焦虑障碍，以明显而持久地害怕，可能使人发窘的社交或表演场所为主要表现。

3. **特殊恐惧症（specific phobia）** 又称单纯恐惧症，以持久地害怕某种事物或情境为主要表现。

三、影响因素

1. **生物因素** 社交恐惧症患者可能遗传了一些广泛性的、容易发展成为焦虑的生物易感性，以及某种出现社会性抑制的生物学倾向。特殊恐惧症具有家族遗传的特性。恐惧症的发生还有可能与脑内 5-HT 和 NE 减少有关。

2. **心理因素** 恐惧症的形成除遗传素质造成的个体易感性和人格特点外，与早期的创伤性经历和后期的社会学习有关。回避型人格特征在社交恐惧症患者中普遍存在。许多社交恐惧症患者都对自己和他人有着歪曲的认知。

3. **社会因素** 社交恐惧症与童年期教养方式和童年期行为特点有关。

四、诊断评估

根据临床表现,对照诊断标准,恐惧症不难诊断,但要注意和正常的恐惧反应相区别,并排除由于幻觉、妄想或器质性精神障碍、分裂症和抑郁障碍、强迫障碍或躯体疾病导致的恐惧症状及回避行为。

五、防治要点

1. **心理治疗** 行为主义学派认为可以通过建立新的刺激与新的条件反射来取代病态的行为,具体的治疗方法包括冲击疗法和系统脱敏。认知学派认为治疗的目标在于纠正患者不合理的认知信念,改变患者对自己和他人的看法。此外,认知行为团体治疗(CBGT)是当今较为流行的针对社交恐惧症的综合性治疗方法。

2. **药物治疗** 可对症选用三环类抗抑郁药(TCA)和选择性 5-HT 再摄取抑制药(SSRIs)等抗抑郁药物。

第三节 焦 虑 症

一、概述

焦虑症也称焦虑性神经症(anxiety neurosis),以广泛和持续性焦虑或反复发作的惊恐不安为主要特征,患者预感到似乎要发生某种难以对付的危险,常伴有自主神经紊乱的头晕、心悸、胸闷、呼吸急促、出汗、口干、肌肉紧张等症状和运动性不安,临床分为广泛性焦虑障碍(generalized anxiety disorder)与惊恐障碍(panic disorder)两种主要形式。

二、临床表现

1. **广泛性焦虑障碍(generalized anxiety disorder, GAD)** 又称慢性焦虑,是一种以缺乏明确对象和具体内容为特征的担心,患者因难以忍受却又无法控制这种不安而感到痛苦,并有显著的自主神经症状、肌肉紧张,以及运动性不安。临床表现包括:

(1)持续存在的过度焦虑和担忧。
(2)运动性不安。
(3)自主神经功能紊乱。
(4)睡眠障碍、注意力集中困难。
(5)易激惹、高度警觉。

2. **惊恐障碍(panic disorder)** 又称"急性焦虑",是一种以反复惊恐发作(panic attacks)为主要原发症状的神经症。这种发作并不局限于特定的情境,因此具有不可预测性。其典型表现是常突然产生,患者处于一种无原因的极度恐怖状态,此时,患者面色苍白或潮红、呼吸急促、多汗、运动性不安,甚至会做出一些不可理解的冲动性行为。发作的持续时间为数分钟至数十分钟,很少超过 1 小时,然后自行缓解。在发作间歇期,患者常担心再次发作而惴惴不安,产生期待性焦虑。

三、影响因素

1. **生物因素** 焦虑症的发生可能与遗传、交感神经功能亢进、脑内 5-HT 能神经活动障碍和脑内 DA 能神经系统活化有关。

2. **心理社会因素** 童年期的创伤性经历、较高水平的分离焦虑、不安全的依恋关系都是将来发展为焦虑症的易感因素。

3. **心理学解释** Freud 认为,焦虑症的产生是对本我的恐惧,来源于潜意识的冲突。行为主义学派认为焦虑是一种习得性行为,起源于人们对刺激的惧怕反应,由于致焦虑刺激和中性刺激之间建立了条件联系,条件刺激泛化形成焦虑症。认知学派认为人们对事件的认知评价是焦虑症发生的中介。

四、诊断评估

典型的焦虑症不难诊断,由于不少患者多在综合医院或基层医疗单位就诊,他们往往只注意到躯体的不适,因此引起误诊,不少急性发作被当成心脏病急诊而不断住院和检查。焦虑症的焦虑症状是原发的,凡继发于高血压、冠心病、甲状腺功能亢进等躯体疾病的焦虑应诊断为焦虑综合征。其他精神病理状态如幻觉、妄想、强迫症、疑病症、抑郁症和恐惧症等伴发的焦虑,也不应诊断为焦虑症。

五、防治要点

1. **心理治疗** 认知疗法认为倘若要消除情绪症状,必须纠正其错误的认知,使其重新建构对外在世界的合理认知。行为疗法通过放松有意识地控制自身的心理生理活动,降低唤醒水平、改善机体功能紊乱。

2. **药物治疗** 抗焦虑药物如苯二氮䓬类对控制惊恐发作有很好的疗效,对焦虑症状的控制效果明显快于三环类抗抑郁药和 SSRIs、SNRI 类药物,但有形成依赖和成瘾的可能。目前主张与三环类或 SSRIs 类合用。

第四节 强 迫 症

一、概述

强迫症或强迫性障碍(obsessive compulsive disorder,OCD)的特点是有意识的自我强迫与反强迫同时存在,二者的尖锐冲突使患者焦虑和痛苦。患者体验到冲动或观念来自于自我,意识到强迫症状是异常的,但无法摆脱。强迫症可发生于一定的社会心理因素之后,以典型的强迫观念和动作为主要症状,可伴有明显的焦虑不安和抑郁情绪。部分患者病情能在一年内缓解,超过一年者通常是持续波动的病程,可达数年甚至更长。强迫症状严重或伴有强迫人格特征及持续遭遇较多生活事件的患者预后较差。

二、临床表现

1. **强迫观念**　强迫观念是本症的核心症状。主要表现是患者反复而持久地思考某些并无实际意义的问题，既可以是持久的观念、思想和印象，也可以是冲动念头。

2. **强迫行为**　强迫行为一般是继发的，大致可以分为屈从性强迫行为和对抗性强迫行为两类。强迫症患者可以只表现强迫观念或强迫性动作，或两者同时存在。强迫的具体内容会随时间而变化，但与此伴随的焦虑情绪始终存在。

三、影响因素

1. **生物因素**　强迫症的发生可能受到遗传、尾核功能亢进、脑内 5-HT 能神经元活动减弱的影响。

2. **心理社会因素**　强迫症与强迫性人格有密切关系；童年期的创伤性经历和父母过于严厉的教育方式、功能失调的信念往往影响强迫症的发生；各种各样的生活事件、心理应激常是发病和症状加重的诱因。

3. **心理学解释**　Freud 认为强迫症的发生与肛欲期发展受阻有关。行为主义学派认为强迫观念和强迫行为的产生是观念、感觉和动作之间形成条件反射所致。认知学派认为强迫症患者强迫和反强迫的自我搏斗的核心症状表现为强迫思维、强迫观念→焦虑→减轻焦虑的象征性中和行为及精神仪式→强迫思维、强迫观念。

四、诊断评估

强迫症的诊断需注意排除其他精神障碍如分裂症、抑郁症和恐惧症等继发的强迫症状，排除脑器质性疾病特别是基底节病变继发的强迫症状。

五、防治要点

1. **心理治疗**　认知疗法通过与患者一同探讨一系列与发病原因相关的问题，同时帮助患者找出歪曲观念和失常的认知模式，通过改变认知达到改变情绪、行为的目的。对于有明显仪式性强迫行为的患者，反应阻止和暴露疗法结合的行为疗法疗效较好。高度结构化的心理治疗效果可能优于药物治疗。

2. **药物治疗**　三环类抗抑郁药氯米帕明的有效率为 50%~80%。当前主要使用选择性 5-HT 再摄取抑制药（SSRIs）、5-HT 和 NE 再摄取抑制药（SNRI），对伴有明显焦虑和失眠者可合并使用苯二氮䓬类药物。

第五节　神经衰弱

一、概述

神经衰弱（neurasthenia）主要表现为精神容易兴奋（如注意力障碍、联想、回忆增多和感觉过敏）和精神易疲劳症状，并常伴有烦恼、易激惹等情绪症状，肌肉紧张性疼痛、记忆减退、头痛、睡眠障碍等心理生理症状群。这些症状不能归于已存在的躯体疾病、脑器质性病变或特定的心理障碍，但病前可存在持久的情绪紧张或精神压力。DSM 系统现已取消神经衰弱的概念和诊断,但 CCMD-3 仍予以保留。

二、临床表现

1. 脑功能衰竭症状　表现在两个方面:一是精神容易兴奋、易激惹;二是精神易疲劳、脑力下降。

2. 情绪症状　主要有易激惹、烦恼、情绪紧张和控制力低,可导致人际关系失调,常伴有继发性焦虑。

3. 心理生理症状　表现为睡眠障碍和自主神经功能紊乱等。

三、影响因素

1. 心理压力　神经衰弱主要与精神活动过度紧张有关。

2. 个体素质　神经衰弱患者的性格多为敏感、多疑、胆小、自卑、自信心差而依赖性强,自我控制力差,任性好强,脾气急躁等。巴甫洛夫认为,神经类型为弱型的人易得神经衰弱。

3. CA 升高说　近年来有人提出脑内儿茶酚胺类递质升高(NE、DA、AD)是神经衰弱产生的原因,CA 升高可解释精神活动易兴奋、易激惹等症状。

四、诊断评估

如果神经衰弱症状见于神经症的其他亚型,则仅仅诊断为其他类型的神经症;如果神经衰弱症状见于某种脑器质性疾病或躯体疾病,应诊断为该疾病的神经衰弱综合征;诊断时还要排除分裂症和抑郁症等。

五、防治要点

对神经衰弱的治疗多采用综合性措施,其中心理治疗是最主要的。支持性心理治疗和认知治疗等,帮助患者端正对疾病的认识,树立信心,缓解过分焦虑,认识致病原因和机制以及治疗的知识是非常重要和有效的。如果有失眠、焦虑和抑郁,也可配合使用小剂量药物。

第六节　躯体形式障碍

一、概述

躯体形式障碍(somatoform disorders)是一类神经症亚型的总称,临床特征以患者反复陈述躯体症状,反复进行医学检查,并无视其阴性结果及医生的解释。其症状的出现与生活事件或心理应激有关。有时患者确实存在某种躯体障碍,但不能解释症状的性质、程度或患者的痛苦与先占观念。DSM-5 现已取消躯体形式障碍的诊断名称,以躯体症状障碍及相关障碍(somatic symptom disorders and related disorders)取而代之,并对该门类下的具体障碍种类进行大幅修改。

二、临床表现

躯体化障碍和疑病症是躯体形式障碍的常见类型。

1. 躯体化障碍　主要特征为表现多样、反复出现、时常变化的躯体症状。患者反复主诉变化不定的躯体症状，其中最常见的症状包括：胃肠道症状、皮肤的异常感觉、月经紊乱和性功能紊乱，并且可伴有明显的焦虑和抑郁情绪。

2. 疑病症　患者通常过分地关注自己的躯体不适，甚至因为一些轻微的生理症状而担忧。他们频繁地向医生求诊，虽然检查结果显示并无异常，但是患者仍然深信自己患有某种严重的生理疾病。

三、影响因素

一般认为躯体形式障碍与遗传易感素质有关。精神分析学派认为疑病症患者过分使用了一种或多种防御机制，如隔离、撤退和退化，这些防御机制成为其人格的组成部分；行为学派则认为是错误学习的结果，将自己或别人生病的经验或道听途说的不科学的卫生宣传、医务人员的言行不当、不科学的卫生经验形成了病理性条件反射。此外，缺乏社会支持系统、童年期创伤等心理因素也可能使患者出现躯体症状。

四、诊断评估

躯体形式障碍的诊断主要是按照临床表现和病史，要注意排除躯体疾病、其他神经症性障碍（如焦虑、惊恐障碍，或强迫症）、抑郁症、分裂症和偏执性精神障碍。另外，还要考虑病前个性特征。

五、防治要点

针对躯体形式障碍的处理原则是要采用有效的手段，在躯体水平上处理实际存在的病理过程；在心理和社会水平上加以干预，做到身、心同治。

第七节　癔　症

一、概述

癔症（hysteria）又称歇斯底里，指一种以解离症状（部分或完全丧失对自我身份识别和对过去的记忆）和转换症状（在遭遇无法解决的问题和冲突时产生的不快心情，转化成躯体症状的方式出现）为主的心理障碍，这些症状没有可证实的器质性基础。通常由明显心理因素、暗示或自我暗示所致，患者有癔症性人格基础，病程多反复迁延。除癔症性精神病或癔症性意识障碍有自知力障碍外，自知力基本完整。

二、临床表现

癔症的临床表现呈多样化和多变性，以躯体症状为主要临床表现者称为转换障碍（conversive disorder）；以精神症状为主要表现者称分离障碍（dissociative disorder）。

1. 分离障碍　表现为急骤发生的意识范围狭窄且具有发泄特点的情感爆发、选择性遗忘及自我身份识别障碍等。病前常有心理因素作用，发作后意识迅速恢复正常。

2. 转换障碍 表现为感觉和随意运动功能障碍，但缺乏器质性疾病的阳性体征，不能为各种检查所证实。

三、影响因素

癔症的发生与遗传因素、个性特征和生活事件有关。一般是在某种性格基础上，因精神受刺激而发病，当然亦可在躯体疾病基础上发病。癔症患者往往具有人格基础，即癔症性人格，表现为高度情绪性、高度暗示性、高度自我现实性和丰富幻想性。

四、诊断评估

癔症的诊断必须详细询问病史、症状演变进程，与疾病发生、发展有关的因素，并结合详细体检和必要的辅助检查，以排除其他疾病。尤其是儿童和中老年首次出现发作者，或与某些躯体器质性疾病并存时，更应慎重。鉴别诊断要注意排除器质性精神障碍和诈病，如癫痫合并有癔症表现应并列诊断。具有癔症性症状患者如有分裂症状或情感症状存在，应分别做出相应诊断。

五、防治要点

癔症首次发作给予及时和充分的治疗对防止反复发作和疾病的慢性化十分重要。治疗方法包括心理治疗、药物治疗和物理治疗。

第二部分 试 题

一、名词解释

1. 神经症
2. 恐惧症
3. 场所恐惧症
4. 社交恐惧症
5. 特殊恐惧症
6. 焦虑症
7. 广泛性焦虑障碍
8. 惊恐障碍
9. 强迫症
10. 强迫观念
11. 强迫行为
12. 躯体形式障碍
13. 躯体化障碍
14. 疑病症
15. 神经衰弱

16. 癔症

17. 分离障碍

18. 转换障碍

19. 精神性焦虑

20. 躯体性焦虑

二、填空题（在空格内填上正确的内容）

1. DSM 系统将神经症分解为_____、_____和_____。

2. 神经症的共同特征包括_____、_____、_____和_____。

3. 神经症是一组以_____、_____、_____、_____，或神经衰弱症状为主要表现的心理障碍。

4. 神经症的发病原因包括_____、_____和_____。

5. Freud 把_____视为神经症的核心问题，是所有情感中最痛苦的体验之一。

6. 恐惧症的表现形式多种多样，按患者所恐惧的对象可分为_____、_____和特殊恐惧症等。

7. 场所恐惧症患者恐惧的对象为某些特定的_____，患者对公共场所产生恐惧而出现_____。

8. 特殊恐惧症又称为_____，是一类以持久地害怕某种事物或情境为主要表现的焦虑障碍。

9. 认知学派认为神经症起源于患者常常做出_____，以致出现_____。

10. 行为主义学派认为可以通过建立新的刺激与新的条件反射来取代病态的行为，具体的治疗方法包括_____和_____。

11. 焦虑症以_____或反复发作的_____为主要特征。

12. 焦虑性神经症的焦虑是_____，凡是继发于妄想症、强迫症、疑病症、抑郁症和恐惧症等的焦虑都不应该诊断为焦虑性神经症。

13. 焦虑症是以焦虑为主要临床相的神经症，包括_____和_____两种表现形式。

14. 广泛性焦虑障碍的主要临床表现有_____、_____和_____。

15. 惊恐障碍是一种以反复的_____为主要原发症状的神经症。

16. 惊恐发作作为继发症状，可见于多种不同的心理障碍，如_____和_____等。

17. 惊恐障碍的病程标准为：在 1 个月内至少有_____惊恐发作，或在首次发作后继发害怕再发作的焦虑持续_____。

18. 强迫症的特点是有意识的_____与_____同时存在，二者的尖锐冲突使患者焦虑和痛苦。

19. 强迫症的强迫行为一般是继发的，大致可以分为_____和_____。

20. _____是强迫症的核心症状，主要表现为患者反复而持久地思考某些并无实际意义的问题。

21. 强迫症患者表现为反复怀疑门窗、煤气是否关好，这类症状称为_____。

22. 强迫症患者出现与自己意愿相反的念头，这类症状称为_____。

23. 强迫症的诊断需注意排除其他精神障碍如_____、_____和_____等继发的强迫症状,排除脑器质性疾病特别是基底节病变继发的强迫症状。

24. _____是一类神经症亚型的总称,患者反复陈述躯体症状,反复进行医学检查,并无视其阴性结果及医生的解释。

25. 躯体化障碍的主要特征为_____、_____、时常变化的躯体症状。

26. 躯体形式障碍的核心症状即_____。

27. 神经衰弱的主要表现是_____和_____症状,并常伴有烦恼、易激惹等情绪症状。

28. 神经衰弱的出现常与_____有关,大多缓慢起病,症状呈慢性波动性。

29. 癔症是一种以_____和_____为主的心理障碍。

30. 癔症多在_____期间发病,女性多见,常急性起病,消失迅速,可反复发作。

三、单项选择题(在 5 个备选答案中选出 1 个最佳答案)

1. 下列**不属于**CCMD-3 中神经症诊断的是
   A. 恐怖症   B. 强迫症   C. 神经衰弱
   D. 抑郁症   E. 焦虑症

2. 下列**不属于**神经症常见表现的是
   A. 抑郁   B. 焦虑   C. 躁狂
   D. 疑病   E. 幻觉

3. 弗洛伊德认为神经症的核心问题是
   A. 抑郁   B. 焦虑   C. 癔症
   D. 强迫   E. 恐惧

4. CCMD-3 对神经症的病程诊断标准为
   A. 2 周   B. 1 个月   C. 2 个月
   D. 3 个月   E. 6 个月

5. 下列关于神经症的描述,正确的是
   A. 神经症的发生具有一定人格基础
   B. 患者自知力不同程度地受损
   C. 往往急性起病
   D. 临床表现往往与患者的现实处境相符
   E. 可能具有器质性病变基础

6. 下列关于神经症的发病原因,正确的是
   A. 生物学因素是主因
   B. 心理因素是主因
   C. 患者较他人遭受更多的生活事件
   D. 5-羟色胺能活动的降低可能与焦虑性障碍有关
   E. 心理应激事件的病因学意义最大

7. 下列关于神经症的心理学解释,说法**不正确**的是
   A. 神经症是潜意识领域冲突的结果
   B. 恐惧是神经症的核心问题
   C. Freud 认为某些症状是由于性心理发育受阻

D. 行为主义学派认为神经症是通过条件反射习得的

E. Morita 认为神经症是一种神经系统过分敏感的倾向

8. 下列选项**不属于**神经症共同特征的是

    A. 焦虑   B. 恐惧   C. 防御行为

    D. 躯体不适   E. 人际冲突

9. 下列关于恐惧症的描述，正确的是

    A. 患者所表现出的恐惧强度往往与其面临的实际威胁相符

    B. 多见于儿童期

    C. 男性多于女性

    D. 急性发病

    E. 广泛性恐惧症的预后较差

10. 下列关于恐惧症的影响因素，正确的是

    A. 社交恐惧症患者可能具有生物易感性

    B. 恐惧症患者具有明确的家族遗传

    C. 恐惧症的发生与脑内 5-HT 和 NE 增多有关

    D. 焦虑型人格特征在社交恐惧症患者中普遍存在

    E. 目睹他人遭受创伤性事件不会引发恐惧症

11. 下列选项**不属于**广泛性焦虑障碍临床表现的是

    A. 过度焦虑和担忧   B. 运动性不安   C. 肌肉紧张

    D. 睡眠障碍   E. 回避行为

12. 下列选项**不属于**惊恐障碍常见临床表现的是

    A. 呼吸困难   B. 心悸   C. 腹泻

    D. 胸闷   E. 震颤

13. 下列关于强迫症的描述，正确的是

    A. 患者可能具有遗传基础

    B. 患者可能有尾核代谢功能减低的现象

    C. 强迫型人格是强迫症的基础

    D. Freud 认为强迫症的发生与口欲期发展受阻有关

    E. 其发生与社会因素无关

14. 下列关于神经衰弱的描述，**错误**的是

    A. 主要与精神活动过度紧张有关

    B. 神经递质紊乱是可能原因之一

    C. 神经类型为强型的人易患神经衰弱

    D. 其发生可能有先天遗传素质因素的存在

    E. 儿茶酚胺类递质降低是神经衰弱产生的原因

15. 患者最近担心自己患上癌症，因此茶饭不思、焦虑不安，虽然医院未检查出任何阳性结果，但其仍坚信自己有病并出现抑郁，他最有可能患有

    A. 焦虑症   B. 疑病症   C. 抑郁症

    D. 强迫症   E. 躯体化障碍

16. 癔症常见于
    A. 青壮年女性　　　　B. 青壮年男性　　　　C. 老年女性
    D. 老年男性　　　　　E. 儿童

17. 下列因素中一般**不会**引起癔症的是
    A. 家族遗传史　　　　　　　　　　　B. 强烈的一过性应激事件
    C. 慢性持续性轻度应激事件　　　　　D. 某些躯体疾病或躯体状况不佳
    E. 癔症性人格

18. 附体状态属于
    A. 癔症性精神病　　　B. 转换型癔症　　　　C. 分离型癔症
    D. 妄想　　　　　　　E. 人格解体

19. 患者曾被狗咬伤,因为担心会得狂犬病而及时注射了狂犬疫苗,明知在公园或街道遇到遛狗的人牵着的宠物狗时不会有什么危险,但仍然情不自禁地害怕,后来发展到不能看到"狗"字,否则就会极度焦虑紧张,这种现象属于
    A. 焦虑症　　　　　　B. 疑病症　　　　　　C. 强迫症
    D. 恐惧症　　　　　　E. 躯体形式障碍

20. 下列恐惧症预后较差的是
    A. 儿童起病者　　　　B. 单一恐惧者　　　　C. 单纯恐惧症
    D. 社交恐惧症　　　　E. 广泛性的恐惧症

21. 患者害怕与别人对视看别人的眼睛,担心自己目光会伤害别人,这种症状属于
    A. 癔症　　　　　　　B. 焦虑障碍　　　　　C. 妄想
    D. 社交恐怖症　　　　E. 特殊恐惧症

22. 下列有关焦虑症的描述,**不正确**的是
    A. 以广泛和持续性焦虑或反复发作的惊恐不安为主要特征
    B. 预感到似乎要发生某种难以对付的危险
    C. 常伴有自主神经紊乱的症状
    D. 有明确危险目标和具体内容的恐惧
    E. 可出现睡眠障碍

23. 下列哪些**不是**精神分析学派对焦虑症的解释
    A. 焦虑性神经症的产生是对本我的恐惧
    B. 患者意识到自己的本能冲动有可能导致某种危险
    C. 焦虑是一种习得性行为
    D. 焦虑症是由于过度的内心冲突对自我威胁的结果
    E. 焦虑源自潜意识的冲突

24. 下列哪些**不是**行为主义学派对焦虑症的解释
    A. 引起焦虑的情境可作为条件刺激或信号
    B. 个体遇到危险时,诱发出交感神经、HPA轴亢进、边缘系统中缝核活化的焦虑反应
    C. 焦虑是一种习得性行为
    D. 童年期的心理体验被压抑在潜意识中,因特殊境遇或压力激发后便成为意识层面的焦虑

E. 焦虑起源于人们对于刺激的惧怕反应

25. 下列哪些**不是**认知学派对焦虑症的解释
    A. 人们对事件的认知评价是焦虑症发生的中介
    B. 应对失败会加重对情境过度危险的认知评价，加剧焦虑症，形成恶性循环
    C. 当个体对情境做出危险的过度评价时便激活体内边缘系统等引发焦虑反应
    D. 对情境做出过度危险评价源于成年后固着的内隐认知、不合理的信念
    E. 致焦虑刺激和中性刺激之间建立了条件联系

26. 下列属于焦虑性神经症的是
    A. 原发焦虑   B. 继发于妄想症的焦虑
    C. 继发于强迫症的焦虑   D. 继发于抑郁症的焦虑
    E. 继发于躯体疾病的焦虑

27. 强迫症的冲动或观念来自于
    A. 自我   B. 本我   C. 超我
    D. 外界   E. 固有信念

28. 强迫症的特点是
    A. 意识的自我强迫和自我反强迫同时存在 B. 可以摆脱
    C. 冲动或观念来自于外界   D. 患者病前都有强迫性人格特征
    E. 强迫行为是核心症状

29. 患者走在高处往往会有想跳下去的冲动，因此非常恐惧不安，他的症状属于
    A. 恐惧症   B. 精神分裂   C. 强迫意向
    D. 焦虑症   E. 强迫行为

30. 患者反复思考自然界的一些现象，如为何星球是圆形的，为何会有物质，严重干扰了其正常的学习生活并为此痛苦不已，但不能自拔，这种症状属于
    A. 强迫怀疑   B. 强迫性穷思竭虑   C. 强迫联想
    D. 强迫意向   E. 强迫对立思维

31. 患者每次进教室前必须先立正站好，再原地转两个圈，方才进入，稍有做错就要重来，这种行为属于
    A. 强迫意向   B. 强迫性仪式动作   C. 强迫检查
    D. 屈从性强迫行为   E. 强迫洁癖

32. 下列哪项**不能**作为诊断强迫症的依据
    A. 以强迫思想为主   B. 以强迫行为为主   C. 强迫症状起源于自己内心
    D. 有基底节病变   E. 继发于恐惧症

33. 下列关于强迫症的防治要点，描述**错误**的是
    A. 多种心理治疗方法有效
    B. 认知疗法通过改变认知达到改变情绪、行为的目的
    C. 三环类抗抑郁药氯米帕明的有效率较低
    D. 对于有明显仪式性强迫行为的患者，反应阻止和暴露疗法结合的行为疗法疗效较好
    E. 对伴有明显焦虑和失眠者可合并使用苯二氮䓬类药物

34. 下列对神经衰弱的描述，**错误**的是

A. 大多急性起病

B. 症状呈波动性

C. 症状的出现常与心理冲突有关

D. 具有易感素质的个体如果遭遇较多应激事件，往往迁延难愈

E. 大多缓慢起病

35. 下列哪项**不是**神经衰弱的临床表现

A. 精神易兴奋、易激惹　　　　　　B. 情绪易激惹、烦恼、情绪紧张

C. 原发性焦虑　　　　　　　　　　D. 睡眠障碍

E. 情绪控制力低

36. 下列哪项是对躯体形式障碍的正确描述

A. 躯体形式障碍特指一种神经症亚型

B. 躯体形式障碍有明确的与症状相符的病理生理阳性诊断结果

C. 疑病不属于躯体形式障碍

D. 症状的出现与生活事件或心理应激无关

E. 躯体化障碍属于躯体形式障碍

37. 下列**不属于**躯体形式障碍病因的是

A. 遗传　　　　　　　B. 个性特征　　　　　　C. 心理

D. 确实的病理生理改变　E. 生活应激

38. 下列有关躯体形式障碍的描述，**不正确**的是

A. 以持久地担心或相信各种躯体症状的优势观念为特征

B. 各种医学检查阴性和医生的解释，均不能打消患者的疑虑

C. 医学检查阴性和医生的解释可以打消患者的疑虑

D. 常伴有焦虑情绪

E. 常伴有抑郁情绪

39. 下列有关躯体化障碍的描述，**不正确**的是

A. 是一种以多种多样、经常变化的躯体症状为主的神经症

B. 症状可涉及身体的任何系统或器官，最常见的是胃肠道不适

C. 不存在明显的抑郁和焦虑

D. 女性远多于男性

E. 体检和实验室检查不能发现躯体障碍的证据

40. 下列症状**不属于**躯体化障碍的常见表现的是

A. 胃肠道不适　　　　　B. 皮肤瘙痒　　　　　　C. 月经紊乱

D. 自主神经活动亢进　　E. 性功能紊乱

四、问答题

1. 神经症有哪些共同特征？

2. CCMD-3 对神经症的诊断标准是什么？

3. 神经症的发病原因有哪些？

4. 恐惧症有哪些具体的临床表现？

5. 恐惧症的影响因素有哪些？

6. 焦虑症有哪些具体的临床表现？

7. 强迫症有哪些具体的临床表现？

8. 躯体化障碍有哪些临床表现？

9. 疑病症有哪些临床表现？

10. 癔症有哪些临床表现？

第三部分　参考答案

一、名词解释

1. 神经症是一组主要表现为焦虑、抑郁、恐惧、强迫、疑病，或神经衰弱症状的心理障碍。

2. 恐惧症是指患者对某种客观事物或情境产生异乎寻常的恐惧紧张，并常伴有明显的自主神经症状。

3. 场所恐惧症又称广场恐惧症，恐惧的对象为某些特定的场所或环境。如商店、剧院、车站、机场、广场、闭室、拥挤场所和黑暗场所等。

4. 社交恐惧症又称社交焦虑障碍，是一种以明显而持久地害怕可能使人发窘的社交或表演场所为主要表现的神经症。

5. 特殊恐惧症又称为单纯恐惧症，是一类以持久地害怕某种事物或情境为主要表现的神经症。

6. 焦虑症以广泛和持续性焦虑或反复发作的惊恐不安为主要特征，患者预感到似乎要发生某种难以对付的危险，常伴有自主神经紊乱的头晕、心悸、胸闷、呼吸急促、出汗、口干、肌肉紧张等症状和运动性不安。

7. 广泛性焦虑障碍又称慢性焦虑，是一种以缺乏明确对象和具体内容为特征的担心，患者因难以忍受却又无法控制这种不安而感到痛苦，并有显著的自主神经症状、肌肉紧张及运动性不安。

8. 惊恐障碍又称"急性焦虑"，是一种以反复的惊恐发作为主要原发症状的神经症。

9. 强迫症的特点是有意识的自我强迫与反强迫同时存在，二者的尖锐冲突使患者焦虑和痛苦。

10. 强迫观念主要表现是患者反复而持久地思考某些并无实际意义的问题，既可以是持久的观念、思想和印象，也可以是冲动念头。

11. 强迫行为是强迫症的表现，强迫行为一般是继发的，大致可以分为两类：①屈从性强迫行为，这是为满足强迫观念的需要；②对抗性或控制性强迫行为，这类行为是为对抗强迫思维、冲动或强迫表象的，继发于强迫观念或某个欲望。

12. 躯体形式障碍是一类神经症亚型的总称，患者反复陈述躯体症状，反复进行医学检查，并无视其阴性结果及医生的解释。

13. 躯体化障碍是躯体形式障碍的一种类型，其主要特征为表现多样、反复出现、时常变化的躯体症状。

14. 疑病症是最常见的躯体形式障碍之一，患者通常过分地关注自己的躯体不适，甚至因为一些轻微的生理症状而担忧。

15. 神经衰弱主要表现精神容易兴奋（如注意力障碍、联想、回忆增多和感觉过敏）和精神易疲劳症状，并常伴有烦恼、易激惹等情绪症状，肌肉紧张性疼痛、记忆减退、头痛、睡眠障碍等心理生理症状群。

16. 癔症又称歇斯底里，指一种以分离症状（部分或完全丧失对自我身份识别和对过去的记忆）和转换症状（在遭遇无法解决的问题和冲突时产生的不快心情，转化成躯体症状的方式出现）为主的心理障碍。

17. 分离障碍是癔症精神症状的表现，表现为急骤发生的意识范围狭窄且具有发泄特点的情感爆发、选择性遗忘及自我身份识别障碍等。

18. 转换障碍是癔症的躯体症状，主要表现为感觉和随意运动功能障碍，但缺乏器质性疾病的阳性体征，不能为各种检查所证实。

19. 精神性焦虑表现为持续存在的过度焦虑和担忧，患者预感到有某种不可避免的、无法应付的危险或威胁将会出现，可又无法说出危险是什么。

20. 躯体性焦虑表现为运动性不安与肌肉紧张。患者时常出现坐立不安、来回走动等运行性不安症状，还有的表现为肌肉紧张、疼痛或酸痛，因此容易产生疲劳。

二、填空题

1. 焦虑障碍　躯体形式障碍　分离障碍
2. 焦虑　防御行为　躯体不适　人际冲突
3. 焦虑　抑郁　恐惧　强迫　疑病
4. 心理应激因素　素质因素　生物学因素
5. 焦虑
6. 场所恐惧症　社交恐惧症
7. 场所或环境　回避行为
8. 单纯恐惧症
9. 不现实的估计与认知　不合理和不恰当的反应
10. 冲击疗法（满贯疗法）　系统脱敏
11. 广泛和持续性焦虑　惊恐不安
12. 原发的
13. 广泛性焦虑障碍　惊恐障碍
14. 精神性焦虑　躯体性焦虑　自主神经功能紊乱
15. 惊恐发作
16. 恐惧症　抑郁症
17. 3次　1个月
18. 自我强迫　反强迫
19. 屈从性强迫行为　对抗性或控制性强迫行为
20. 强迫观念
21. 强迫怀疑
22. 强迫对立思维
23. 分裂症　抑郁症　恐惧症

24. 躯体形式障碍

25. 表现多样　反复出现

26. 躯体化

27. 精神易兴奋　精神易疲劳

28. 心理冲突

29. 分离症状　转换症状

30. 青壮年

三、单项选择题

1. D	2. C	3. B	4. D	5. A	6. C	7. B	8. B	9. E	10. A
11. E	12. C	13. A	14. E	15. B	16. A	17. C	18. C	19. D	20. E
21. D	22. D	23. C	24. D	25. D	26. A	27. A	28. A	29. C	30. B
31. B	32. D	33. C	34. A	35. C	36. E	37. D	38. C	39. C	40. D

四、问答题

1. 神经症有哪些共同特征？

答：①焦虑。焦虑情绪是所有神经症患者最常见的主观体验。他们存在一种源于内心的紧张、压力感，自述焦虑、不安、心烦意乱，有莫名其妙的恐惧感和对未来的不良预期。②防御行为。这是神经症患者常常采取的应付环境变化的一种行为模式，他们不面对现实，躲避或否认困难以对抗内心的焦虑。③躯体不适。几乎所有的神经症患者或多或少都会出现些躯体不适，这种不适感可以从轻微的疲乏、不舒服、自主神经失调，到紧张引起的背痛和头痛等，甚至失明和瘫痪等。④人际冲突。由于神经症患者的情绪和躯体痛苦及不良行为，使他们沉浸在自己的苦恼中，高度的自我为中心，过分要求别人，不能体谅别人。因此，很难与他人保持良好的人际关系。

2. CCMD-3 对神经症的诊断标准是什么？

答：（1）症状标准：至少有下列 1 项：①恐惧；②强迫症状；③惊恐发作；④焦虑；⑤躯体形式症状；⑥躯体化症状；⑦疑病症状；⑧神经衰弱症状。

（2）严重标准：社会功能受损或无法摆脱的精神痛苦，促使其主动求医。

（3）病程标准：符合症状标准至少已 3 个月，惊恐障碍另有规定。

（4）排除标准：排除器质性精神障碍、精神活性物质与非成瘾物质所致精神障碍、各种精神病性障碍，如精神分裂症、偏执性精神病及心境障碍等。

3. 神经症的发病原因有哪些？

答：多因素模式认为，神经症是生物学、心理和社会因素共同作用的结果。

（1）心理应激因素：引起神经症的心理应激事件一般有以下特点：①应激事件的强度并不十分强烈，常是那些反复发生的、使人牵肠挂肚的日常琐事；②应激事件往往对神经症患者具有某种特殊的意义；③患者对应激事件引起的心理困境或冲突有一定的认识，却不能将理念化解为行动；④心理应激事件更多源于患者内在的心理欲求。

（2）素质因素：与心理应激事件相比，神经症患者的个性特征或个体易感素质对于神经症的病因学意义更为重要。

（3）生物学因素：生物学的研究表明，中枢神经系统中某些结构或功能的变化可能与神经症的发生有关。

4. 恐惧症有哪些具体的临床表现？

答：按患者所恐惧的对象可分为场所恐惧症、社交恐惧症和特殊恐惧症等。

（1）场所恐惧症，又称广场恐惧症，患者恐惧的对象为某些特定的场所或环境，如商店、剧院、车站、机场、广场、闭室、拥挤场所和黑暗场所等。

（2）社交恐惧症，又称社交焦虑障碍，是一种以明显而持久地害怕可能使人发窘的社交或表演场所为主要表现的神经症。

（3）特殊恐惧症，又称为单纯恐惧症，是一类以持久地害怕某种事物或情境为主要表现的焦虑障碍。

5. 恐惧症的影响因素有哪些？

答：（1）生物因素：社交恐惧症患者可能遗传了一些广泛性的、容易发展成为焦虑的生物易感性，以及某种出现社会性抑制的生物学倾向；特殊恐惧症具有家族遗传的特性；恐惧症的发生还有可能与脑内 5-HT 和 NE 减少有关。

（2）心理因素：恐惧症的形成除遗传素质造成的个体易感性和人格特点外，与早期的创伤性经历和后期的社会学习有关。

（3）社会因素：社交恐惧症与童年期教养方式和童年期行为特点有关；亲身经历或目睹创伤性的事件可能诱发特殊恐惧症的发生；除了亲临其境的恐惧体验，目睹他人遭遇创伤性事件或者承受强烈恐惧的经历，也会令个体形成恐惧症。

6. 焦虑症有哪些具体的临床表现？

答：焦虑症分为广泛性焦虑障碍与惊恐障碍两种主要形式。

（1）广泛性焦虑障碍的主要临床表现有：精神性焦虑、躯体性焦虑、自主神经功能紊乱、睡眠障碍、注意力集中困难、易激惹、高度警觉等。

（2）惊恐障碍的典型表现是常常突然产生，患者处于一种无原因的极度恐怖状态：呼吸困难、心悸、喉部梗塞、震颤、头晕、无力、恶心、胸闷、四肢发麻，有"大祸临头"或濒死感。此时，患者面色苍白或潮红、呼吸急促、多汗、运动性不安，甚至会做出一些不可理解的冲动性行为。

7. 强迫症有哪些具体的临床表现？

答：（1）强迫观念：是本症的核心症状，主要表现为患者反复而持久地思考某些并无实际意义的问题，既可以是持久的观念、思想和印象，也可以是冲动念头。这些体验虽不是自愿产生的，但仍属于患者自己的意识。患者力图摆脱，但却摆脱不了并因此十分紧张苦恼、心烦意乱、焦虑不安，还可出现一些躯体症状。

（2）强迫行为：一般继发于强迫思维，大致可以分为两类：屈从性强迫行为是为满足强迫观念的需要；对抗性或控制性强迫行为是为对抗强迫思维、冲动或强迫表象，继发于强迫观念或某个欲望。

8. 躯体化障碍有哪些临床表现？

答：躯体化障碍的主要特征为表现多样、反复出现、时常变化的躯体症状。患者反复主诉变化不定的躯体症状，其中最常见的症状包括：胃肠道症状（疼痛、打嗝、反酸、呕吐、恶心等），皮肤的异常感觉（瘙痒、烧灼感、刺痛、麻木感、酸痛等），月经紊乱和性功能紊乱，并且可伴有明显的焦虑和抑郁情绪。患者通常会夸大自己的躯体不适感，并因为这些症状反复求诊。

9. 疑病症有哪些临床表现?

答:疑病症是最常见的躯体形式障碍之一。患者通常过分地关注自己的躯体不适,甚至因为一些轻微的生理症状而担忧。他们频繁地向医生求诊,虽然检查结果显示并无异常,但是患者仍然深信自己患有某种严重的生理疾病。

10. 癔症有哪些临床表现?

答:癔症的临床表现呈多样化和多变性,以躯体症状为主要临床表现者称为转换障碍,以精神症状为主要表现者称分离障碍。

(1)分离障碍:表现为急骤发生的意识范围狭窄并具有发泄特点的情感爆发、选择性遗忘及自我身份识别障碍等。病前常有心理因素作用,发作后意识迅速恢复正常。

(2)转换障碍:表现为感觉和随意运动功能障碍,但缺乏器质性疾病的阳性体征,不能为各种检查所证实。症状表现为器官功能的过度兴奋或脱失现象。

(郑　铮)

第八章　情感障碍

【教学大纲——目的要求】

1. 掌握情感障碍的概念与类型；各类型情感障碍的临床表现；情感障碍的心理治疗。

2. 熟悉各类型情感障碍的诊断标准；情感障碍病因的理论解释；情感障碍的药物治疗与其他治疗方法；情感障碍的维持治疗与预防复发。

3. 了解情感障碍的流行病学特征。

【重点与难点提示】

1. 重点提示　本章重点内容是情感障碍的各类临床类型与情感障碍的心理治疗，通过学习，应明确各类情感障碍的概念、临床特征并能正确区分，同时掌握人际关系疗法、认知疗法、行为疗法、人本-存在治疗及团体治疗在情感障碍治疗中的原理与方法。

2. 难点提示　本章主要有两个难点：①如何区分不同类型的情感障碍。在学习过程中应首先掌握各类型心境障碍的特征性临床表现，在此基础上进行不同类型之间的比较与区分。②关于情感障碍病因的理论解释。情感障碍的原因涉及生物、心理、社会等多种因素，学习过程中首先要理解各因素对情感障碍发生原因的解释，然后树立整体的观念，借助综合模型对情感障碍的病因系统地理解。

第一部分　内容概要与知识点

本章导读　情感障碍是一类常见的精神障碍，本章主要介绍了情感障碍的概念、临床分型、各类型的特征性表现与诊断标准，情感障碍病因的理论解释，情感障碍的各种治疗方法与复发的预防。应系统掌握情感障碍的识别、诊断、治疗与预防的知识与方法。

第一节　概　述

一、概念

情感障碍（affective disorders）又称心境障碍（mood disorder），是指各种原因引起的以显著而持久的情感或心境改变为主要特征的一组障碍，其主要表现为情感高涨或低落，并伴有相应的认知和行为改变。可有精神病性症状，心理生理障碍和躯体症状也很常见，有时甚至成为最突出的临床相。

二、流行病学

情感障碍的流行病学特征

（1）性别：女性抑郁症的患病率几乎是男性的2倍，但双相障碍的患病率男女几乎相等。

（2）年龄：发病年龄多为21~50岁。

（3）婚姻：离异或单身等婚姻不和谐者抑郁症患病率较高。

（4）社会经济状况和文化程度：低社会阶层人群患抑郁症风险较高。

（5）生活事件和应激：负性生活事件和应激对抑郁症的发生起着扳机样作用。

（6）遗传：是比较肯定的危险因素。

第二节 情感障碍的类型与表现

一、躁狂症

1. 定义 躁狂症也称为躁狂发作（manic episode），是一种异常夸张的欢欣喜悦或愉快的情感状态，典型表现为心境高涨、思维奔逸和意志行为增强（活动增多）的所谓"三高"症状。躯体方面，食欲增加，睡眠减少。因患者极度兴奋，体力过度消耗，容易引起失水、体重减轻等。部分患者可有夸大妄想、关系妄想等精神病性症状，也可出现与心境一致的幻觉。

2. 躁狂发作的轻重程度类型 一般来说，躁狂发作常起病较急骤，病程相对较短，根据临床表现、症状的严重程度、症状对患者社会功能的影响及有无意识障碍等可分为轻躁狂、重性（急性）躁狂和谵妄性躁狂。

二、抑郁症

1. 定义 抑郁症现称之为抑郁发作（depressive episode）或重性抑郁症（major depression），是以显著而持久的情感低落、抑郁悲观为主要特征的一种疾病。抑郁症患者常有兴趣丧失、自罪感、注意困难、食欲减退或丧失和有消极自杀观念和行为。其他症状包括认知功能、语言、行为、睡眠等异常表现。所有这些变化的结果均导致患者人际关系、社会和职业功能的损害，近年来已成为威胁人类健康和影响生活质量的严重疾病。

2. 抑郁症的典型临床表现 既往将抑郁症的表现按心理过程内容概括为"三低症状"，即情绪低落、思维迟缓和意志活动减退。目前对抑郁症归纳为核心症状、心理症状群与躯体症状群3个方面。

（1）核心症状（3项）：情绪低落，兴趣缺乏，精力减退。

（2）心理症状群（7项）：焦虑，自罪自责，精神病性症状和认知扭曲，注意力和记忆力下降，自杀，精神运动性迟滞或激越，自知力受损。

（3）躯体症状群（6项）：睡眠紊乱，食欲紊乱，性功能减退，慢性疼痛，晨重夜轻，非特异性躯体症状。

3. 特殊类型

（1）隐匿性抑郁症（masked depression）：是一组不典型的抑郁症候群，其抑郁情绪不十分明显，突出表现为持续出现的多种躯体不适感和自主神经系统功能紊乱症状。患者因情绪症状不突出，多先在综合医院就诊，抗抑郁药物治疗效果好。

（2）更年期抑郁症（involutional melancholia）：首次发病于更年期阶段的抑郁症，女性多见，常有某些诱因，多有消化、心血管和自主神经系统症状。早期可有类似神经衰弱的表现，而后出现各种躯体不适，焦虑、紧张和猜疑突出为本病的重要特点，而思维与行为抑制不明显。宜用抗焦虑或抗抑郁药物治疗，可配合性激素治疗。

（3）季节性抑郁症（seasonal affective disorder）：是一类与季节变化关系密切的特殊类型抑郁症，多见于女性。一般在秋末冬初发病，常没有明显的心理社会应激因素。表现抑郁，常伴有疲乏无力和头疼，喜食碳水化合物，体重增加，在春夏季自然缓解。本病连续两年以上秋冬季反复发作方可诊断，强光照射治疗有效。

（4）产后抑郁症（postpartum depression）：是指产妇在产后 6 周内，首次以悲伤、抑郁、沮丧、哭泣、易激怒、烦躁，重者出现幻觉、自杀甚至杀人等一系列症状为特征的抑郁障碍。大多数产后抑郁症患者不需要住院治疗，一般持续几周后逐渐缓解。最主要的是心理治疗，可使用小剂量抗抑郁药。

三、双相障碍

双相障碍（bipolar depressive）是指目前发作符合某一型躁狂症或抑郁症标准，以前有相反的临床相或混合发作，如在躁狂发作后又有抑郁发作或混合发作。双相障碍分为躁狂相、抑郁相、混合相、快速循环型和其他。

四、持续性心境障碍

1. **定义**　持续性心境障碍（persistent mood disorders）包括环性心境障碍、恶劣心境障碍和其他或待分类的持续性心境障碍。环性心境障碍和恶劣心境会在青少年期逐渐发生，并可持续终生。

2. **环性心境障碍（cyclothymia）**　是指心境高涨与低落反复交替出现，但程度较轻。其主要特征是持续性心境不稳定，心境波动与生活应激无明显关系，但与所谓"环性人格"（cyclothymic personality）有密切关系。

3. **恶劣心境（dysthymic disorder）**　指一种以持久的心境低落状态为主的轻度抑郁，不出现躁狂。常伴有焦虑、躯体不适感和睡眠障碍。既有恶劣心境又有抑郁发作称为双重抑郁症（double depression），多为恶劣心境基础上出现一次或多次抑郁发作。

第三节　情感障碍的理论解释

一、生物学研究

1. **遗传因素**　多年来，有关情感障碍患者的家系研究、双生子、寄养子研究和基因连锁研究等发现，本病与遗传有关，患者家族遗传倾向明显，遗传是发病的重要因素。

2. **神经生化研究**　包括 5- 羟色胺假说、去甲肾上腺素假说、多巴胺假说、乙酰胆碱假说等。

3. **神经内分泌功能失调**　研究发现抑郁症患者与下丘脑 - 垂体 - 肾上腺皮质轴（HPA）、下丘脑 - 垂体 - 甲状腺轴（HPT）及其他激素如生长激素（GH）的分泌功能异常有关。

4. **神经病理学研究**　包括脑室扩大、部分脑区性萎缩改变、脑血流和代谢改变等。

二、心理社会因素

1. **生活事件** 应激是导致情感障碍发病的原因之一。
2. **婚姻** 不理想的婚姻和抑郁之间存在着很高的相关性,婚姻关系甚至可以作为将来抑郁症的预测指标。
3. **性别** 情感障碍的流行病学数据显示出明显的性别差异。
4. **社会支持** 社会支持包括3个层面;其对抑郁症的发生和康复有着重要意义。

三、心理学解释

1. **心理动力学观点** 无意识冲突和童年早期形成的敌意情绪在抑郁的形成中起关键作用。
2. **行为主义观点** 集中讨论一个人得到正强化和惩罚的数量的效果,指出当一个人缺乏充分的正性强化时会感到悲哀和退缩,在经历丧失或挫折之后得到不充分的正强化而且经历很多惩罚后就会导致抑郁。
3. **人本 - 存在主义观点** 认为抑郁患者常有内疚和负罪感。之所以如此,是他们不能作出选择,不能发挥自己的潜能,对自己的生命不负责任。
4. **认知理论** 一是由 Beck 提出的负性认知定势理论,另一是由 Martin Seligman 等提出的习得性无助(learned helpless)模型和绝望(hopelessness)模型。

(1)负性认知定势:负性认知定势"规定"了个体感知世界的模式,使得人们消极地认为自己对生命中的负性事件负有责任。Beck 认为抑郁患者有不同类型的消极认知,称为抑郁的三合一模式(depressive, cognitive triad):对自己消极的看法、消极的当前体验和对未来消极的看法。

(2)习得性无助模型和绝望模型:认为抑郁的根本原因是由于个体的期待,即个体预期会有不幸事件发生,并且自己对此无力阻止。习得性无助的标志是三个类型的缺陷:动机缺陷、情绪缺陷、认知缺陷。当个体认为自己无论做什么都不会对将来的结果产生影响时,他就会产生绝望。对无助的预期会产生焦虑,而无助变成绝望时则会导致抑郁。

四、综合模型

生物的、心理的和社会因素都会影响情感障碍的发生、发展。情感障碍是特定的心理社会情境与特定的遗传易感性和人格特点交互作用的结果。

第四节 情感障碍的防治

情感障碍的治疗方法主要有生物治疗和心理治疗两大类。急性期主要以药物治疗为主,恢复期要加大心理治疗的分量。二者结合使用往往能获得更好的疗效。

一、药物治疗

1. **抗躁狂药治疗** 包括锂盐、抗惊厥药(如卡马西平、丙戊酸盐)等。
2. **抗抑郁药治疗** 包括三环类抗抑郁药(TCA)、选择性 5-HT 再摄取抑制药(SSRIs)、心境稳定剂(如碳酸锂等)、5-HT 与 NE 再摄取抑制药(SNRI)、NE 能和特异性 5-HT 能抗抑郁药（NaSSA）、5-HT$_2$受体拮抗剂（SARI）等。

3. 抗精神病药 一方面对躁狂的兴奋冲动有良好的控制作用，另一方面也用于控制情感障碍中发生的幻觉妄想症状。

二、心理治疗

1. **必要性** 抑郁患者常存在各种各样的心理和社会问题，抑郁症又进一步影响了患者的人际交往、家庭和睦和工作能力。因此，对抑郁症患者进行心理治疗是十分必要的。

2. **人际关系疗法**（interpersonal psychotherapy，IPT） 通过帮助患者改善由于抑郁所引起的人际关系问题，从而减轻抑郁症状。着重解决四类问题：①由于亲人亡故或其他原因造成的人际交往中断而引起的情绪抑郁；②当患者与某人缺乏满意的关系，特别是对患者有重要意义的人际关系失败；③当个人情况变化而不能适应角色改变时，需要帮助患者认识新的角色，建立适当的人际交往；④社会关系缺乏或有社会隔离的抑郁患者。人际关系治疗对防止抑郁症的复发也有一定作用。

3. **认知治疗**（cognitive therapy） 通过消除患者逻辑上的自动思维错误，帮助患者重建认知，治疗过程中应注意强化肯定性认知。

4. **行为治疗**（Behavioral therapy） 通过增加强化刺激和社交技巧训练，改善行为和人际交往，让患者重新学会快乐。

5. **人本 - 存在治疗**（humanistic existential therapy） 帮助抑郁患者认识到，他们的情感痛苦是一种真实的反应，要学会不能通过过分地依赖他人来获得满足感，真实的生活是自己追求的目标。

6. **团体治疗** 通过团体治疗可以激发和运用患者之间的积极的互动作用，促进这些互动向积极正向发展，从而提高疗效、信心和依从性。

三、其他治疗

1. **无抽搐电休克治疗**（modified electric convulsive treatment，MECT） 源于电休克治疗（electric convulsive treatment，ECT），又称为改良电痉挛治疗、无痉挛电痉挛治疗。先适量使用肌肉松弛剂，然后用一定量的电流刺激大脑，达到无抽搐发作而治疗精神疾病的一种方法。用于急性重症躁狂和锂盐治疗无效时，可单独应用或合并药物应用。对严重的内源性抑郁疗效最佳，对有严重自杀企图以及拒食拒饮处于木僵状态者可作为首选。

2. **重复经颅磁刺激**（repetitive transcranial magnetic stimulate，rTMS） 在某一特定皮质部位给予重复经颅磁刺激，从而影响刺激局部和功能相关的远隔皮质功能，实现皮质功能重建，而且产生的生物学效应在刺激停止后仍将持续一段时间，是重塑大脑皮质局部或整体神经网络功能的良好工具。可用于抑郁症的治疗。

3. **睡眠剥夺**（sleep deprivation） 睡眠剥夺治疗抑郁症起效最快，可在 24 小时内使抑郁症状戏剧般地减轻。研究表明具有晨重夜轻的患者对睡眠剥夺疗法反应较好。

4. **光照治疗** 对于具有连续两年，每年均在秋末冬初发作，体内抗黑变激素昼夜节律紊乱（正常分泌是昼少、夜多，冬天昼短夜长，故夜晚分泌更多而节律失调）为特征的季节性情感障碍有效。

四、维持治疗和预防复发

1. **抑郁症的维持治疗** 抑郁症的复发率较高,双相障碍较单相障碍更易复发,需要进行药物维持治疗。

2. **预防复发** 心理治疗和社会支持可解除或减轻患者过重的心理负担和压力,帮助患者解决生活和工作中的实际困难及问题,学习应对方法和措施,提高应对能力,为患者创造良好的环境,对预防情感障碍复发有非常重要的作用。

第二部分 试 题

一、名词解释

1. 情感障碍
2. 轻躁狂
3. 谵妄性躁狂
4. 躁狂发作
5. 抑郁症
6. 隐匿性抑郁症
7. 更年期抑郁症
8. 季节性抑郁症
9. 产后抑郁症
10. 双相障碍
11. 环性心境障碍
12. 恶劣心境
13. 情感障碍 5-羟色胺假说
14. 情感障碍去甲肾上腺素假说
15. 情感障碍乙酰胆碱假说
16. 社会支持
17. 习得性无助模型和绝望模型
18. 抑郁的三合一模式
19. 无抽搐电休克治疗
20. 重复经颅磁刺激

二、填空题(在空格内填上正确的内容)

1. 1896 年,Kraepelin 通过纵向研究发现躁狂或抑郁可在同一病人身上交替出现,因此提出了_____的概念。

2. 女性抑郁症的患病率几乎是男性的_____,其原因可能与内分泌、心理社会应激事件和应对方式的不同有关。

3. 抑郁症的发生_____起着扳机样作用。

4. 躁狂发作是一种异常夸张的欢欣喜悦或愉快的情感状态,典型表现为_____、_____和_____,所谓"三高"症状。

5. 根据临床表现,躁狂发作可分为_____、_____和_____。

6. 抑郁症是以_____为主要特征的一种疾病。

7. 抑郁症的临床表现的基本特征是_____、_____和_____。

8. 目前对抑郁症归纳为_____、_____与_____3 个方面。

9. 抑郁症的核心症状包括 _____、_____、_____。

10. 抑郁症的心理症状群包括_____、_____、_____、_____、_____、_____、_____、_____、_____、_____、_____。

11. 抑郁症的躯体症状群包括_____、_____、_____、_____、_____。

12. 抑郁症的特殊类型包括_____、_____、_____、_____等。

13. 双相障碍可分为_____、_____、_____和其他。

14. 持续性心境障碍包括_____、_____和其他或待分类的持续性心境障碍。

15. 既有_____又有_____称为双重抑郁症,典型表现是_____。

16. 情感障碍的遗传学研究可以从_____、_____、_____和_____等几个方面来进行。

17. 情感障碍的神经生化研究包括_____、_____、_____等。

18. 情感障碍的 5- 羟色胺(5-HT)假说认为,5-HT 直接或间接调节人的心境,该功能活动_____与抑郁症患者的抑郁心境、食欲减退、失眠、昼夜节律紊乱、内分泌功能失调、性功能障碍、焦虑不安、活动减少等密切相关。

19. 情感障碍的心理社会因素包括_____、_____、_____、_____。

20. 社会支持包括 3 个层面:①_____;②_____;③_____。

21. 关于抑郁症,认知观点有两个重要理论:一是由 Beck 提出的_____,另一是由 Martin Seligman 等提出的_____。

22. Beck 认为抑郁病人有不同类型的消极认知,称为抑郁的三合一模式:_____、_____和_____。

23. 情感障碍的治疗一般而言,急性期主要以_____为主,恢复期要加大_____的分量,二者结合使用往往能获得更好的疗效。

24. 情感障碍的药物治疗包括_____、_____、_____等。

25. 情感障碍的常用心理治疗方法包括_____、_____、_____、_____、_____等。

26. 人际关系治疗起源于_____,治疗的目标是通过帮助患者改善由于抑郁所引起的_____,从而减轻抑郁症状。

27. 认知治疗的最终目标是帮助患者_____,治疗过程中应注意强化_____。

28. 依据消退理论,行为治疗通常聚焦于_____,治疗的目标是_____。

29. 情感障碍的其他治疗方法有_____、_____、_____等。

30. 除药物维持治疗外,_____和_____对预防情感障碍的复发也有着非常重要的作用。

三、单项选择题（在 5 个备选答案中选出 1 个最佳答案）

1. 最先提出躁狂抑郁症（mania-depression）概念的是
   A. Hippocrates
   B. Kahlbaum
   C. Kraepelin
   D. Freud
   E. Leonhard

2. 最先采用双相（bipolar）或单相（unipolar）障碍划分的是
   A. Seligman
   B. Freud
   C. Kraepelin
   D. Beck
   E. Leonhard

3. 中国抑郁障碍患病率较西方国家要低的可能原因是
   A. 种族和遗传的差异
   B. 社会支持和干预的差异
   C. 诊断标准和文化的差异
   D. 经济水平和医疗水平的异常
   E. 治疗方法和依法措施的差异

4. 下列**不符合**情感障碍的流行病学特征的一项是
   A. 女性抑郁症的患病率几乎是男性的 2 倍
   B. 双相障碍的患病率男女几乎相等
   C. 单相障碍的发病年龄比双相障碍早
   D. 遗传是情感障碍比较肯定的危险因素
   E. 西方国家低社会阶层人群患抑郁症是高社会阶层的 2 倍

5. 下列描述中**不属于** CCMD-3 分类系统中的情感障碍的一项是
   A. 躁狂发作
   B. 双相障碍
   C. 双相 I 型障碍
   D. 抑郁发作
   E. 持续性情感障碍

6. 下列关于轻躁狂症状的说法中**错误**的一项是
   A. 伴有幻觉、妄想等精神病症状
   B. 存在至少持续数天的心境高涨、精力充沛、活动增多
   C. 有显著的自我感觉良好
   D. 社交活动增多，睡眠需要减少
   E. 对患者正常社会生活无明显影响或轻微影响

7. 关于急性躁狂症状的说法中**错误**的一项是
   A. 有显著的自我感觉良好
   B. 患者的主动注意和被动注意均持久
   C. 患者的主动注意和被动注意均增强
   D. 部分患者的记忆力病理性增强
   E. 符合躁狂发作的典型表现

8. 属于 CCMD-3 关于躁狂发作的症状标准的一项是
   A. 反复出现想死的念头，或有自杀行为
   B. 精神运动性迟滞或激越
   C. 联想困难，自觉思考能力显著下降
   D. 精力明显减退，无原因的持续疲乏感
   E. 注意力不集中或随境转移

9. **不属于**CCMD-3 关于躁狂发作的症状标准的一项是

    A. 情绪焦虑，可伴有躯体化症状

    B. 思维奔逸、联想加快或意念飘忽的体验

    C. 注意力不集中或随境转移

    D. 精力充沛、不疲乏感、活动增多、不断改变计划

    E. 鲁莽行为，不计后果

10. 属于抑郁发作核心症状的是

    A. 焦虑   B. 注意力不集中   C. 记忆力下降

    D. 精力减退   E. 自知力受损

11. 属于抑郁症的躯体症状群表现的一项是

    A. 晨重夜轻   B. 食欲增加   C. 急性疼痛

    D. 性功能增强   E. 自杀观念

12. **不属于**抑郁症心理症状群表现的一项是

    A. 焦虑   B. 自责自罪   C. 睡眠紊乱

    D. 注意力下降   E. 精神运动性迟滞

13. 特殊类型的抑郁**不包括**

    A. 隐匿性抑郁症   B. 更年期抑郁症   C. 季节性抑郁症

    D. 产后抑郁症   E. 双重抑郁症

14. 属于CCMD-3 关于抑郁发作的症状标准的一项是

    A. 反复出现想死的念头，或有自杀行为

    B. 思维奔逸、联想加快或意念飘忽的体验

    C. 注意力不集中或随境转移

    D. 睡眠需要减少

    E. 自我评价过高或夸大

15. 关于双相障碍的说法中**错误**的一项是

    A. 可分为躁狂相、抑郁相、混合相、快速循环型和其他

    B. 患病率在性别上没有区别

    C. 首次发作是抑郁而不是躁狂

    D. 经常在数小时或几天内发生，且多没有明显的诱发事件

    E. 容易反复发作，难以康复

16. 关于环性心境障碍的说法中**错误**的一项是

    A. 属于持续性情感障碍

    B. 不符合躁狂或抑郁发作的诊断

    C. 心境波动与所谓"环性人格"有密切关系

    D. 心境高涨与低落反复交替出现

    E. 心境波动与生活应激有明显的关系

17. 关于环性心境障碍的说法中**正确**的一项是

    A. 心境波动的程度没有双相障碍严重

    B. 符合躁狂或抑郁发作的诊断

    C. 属于非持续性情感障碍

    D. 心境波动与生活应激有明显的关系

    E. 社会功能受损严重

18. 关于恶劣心境的说法中**错误**的一项是

    A. 一种以持久的心境低落状态为主的轻度抑郁,偶尔会出现躁狂

    B. 属于持续性情感障碍

    C. 常伴有焦虑、躯体不适感和睡眠障碍

    D. 患者的社会学习功能没有明显受损,自知力完整

    E. 会在青少年期逐渐发生,并可持续终生

19. 关于恶劣心境的说法中正确的一项是

    A. 属于非持续性情感障碍

    B. 患者的社会学习功能没有明显受损

    C. 患者的自知力不完整,不会主动求医

    D. 一种以持久的心境低落状态为主的轻度抑郁,偶尔会出现躁狂

    E. 反复出现心境高涨或低落

20. 关于双重抑郁症的说法中正确的一项是

    A. 与双相障碍是同一个概念

    B. 是指既有环性心境障碍又有抑郁发作

    C. 是指既有环性心境障碍又有恶劣心境

    D. 先有抑郁发作后有恶劣心境

    E. 先有恶劣心境又出现抑郁发作

21. 关于情感障碍的划分维度**不包括**

    A. 遗传性与非遗传性   B. 原发性与继发性

    C. 心因性与内因性   D. 精神病性与神经症性

    E. 单相与双相

22. 关于心因性情感障碍和内因性情感障碍两者区别的说法中正确的一项是

    A. 心因性患者既往无情感障碍发作史,内因性患者既往健康或仅有躁郁症史

    B. 心因性心境障碍是在应激事件后发生,内因性情感障碍可缺乏明显的应激事件

    C. 心因性是指患者检验现实能力丧失,内因性是长期适应不良人格特征的结果

    D. 心因性情感障碍经常比内因性情感障碍发生得早

    E. 心因性抑郁有一定的生物学基础,内因性抑郁缺乏生物学基础

23. 关于精神病性与神经症性情感障碍的说法中正确的一项是

    A. 精神病性抑郁是对失望产生的一种过分沮丧的反应,是长期适应不良人格特征的结果

    B. 神经症性是指患者检验现实能力丧失,伴有幻觉、妄想或木僵等精神病性症状

    C. 一般来说,神经症性抑郁比精神病性抑郁更严重,其社会功能受损更重,发作间期更短

    D. 精神病性与神经症性的主要区分在于与现实接触的能力

    E. 精神病性抑郁发病有一定的心理因素

24. 双相Ⅰ型与双相Ⅱ型之间的区别在于

    A. Ⅰ型有躁狂发作史,Ⅱ型没有躁狂发作史

B. Ⅰ型有抑郁发作史,Ⅱ型没有抑郁发作史

C. Ⅰ型躁狂发作严重,Ⅱ型抑郁发作严重

D. Ⅰ型抑郁发作严重,Ⅱ型躁狂发作严重

E. Ⅰ型躁狂发作没有Ⅱ型躁狂发作严重

25. 下列**不符合**情感障碍的遗传学证据的一项是

A. 血缘关系越近,患病概率越高

B. 一级亲属的患病率可达10%~16.3%,是一般人群的数十倍

C. 双生子研究发现单卵双生子的同病率显著低于双卵双生子

D. 寄养子研究中,血缘父母的情感障碍的患病率要高于其寄养父母

E. 基因研究发现与双相障碍相关联的遗传标记包括第5号、第11号和X染色体等

26. 关于5-羟色胺假说的说法中正确的是

A. 抑郁患者的5-羟色胺(5-HT)功能活动降低

B. 抑郁患者的5-羟色胺(5-HT)功能活动增强

C. 单相抑郁症中企图自杀或自杀者脑脊液5-HIAA比无自杀企图者高

D. 脑脊液5-HIAA浓度与抑郁严重程度有关,浓度越高,抑郁越严重

E. 5-HT增高与抑郁有关

27. 乙酰胆碱能与肾上腺素能神经元之间张力平衡可能与情感障碍有关,下列说法中正确是

A. 肾上腺素能神经元过度活动,可导致抑郁

B. 脑内乙酰胆碱能神经元过度活动,可导致躁狂

C. 脑内乙酰胆碱能神经元过度活动,可导致抑郁

D. 肾上腺素能神经元和脑内乙酰胆碱能神经元过度活动均可导致躁狂

E. 肾上腺素能神经元和脑内乙酰胆碱能神经元过度活动均可导致抑郁

28. **不属于**情感障碍发病的可能心理社会因素的是

A. 生活事件　　　　　B. 婚姻关系　　　　　C. 性别

D. 父母患有情感障碍　　E. 社会支持

29. 属于心理动力学观点的一项是

A. 无意识冲突和童年早期形成的敌意情绪在抑郁的形成中起关键作用

B. 对情感障碍发生的研究就应当集中去讨论患者得到正强化和惩罚的数量的效果

C. 抑郁病人常有内疚和负罪感是因为他们不能作出选择,不能发挥自己的潜能,对自己的生命不负责任

D. 当一个人缺乏充分的正性强化时会感到悲哀和退缩,在经历丧失或挫折之后得到不充分的正强化而且经历很多惩罚就会导致抑郁

E. 抑郁患者倾向于把自己看作是在某些程度上是没有能力和有缺陷的,对当前的体验作负面的解释,并且相信将来会继续给他带来痛苦和困难

30. 既可以治疗抑郁也可以治疗躁狂的药物是

A. 帕罗西汀　　　　　B. 文拉法辛　　　　　C. 米氮平

D. 碳酸锂　　　　　　E. 阿米替林

31. 有关情感障碍患者认知治疗描述正确的是
    A. 通过消除患者逻辑上的自动思维错误,帮助患者重建认知
    B. 注重增加强化刺激和改善社交技巧,目标是让患者重新学会快乐
    C. 力图引导病人发现实现个人生活目标是其获得更好生活的理由
    D. 焦点集中在个体当前的社交关系上,尤其是当前的人际问题
    E. 帮助患者分析过去的成功经验,建立起正常的人际交往

32. 对有严重自杀企图的抑郁症患者或拒食拒饮、处木僵状态的抑郁症病人应首选
    A. 无抽搐电休克治疗   B. 重复经颅磁刺激治疗   C. 睡眠剥夺治疗
    D. 光照治疗   E. 心理治疗

33. **不属于**情感障碍其他治疗方法的是
    A. 无抽搐电休克治疗   B. 重复经颅磁刺激治疗   C. 睡眠剥夺治疗
    D. 光照治疗   E. 沐浴治疗

34. 无抽搐电休克治疗首选于治疗
    A. 双相障碍   B. 环性心境障碍   C. 恶劣心境
    D. 围产期抑郁症   E. 有严重自杀企图或木僵状态的内源性抑郁

35. 某女,22岁,无明显诱因下变得心情愉悦、精力充沛、对人大方、社交活动增多、自我感觉良好一周,主动做事然有时虎头蛇尾,睡眠也有减少,日常工作及生活尚无明显影响,除密切接触的亲戚朋友外,他人尚无察觉。其最可能的诊断是
    A. 神经症   B. 轻躁狂   C. 躁狂发作
    D. 抑郁症   E. 心因性反应

36. 某男,23岁,近10天无明显诱因下急起眠差、话多、易怒、挥霍、好管闲事,在街上与陌生人搭讪,见到有人违法交通规则主动加以干涉,邻居夫妻口角主动评述孰是孰非,因此多次与人发生争执,严重影响自己及他人的工作及生活。其最可能的诊断是
    A. 神经症   B. 轻躁狂   C. 急性躁狂发作
    D. 抑郁症   E. 精神分裂症

37. 某女,45岁,可能因工作岗位的变动,近1个月出现眠差、早醒,整日少言寡语、愁眉苦脸、唉声叹气,怕做事、怕见人、怕出门,原来每天的打桥牌活动也没有兴趣参加,自觉能力下降、做过错事对不起他人,甚至有消极念头。其最可能的诊断是
    A. 抑郁症(抑郁发作)   B. 隐匿性抑郁症   C. 季节性抑郁症
    D. 恶劣心境   E. 环性心境障碍

38. 某女,42岁,近半年来因心悸、胸闷、纳差、腹胀、四肢麻木及全身乏力、酸痛等各种躯体不适反复就诊,伴有自主神经系统功能紊乱症状,抑郁情绪不十分明显,辅助检查无相应阳性发现。其最可能的诊断是
    A. 季节性抑郁症   B. 更年期抑郁症   C. 隐匿性抑郁症
    D. 产后抑郁症   E. 恶劣心境

39. 某女,35岁,近3年每于秋末冬初无明显诱因下出现情绪抑郁,伴有疲乏无力和头疼,喜食碳水化合物,体重增加,到春夏季自然缓解。其最可能的诊断是
    A. 季节性抑郁症   B. 更年期抑郁症   C. 隐匿性抑郁症
    D. 产后抑郁症   E. 恶劣心境

40. 某男,22岁,无明显诱因下出现眠差早醒,少语少动,情绪抑郁,兴趣下降。两年前

有过躁狂发作。其最可能的诊断是

    A. 躁狂症　　　　　B. 抑郁症　　　　　C. 精神分裂症
    D. 双相障碍　　　　E. 环性心境障碍

四、简答题

1. 简述正常的抑郁反应与抑郁障碍之间的区别。
2. 请描述情感障碍的三种分类（CCMD-3、ICD-10、DSM-Ⅳ）的具体内容。
3. 躁狂发作的主要特点是什么？它与正常人的兴奋有何区别？
4. 简述抑郁的心理症状群的主要症状。
5. 简述抑郁的躯体症状群的主要症状。
6. 如何区分恶劣心境与抑郁症？
7. 影响情感障碍的心理社会因素有哪些？
8. 简述社会支持在情感障碍发生、发展中的主要作用。
9. 简述如何理解关于情感障碍发生的综合模型。
10. 简述情感障碍的常用心理治疗方法。

第三部分　参　考　答　案

一、名词解释

1. 情感障碍（affective disorders）又称心境障碍（mood disorder），是指各种原因引起的以显著而持久的情感或心境改变为主要特征的一组障碍，其主要表现为情感高涨或低落，并伴有相应的认知和行为改变。

2. 轻躁狂（hypomanic）症状较轻，患者可存在至少持续数天的心境高涨、精力充沛、活动增多，有显著的自我感觉良好，注意力不集中且不能持久，轻度挥霍，社交活动增多，睡眠需要减少；有时表现为易激惹，但不伴有幻觉、妄想等精神病症状。对患者正常社会生活无明显影响或轻微影响。一般不易察觉。

3. 谵妄性躁狂是指当发作更严重时，患者呈极度的躁动兴奋状态，可有短暂片断的幻听，行为紊乱而毫无目的，伴有冲动行为，也可出现意识障碍，还有错觉、幻觉、思维不连贯等症状。

4. 躁狂发作（manic episode）是一种异常夸张的欢欣喜悦或愉快的情感状态，典型表现为情感高涨、思维奔逸和意志行为增强（活动增多）的所谓"三高"症状。躯体方面，食欲增加，睡眠减少。因患者极度兴奋，体力过度消耗，容易引起失水、体重减轻等。部分患者可有夸大妄想、关系妄想等精神病性症状，也可出现与心境一致的幻觉。

5. 抑郁症（depressive disorder）现称之为抑郁发作（depressive episode）或重性抑郁症（major depression），是以显著而持久的情感低落、抑郁悲观为主要特征的一种疾病，抑郁症患者常有兴趣丧失、自罪感、注意困难、食欲减退或丧失和有消极自杀观念和行为。其他症状包括认知功能、语言、行为、睡眠等异常表现。所有这些变化的结果均导致患者人际关系、社会和职业功能的损害，近年来已成为威胁人类健康和影响生活质量的严重疾病。

6. 隐匿性抑郁症(masked depression)是一组不典型的抑郁症候群,其抑郁情绪不十分明显,突出表现为持续出现的多种躯体不适感和自主神经系统功能紊乱症状,如头痛、头晕、心悸、胸闷、气短、四肢麻木及全身乏力等。患者因情绪症状不突出,多先在综合医院就诊,抗抑郁药物治疗效果好。

7. 更年期抑郁症(involutional melancholia)是首次发病于更年期阶段的抑郁症,女性多见,常有某些诱因,多有消化、心血管和自主神经系统症状。早期可有类似神经衰弱的表现,如头昏、头痛、乏力、失眠等,而后出现各种躯体不适,如食欲缺乏、上腹部不适、口干、便秘、腹泻、心悸、胸闷、四肢麻木、发冷、发热、性欲减退等。焦虑、紧张和猜疑突出为本病的重要特点,而思维与行为抑制不明显。宜用抗焦虑或抗抑郁药物治疗,可配合性激素治疗。

8. 季节性抑郁症(seasonal affective disorder)是一类与季节变化关系密切的特殊类型抑郁症,多见于女性。一般在秋末冬初发病,常没有明显的心理社会应激因素。表现抑郁,常伴有疲乏无力和头疼,喜食碳水化合物,体重增加,在春夏季自然缓解。本病连续两年以上秋冬季反复发作方可诊断,强光照射治疗有效。

9. 产后抑郁症(postpartum depression)是指产妇在产后 6 周内,首次以悲伤、抑郁、沮丧、哭泣、易激怒、烦躁,重者出现幻觉、自杀甚至杀人等一系列症状为特征的抑郁障碍。

10. 双相障碍(bipolar depressive)是指目前发作符合某一型躁狂症或抑郁症标准,以前有相反的临床相或混合发作,如在躁狂发作后又有抑郁发作或混合发作。双相障碍分为躁狂相、抑郁相、混合相、快速循环型和其他。

11. 环性心境障碍(cyclothymia)是指心境高涨与低落反复交替出现,但程度较轻。轻躁狂发作时表现十分活跃和积极,且在社会生活中易做出一些承诺;但转为抑郁时,则成为痛苦的失败者。随后,可回到正常的状态或转为轻度情绪高涨,一般心境相对正常的间歇期可达数月。本症的主要特征是持续性心境不稳定,心境波动与生活应激无明显关系,但与所谓"环性人格"(cyclothymic personality)有密切关系。

12. 恶劣心境(dysthymic disorder)指一种以持久的心境低落状态为主的轻度抑郁,不出现躁狂。常伴有焦虑、躯体不适感和睡眠障碍。患者通常是忧郁的、内向的和审慎的,缺乏获取快乐的能力,且精力缺乏,自尊水平低,有自杀的想法,在饮食和思维方面都存在问题。患者的社会学习功能可无明显受损,自知力完整,能主动求医。此症相当于以往的"抑郁性神经症"。此症与生活事件和性格有较大的关系。

13. 情感障碍 5-羟色胺(5-HT)假说认为,5-HT 直接或间接调节人的心境,该功能活动降低与抑郁症患者的抑郁心境、食欲减退、失眠、昼夜节律紊乱、内分泌功能失调、性功能障碍、焦虑不安、活动减少等密切相关;而 5-HT 增高与躁狂有关。有研究发现,自杀者和一些抑郁患者脑脊液中 5-HT 代谢产物(5-HIAA)含量降低,5-HIAA 水平降低与自杀和冲动行为有关。单相抑郁症中企图自杀者或自杀者脑脊液 5-HIAA 比无自杀企图者低;另外,脑脊液 5-HIAA 浓度与抑郁严重程度有关,浓度越低,抑郁越严重。

14. 情感障碍去甲肾上腺素假说认为,抑郁症患者中枢去甲肾上腺素(NE)能系统功能低下。患者尿中 NE 代谢产物 3-甲氧基-4-羟基苯乙二醇(MHPG)排出降低;而躁狂患者中枢 NE 能系统功能亢进,NE 受体部位的 NE 增多,患者尿中 MHPG 排出升高。

15. 情感障碍乙酰胆碱假说认为,乙酰胆碱能与肾上腺素能神经元之间张力平衡可能与情感障碍有关,脑内乙酰胆碱能神经元过度活动,可导致抑郁;而肾上腺素能神经元过度活动,可导致躁狂。

16. 社会支持包括 3 个层面：①社会关系存在与数量；②社会关系的结构；③社会关系所提供的情感交流、相互关心、实际帮助等。良好的社会支持本身对个体的生理、心理健康和应激情境有保护和缓冲作用；社会支持对已经出现情感或精神问题的个体有治疗作用，如缩短病程、减轻症状。

17. 习得性无助模型和绝望模型起源于对动物的观察与实验研究，它认为抑郁的根本原因是由于个体的期待，即个体预期会有不幸事件发生，并且自己对此无力阻止。习得性无助的标志是三个类型的缺陷：①动机缺陷——这些狗很慢地开始产生抑制的行为；②情绪缺陷——显得僵化，无精打采，惊恐，痛苦；③认知缺陷——在新的情境下表现出不良的学习成绩，即使它们被放回事实上能够回避电击的情境中，也不会去学习怎样做。

18. Beck 认为抑郁患者有不同类型的消极认知，称为抑郁的三合一模式（depressive，cognitive triad）：对自己消极的看法、消极的当前体验和对未来消极的看法。抑郁患者倾向于把自己看作是在某些程度上没有能力和有缺陷的，对当前的体验作负面的解释，并且相信将来会继续给他带来痛苦和困难。

19. 无抽搐电休克治疗（modified electric convulsive treatment，MECT）源于电休克治疗（electric convulsive treatment，ECT），又称为改良电痉挛治疗、无痉挛电痉挛治疗。先适量使用肌肉松弛剂，然后用一定量的电流刺激大脑，达到无抽搐发作而治疗精神疾病的一种方法。用于急性重症躁狂和锂盐治疗无效时，可单独应用或合并药物应用。对严重的内源性抑郁疗效最佳，对有严重自杀企图以及拒食拒饮处于木僵状态者可作为首选。

20. 重复经颅磁刺激（repetitive transcranial magnetic stimulate，rTMS）治疗是在某一特定皮质部位给予重复经颅磁刺激的过程，它能更多地兴奋水平走向的联接神经细胞，产生兴奋性突触后电位总和，使皮质之间的兴奋抑制联系失去平衡。rTMS 不仅影响刺激局部和功能相关的远隔皮质功能，实现皮质功能重建，而且产生的生物学效应在刺激停止后仍将持续一段时间，是重塑大脑皮质局部或整体神经网络功能的良好工具。可用于抑郁症的治疗。

二、填空题

1. 躁狂抑郁症

2. 2 倍

3. 生活事件

4. 情感高涨　思维奔逸　意志行为增强

5. 轻躁狂　重性（急性）躁狂　谵妄性躁狂

6. 显著而持久的情感低落、抑郁悲观

7. 情绪低落　思维迟缓　意志活动减退

8. 核心症状　心理症状群　躯体症状群

9. 情绪低落　兴趣缺乏　精力减退

10. 焦虑　自罪自责　精神病性症状和认知扭曲　注意力和记忆力下降　自杀　精神运动性迟滞或激越　自知力受损

11. 睡眠紊乱　食欲紊乱　性功能减退　慢性疼痛　晨重夜轻　非特异性躯体症状

12. 隐匿性抑郁症　更年期抑郁症　季节性抑郁症　产后抑郁症

13. 躁狂相　抑郁相　混合相　快速循环型

14. 环性心境障碍　恶劣心境障碍

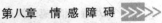

15. 恶劣心境　抑郁发作　恶劣心境出现在先且很可能在比较年幼时,然后出现一次或多次抑郁发作

16. 家系研究　双生子研究　寄养子研究　基因连锁研究

17. 5-羟色胺假说　去甲肾上腺素假说　多巴胺假说　乙酰胆碱假说

18. 降低

19. 生活事件　性别　婚姻　社会支持

20. 社会关系存在与数量　社会关系的结构　社会关系所提供的情感交流、相互关心、实际帮助等

21. 负性认知定势理论　习得性无助模型和绝望模型

22. 对自己消极的看法　消极的当前体验　对未来消极的看法

23. 药物治疗　心理治疗

24. 抗躁狂药治疗　抗抑郁药治疗　抗精神病药治疗

25. 人际关系疗法　认知治疗　行为治疗　人本-存在治疗　团体治疗

26. 精神分析学派的沙利文(Sullivan)以及弗洛姆(Fromm)的相关疗法　人际关系问题

27. 重建认知　肯定性认知

28. 增加患者的强化刺激和改善社交技巧　让患者重新学会快乐

29. 无抽搐电休克治疗　重复经颅磁刺激　睡眠剥夺　光照治疗

30. 心理治疗　社会支持

三、单项选择题

 1. C　　2. E　　3. C　　4. C　　5. C　　6. A　　7. B　　8. E　　9. A　　10. D
11. A　　12. C　　13. E　　14. A　　15. C　　16. E　　17. A　　18. A　　19. B　　20. E
21. A　　22. B　　23. D　　24. C　　25. C　　26. A　　27. C　　28. D　　29. A　　30. D
31. A　　32. A　　33. E　　34. E　　35. B　　36. C　　37. A　　38. C　　39. A　　40. D

四、简答题

1. 简述正常的抑郁反应与抑郁障碍之间的区别。

答:参见下表

正常抑郁反应与抑郁障碍的区别

项　目	抑郁反应	抑郁障碍
应激事件	有	可有或无
持续时间	短,<2周	长,>2周
情绪反应	轻	重
躯体症状	轻微	明显
认知反应	刺激反应因果关系合理	反应过度或无法解释
人际交往	能力及愿望少受影响	愿望与能力减退明显
寻求支持	常有	无
病程变化	随时间减轻	变化小或加重

2. 请描述情感障碍的三种分类（CCMD-3、ICD-10、DSM-5）的具体内容。

答：参见下表。

情感障碍三种分类的比较

CCMD-3	ICD-10	DSM-5
30 躁狂发作	F30 躁狂发作	抑郁障碍（F30）
31 双相障碍	F31 双相障碍	破坏性心境失调障碍（F31）
32 抑郁发作	F32 抑郁发作	重性抑郁障碍（F31）
33 持续性情感障碍	F33 复发性抑郁发作	持续性抑郁障碍（恶劣心境）（F34.1）
39 其他或待分类的心境障碍	F38 其他心境障碍	经前期烦躁障碍（N94.3）
	F39 未特定的心境障碍	……
		双相障碍
		双相Ⅰ型障碍（F31.9）
		双相Ⅱ型障碍（F31.81）
		环性心境障碍（F34.0）
		……

3. 躁狂发作的主要特点是什么？它与正常人的兴奋有何区别？

答：（1）躁狂发作是一种异常夸张的欢欣喜悦或愉快的情感状态，典型表现为心境高涨、思维奔逸和意志行为增强（活动增多）"三高"症状。

（2）它与正常人的兴奋可以从以下几个方面区分：

1）原因。正常人有引起情绪愉快的客观原因；而躁狂者不一定有明确原因。

2）言语。正常人的健谈要考虑别人，且说话有条理，不离主题；而躁狂者常打断别人的谈话，抢着说话，且内容常随环境影响而改变，没有明确目标。

3）自我评价。正常人有理智、不盲目、自我评价恰当；而躁狂者多盲目乐观，自以为是，目空一切，自我评价过高。

4）行动。正常人行动多可适可而止，且能适当休息，做事对人有帮助；而躁狂者行动多不顾后果，做事妨碍别人或翻脸不认人，且睡眠需求减少。

5）效率。正常人因兴趣专一，故工作效率提高；而躁狂者因思维联想加快，兴趣广泛多变，结果一事无成。

4. 简述抑郁的心理症状群的主要症状。

答：（1）焦虑。常与抑郁伴发，可出现胸闷、心跳加快和尿频等躯体化症状。

（2）自罪自责。患者对自己既往的一些轻微过失或错误痛加责备，认为自己给社会或家庭带来了损失，使别人遭受了痛苦，自己是有罪的，应当接受惩罚，甚至主动去"自首"。

（3）精神病性症状和认知扭曲。

（4）注意力和记忆力下降。

（5）自杀。有自杀观念和行为的占 50% 以上。有 10%~15% 的患者最终会死于自杀。偶尔出现扩大性自杀和间接性自杀（曲线自杀）。

（6）精神运动性迟滞或激越。

（7）自知力受损。

5. 简述抑郁的躯体症状群的主要症状。

答：（1）睡眠紊乱。多为失眠（少数嗜睡），包括不易入睡、睡眠浅及早醒等。早醒为特征性症状。

（2）食欲紊乱。表现为食欲下降和体重减轻。

（3）性功能减退。

（4）慢性疼痛。为不明原因的头痛或全身疼痛。

（5）晨重夜轻。患者不适以早晨最重，在下午和晚间有不同程度的减轻。

（6）非特异性躯体症状。如头昏脑涨、周身不适、心慌气短，胃肠功能紊乱等，无特异性且多变化。

6. 如何区分恶劣心境与抑郁症？

答：国内外随访研究表明两者之间无本质的区别，同一患者在不同的发作中可一次表现为典型的抑郁发作，而另一次可为恶劣心境障碍，只是症状的严重程度不同，或病期的差异。但有人认为两者之间仍有区别，主要鉴别点如下：①前者以内因为主，家族遗传史较明显；后者发病以心因为主，家族遗传史不明显；②前者临床上精神运动性迟缓症状明显，有明显的生物学特征性症状，如食欲减退、体重下降、性欲降低、早醒及晨重夜轻的节律改变；后者均不明显；③前者可伴有精神病性症状，后者无；④前者多为自限性病程，后者病期冗长，至少持续 2 年，且间歇期短；⑤前者病前可为循环性格或不一定，后者为多愁善感，郁郁寡欢，较内向。

7. 影响情感障碍的心理社会因素有哪些？

答：（1）生活事件。负性生活事件应激是导致情感障碍发病的原因之一。

（2）婚姻。不理想的婚姻和抑郁之间存在着很高的相关。

（3）性别。有关研究显示，70% 的抑郁症和恶劣心境患者是女性。在许多文化中的女性经历，比如女性更可能遭受身体暴力、性虐待或身处贫穷而又需要抚养年幼的孩子和年长的父母等许多因素，都可能使女性更容易罹患抑郁症。

（4）社会支持。社会支持对重性抑郁的发生和抑郁的康复有着重要意义。

8. 简述社会支持在情感障碍发生、发展中的主要作用。

答：社会支持包括 3 个层面：①社会关系存在与数量；②社会关系的结构；③社会关系所提供的情感交流、相互关心、实际帮助等。良好的社会支持本身对个体的生理、心理健康和应激情境有保护和缓冲作用；社会支持对已经出现情感或精神问题的个体有治疗作用，如缩短病程、减轻症状。一般来说，一个人的社会关系越融洽，和社会接触的次数越多，频率越高，他的寿命也会越长。同样，社会因素也会影响一个人是否患抑郁。有关研究表明，社会支持对重性抑郁的发生及抑郁症的康复有着重要意义。

9. 简述如何理解关于情感障碍发生的综合模型。

答：此模型综合了情感障碍发生的生物、心理、社会三个因素，认为生物的、心理的和社会的因素都会影响情感障碍的发生、发展。情感障碍是特定的心理社会情境与特定的遗传易感性和人格特点交互作用的结果。

10. 简述情感障碍的常用心理治疗方法。

答：（1）人际关系疗法。通过帮助患者改善由于抑郁所引起的人际关系问题，从而减轻抑郁症状。着重解决四类问题：①由于亲人亡故或其他原因造成的人际交往中断而引起的情绪抑郁；②当患者与某人缺乏满意的关系，特别是对患者有重要意义的人际关系失败；③当个人情况变化而不能适应角色改变时，需要帮助患者认识新的角色，建立适当的人际交往；④社会关系缺乏或有社会隔离的抑郁患者。人际关系治疗对防止抑郁症的复发也有一定作用。

（2）认知治疗。通过消除患者逻辑上的自动思维和错误，帮助患者重建认知，治疗过程中应注意强化肯定性认知。

（3）行为治疗。通过增加强化刺激和社交技巧训练，改善行为和人际交往，让患者重新学会快乐。

（4）人本-存在治疗。帮助抑郁患者认识到，他们的情感痛苦是一种真实的反应，要学会不能通过过分地依赖他人来获得满足感，真实的生活是自己追求的目标。

（5）团体治疗。通过团体治疗可以激发和运用患者之间的积极的互动作用，促进这些互动向积极正向发展，从而提高疗效、信心和依从性。

（蔡昌群　查贵芳）

第九章 自杀与蓄意自伤

【教学大纲——目的要求】
1. 掌握自杀的概念、分类，蓄意自伤的概念，自杀的评估，危机干预的概念及步骤。
2. 熟悉自杀及蓄意自伤的流行病学情况，自杀的诊断与防治。
3. 了解自杀的理论解释，危机干预的方式。

【重点与难点提示】
1. 重点提示　本章重点内容是自杀学的基本概念、自杀的评估和防治。
2. 难点提示　主要有两个难点：①自杀学的专业术语；②自杀学的理论解释及其演变。主要原因是学术界对自杀学的术语、定义仍缺乏统一规范的认识，国内学者在使用时采用的中文译名各种各样；早期学者对自杀的理论解释和现在对自杀问题的认识已有明显的不同。在本章学习中应充分理解不同术语的确切内涵，结合案例从发展变化和整合的角度去理解自杀学的理论解释。

第一部分　内容概要与知识点

本章导读　主要从自杀学的概念、流行病学特征、理论解释、自杀的诊断、评估与防治几个方面来介绍自杀与蓄意自伤，应掌握自杀学的主要术语、定义以及自杀预防干预策略，同时通过了解不同流派对自杀问题的理论解释和自杀与蓄意自伤的流行病学特征来加深理解自杀问题的复杂性和重要性。

第一节　概　　述

1. **自杀的概念**　自杀（suicide），又称自杀死亡，其定义很多。法国著名社会学家 Durkheim（1897）在其《自杀论》一书中，把自杀定义为"由死者主动或被动付诸的行为直接或间接导致的各种死亡"。美国心理学家、美国自杀学之父 Edwin S. Schneidman（1975）将自杀定义为"自己引起、根据自己的意愿使自己生命终结的行为"。因此，自杀是指个体蓄意导致自己死亡的行为。

自我伤害行为需同时具备以下三个特点才能称之为自杀：①有想死的主观意愿；②属于自我实施的行为；③行为导致死亡的结局。也就是说，只具备其中一点或两点的意愿或行为，不属于自杀。

2. 自杀的流行病学

（1）自杀率：自杀是重要的公共卫生、精神卫生和社会问题。WHO 估计全世界每年约有 100 万人自杀死亡，相当于每 40 秒就有 1 人自杀死亡。不同国家的自杀率有很大的差别，大多数国家在过去的几十年中自杀率是不断上升的，但我国近 20 年的自杀率呈现明显的下降趋势。

（2）流行病学特征：自杀率的高低与年龄、性别、季节、地域、种族、自杀方式、婚姻、宗教信仰、职业、移民、受教育程度等因素密切相关。

3. 自杀学专用术语 个体往往先有自杀意念（suicidal ideation，包括被动自杀意念和主动自杀意念），然后在此基础上可能制订出模糊或清晰具体的自杀计划（suicidal plan）；如果个体将自杀意念或计划付诸行动，则可能出现两种结局：自杀未遂（attempted suicide）或自杀死亡（committed suicide or completed suicide）。

4. 自杀的分类 法国社会学家 Emile Durkheim 在其《自杀论》一书中从社会和文化背景的角度将自杀分为四类：利己性自杀（egoistic suicide）、利他性自杀（altruistic suicide）、失范性自杀（anomie suicide）和宿命性自杀（fatalistic suicide）。利己性自杀与利他性自杀相对应，与个体参与社会的程度或个体的社会归属感有关，属于从社会（横向）约束力的层面上看；而失范性自杀和宿命性自杀相对应，与社会规范或社会对个体的（纵控制有关，属于从规范向）约束力的层面上看。

ICD-10、CCMD-3 和 DSM-5 从临床角度建立了自杀的分类和诊断（表 9-1）。

表 9-1 自杀三种分类的比较

CCMD-3 9 其他精神障碍和心理卫生情况	ICD-10 附录：与精神及行为障碍相关的其他状况	DSM-5 第三部分：需要进一步研究的状况
92.3 自杀 92.31 自杀死亡 92.32 自杀未遂 92.33 准自杀 92.34 自杀意念 92.4 自伤	有意自伤（X60-X80） 包含：有意自行造成的中毒或损伤；自杀	自杀行为障碍 非自杀性自我伤害

第二节 自杀的理论解释

1. 生物学研究 精神障碍患者、躯体疾病患者的自杀率高；研究发现自杀死亡和自杀未遂者脑内神经递质发生改变；自杀行为在家庭内部几代人之间高发；神经内分泌激素水平的变化会对自杀行为产生影响；个体的血清胆固醇水平、攻击性以及 5-HT 浓度之间存在明显的相关性。

2. 心理学因素 有自杀倾向者的人格特征表现为较高的冲动性、两极化思维、认知僵化、缺乏有效应对等；Freud 认为人类有生存本能和死亡本能两种本能，自杀是死亡本能所致，是无意识冲突的一种表达，即自杀冲动是指向内部的攻击或敌对冲动——对矛盾的、内化的所爱的客体的攻击；客体关系理论认为自杀倾向代表分离个体化任务的失败，自杀行为就是让自我摆脱那个坏的内在客体，并与理想的、全能的、所爱的客体结合；自我心理学认为，当个体在无法忍受的、强烈的孤独体验或无以平复的隔离体验下，感到有被负性的自我评价（即无价值感和内疚）所征服的危险时，则产生了自杀易感性；习性学的动物研究发现，当动物处于无法逃避且无法对周围实施攻击的环境下，就会出现自伤行为（即习得性无助理论）。

3. **社会学研究**　家庭环境、生活事件、重大社会事件和社会变革、无业或失业、文化习俗和法律法规、监狱等特殊场所与自杀率高低有关。

4. **其他因素**　独居、自杀未遂既往史、亲友或熟人有自杀行为、生活质量低是个体发生自杀的危险因素。

5. **自杀的应激素质模型**　自杀的应激素质模型（diathesis-stress model）认为单一因素不足以引起自杀，应激因素与素质因素（即个体的易感性）共同作用才导致个体发生自杀行为。

第三节　蓄 意 自 伤

1. **蓄意自伤的概念**　蓄意自伤（deliberate self-harm），简称自伤（self-harm），是指个体通过各种方式故意的、直接的对自己身体采取的非致死性的伤害行为。

2. **流行病学**　自伤多发生在社区，相对隐秘；且自伤后的个体不一定需要或会去医疗机构就诊。因此，在社区难以通过广泛建立常规监测系统来收集人群的自伤数据，也就很难获得自伤的社区流行病学数据。①人群的自伤发生率随着年代推移有所波动。②女性自伤的发生率显著高于男性，男女自伤人数之比一般为 1∶2~1∶3；随着年龄的增长，自伤发生率降低；老年人群自伤的发生率最低。③自伤方式常常是非致命性的，以超剂量服用药物或其他有毒物质为主，其次为自我切割腕部或前臂。④自伤反复出现或重复发生是蓄意自伤的核心特征之一。⑤自伤者中精神障碍的患病率明显高于普通人群。

3. **蓄意自伤的原因与机制**　蓄意自伤同样是多因素相互作用的结果，其原因和机制相当复杂。负性生活事件往往是自伤的诱发因素，人格障碍是自伤的素质因素，社会支持缺乏是自伤的条件因素，自伤有一定的生物学基础。

4. **蓄意自伤的治疗**　自伤的治疗原则与自杀危险的治疗相似，把确保患者的生命安全放在首位。治疗包括心理干预和药物治疗，辩证行为治疗、开展问题解决治疗、提供紧急联络卡和提供外展的社区服务有降低自伤行为反复发生的趋势。

第四节　自杀的诊断、评估与防治

1. **自杀的诊断**　DSM-5 将自杀放在第三部分，作为"需要进一步研究的状况"，包括自杀行为障碍（suicidal behavior disorder）和非自杀性自我伤害（nonsuicidal self-injury）。

（1）自杀行为障碍的诊断

DSM-5 关于自杀行为障碍建议的诊断标准

A. 在过去 24 个月内,个体有一次自杀企图。

  注:自杀企图是一个自我启动的系列行为,个体在启动时,期待这一系列行动导致自身的死亡。"启动时间"是指涉及应用该方法的行为发生的时间。

B. 该行动不符合非自杀性自我伤害的诊断标准——即不涉及那些指向躯体表面以引起负性感觉/认知状态的缓解,或获得正性的情绪状态的自我伤害行为。

C. 该诊断不适用于自杀观念或准备行动。

D. 该行动不是在谵妄或意识模糊状态时启动。

E. 该行为的采取不仅是为了政治或宗教的目标。

(2)非自杀性自我伤害的诊断

DSM-5 关于非自杀性自我伤害建议的诊断标准

A. 在过去一年内,有 5 天或更多时间,该个体从事对躯体表面的可能诱发出血、瘀伤或疼痛(例如切割伤、灼烧、刺伤、击打、过度摩擦)的故意自我伤害,预期这些伤害只能导致轻度或中度的躯体损伤(即没有自杀观念)。

  注:缺少自杀观念可能是由个体本身报告,或是通过个体反复从事那些个体知道或已经学到不太可能导致死亡的行为而推断出来的。

B. 个体从事自我伤害行为有下述预期中的 1 个或更多:

  1. 从负性的感觉或认知状态中获得缓解。

  2. 解决人际困难。

  3. 诱发正性的感觉状态。

  注:在自我伤害过程中或不久后能体验到渴望的缓解或反应,个体展现出的行为模式表明依赖于反复从事该行为。

C. 这些故意的自我伤害行为与下述至少 1 种情况有关:

  1. 在自我伤害行动的不久前,出现人际困难或负性的感觉或想法,例如抑郁、焦虑、紧张、愤怒、广泛的痛苦或自责。

  2. 在从事该行动之前,有一段时间沉湎于难以控制的故意行为。

  3. 频繁地想自我伤害,即使在没有采取行动时。

D. 该行为不被社会所认可(例如,体环、纹身、作为宗教文化节仪式的一部分),也不局限于揭疮痂或咬指甲。

E. 该行为或其结果引起有临床意义的痛苦,或妨碍人际、学业或其他重要功能方面。

F. 该行为不仅仅出现在精神病性发作、谵妄、物质中毒,或物质戒断时。在有神经发育障碍的个体中,该行为不能是重复刻板模式的一部分。该行为不能更好地用其他精神障碍和躯体疾病来解释 [例如,精神病性障碍、孤独症谱系障碍、智力障碍、自毁容貌症、刻板运动障碍伴自我伤害、拔毛癖(拔毛障碍)、抓痕障碍(皮肤搔抓障碍)]。

2. 自杀的评估

（1）临床评估：包括主诉、现病史、既往史、个人史和家族史及对个体开展的精神科检查。

（2）量表评估：包括贝克自杀意念量表、抑郁症筛选量表、焦虑评估量表及精神科诊断量表（SCID-I）等。

（3）自杀行为发生前的征兆：自杀者在自杀前往往通过表情、言语或行为流露出轻生的征兆，这些情况可能有：①近期内有过自伤或自杀未遂的行动；②近期通过言语或行为表露过自杀的意愿；③近期遭受过重大挫折；④近期的生理变化，如缺乏活力；⑤做自杀前的准备；⑥重病患者行为反常；⑦某些精神病患者，如抑郁症、精神分裂症。

3. 自杀的防治 自杀研究的最终目的在于有效预防自杀。自杀的防治工作概括为三级预防。一级预防是针对普通大众的预防：①提高心理素质和心理健康水平；②科学引导自杀个案的媒体报道；③加强环境管控，限制自杀工具的获得。二级预防是针对高危人群的预防，包括建立健全社区心理咨询和心理保健网等。三级预防是针对自杀未遂者的预防，包括：①建立预防自杀专门机构；②加强对专业人员的培训。自杀的治疗需要根据个体的自杀危险性高低、精神障碍的类别以及心理社会应激因素决定治疗的优先顺序和具体的治疗方法，如采用电休克治疗（ECT）或无抽搐电休克治疗（MECT）、药物治疗、心理治疗还是几种治疗方式的联合治疗；如果个体有急性或即刻的自杀危险，首先以危机干预为主，必要时给予 ECT 或 MECT 治疗。

第五节 危 机 干 预

对于即刻自杀危险高的患者或者最近刚刚采取自杀行为的患者，常常采用危机干预（crisis intervention）。危机干预就是提供急性的心理社会支持，使处于危机中的个体重新获得心理控制，确保其生命安全；有可能的话，使其功能恢复到危机发生前的功能水平。对有自杀危险者进行检查和评估是危机干预的第一步，在全面评估的基础上制订与实施干预计划。危机干预一般分为六个步骤：界定问题、确保安全、提供支持、找出可能的解决办法、制订行动计划（充分考虑如何利用可用的资源并克服存在的障碍）以及获得个体的承诺（即承诺愿意先暂时放弃自杀行为，和我们一起开始按所制订的行动计划采取行动）。在首次危机干预后，注意在一定的时限内继续引导个体应用新的应对技巧和社会支持系统独立解决问题，进行危机干预的后续随访，以降低其自杀的危险性，提高其心理健康水平。危机干预方式除了传统的门诊和住院治疗外，还包括电话危机干预、面对面帮助、家庭与社会干预以及书信或网络咨询服务等。

第二部分 试 题

一、名词解释

1. 自杀
2. 自杀意念

3. 被动自杀意念

4. 主动自杀意念

5. 自杀计划

6. 自杀未遂

7. 自杀死亡

8. 利己性自杀

9. 利他性自杀

10. 失范性自杀

11. 宿命性自杀

12. 蓄意自伤

13. 危机干预

二、填空题（在空格内填上正确的内容）

1. 自杀是指个体_____的行为。

2. 学术界倾向于认为，自我伤害行为需同时具备以下三个特点才能称之为自杀：_____、属于自我实施的行为、_____。

3. 自杀倾向最常分为自杀意念、_____、_____和_____。

4. 自杀意念可以分为被动自杀意念和_____。

5. 从社会和文化背景的角度将自杀分为_____、_____、_____、宿命性自杀。

6. 利己性自杀又称为_____，特征是_____。

7. _____则可以导致利他性自杀，特征是_____。

8. 失范性自杀又称为_____，是社会反常状态下的自杀。即缺乏规范导致失范性自杀。

9. 过多的规范导致_____，即个体因丧失了自由和希望而自杀。

10. Freud认为人类有生存本能和死亡本能两种本能，自杀是因为_____所致。

11. CCMD-3将自杀分为_____、_____、_____和自杀意念。

12. ICD-10中的有意自伤的概念包含_____和_____。

13. DSM-5中自杀包括_____和_____。

14. 自杀死亡者和自杀未遂者具有以下特征：较高的_____、_____、认知僵化、缺乏有效应对、绝望以及灾难化预测未来等。

15. Freud认为自杀行为是_____的一种表达，即自杀冲动是指向内部的攻击或敌对冲动——对矛盾的、内化的所爱的客体的攻击。

16. 目前比较常用的自杀应激素质模型是_____。

17. 自伤或蓄意自伤是指通过各种方式故意的、直接的对自己身体采取的_____。

18. 自伤的治疗原则与自杀危险的治疗相似，治疗包括_____和_____。

19. 在自伤者中，有相当高比例的个体有精神障碍，其中以_____最为常见。

20. 自伤的生物学研究发现，自伤的某些类型与_____、情感性精神障碍有关。

21. 自杀防治工作的一级预防针对普通大众的包括：①_____；②_____；③_____。

22. 自杀研究的最终目的是_____。

23. 有自杀倾向的个体，在实施自杀行为之前，往往有三个心理特征，分别是矛盾性、

_____和_____。

24. 对有自杀倾向者的检查和评估是_____的第一步,要尽量在短时间内迅速做出判断,以便及时采取有效干预措施。

25. _____可以评估最近一周和过去情况最严重时个体的自杀意念的严重程度。

26. _____是将来自杀的最佳预测因子,其可能性较无类似行动者要高几十倍到上百倍。

27. _____是预防自杀最根本的措施。

28. 危机干预方式包括_____、_____、_____以及_____等,这几种方式是相互补充的。

29. _____是目前国内外应用得较多的一种自杀干预方式。

30. 对自杀未遂者,多数可能没有达到精神障碍的诊断,且自杀危险性与心理社会应激因素有关,因此提供恰当的_____和_____非常重要。

三、单项选择题(在5个备选答案中选出1个最佳答案)

1. 自杀是个体的一种带有什么的冲动行为
   A. 自我毁灭性　　　　　B. 自我调节性　　　　　C. 社会性偏差
   D. 动机　　　　　　　　E. 对外攻击

2. 关于自杀的理解,学术界倾向于认为,自我伤害行为需同时具备以下特点,但是**除外**
   A. 有想死的主观意愿　　　　　　　　B. 属于自我实施的行为
   C. 包括被人胁迫去结束自己的生命　　D. 行为导致死亡的结局
   E. 不包括吸毒、酗酒等这类自我毁灭性的"慢性自杀"行为

3. 关于自杀率的叙述,**错误**的是
   A. 不同国家的自杀率有很大的差别
   B. 大多数国家在过去的几十年中自杀率是下降的
   C. 大多数国家在过去的几十年中自杀率是不断上升的
   D. 目前全世界每年约有100万人死于自杀死亡
   E. WHO在2015年自杀数据显示,中国和印度两个人口大国的自杀人数占全球自杀人数的43.8%。

4. 个体的自杀行为的发生发展过程,**不包括**
   A. 先有自杀想法　　　　　　　　　　B. 自杀想法消失
   C. 依然停留在自杀想法层面　　　　　D. 自杀未遂或自杀死亡
   E. 自伤

5. 自杀意念
   A. 当事者的行为没有很强的冲动性和逆转性
   B. 有自杀行为
   C. 没有明显的自杀企图
   D. 范围很广且多变,往往出现在自杀行为发生之前
   E. 没有自杀计划

6. 自杀意念分为主动自杀意念和
   A. 自杀计划　　　　　B. 自杀未遂　　　　　C. 自杀死亡

　　D. 自伤　　　　　　　　E. 被动自杀意念

7. 有关自杀未遂，正确的是

　　A. 采取了自我伤害的行为但未达到结束自己生命的结果

　　B. 没有自杀行为　　　　　　　　　C. 没有明显的自杀企图

　　D. 又称蓄意自伤　　　　　　　　　E. 不是主动结束生命

8. 自杀死亡的描述，**错误**的是

　　A. 又称自杀　　　　　　　　　　　B. 结局为死亡

　　C. 是一种蓄意自我伤害行为　　　　D. 自杀者事先不知道会有致命结局

　　E. 个体启动和实施的一种杀死自己的行为

9. 自杀学的奠基人是

　　A. Freud　　　　　　　B. Karl Menninger　　　　　C. Emile Durkheim

　　D. Edwin S. Schneidman　　E. Asberg

10. 从社会和文化背景角度，将自杀分为四类，**不包括**

　　A. 自己发出的谋杀　　　B. 利己性自杀　　　　　　C. 利他性自杀

　　D. 身份丧失型自杀　　　E. 宿命性自杀

11. 利己性自杀又称

　　A. 非自我中心型自杀　　B. 社会中心型自杀　　　　C. 自我中心型自杀

　　D. 非社会中心型自杀　　E. 身份丧失型自杀

12. 利他性自杀

　　A. 特征是冷漠　　　　　B. 又称自我中心型自杀　　C. 个人利益高于团体利益

　　D. 个性化不足　　　　　E. 社会反常状态下的自杀

13. 失范性自杀是指

　　A. 宿命性自杀　　　　　B. 利己性自杀　　　　　　C. 身份丧失型自杀

　　D. 自我中心型自杀　　　E. 利他性自杀

14. 宿命性自杀是指

　　A. 个体丧失了自由和希望而自杀　　　B. 扩大自杀

　　C. 利他性自杀　　　　　　　　　　　D. 情侣自杀

　　E. 利己性自杀

15. 研究发现自杀者至少90%在自杀当时有某种精神障碍，最常见的是

　　A. 精神分裂症　　　　　B. 抑郁症　　　　　　　　C. 酒依赖

　　D. 海洛因依赖　　　　　E. 焦虑障碍

16. 家庭对自杀的影响，**错误**的是

　　A. 良好的家庭氛围是构成社会稳固的基石

　　B. 在我国引起自杀的诱因中，家庭内部矛盾占第一位

　　C. 青少年的自杀行为与家庭功能的紊乱有明显关系

　　D. 父母与子女之间的矛盾不会增加自杀的危险性

　　E. 中国农村的婆媳矛盾也常常成为自杀行为的导火索

17. 生活事件与自杀的关系，**错误**的是

　　A. 自杀者负性生活事件的发生率较高

B. 急性负性生活事件是自杀行为的危险因素

C. 慢性负性生活事件是自杀行为的危险因素

D. 家庭环境不良也是自杀行为的危险因素

E. 负性生活事件与精神障碍间没有关系

18. 关于自杀行为的素质应激模型，**错误**的是

    A. 单一因素不足以引起自杀

    B. 应激因素与素质因素共同作用导致个体自杀

    C. 素质是先天形成的

    D. 对于自杀行为，素质因素是重要的，但并不是不可改变的

    E. 良好的社会支持会降低个体的易感性

19. 关于蓄意自伤(简称自伤)的说法，正确的是

    A. 容易收集人群的自伤数据   B. 自伤多发生在社区

    C. 98%的自伤发生在 40 岁以前   D. 高峰为 12~24 岁

    E. 自伤行为只见于年轻人

20. 关于蓄意自伤的概念，下列说法**错误**的是

    A. 个体是故意对自己采取的行为   B. 个体是直接对自己采取的行为

    C. 是个体针对自己身体的   D. 是一种伤害行为

    E. 行为是致死性的

21. 下面关于自伤的说法正确的是

    A. 自伤为一次发生的行为   B. 自伤的方式很单一

    C. 30% 的自伤会死亡   D. 自伤常多次发生

    E. 男性的发生高峰在 45~55 岁

22. 关于自伤的原因与机制的说法，正确的是

    A. 应激事件是自伤的决定因素   B. 应激事件是自伤的诱发因素

    C. 自伤者没有认知歪曲和适应问题   D. 有良好的利用社会资源的能力

    E. 青春期的自伤多见于男性

23. 下列关于自伤的治疗的说法，正确的是

    A. 自伤的治疗与自杀不同

    B. 自伤的治疗与自杀相同

    C. 自伤的治疗原则与自杀未遂的治疗相似

    D. 不需要心理治疗

    E. 不需要药物治疗

24. DSM-5 关于自杀行为障碍建议的诊断标准，**错误**的是

    A. 个体在过去 24 个月内，有一次自杀企图

    B. 该行动不符合非自杀性自我伤害的诊断标准

    C. 该诊断适用于自杀观念或准备行动

    D. 该行动不是在谵妄或意识模糊状态时启动

    E. 该行动的采取不是为了政治或宗教目标

25. DSM-5 关于非自杀性自我伤害建议的诊断标准，**错误**的是

    A. 在过去一年内，有 5 天或更多时间，该个体从事对躯体表面的可能诱发出血、

瘀伤或疼痛的故意自我伤害,预期这些伤害只能导致轻度或中度的躯体损伤

    B. 个体从事自我伤害行为可能是为了从负性的感觉或认知状态中获得缓解

    C. 在自我伤害行动的不久前,可能出现人际困难或负性的感觉和想法

    D. 该行为可以被社会认可

    E. 该行为有临床意义的痛苦

26. 个体在自杀行为前往往会有一些征兆,**除外**

    A. 近期有自伤或自杀未遂的行动   B. 不会通过言语表达自杀的意愿

    C. 近期遭受过重大挫折   D. 做自杀前的准备

    E. 重病患者行为反常

27. 下列属于自杀的一级预防的是

    A. 加强环境监控,限制自杀工具的获得

    B. 建立健全社区心理咨询和心理保健网

    C. 建立预防自杀专门机构

    D. 加强对专业人员的培训

    E. 针对高危人群的预防

28. 下列属于自杀的二级预防的是

    A. 针对普通大众的预防   B. 针对自杀未遂者的预防

    C. 科学引导自杀个案的媒体报道   D. 加强对专业人员的培训

    E. 针对高危人群的预防

29. 下列属于自杀的三级预防的是

    A. 针对自杀未遂者的预防

    B. 针对普通大众的预防

    C. 针对高危人群的预防

    D. 建立健全社区心理咨询和心理保健网

    E. 提高心理素质和心理健康水平

30. 危机干预是

    A. 治疗方法   B. 可有可无的   C. 评估

    D. 制订干预计划   E. 一种有效的心理社会干预方法

31. 危机干预的第一步是

    A. 制订行动计划   B. 对自杀危险者进行检查和评估

    C. 找出可能的解决办法   D. 鼓励个体宣泄和释放内心的痛苦

    E. 引导个体合理看待目前的困境

32. 危机干预的首要目标是

    A. 鼓励个体宣泄和释放内心的痛苦

    B. 引导个体合理看待目前的难题或困境

    C. 学习找出解决目前难题的方法

    D. 确保个体的生命安全

    E. 重新获得对生活的掌控感

33. 自杀研究的最终目的是

    A. 建立预防自杀的专门机构   B. 加强专业人员的培训

C. 预防自杀　　　　　　　　　　　　　　　D. 建立社区心理咨询

E. 提高心理健康水平

34. 有关面对面帮助，正确的是

A. 是一种较为常用的自杀干预方式

B. 这种方式尤其适用于电话普及的地区

C. 针对确定患有精神疾病的自杀者

D. 对处于困境者不能进行面对面地干预

E. 效果不及电话危机干预

35. 有关电话危机干预，**错误**的是

A. 电话危机干预服务目前应用比较少

B. 及时、方便、经济、匿名、高效

C. 不受地域限制

D. 在使用热线电话的来电者中，只有少部分有自杀危险

E. 在电话危机干预服务中，如何使有自杀危险的来电者知晓并愿意使用此项服务是关键

36. 某女，21岁，大三学生，半年前因与同学关系紧张而渐出现情绪低落，对什么事都没兴趣，悲观、消极，觉得自己不如人、什么都做不好，感到活着没有意思，不如死了算了。一周前于超市买了一把水果刀，当天晚上用刀割伤手腕，失血严重，被同学及时发现，送往医院，经抢救脱离生命危险。该患者的行为属于

A. 自杀意念　　　　　　B. 自杀计划　　　　　　C. 蓄意自伤

D. 自杀死亡　　　　　　E. 自杀未遂

37. 某男，38岁，工人。自幼性格急躁，容易发怒，对家人要求严格，稍不顺心就骂人。结婚后症状加重，常与妻子争吵，每次争吵时就用头用力撞墙，然后大量饮酒。该患者的行为属于

A. 自杀　　　　　　　　B. 自伤　　　　　　　　C. 自杀未遂

D. 自杀计划　　　　　　E. 自杀意念

38. 某女，17岁，高一学生。在医院精神科诊断"抑郁症"，近3年来常感心情不好，开心不起来，活着没有意思，但是要为了父母而活。觉得人生没有任何乐趣，常常用刀片割伤自己的胳膊，割伤表层皮肤，有时有少量流血，没有疼痛的感觉。这个学生的行为属于

A. 自伤　　　　　　　　B. 自杀　　　　　　　　C. 自杀未遂

D. 自杀计划　　　　　　E. 自杀意念

39. 某女，70岁，家住农村，常年与儿媳妇关系紧张。一日与儿媳妇吵架后，独自喝下一瓶农药，后被家人发现，送往医院救治，终因抢救无效死亡。该老年女性的行为属于

A. 自杀意念　　　　　　B. 自伤　　　　　　　　C. 自杀未遂

D. 自杀计划　　　　　　E. 自杀死亡

40. 某男，45岁，企业高级管理人员。爱好炒股多年，以前一直放少量存款用于炒股，小有收获。1周前因听一资深股民说股市要暴涨，遂将家里所有积蓄投放于股市，可惜事与愿违，该男血本无归。因无颜见家人，遂跳楼自杀。该男的行为属于

A. 利己性自杀　　　　　B. 自我中心型自杀　　　C. 利他性自杀

D. 失范性自杀　　　　　E. 宿命性自杀

四、简答题

1. 试述自杀的理论解释中的精神分析理论。
2. 蓄意自伤的治疗原则有哪些？
3. DSM-5 关于自杀行为障碍建议的诊断标准有哪些？
4. DSM-5 关于非自杀性自我伤害建议的诊断标准有哪些？
5. 自杀危险性的量表评估有哪些？
6. 个体自杀前会出现哪些基本的征兆预示其有自杀的可能性？
7. 影响自杀的因素很多，自杀的三级预防工作包括哪些？
8. 临床工作中如何进行自杀的治疗？
9. 自杀危机干预的步骤有哪些？
10. 请阐述自杀危机干预的主要方法和各自的特点。

第三部分　参考答案

一、名词解释

1. 自杀是指个体蓄意导致自己死亡的行为。
2. 自杀意念的范围可以很广，可以是短暂地认为生命无价值和有死亡愿望，到一闪即逝的自杀念头，再到有具体的自杀计划及满脑子都是自杀念头。
3. 被动自杀意念即希望外力或通过偶然的机遇结束自己的生命，而非自己主动去结束自己的生命。
4. 主动自杀意念即希望自己采取行动结束自己的生命。一般狭义的自杀意念是指主动自杀意念，即有伤害或杀死自己的想法，又称自杀意图、自杀念头或自杀想法。
5. 自杀计划即个体为实施自杀行为制订了具体计划，如考虑自杀的时间、地点、方式、日期，并安排后事、写遗嘱等。
6. 自杀未遂是指主动结束自己的生命但未导致死亡的结局，包括决心自杀但未死亡和自杀意图不强而蓄意自伤两种情况。
7. 自杀死亡又称自杀，是指个体以死亡为结局的蓄意自我伤害行为。
8. 利己性自杀又称为自我中心型自杀，过度的个性化或缺乏社会整合力会导致利己性自杀的增多。
9. 利他性自杀指为某种信仰或团体的利益竭尽忠诚而舍弃生命的自杀。这是个体的行为过分融入社会或社会亚群体，为团体的利益牺牲自己。
10. 失范性自杀又称身份丧失型自杀。规范约束力暂时且突然崩解导致失范性自杀，是社会反常状态下的自杀。即缺乏规范导致失范性自杀。
11. 宿命性自杀是指过多的规范导致宿命性自杀，即个体因丧失了自由和希望而自杀。
12. 蓄意自伤或自伤是指个体通过各种方式故意的、直接的对自己身体采取的非致死性的伤害行为，但无自杀观念且不会导致结束生命的结果。
13. 危机干预就是提供急性的心理社会支持，使处于危机中的个体重新获得心理控制，确保其生命安全；有可能的话，使其功能恢复到危机发生前的功能水平。

二、填空题

1. 蓄意导致自己死亡

2. 有想死的主观意愿　行为导致死亡的结局

3. 自杀计划　自杀未遂　自杀死亡

4. 主动自杀意念

5. 利己性自杀　利他性自杀　失范性自杀

6. 自我中心型自杀　冷漠

7. 个性化不足　活力或活跃

8. 身份丧失型自杀

9. 宿命性自杀

10. 死亡本能

11. 自杀死亡　自杀未遂　准自杀

12. 有意自行造成的中毒或损伤　自杀

13. 自杀行为障碍　非自杀性自我伤害

14. 冲动性　两极化思维

15. 无意识冲突

16. 素质应激模型

17. 非致死性的伤害行为

18. 心理干预　药物治疗

19. 抑郁障碍

20. 5-HT 代谢异常

21. 提高心理素质和心理健康水平　科学引导自杀个案的媒体报道　加强环境的管控, 限制自杀工具的获得

22. 预防自杀

23. 冲动性　僵硬性

24. 危机干预

25. 贝克自杀意念量表

26. 既往的自杀未遂行为

27. 提高心理素质和心理健康水平

28. 电话危机干预　面对面帮助　家庭和社会干预　书信或网络咨询服务

29. 电话危机干预

30. 危机干预　心理治疗

三、单项选择题

1. A　2. C　3. B　4. E　5. D　6. E　7. A　8. D　9. C　10. A
11. C　12. D　13. C　14. A　15. B　16. D　17. E　18. C　19. B　20. E
21. D　22. B　23. C　24. C　25. D　26. B　27. A　28. E　29. A　30. E
31. B　32. D　33. C　34. A　35. A　36. E　37. B　38. A　39. E　40. D

四、简答题

1. 试述自杀的理论解释中的精神分析理论。

答：Freud 认为人类有生存本能和死亡本能两种本能，自杀是死亡本能所致，是无意识冲突的一种表达，即自杀冲动是指向内部的攻击或敌对冲动——对矛盾的、内化的所爱的客体的攻击。Karl Menninger 从敌意的角度对自杀做了进一步的解释，将死亡本能的概念扩展，认为自杀驱力是三种动机的结合，即杀人的愿望、被杀的愿望和死亡的愿望。心理学家 Edwin S. Schneidman 认为自杀者把自杀看作解决其问题的最好的办法。客体关系理论认为自杀倾向代表分离个体化任务的失败，自杀行为就是让自我摆脱那个坏的内在客体，并与理想的、全能的、所爱的客体结合。自我心理学认为，当个体在无法忍受的、强烈的孤独体验或无以平复的隔离体验下，感到有被负性的自我评价（即无价值感和内疚）所征服的危险时，则产生了自杀易感性。

2. 蓄意自伤的治疗原则有哪些？

答：自伤的治疗原则与有自杀危险的治疗相似，把确保患者的生命安全放在首位。治疗包括心理干预和药物治疗，也包括紧急情况下的电休克治疗或无抽搐电休克治疗，以及同时合用这几种治疗方法。研究表明，积极的心理干预对于防治自伤是有效的。对于人格障碍患者的自伤行为，辩证行为治疗在减少自伤的反复发生方面的效果明显；开展问题解决治疗、提供紧急联络卡和提供外展的社区服务有降低自伤行为反复发生的趋势。当然，针对引发自伤的相关因素进行处理也是非常重要的，如对抑郁症患者进行药物或认知行为治疗，对精神分裂症患者进行抗精神病药物治疗等。

3. DSM-5 关于自杀行为障碍建议的诊断标准有哪些？

答：（1）在过去 24 个月内，个体有一次自杀企图。

（2）该行动不符合非自杀性自我伤害的诊断标准——即不涉及那些指向躯体表面以引起负性感觉/认知状态的缓解，或获得正性的情绪状态的自我伤害行为。

（3）该诊断不适用于自杀观念或准备行动。

（4）该行动不是在谵妄或意识模糊状态时启动。

（5）该行为的采取不仅是为了政治或宗教的目标。

4. DSM-5 关于非自杀性自我伤害建议的诊断标准有哪些？

（1）在过去一年内，有 5 天或更多，该个体从事对躯体表面的可能诱发出血、瘀伤或疼痛的故意自我伤害，预期这些伤害只能导致轻度或中度的躯体损伤（即没有自杀观念）。

（2）个体从事自我伤害行为有下述预期中的 1 个或更多：①从负性的感觉或认知状态中获得缓解；②解决人际困难；③诱发正性的感觉状态。

（3）这些故意的自我伤害行为与下述至少 1 种情况有关：①在自我伤害行动的不久前，出现人际困难或负性的感觉或想法，例如抑郁、焦虑、紧张、愤怒、广泛的痛苦或自责；②在从事该行动之前，有一段时间沉湎于难以控制的故意行为；③频繁地想自我伤害，即使在没有采取行动时。

（4）该行为不被社会所认可，也不局限于揭疮痂或咬指甲。

（5）该行为或其结果引起有临床意义的痛苦，或妨碍人际、学业或其他重要功能方面。

（6）该行为不仅仅出现在精神病性发作、谵妄、物质中毒，或物质戒断时。在有神经发育障碍的个体中，该行为不能是重复刻板模式的一部分。该行为不能更好地用其他精神障

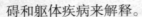

碍和躯体疾病来解释。

5. 自杀危险性的量表评估有哪些？

答：①自杀意念：贝克自杀意念量表可以评估最近一周和过去情况最严重时个体的自杀意念的严重程度。评估的内容包括自杀意念、死亡的欲望、生存的欲望、两种欲望之间的较量、死的理由、生存的理由（可能的保护因素或人）等。②相关危险因素的严重程度：抑郁、焦虑、绝望的严重程度和冲动、攻击性人格特征与自杀的危险性有关。可以选用的量表有贝克抑郁自评量表、抑郁症筛选量表、焦虑评估量表等。③精神科诊断：可以采用精神科诊断量表，如"《美国精神障碍诊断与统计手册第四版》（DSM-Ⅳ）轴Ⅰ障碍临床定式检查患者版（SCID-Ⅰ）"评估患者的精神科轴Ⅰ障碍的具体诊断，也可以采用"《美国精神障碍诊断与统计手册第四版》（DSM-Ⅳ）轴Ⅱ障碍临床定式检查患者版（SCID-Ⅱ）"评估患者的人格障碍诊断。如果患者符合轴Ⅰ或轴Ⅱ诊断标准，其自杀的危险性高于普通人群。

6. 个体自杀前会出现哪些基本的征兆预示其有自杀的可能性？

答：个体在自杀前，往往通过表情、言语和行为给我们提供一些线索。当发现有下列情况之一时，应考虑到此人在近期内有自杀的可能性：①近期有过自伤或自杀未遂的行为；②近期通过言语或行为表露过自杀的意愿；③近期遭受重大挫折，如亲人去世等；④近期出现生理变化，如缺乏活力、睡眠障碍、食欲下降、对异性兴趣降低等；⑤做与自杀有关的准备，或者突然安排后事；⑥重病患者突然出现反常的行为，如拒绝治疗且向家人交代后事；⑦精神障碍患者出现明确的自杀意念或计划。

7. 影响自杀的因素很多，自杀的三级预防工作包括哪些？

答：①一级预防：提高心理素质和心理健康水平；科学引导自杀个案的媒体报道；加强环境管控，限制自杀工具的获得；②二级预防：针对高危人群的预防，包括建立健全社区心理咨询和心理保健网，对自杀高危人群提供持续的心理支持和服务；③三级预防：针对自杀和自杀未遂者的预防，包括建立预防自杀专门机构、加强对专业人员的培训。

8. 临床工作中如何进行自杀的治疗？

答：（1）治疗原则：根据个体的自杀危险性高低、精神障碍的类别以及心理社会应激因素决定治疗的优先顺序和具体的治疗方法。如果个体有急性或即刻的自杀危险，首先以危机干预为主，必要时给予 MECT 等专门治疗。

（2）治疗方法：应根据患者的具体情况决定治疗方法，如药物治疗、MECT、心理治疗和综合治疗等。①药物治疗：应根据有自杀危险者的症状和诊断给予相应的药物治疗，如抗抑郁药、心境稳定剂、抗精神病药和抗焦虑药等。②心理治疗：心理社会因素在自杀行为的发生中起着重要的作用，因此需要常规提供心理社会干预和心理治疗，心理治疗疗法有认知行为治疗、人际关系治疗等。

9. 自杀危机干预的步骤有哪些？

答：（1）危机评估：对有自杀倾向者的检查和评估是危机干预的第一步，要尽量在短时间内迅速做出，以便及时采取有效措施。主要评估个体自杀危机的诱发因素、严重程度、自杀的动机、想死和求生的理由等自杀危险性评估；个体心理的平衡状态、能动性和自主性；认知、思维、情绪、意志等精神状况；可利用的资源和存在的障碍。

（2）制订与实施干预计划：要根据个体的具体情况，调动个体的积极性和能动性与其一起迅速制订出清晰明了、切实可行的危机干预方案，并立即着手实施。危机干预一般分为六个步骤：界定问题、确保安全、提供支持、找出可能的解决办法、制订行动计划（充分考虑如何利用可用的资源并克服存在的障碍)以及获得个体的承诺(即承诺愿意先暂时放弃自杀行为,和我们一起开始按所制订的行动计划采取行动)。对于缺乏能动性和主动性的个体,应根据其具体的精神科评估结果给予指导,以及急诊或住院治疗。

(3)危机干预的后续随访:在首次危机干预后,注意在一定的时限内继续引导个体应用新的应对技巧和社会支持系统独立解决问题,使之在连续的危机干预中逐步成长,降低其自杀的危险性,提高其心理健康水平。

10. 请阐述自杀危机干预的主要方法和各自的特点。

答:主要有:①电话危机干预:电话服务是目前国内外应用得较多的一种自杀干预方式。电话服务的优点是及时、方便、经济、匿名等。但现实生活中仍然有部分自杀高危个体因为种种原因没有使用热线电话;在使用热线电话的来电者中,只有少部分有自杀危险,大多数来电者的自杀危险性不高。②面对面帮助:对有自杀危险者进行面对面的干预是一种常用的自杀干预方式,干预效果比电话干预更直接明了。这类服务的地点常常位于医疗机构或心理咨询服务机构,且主要分布在大中城市。③家庭与社会干预:社会支持系统对于处于心理危机中的个体有着非常积极的救助作用。在自杀干预中,着力构建或完善社会支持网络、加强心理健康和自杀预防方面的宣传教育、及时调解处理家庭矛盾或其他人际关系矛盾是降低自杀危险性的重要措施。④书信或网络咨询服务:以前,一些有自杀危险的来电者愿意以信函的方式进行咨询。随着网络的普及,电子邮件或网络在线咨询服务越来越被年轻人接受和使用。这种联系的优点是:求助者可以不用受到通话或面谈所带来的心理压力的影响,畅所欲言。

(黄慧兰)

第十章　进食障碍

第一部分　内容概要与知识点

本章导读　本章主要从进食障碍及其类型、进食障碍的原因及进食障碍的诊断与治疗原则三方面阐述,使学生掌握进食障碍的定义、分型、临床表现特征、诊断及治疗原则等,并从社会文化因素、情绪及认知因素、心理动力因素、生物学因素、人格、家庭因素、儿童性虐待因素等几个方面来论述进食障碍的原因,使学生对进食障碍有更加深刻的认识,同时指导大家做好该病的防范工作。

第一节　概　述

1. **定义**　进食障碍是以进食行为异常为主要特征的一组综合征。
2. **分类**　国内外有不同的分型标准,本章论述了神经性厌食、暴食症、神经性呕吐和异食症。

第二节 神经性厌食

1. **概述** 神经性厌食即厌食症,是指个体通过节食等手段,有意造成体重明显低于正常标准为特征的一种进食障碍。

2. **临床表现** 分为限制型厌食症和暴食-导泻型厌食症两种类型。患者强烈害怕体重增加和发胖,对体重和体型极度关注,盲目追求苗条,体重显著减轻。患者为了减肥行为极端,过分控制热量摄取,排斥甚至拒绝高碳水化合物以及含脂肪的食物;进行各种形式的锻炼和过度活动。尽管体重在下降,但患者对肥胖的恐惧却可能在增加。有的病人在禁食间或伴有暴食。这种暴食行为之后常伴有自我催吐行为,还可能应用大量的缓泻剂、减肥药和利尿剂。

3. **理论解释**

(1)影响因素

1)生物学因素:①遗传因素:进食障碍的发生有家族聚集倾;②营养;③神经生化。下丘脑在进食调节中起着重要的作用。

2)社会文化因素:①社会经济和文化因素;②美的标准。

3)个体因素:进食障碍本身会影响人格,厌食症患者具有完美主义、害羞以及顺从的人格,而贪食症患者为戏剧性的、情绪不稳定的、外向等人格。

4)家庭因素:进食障碍患者与家庭特征有关,扰乱的家庭关系似乎是一些进食障碍患者的特征,这些家庭特征可能引起进食障碍,也引起另外一些精神心理疾病。

5)儿童性虐待:尽管进食障碍患者性虐待发生率比正常人群高,但不比其他心理障碍患者(如抑郁和焦虑)高。因此,性虐待只是进食障碍的危险因素之一。

(2)理论解释

1)心理动力观点:精神分析学家倾向于把进食障碍看作情感冲突的反应,认为患者通过严格限制进食,使身体消瘦,通过节食而将身体发育停留在青春期前状态,来避免性成熟及性关系。Hilde Bruch 提出孩子把节食看作一种获得自主权和身份的象征,通过控制体重来满足自己的操控感。另外,有专家认为神经性贪食症女性患者是在形成充分自我意识过程中受挫所造成的。

2)认知理论解释:对食物的不良认知是进食障碍患者的特点,把进食作为情感疗伤的手段。进食障碍患者的情感"饥渴"很常见:对他人赞同的需要,自信心的低下,频繁的抑郁感和焦虑感。进食障碍患者比正常人更关注他人的意见,更想满足他人的意愿,对他人的评价更在意,对自己的要求也更苛刻。

4. **诊断评估**

(1)躯体评估:躯体评估最为重要。包括血液学检查、心电图或心脏超声、胸部影像学检查、肺功能检查等。

(2)心理评估:心理评估有助于理解患者的心理行为问题。最常使用的进食障碍评定量表:进食障碍检查、进食障碍调查量表、进食态度测试。

(3)实验室检查:可见电解质紊乱、内分泌异常、血液系统异常等。

(4)诊断要点:DSM-5 关于神经性厌食的诊断标准:A. 限制能量摄入,目的是将体重保持在其年龄、性别、发育水平及躯体健康状况相对而言属于非常低的体重值。即体重低于正常标准的最低体重，或对于儿童及青少年而言，低于相对年龄的最低体重的预期值。B. 尽管体重过低，仍对增重或变胖有强烈的恐惧，或存在有阻碍体重增加的持续性行为。C. 存在体像障碍，自我评价以体重及体形为转移，或拒绝承认低体重的严重后果。

5. 防治要点

（1）早期预防：一级预防，即在进食障碍发生前预防。集体干预也可以实施在二级预防时期，即患进食障碍者应尽早接受治疗，减轻对食物相关行为的羞耻感，坦然地寻求帮助。

（2）治疗要点：取得患者的信任并争取患者的配合是首先要解决的问题。住院治疗的第一步是给予紧急干预，拯救患者的生命，如经静脉、鼻饲等给予营养；调整严重的水电解质平衡紊乱；纠正致死性心律失常；防止脏器功能衰竭等。恢复体重为治疗的主要目的，需要制定严格的进食方案。保持体重以一定速度恢复是治疗的关键点。

（3）治疗方法：①药物治疗。抗抑郁药以及抗精神病药在一定程度上可以改善患者的情绪和思维。②个体治疗。对无法察觉并相信自身感觉的患者，应当帮助他们重塑自我意识，摆脱对他人的依赖。③行为疗法。当患者体重有增加的时候，应给予适当奖励。可以对焦虑患者使用一些放松技术。④认知 - 行为疗法。治疗时间通常为 1~2 年，该疗法的关键任务在于改变对食物、体重以及自身的歪曲信念。⑤家庭疗法。提请家长对孩子进食问题的重视，找出家庭成员相互关系中被控制感的产生模式，纠正家长对孩子的不合理期望，帮助家庭成员增进交流，解决彼此间矛盾。⑥精神分析。此疗法对神经性厌食有效，患者的低自尊，抑郁、焦虑以及家庭问题等可以尝试精神分析方法来解决。

第三节 神经性贪食

1. 概述 神经性贪食也可称之为贪食症，是以频繁发生和不可控制的暴食为特点，继而有防止体重增加的代偿行为，如自我诱吐、使用泻剂或利尿剂、禁食等。暴食障碍又称为暴食症，它以反复发作暴食行为特点，该疾病在很多方面和神经性贪食较相似，但是患者不会采取绝食、过度运动和导泻等行为。

2. 临床表现 患者存在对"肥胖"过度恐惧，看重自己的体重和体形，不断地想要减肥。但对自己的体形有相对较现实的评判。体重往往是正常的，有时还轻度超重。不能自控地进行暴食，并且频繁发生，继而出现防止体重增加的代偿行为，如自我诱吐、使用泻剂或利尿剂、禁食等。面部可见"花栗鼠"征。发展至最后可有严重的水、电解质紊乱及酸碱失衡。

3. 理论解释 有家族聚集倾向，遗传率为 0~83%。进食障碍患者中有 75% 可以同时被诊断为情感障碍，推测可能为潜在的情感障碍以进食障碍的形式表现出来，而且针对情感障碍的治疗有助于贪食症的好转。

对食物的不良认知是进食障碍患者的共同特点，他们把进食作为情感疗伤的手段。

4. 诊断评估 三个基本特征：反复发作的暴食；反复的不当代偿行为以防体重增加；自我评价深受体形及体重的过度影响。

DSM-5 神经性贪食的诊断要点：A. 反复发作暴食行为，且有以下特点：在一段时间内（如 2 小时内），吃得比大多数人在同样时间、同样情况下吃的要多很多；伴有进食失控感。B. 为防止体重增加，有反复不当的代偿行为，如：引吐；利尿剂、缓泻剂等药物滥用；禁食以及过度运动。C. 暴食和不当代偿行为同时存在，至少每周 1 次，持续 3 个月以上。D. 自我评价深受体形及体重的过度影响。E. 这种异常并不只发生在神经性厌食发作期。

5. **防治要点** 贪食症的问题在于如何更有效地处理情绪，控制暴食及导泻行为，形成关于食物及行为的恰当认知。

（1）药物治疗：患者常有一些情绪困扰，在治疗中需要使用抗抑郁药。对具体的病人，往往需要尝试多种药物联合以达到预期疗效。

（2）认知 - 行为疗法：让患者监测自身在暴食或导泻发作时的认知状态，帮助患者面对这些错误认知，用关于体重及体形的恰当认知来代替错误认知。本疗法一般需 10~20 次治疗。更有利于防止复发。

（3）人际关系疗法：与患者讨论进食行为有关的人际关系问题，帮助患者积极解决这些问题。

第四节　暴食障碍

1. **概述** 暴食障碍又称为暴食症，它以反复发作暴食行为为特点，该疾病在很多方面和神经性贪食较相似，但是患者不会采取绝食、过度运动和导泻等行为。

2. **临床表现** 以反复发作暴食行为为特点。患者虽表示厌恶自己的身体，对暴食行为感到羞愧，但不会采取绝食、过度运动和导泻等行为。患者一天中持续不停地吃东西，也可能会在某个时间段内吃掉大量食物，常将此作为缓解压力、焦虑及抑郁情绪的方式。患者常常明显超重。

3. **诊断评估** DSM-5 暴食障碍的诊断标准：

（1）反复发作的暴食行为。一次暴食的发作具有以下两种特征：①不连续的时间段中（例如在任何 2 小时内），摄入比大多数人在同一期间、同样场合内所能摄入的数量确实多得多的食物；②一种在发作期间难以控制进食行为的感觉（例如，感觉不能停止进食或不能控制吃什么、吃多少）。

（2）暴食发作有以下三种（或更多）特点：①比平时进食速度快得多；②一直吃到感觉撑得难受为止；③在不感到生理饥饿的情况下进食大量食物；④独自进食，因为觉得自己吃这么多东西很不好意思；⑤感觉讨厌自己，心情沮丧，或吃完之后有强烈罪恶感。

（3）对于自己的暴食存在明显的痛苦感觉。

（4）至少每周 1 次，持续 3 个月以上。

4. **防治要点** 一级预防，即在进食障碍发生前预防。集体干预也可以实施在二级预防时期，即患进食障碍者应尽早接受治疗，减轻对食物相关行为的羞耻感，坦然地寻求帮助。目前，减少患者暴食发作次数、提高患者自信度和自我接受度是治疗的主要目标。肥胖症患者则要求患者减肥，以避免肥胖相关的健康问题。鉴于厌食症及贪食症有许多共同点，人们开始尝试将一些厌食症相关的治疗手段用于暴食症的治疗中。精心设计的认知 - 行为疗法，以及关于营养及减肥的正确信息，均有益于治疗暴食症。

第五节　神经性呕吐

1. **概念** 神经性呕吐又称心因性呕吐，是指以自发或故意诱发反复呕吐为特征的心理障碍。此症无器质性病变基础，除呕吐外无明显的其他症状，呕吐常与心理社会因素有关。

2. **临床表现** 可见于任何年龄，以女性为多，通常发生于成年早期和中期。多由于不愉快的环境或心理紧张而发生，呈反复不自主的呕吐发作。患者体重多不减轻，无内分泌紊乱现象；常具有癔病性性格，通常在遭遇不良刺激后发病。严重者可出现反复呕吐，因此引起营养不良和身体虚弱，甚至水和电解质紊乱。呕吐时伴有夸张、做作，常突然发作，易受暗示，间歇期完全正常。不呕吐时依然活跃如常。体检和辅助检查，没有任何器质性疾病的表现。

3. 理论解释

（1）生物学机制：呕吐反射由三部分组成，即呕吐感受器、中枢整合和运动传出。多种感受器传入都能引发恶心和呕吐，高级中枢的下行信号，可能主要行使着增强脑干呕吐机制的易化作用。

（2）心理社会因素：一些心理因素通过大脑皮质作用于呕吐中枢引起恶心呕吐。

4. 诊断评估　CCMD-3 神经性呕吐诊断标准：

（1）自发的或故意诱发的反复发生于进食后的呕吐，呕吐物为刚吃进的食物糜。

（2）体重减轻不显著（体重保持在正常平均体重值的80%以上）。

（3）可有害怕发胖和减轻体重的想法。

（4）这种呕吐几乎每天发生，并至少已持续1个月。

（5）排除躯体疾病导致的呕吐，以及癔症或神经症等。

5. 治疗

（1）纠正不良饮食习惯。

（2）心理治疗：暗示治疗、支持疗法和行为治疗，以解决患者的心理问题，改善心理状态。

（3）药物治疗：可酌情给予小剂量抗焦虑药、抗抑郁药或抗精神病药；对呕吐频繁者可用阿托品、东莨菪碱、氯丙嗪等，也可选用中药方剂和针灸、理疗等方法配合治疗。对胃排空延迟者可给予甲氧氯普胺、多潘立酮或赛庚啶、苯妥英钠等药物治疗；对呕吐造成的生理影响予以躯体支持治疗。

（4）其他治疗：应用高电位治疗神经性呕吐，以高电位治疗仪的电位负荷减轻副交感神经的紧张和调节自主神经的功能。

第二部分　试　题

一、名词解释

1. 进食行为
2. 进食障碍
3. 神经性贪食
4. 暴食症
5. 异食症
6. 神经性呕吐
7. 神经性厌食症
8. 拉塞尔征

9. 肥胖症

10. 暴食

二、填空题(在空格内填上正确的内容)

1. 根据行为表现的不同,神经性厌食可分为_____和_____两种类型。

2. 暴食症患者比普通肥胖患者心理疾病共病率要高,包括抑郁症、_____、_____和人格障碍等。

3. 肥胖与生理因素,如_____、锻炼模式、饮食,以及心理变量等有关。

4. 进食障碍病因不是很明确,许多专家认为,一系列_____、_____、家庭和_____因素的交互作用,导致进食障碍的发生。

5. 从生物学角度,进食障碍可能与_____因素、_____、_____功能障碍等有关。

6. 体重下降及_____都是神经性_____诊断必需的。

7. 厌食症常用的治疗方法有_____、个体治疗、行为疗法、_____、_____、精神分析等。

8. 治疗进食障碍的药物可有_____以及_____,在一定程度上可以改善患者思维,减少暴食行为。

9. 最有名的进食障碍预防计划之一是_____干预,可谓是一级预防,即在进食障碍_____防止其发生。集体干预也可以实施在二级预防时期,使患者尽早接受治疗,减轻其进食相关行为的羞耻感。

10. 肥胖的形成还与_____、_____、嗜好以及_____有关,尤其是饮食过多而活动过少。

11. 神经性贪食常用的心理治疗有_____,根据是患者对体形及体重的_____。治疗师让患者监测自身进食时的_____,尤其在暴食或导泻发作时,目标是使其形成关于体重及体形的_____。

12. 下丘脑功能紊乱可导致进食行为异常和_____障碍,而下丘脑 - 垂体 - 性腺轴的异常在女性可导致_____方面的异常。

13. 从家庭特点分析,进食障碍常发生在_____的_____。

14. 精神分析学家倾向于把进食障碍看作_____的反应。

15. 生物学研究发现,下丘脑与_____、_____和_____有关,它接收机体_____及营养水平的信号。

16. 进食障碍患者的情感"饥渴"是常见的:对他人的赞同的需要,_____的低下,频繁的_____感和_____感。暴食行为可能在应对_____情绪时发生。

17. 鉴于进食障碍的_____和_____,通过广泛的健康教育和行为干预来预防疾病的发生具有非常重要的意义。

18. 有些专家认为_____是暴食行为的克星。因此,从长远来看,患者在治疗过程中放开对它的控制是一种良好表现。

19. 贪食症患者中人格障碍也很常见,以 B 型人格特点为主,如_____、_____、自恋型和反社会型。

20. 若暴食者缺乏防止体重增加的不适当代偿行为,则诊断为_____。

21. _____是指反复(持续 1 个月以上)以不利于_____或_____所不接受的无营养物质为食物,如吃染料、黏土、铅笔等。

三、单项选择题(在 5 个备选答案中选出 1 个最佳答案)

1. 神经性厌食常发生于
   A. 中年女性　　　　　　B. 中老年男性　　　　　　C. 青少年女性
   D. 青少年男性　　　　　E. 儿童

2. 根据 DSM-5 诊断标准,神经性厌食患者
   A. BMI 大于 17.5　　　　B. BMI 小于 17.5　　　　C. BMI 大于 15.5
   D. BMI 小于 15.5　　　　E. BMI 小于 18.5

3. 以下哪项**不太可能**是厌食症患者的心理特点
   A. 认为一件事只有绝对正确,或者绝对错误
   B. 试图通过节食获得自我控制感
   C. 常有一种强烈的无助感和无用感
   D. 对人际关系有信任感
   E. 对肥胖有强烈的恐惧

4. 贪食症伴随的人格障碍中,下列**不太可能**为其伴随的人格障碍类型是
   A. 表演型　　　　　　　B. 反社会型　　　　　　C. 自恋型
   D. 偏执型　　　　　　　E. 边缘型

5. 关于神经性贪食,说法**错误**的是
   A. 导泻手段有呕吐和使用缓泻剂等
   B. 女性患者一定有月经紊乱或闭经
   C. 体重往往是正常的,有时还轻度超重
   D. 为发作性暴食
   E. 没有明显的体像障碍

6. 关于进食障碍的发病原因,以下说法**不正确**的是
   A. 下丘脑接收关于机体食物消耗及营养水平的信号
   B. 神经性厌食通常不会发生在追求完美的女孩子身上
   C. 饥饿会导致胃肠功能改变,胃排空延迟、饥饿感减少和神经内分泌异常
   D. 下丘脑出现问题时,机体可能出现吃饱时也不会停止进食
   E. 进食障碍的发生有家族聚集倾向

7. 神经性厌食与神经性贪食患者的共同特点是
   A. 女性患者会导致闭经　　　　　　B. 体重低于正常体重
   C. 对肥胖的恐惧　　　　　　　　　D. 为防止体重增加,有导泻行为
   E. 有体像障碍

8. 关于进食障碍的治疗,说法正确的是
   A. 暴食或导泻发作时,患者的认知往往是错误的,因此要避免提及
   B. 认知 - 行为疗法的根据是,患者对体形及体重的过度关注
   C. 认知行为疗法与药物疗法相比,短期疗效与长期疗效相当,均有利于防止复发

D. 贪食症的治疗目标为减少暴食发作,提高患者自信度和自我接受度

E. 任意一种治疗方法均有效,不易复发

9. 关于进食障碍的预防,说法正确的是

A. 进食障碍的一级预防,即在进食障碍发生时进行

B. 二级预防可使患者的食物相关羞耻感减少

C. 二级预防则使未患进食障碍者尽早接受治疗

D. 进食障碍的健康教育和行为干预效果不明显,因此预防不如治疗重要

E. 集体健康教育干预只在一级预防时期有效

10. 关于肥胖症,说法正确的是

A. 体重指数大就可诊断为肥胖

B. 一般认为,冠心病与肥胖无关

C. 肥胖的危险很大,因此治疗较预防更重要

D. 肥胖症的发生可以归结于热量的摄入多于热量的消耗

E. 肥胖症的治疗以控制饮食及增加体力活动为主

11. 神经性厌食患者因担心发胖,常采用的措施是

A. 间歇禁食   B. 自我诱发呕吐   C. 使用利尿剂

D. 滥用泻药   E. 以上都可以出现

12. 关于肥胖症,以下说法正确的是

A. 一般不主张用药物来达到控制体重的目的

B. 一般认为,肥胖是指体重指数大于等于29

C. 肥胖与艾滋病、吸毒和酗酒是新的四大社会医学热点,但还不足以构成难题

D. 肥胖症的治疗以药物治疗为主,控制饮食及增加体力活动为辅

E. 肥胖症多发生于爱美的中年妇女

13. 神经性厌食症的特征表现有

A. 对肥胖无病态恐惧   B. 对苗条的过分追求

C. 无体像障碍   D. 自我评价不一定完全以体重为转移

E. 患者起病时即有严重的食欲不振

14. 有关神经性厌食的临床表现,叙述正确的是

A. 有些患者可不存在害怕发胖的观念

B. 患者常因食欲差而很少进食,导致体重明显的减轻,或生长发育延迟

C. 所有患者可伴有情绪不稳、焦虑、强迫观念等不良情绪体验

D. 患者常伴有内分泌功能紊乱,但不严重

E. 有的患者通过运动、引吐、导泻等手段减轻体重

15. 神经性厌食可有的类型包括

A. 限制型厌食症   B. 非导泻型厌食症

C. 导泻 - 暴食型厌食症   D. 非限制型厌食症

E. 以上都是

16. 关于神经性厌食症患者的临床表现,正确的是

A. 患者没有肾损害

B. 厌食症没有生命危险

C. 长期自我饥饿会导致严重营养不良，最终可致恶病质

D. 神经性厌食最严重的并发症是内分泌并发症

E. 反复呕吐可造成唾液腺肥大，一般没有腮腺肥大

17. 下列有关神经性贪食的临床表现，**错误**的是

A. 没有体像障碍

B. 为发作性暴食

C. 患者多采用各种手段，如引吐、导泻、服减肥药等以避免体重增加

D. 多数患者发作间期食欲正常

E. 患者暴食后常感到厌恶、内疚、担忧，有的患者为此产生自杀观念和行为

18. 以下说法，正确的是

A. 暴食会增加一些负性情绪

B. 暴食后产生深深的羞耻感

C. 反复的呕吐，不会导致龋齿发生

D. 导泻手段有使用缓泻剂等，呕吐不常用

E. 贪食症患者都使用呕吐、缓泻剂和利尿剂等

19. 以下说法，正确的是

A. 神经性贪食不会产生肥胖的恐惧心理

B. 暴食后会有自我评判低下及深深的罪恶感

C. 根据诊断标准，女性患者须有月经紊乱或闭经

D. 贪食症患者的体重往往有很大的波动，但不可能超重

E. 贪食症患者没有体像障碍，因而对自己的身材比较满意

20. 以下说法，正确的是

A. 长期呕吐会导致胃肠道和泌尿系统并发症及唾液腺肿大

B. 导泻型患者长期呕吐会导致牙釉质腐蚀

C. 神经性厌食较神经性贪食的长期恢复率要低

D. 贪食症容易慢性化

E. 贪食症病情反复持续的相关因素包括：儿童期肥胖，对体形过分在意，放开对饮食的限制等

21. 以下说法，正确的是

A. 约40%贪食症患者为女性

B. 贪食症患者有神经性厌食病史或肥胖病史

C. 贪食症患者在收住入院时，最明显的常常是电解质紊乱

D. 贪食症患者常伴发B型人格障碍

E. 贪食症患者的代偿行为、酒精成瘾、偷窃、自杀意图等属于冲动控制问题

22. 以下说法正确的是

A. 女性更倾向于对自己的外表不满

B. 不发达的国家中，进食障碍比较多见

C. 芭蕾舞运动员罹患进食障碍的风险较低

D. 进食障碍者开始节食的主要原因是为了健康

E. 社会文化因素与进食障碍发病无关联

23. 一般认为，**不属于**进食障碍患者的认知的是
    A. 因为我很胖，所以别人不想看到我
    B. 今天吃得太多了，羞愧至极
    C. 只要能变瘦，我就会更有魅力
    D. 昨晚我只多吃了一块饼干，因此我吃得并没有太多
    E. 不是被我完全控制，便是什么都没有控制

24. 以下说法，正确的是
    A. 预防肥胖较治疗不易奏效，所以不重要
    B. 体重指数小，可能是由于水分潴留
    C. 体重指数小，可能是由于肌肉发达
    D. 一般主张用药物来达到控制体重的目的
    E. 肥胖与艾滋病、吸毒和酗酒是新的四大社会医学难题

25. 部分贪食症患者存在5-HT能神经元功能的低下，渴望
    A. 高蛋白食物   B. 碳水化合物   C. 纤维性食物
    D. 奶制品   E. 碳酸饮料

26. 诊断异食症时，症状至少持续
    A. 1个月   B. 2个月   C. 3个月
    D. 6个月   E. 12个月

27. 关于异食症的描述，正确的是
    A. 指反复以不利于生长发育或社会习俗所不接受的无营养物质为食物
    B. 异食症患者通常不吃染料、黏土、铅笔
    C. 患者对营养支持及社会心理干预的反应差
    D. 由营养不良、微量元素缺乏和社会心理剥夺等都是次要原因
    E. 持续3个月以上

28. 属于进食障碍预防计划的是
    A. 使用导泻剂   B. 抗抑郁药物治疗   C. 认知行为疗法
    D. 集体健康教育   E. 早期接受治疗

29. 关于代谢综合征的诊断标准，正确的是
    A. 腰围女性＞90cm
    B. 空腹血糖≤6.1mmol/L 或糖负荷后2h≥7.8mmol/L
    C. TG＜1.7mmol/L 或者 HDL-C＞0.9mmol/L
    D. 收缩压≥140mmHg 或舒张压≥90mmHg
    E. 腰围男性＞85cm

30. 关于代谢综合征的防治，正确的是
    A. 目标是治疗临床心血管病和2型糖尿病
    B. 以改善胰岛素敏感性为基础
    C. 不需要根据不同年龄、性别、家族史等制订群体及个体化的防治方案
    D. 增加体力活动和体育运动、减轻体重及戒烟不是防治 MS 的基础
    E. 针对 MS 的各个组分统一治疗，不用分别治疗

四、问答题

1. 简述进食障碍的发病原因。
2. 试述神经性厌食症对人体造成的严重后果。
3. 简要叙述神经性贪食的诊断标准。
4. 神经性厌食与神经性贪食在治疗上有什么区别?
5. 健康进食的标准是什么?
6. DSM-5 关于进食障碍分类与诊断进行了哪些变革?
7. 代谢综合征的诊断标准是什么?
8. 异食症的治疗措施有哪些?

第三部分　参 考 答 案

一、名词解释

1. 进食行为,人类的进食行为系一种本能行为,是个体生命得以存在的基本保证,受生物、心理、社会等因素的影响。进食行为同时满足了个体生理、心理和社会等方面的需要。

2. 进食障碍是指在某些具有生理、心理及社会文化特质的人身上发生的行为综合征。进食障碍患者往往对肥胖有强烈的甚至病态的恐惧,极度追求苗条,而这种追求有时是致命的。

3. 神经性贪食也可称之为贪食症,是以反复发生、不可控制的暴食为特点,继而有防止体重增加的代偿行为,如自我催吐、使用泻剂或利尿剂、禁食、过度运动等。

4. 暴食症以反复发作的暴食行为为特点,该疾病在很多方面和神经性贪食较相似,但是患者不会采取禁食、过度运动和导泻等代偿行为。

5. 异食症是指反复以不利于生长发育或社会习俗所不接受的无营养物质为食物,如吃染料、黏土、铅笔等。异食症主要是由营养不良、微量元素缺乏和社会心理剥夺等原因造成的。

6. 神经性呕吐是指一组自发或故意诱发反复呕吐的精神障碍,呕吐物为刚吃进的食物,不伴有其他明显症状。呕吐常与心理社会因素有关,无明显器质性病变为基础。神经性呕吐患者无体重显著减轻,保持体重在正常体重的 80% 以上,担心发胖和控制体重的想法和动机不强烈,此点与神经性厌食不同。

7. 神经性厌食指个体通过节食等手段,有意造成并维持体重明显低于正常标准为特征的进食障碍。常伴有营养不良、代谢和内分泌障碍及躯体功能紊乱。

8. 拉塞尔征指因反复将手伸进食管引起咽反射而在手背上留下的瘢痕或老茧。使用自我催吐的神经性厌食和神经性贪食者均可见。

9. 肥胖症是指体内的脂肪总含量和(或)脂肪含量过多,以身体过重为特征。

10. 暴食是一种发作时饥饿感、饱感丧失的、阵发性的、不能自制的暴饮暴食行为。

二、填空题

1. 限制型　暴食 - 导泻型
2. 惊恐发作　酒精依赖
3. 基础代谢率
4. 生物　心理　社会文化
5. 遗传　营养障碍　下丘脑
6. 体像障碍　厌食
7. 药物治疗　认知 - 行为疗法　家庭疗法
8. 抗抑郁药　抗精神病药
9. 集体健康教育　发生前
10. 生活行为方式　摄食行为　社会心理因素
11. 认知 - 行为疗法　过度关注　认知状态　适宜认知
12. 体温调节　月经
13. 青春期　女孩
14. 情感冲突
15. 食欲　饥饱感觉　进食行为　食物消耗
16. 自信心　抑郁　焦虑　负性
17. 严重性　慢性化
18. 节食
19. 表演型　边缘型
20. 暴食症
21. 异食症　生长发育　社会习俗

三、单项选择题

1. C　　2. B　　3. D　　4. D　　5. B　　6. B　　7. C　　8. B　　9. B　　10. D
11. E　　12. A　　13. B　　14. E　　15. A　　16. C　　17. A　　18. B　　19. B　　20. E
21. E　　22. A　　23. D　　24. E　　25. B　　26. A　　27. A　　28. D　　29. E　　30. B

四、问答题

1. 简述进食障碍的发病原因。

答：多种因素的联合作用使有些人更容易发展成为进食障碍，他们常有体重过重，或有不当饮食习惯的易感倾向。对他们来说，以瘦为美的社会信息尤其重要，而不经过长期甚至是残酷的节食是很难减轻体重的。而焦虑及抑郁等倾向，则使其将进食作为缓解各种压力的方式，神经性贪食患者，尤其易发生情绪低落和情感波动。在缺乏温情、过度控制和要求完美的家庭中，完美主义、全或无想法和低自尊等可能使人采取极端手段控制体重。此外，进食障碍患者与家庭特征有关，扰乱的家庭关系似乎是一些进食障碍患者的特征，这些家庭特征可能引起进食障碍。和大多数心理障碍一样，进食障碍的发生有家族聚集倾向。由于饥饿导致的胃肠功能改变，胃排空延迟、饥饿感减少和神经内分泌异常等，这些神经内分泌的异常导致抑郁和焦虑等心理改变，使进食障碍得以存在和持续。下丘脑在进食调节中起着重要的作用,有研究表明进食障碍患者确实有下丘脑疾患。还有研究表明性虐待是进食障碍的危险因素之一。因此进食障碍病因还不是很明确,是一系列生物、心理、家庭和社会文化因素交互作用的结果。

2. 试述神经性厌食症对人体造成的严重后果。

答:由于食物摄入量减少,机体代谢率降低,饥饿造成的身体症状很常见,如消瘦、贫血,明显的低血压(尤其是体位性低血压),心动过缓,低体温,皮肤干燥、脱屑,头发和指甲脆弱,肢端毛发变稀、变软,肢端瘀点、瘀斑,面色灰黄等。反复呕吐还可造成水和电解质平衡紊乱,唾液腺肥大(尤其是腮腺肥大),牙釉质腐蚀,以及拉塞尔征(Russell's sign)。神经性厌食最严重的并发症是心血管并发症,其他的包括急性胃扩张,甚至胃破裂,肾损害在一些患者中也能见到。由于长期营养不良,水和电解质平衡紊乱,加上免疫力下降,感染等风险增加,如不及时治疗,可能造成生命危险。在女性患者中,青春期以前起病的可有幼稚型子宫,乳房不发育,原发性闭经或者初潮推迟;青春期以后起病的可出现闭经,或者月经稀少。长期闭经会导致骨质疏松。在男性患者中,青春期前起病的,可表现为第二性征发育延迟,生长停滞,生殖器呈幼稚状态。青春期以后起病的可有性欲减退。饥饿本身会导致抑郁、焦虑、烦躁、苛刻、强迫、易怒、过度活动以及社会退化等,使进食障碍的病情及诊断复杂化。

3. 简要叙述神经性贪食的诊断标准。

答:神经性贪食有三个基本特征:反复发作的暴食;反复的不当代偿行为以防体重增加;自我评价深受体形及体重的过度影响。如果贪食症者同时符合神经性厌食诊断标准,将只诊断为神经性厌食(如暴食 - 导泻型神经性厌食)。即厌食症的诊断优先于贪食症,因为前者有更高的死亡率。诊断标准:DSM-5 神经性贪食的诊断要点:A. 反复发作暴食行为,且有以下特点:在一段时间内(如 2 小时内),吃得比大多数人在同样时间、同样情况下吃的要多很多;伴有进食失控感。B. 为防止体重增加,有反复不当的代偿行为,如:引吐;利尿剂、缓泻剂等药物滥用;禁食以及过度运动。C. 暴食和不当代偿行为同时存在,至少每周 1 次,持续 3 个月以上。D. 自我评价深受体形及体重的过度影响。E. 这种异常并不只发生在神经性厌食发作期。

4. 神经性厌食与神经性贪食在治疗上有什么区别?

答:神经性贪食与厌食症在治疗上,有许多区别之处。首先,厌食症患者接受治疗的时候,往往已经处于死亡边缘了,因此住院、强制喂食等极端手段是拯救生命所必需的。而贪食症患者往往不会如此。单纯的神经性贪食症一般不需要住院。但如果存在严重的电解质平衡紊乱,或伴有抑郁症自杀倾向,或治疗反应不佳等可以考虑住院治疗。其次,厌食症与贪食症患者的心理症结不同。前者问题往往在于家庭原因,自我控制感的缺失,以及严重的体像障碍。而后者,问题在于如何更有效地整理情绪,控制暴食及导泻行为,使之形成关于食物及行为的正确认知。

5. 健康进食的标准是什么?

答:①食物多样谷类为主。每天的膳食应包括谷薯类、蔬菜水果类、畜禽鱼蛋奶类、大豆坚果类等食物;平均每天摄入 12 种以上食物,每周 25 种以上。②吃动平衡、健康体重:每周至少 5 天中等强度身体活动,累计 150 分钟以上;平均每天主动身体活动 6000 步;减少久坐时间,每小时起来动一动。③多吃蔬果、奶类、大豆。蔬菜保证每天摄入 300~500g,深色蔬菜应占 1/2;水果保证每天摄入 200~350g,果汁不能代替鲜果;奶制品摄入量相当于每天液态奶 300g；豆制品每天摄入量相当于大豆 25g 以上，适量吃坚果。④适量吃鱼、禽、蛋、瘦肉。推荐平均每天摄入鱼、禽、蛋和瘦肉总量 120~200g（小于 200g），其中畜禽类为 40~75g，水产类为 40~75g，蛋类为 40~50g。⑤少油少盐、控糖限酒。成人每天食盐不超过 6g，每天烹调油 25~30g，每天摄入糖不超过 50g；成年人每天喝水 7~8 杯（1500~1700ml）；一天饮酒的酒精量：男性不超过 25g，女性不超过 15g。⑥杜绝消费兴新时尚。按需选购食物、按需备餐，提倡分餐不浪费；选择新鲜卫生的食物和适宜的烹调方式，保障饮食卫生。

6. DSM-5 关于进食障碍分类与诊断进行了哪些变革？

答：神经性厌食的诊断标准 A 中对体重设置特定的量化标准，可能不足以反映个体的实际情况，因此将诊断标准 A 定义为：限制能量摄入，目的是将体重保持在其年龄、性别、发育水平及躯体健康状况相对而言属于非常低的体重值。即体重低于正常标准的最低体重，或相对于儿童及青少年而言，低于相对年龄的最低体重的预测值；标准 B 中增加了"阻碍体重增加的持续性行为"，因为临床发现有小部分患者没有害怕体重增加的担忧，而仅表现相关的行为，因此需要强调行为本身会妨碍体重增加；去除了标准Ⅳ中的闭经的必要条件，因为有一些患者存在除了闭经之外的所有厌食症的症状。而且这项标准不适用于部分人群，如男性和未出现月经初潮的女性等；对神经性厌食的两个亚分型提出了更为具体的时间限定：最近 3 个月。而且 3 个月的时间限定也适用于神经性贪食和暴食障碍。

DSM-5 在神经性贪食诊断标准中，把诊断标准 C 暴食及不恰当的补偿性行为的最低发生频率改为"至少每周 1 次、持续 3 个月以上"；将两种亚型划分删除。DSM-5 还对暴食障碍单独列出，成为与神经性厌食、神经性贪食并列的独立疾病；将暴食行为最低发生频率改为"至少每周 1 次，持续 3 个月以上"。

7. 代谢综合征的诊断标准是什么？

答：2013 年版《中国 2 型糖尿病防治指南》诊断标准为以下 5 条中的任意 3 条或更多：①男性腰围 90cm，女性腰围 85cm；② TG > 1.7mmol/L 或者 HDL-C < 0.9mmol/L；③血压升高：收缩压 ≥ 130mmHg 或舒张压 ≥ 85mmHg 已接受相应治疗或此前已诊断高血压；④空腹血糖升高：空腹血糖 ≥ 6.1mmol/L 或糖负荷后 2h ≥ 7.8 mmol/L 或已确诊并接受相应治疗。TG 与 HDL-C 分别作为 2 条标准。

8. 异食症的治疗措施有哪些？

答：①一般性治疗。加强护理，改善环境，纠正不良习惯；给予维生素 B、维生素 B_6 等。②心理治疗。主要是行为疗法。如厌恶疗法；也可以辅以电疗、催吐和药物治疗。③家庭治疗。以改善其家庭关系和环境。对家长进行育儿指导，教会家长掌握教育方法等。

（郭文斌　韦淑宝）

第十一章　睡眠障碍

第一部分　内容概要与知识点

本章简介　睡眠障碍是指持续一段时间对睡眠的质与量不满意的状况。睡眠问题常常会影响到我们正常的生理心理功能,导致一系列心理社会问题,睡眠问题越来越受到人们的关注。本章从睡眠概述、睡眠障碍的分类、睡眠障碍的影响因素、常见睡眠障碍的临床表现和诊断治疗等方面对睡眠和睡眠障碍进行了全面的阐述。

第一节　睡　眠　概　述

一、什么是正常睡眠

1. **睡眠的定义**　睡眠(sleep)是与觉醒状态交替出现的生理状态。人类 1/3 的时间处于睡眠状态。在睡眠状态中,我们的感知觉与环境分离并丧失了一些基本的反应能力,但那些涉及机体生存的信息仍然能在"瞬间"唤醒沉睡中的个体,因此睡眠与麻醉或昏迷状态完全不同。

2. **睡眠阶段**　正常的睡眠包括两个主要阶段:快速眼动睡眠(REM 睡眠)与非快速眼动睡眠(NREM 睡眠)。REM 睡眠有时也被称为做梦睡眠(此阶段总与梦联系在一起)或异相睡眠（此时大脑异常活跃）。NREM 睡眠则指一般常识所认为生理与心理活动都减少的睡眠期。在多导记录仪的帮助下，我们可以据脑电图的不同特点将 NREM 分为四个阶段：第一阶段：向睡眠的过渡阶段，或思睡期；第二阶段：随着睡眠加深，体温进一步下降，随之出现特征性的纺锤波和 K 波，这两种波的出现标志着我们正式进入睡眠；第三、四阶段（也被称为 δ 波或慢波睡眠期）：这是个体进入深度睡眠的阶段，δ 波或慢波的出现是这两个阶段的特点。睡眠是 NREM 睡眠与 REM 睡眠相互交替的过程，其中 NREM 约占所有睡眠时间的 75%，REM 约占 25%。

3. 影响睡眠阶段分布的因素　睡眠与年龄关系密切。通常情况下，刚出生到满周岁的婴儿需要的睡眠时间最长，每天约 16 小时。另一方面，从睡眠的特点来看，快速眼动睡眠的时间会随年龄的增加而逐步减少，在接近成年时达到一个相对稳定的水平，此后将不会再有太大的变化。觉醒状态和 NREM 的第一阶段睡眠时间也会随年龄而逐渐增加，而代表深度睡眠的慢波睡眠（第三、四阶段）在整个睡眠时间中的比例则会随年龄的增加而逐渐减少。

4. 睡眠、觉醒与睡眠节律　睡眠与觉醒的变化规律称为睡眠节律，每天正常的睡 - 醒节律是由人体内源性起搏点进行控制的，此起搏点位于下丘脑的上交叉神经核。一般来说，出生 4 个月后个体开始形成睡眠节律的各个阶段。睡眠节律会在随后的儿童期、青春期继续变化，这种变化直到中年以后才逐渐稳定下来。褪黑素与睡眠关系密切，当夕阳西下时，人体褪黑素从松果体中分泌明显增加，进而可增加人的睡眠倾向，但不能直接使人入睡。

5. 睡眠剥夺　睡眠剥夺主要是作为一种了解睡眠的功能研究工具。睡眠剥夺不只是一种科学研究方法，慢性睡眠剥夺还是一个没有被充分认识的公共健康问题。

二、睡眠的生理意义

睡眠是生命延续的必须。不正常的睡眠情况会威胁到个体的生存，无论直接的（如致命性家族性失眠症和阻塞性睡眠呼吸暂停）或间接的（如与睡眠相关的车祸事件）都是这样。现在，大多数人认为睡眠过少或过多都会导致健康问题，正常的睡眠时间应当在中间状态，即 7~8 小时之间。

三、睡眠的理论

Pavlov 在 20 世纪初，较早地从神经生理学角度提出主动性内抑制的睡眠理论。他认为睡眠的本质是源自大脑皮质广泛扩散的内抑制。梦就是一种由于内外环境因素的影响，在普遍抑制背景上大脑皮质细胞群局部的兴奋，或者说脑抑制的不均匀性特点的结果。此后人们进一步发现，位于网状结构中的蓝斑核通过去甲肾上腺素和多巴胺两种神经递质来维持觉醒状态；而蓝斑核后面的中缝核则通过产生 5- 羟色胺对睡眠进行控制。

四、睡眠分析常用指标

临床为确定诊断，常需对睡眠障碍患者进行多导睡眠脑电图检查。全夜多导睡眠图描记术（PSG）是诊断睡眠障碍的重要方法。根据检查结果进行睡眠结构和进程分析，常用的指标包括：

1. 睡眠潜伏期　开始睡眠至脑电图记录到第一个持续 3 分钟的 NREM 睡眠的第一阶段称为睡眠潜伏期（思睡期），一般为 10~30 分钟，超出则为入睡困难。

2. **睡眠觉醒次数和时间** 在睡眠分期的一个时段（如20~30秒）中，觉醒脑电的表现超过50%以上称为觉醒。通常认为超过5分钟的觉醒次数应少于2次，夜间觉醒总时间不超过40分钟。

3. **总睡眠时间** 指个体实际睡眠的总时间。

4. **觉醒比** 指睡眠中觉醒时间与总睡眠时间之比。

5. **睡眠效率** 指总睡眠时间与记录时间（睡在床上的时间）之比，通常使用百分比表示，正常睡眠效率应在80%以上，但与年龄有关，如儿童一般睡眠效率较高。

6. **睡眠维持率** 指总睡眠时间与入睡开始至觉醒的时间比，通常以＞90%作为正常参考标准。

7. **NREM各期比例** 为NREM睡眠在各个睡眠阶段所占比例，通常睡眠第一阶段占2%~5%，第二阶段占45%~55%，第三阶段占3%~8%，第四阶段占10%~15%；NREM睡眠占总睡眠时间的75%~80%。

8. **REM睡眠的分析指标** 通常包括：①REM睡眠潜伏期；②REM睡眠次数；③REM睡眠时间和百分比；④REM活动度、REM强度和REM密度。

第二节 睡眠障碍的分类

一、DCSAD分类

1979年，美国睡眠障碍中心联合会（Association of Sleep Disorder Center）颁布了旨在以睡眠质量为主评价失眠症的睡眠试验室检查及诊断标准，即睡眠和觉醒障碍诊断分类（Diagnostic Classification of Sleep and Arousal Disorder，DCSAD）。DCSAD是国际上第一个睡眠疾患的诊断分类方法，它将睡眠障碍分为四大类：睡眠起始和睡眠维持障碍，或称为典型的失眠症（insomnia）；过度嗜睡症（hypersomnia）；睡眠醒觉周期紊乱（disorders of sleep/wake schedule）；睡眠行为障碍（parasomnia）。

二、ICSD分类

1990年，美国睡眠障碍联合会（American Sleep Disorder Association，ASDA）制定了《睡眠障碍国际分类》（*International Classification of Sleep Disorder*，ICSD）。ICSD将睡眠疾患分为三大类：睡眠障碍（dyssomnia）、睡眠行为障碍（parasomnia）和继发性睡眠障碍（secondary sleep disorder）。睡眠障碍按病因学再进一步分为内源性、外源性和睡眠醒觉周期紊乱性失眠三型。

三、DSM-5、ICD-10和CCMD-3的分类

1. **DSM-5分类** 美国DSM-Ⅳ将睡眠障碍分为三大类，即原发性睡眠障碍（primary insomnia）、精神障碍相关的睡眠障碍（sleep disorder related to another mental disorder）、其他疾病和活性物质相关的睡眠障碍（sleep disorder related to another general medical condition）。DSM-5取消了原发性失眠，大类改名为睡眠-觉醒障碍，共包括10种障碍。

2. **ICD-10分类** ICD-10按器质性和非器质性病因将睡眠疾患分为两大类：器质性睡眠障碍包括失眠、过度嗜睡症、睡眠周期紊乱、睡眠暂停综合征、发作性睡病等；非器质性

睡眠障碍包括失眠、过度嗜睡症、昼夜睡眠周期节律紊乱、睡行症、夜惊、梦魇等。

3. **CCMD-3 分类** 我国 CCMD-3 的睡眠障碍是指各种心理社会因素引起的非器质性睡眠与觉醒障碍，包括失眠症、嗜睡症、睡眠 - 觉醒节律障碍、睡行症、夜惊（在睡眠中出现受惊的各种表现）和梦魇（反复出现导致个体被惊醒的噩梦）以及其他或待分类非器质性睡眠障碍。

第三节 睡眠障碍的影响因素

一、生物学因素

1. **遗传因素** 对嗜睡症的家族研究发现，约 10%~30% 患者存在家庭遗传性。人们发现，如果患者的双亲之一有睡眠障碍，则患者的同胞中约有 1/2 会患病，且性别差异不大，并且连续几代都有发病者。

2. **体温变化** 通常失眠症与人体生物钟对人体体温的控制等问题有关。

3. **生物节律** 生物节律是理解睡眠现象的基础，当机体的生物节律被打乱时就会出现睡眠障碍。有研究认为褪黑激素（melatonin）对生物钟的设置起到了很大的作用。褪黑激素由松果体腺产生，因为它在黑暗中分泌，一有光线分泌就停止。研究者认为光线和褪黑激素对生物钟的设置均起作用。

4. **躯体疾病** 任何躯体不适均有可能导致睡眠障碍，除疾病本身对睡眠的影响外，患者对自身疾病的担心以及睡眠环境和生活规律改变等诸多因素都可能对睡眠产生影响。

5. **生物易感性** 指睡眠障碍可能存在生物学上的易感性。

二、心理社会因素

1. **睡眠期待** 研究显示失眠者对其睡眠需要的时间期望不现实；对失眠的后果考虑与现实不符。

2. **文化差异** 跨文化睡眠的研究对象主要集中于儿童。儿童要求得不到满足则导致压力，最终会对睡眠产生消极影响。

3. **内心冲突** 精神分析理论认为失眠是未解决的内心冲突的某种表现。在正常情况下，我们可以恰当地运用各种防御机制来处理我们在日常生活中遇到的矛盾与冲突。然而，当冲突引起的焦虑叠加了原始焦虑而不能得到恰当处理时，个体就会出现失眠。

4. **不良睡眠习惯** 行为主义者认为，睡眠障碍的出现是不良学习的结果。

5. **人格特征** 近些年来，人格在慢性失眠的发生和持续中的作用也引起了关注。

6. **错误认知** 认知行为理论认为，患者对偶然发生的失眠现象的不合理信念是导致失眠长期存在的重要原因。这些不合理信念包括：①对失眠结果的扩大化；②对睡眠时间的不切实的期望；③造成失眠的错误归因。

7. **感知不良** 主观性失眠患者把在睡眠过程中发生的精神活动错误的判断为是处于觉醒状态时出现的感觉，从而对睡眠状态的感知不良，可能是产生失眠的原因之一。

三、应激与环境因素

1. **生活应激** 急性应激是引起短期失眠的最常见因素。此外，睡眠障碍在强烈生活事件刺激易导致创伤性应激障碍(PTSD)中非常突出,失眠和噩梦已被认为 PTSD 的再体验和警觉增高的表现。

2. 睡眠环境　虽然存在一定的个体差异,但随着年龄的增长,人们对睡眠环境变化的敏感度会逐渐提高。每个人都有一个相对稳定和习惯了的睡眠环境。

3. 生活方式和睡眠习惯　不恰当的生活方式和睡眠习惯也会对睡眠产生影响。

第四节　常见的睡眠障碍

一、失眠症

(一)概述

失眠症(primary insomnia)是一种以失眠为主的睡眠质量异常的状况,其他症状均继发于失眠,包括难以入睡、睡眠不深、易醒、多梦、早醒、再睡困难、醒后不适或疲乏感,或白天困倦等。失眠症是临床上最多见的睡眠障碍,其患病率随着年龄增长而增高。

(二)临床表现

1. 入睡困难　是最主要的表现,一般来说,上床 30 分钟还不能入睡并且持续了一段时间,就会被认为存在入睡困难。

2. 睡眠不深　睡眠不深是失眠的第二大特点,主要表现为入睡后睡得浅。

3. 早醒　患者入睡困难不明显,但睡眠持续时间不长,其醒转时间较平常提前 2 小时以上。

4. 担心失眠　患者因失眠的痛苦,逐渐形成具有极度关注失眠的优势观念。

5. 躯体症状　失眠患者常伴有头痛、头晕、头胀、精神疲惫、健忘、乏力、心悸、心慌、易激动、情绪急躁、忧虑、记忆力下降、食欲不振等症状。

6. 其他问题　长期失眠可导致情绪不稳和个性改变,长期饮酒或使用镇静催眠药物来改善睡眠者还可引起乙醇和(或)药物依赖。

(三)诊断评估

诊断失眠症须首先排除各种躯体疾病或其他疾病所伴发的症状,需要考虑的问题有:①主诉是入睡困难、难以维持睡眠还是睡眠质量差? ②睡眠紊乱是否每周至少发生三次并持续一个月? ③有日夜专注于失眠并过分担心失眠的后果吗? ④睡眠量和(或)质的不满意引起明显的苦恼或影响了社会和职业功能吗?

(四)防治要点

1. 养成良好的睡眠习惯　对于那些经常出现失眠的患者,睡眠专家认为在白天采取一些预防措施是有利的。这些生活方式的改变简单,易于掌握,可帮助患者避免失眠。

2. 祛除病因　对各种原因引起的失眠,首先要针对原发因素进行处理。

3. 药物治疗　治疗失眠的常用药物主要是苯二氮䓬类药物如:阿普唑仑、艾司唑仑、氯硝西泮、劳拉西泮等,其突出的优点是过量服用不良反应较少而且致死量范围较大,但是,由于滥用、药物依赖和药物延迟效应等问题,目前使用得更谨慎。20 世纪 90 年代以来,一种新的非苯二氮䓬类睡眠药面世,如佐匹克隆(imovane,zimovane)和唑吡坦(zolpidem)。扎来普隆(zaleplon)等新药也开始用于临床。

4. 心理治疗

（1）认知行为治疗（cognitive behavioral therapy，CBT）：是通过一定的技术手段并加强训练，以弃除不良行为，重新建立健康的睡眠方式。包括：

1）刺激控制技术（stimulus-control treatment），主要目的是要帮助患者建立快速入睡和卧室与床之间的条件反射联系，其策略主要通过减少影响睡眠的活动来达到。其具体操作如下：①只有感到困倦时才上床；②卧室和床只能用来睡觉和性生活，不可进行其他活动；③若发现超过20分钟不能入睡，则起床到另外的房间，直到有睡意再回卧室；④每天早晨按时起床，保持良好睡眠节律；⑤白天睡眠时间不宜过长，尽量避免日间小睡。

2）睡眠限制治疗（sleep restriction therapy）：此疗法的基本设想是：在床时间过长会加重失眠，并使睡眠质量下降，最恰当的睡眠是充分利用在床时间提高睡眠质量。

3）认知疗法（cognitive therapy）：主要目标是改变患者对睡眠的不合理信念和态度。部分失眠患者存在下列一些不合理的认知：①不切实际的睡眠期望（如每天我必须睡8小时以上）；②对造成失眠的原因的错误看法（如我的失眠完全是因为体内某些化学物质不平衡所致）；③过分夸大失眠的后果（如果失眠，我就完蛋了）等。

4）放松训练（relaxation training）：放松训练或松弛疗法包含多种不同的技术，如渐进式肌肉放松、生物反馈、意象联想、冥想等。

（2）森田疗法：森田疗法强调顺其自然，不去过多关注自己的睡眠，这样就能打破恶性循环，达到治疗的目的。

5. 物理治疗
包括经颅磁刺激治疗、脑功能治疗、脑波治疗、高压静电场治疗等。

二、嗜睡症

嗜睡症（hypersomnia）又称原发性过度睡眠。指白天睡眠过多，不是由于睡眠不足、药物、酒精、躯体疾病所致，也不是精神障碍的症状。患者表现为白天思睡，夜间却整夜不眠或睡眠时间显著缩短，睡中易醒等。有以下几种类型。

1. 反复发作性过度睡眠（recurrent hypersomnia）
亦称周期性过度睡眠、克莱恩-莱文综合征、青少年周期性嗜睡症，患者在睡眠发作时，每昼夜的睡眠时间可长达18~20小时，觉醒时间仅用于快速进食大量食物与排泄，进食与排泄后又进入睡眠状态，但无尿失禁。部分患者出现性欲亢进及异常行为，如易激惹和攻击行为。

2. 特发性过度睡眠（idiopathic hypersomnia）
发病年龄为10~50岁不等，主要表现为长时间的打瞌睡后出现日间过度睡眠，并可不分场合甚至在需要十分清醒的情况下也出现不同程度、不可抗拒的入睡，持续1小时或以上，小睡后并不能恢复精力，可伴有自主神经功能障碍，如头痛、直立性低血压、雷诺现象等。

3. 创伤后过度睡眠（posttraumatic hypersomnia）
又称继发性过度睡眠，指在中枢神经系统创伤后1年内出现的日间睡眠过多。可见于任何年龄，主要表现为脑创伤后出现的日间睡眠过多，常与其他症状（如头痛、疲劳、记忆障碍等）同时发生，少部分可见睡眠类型或觉醒改变。

4. 其他原因继发嗜睡症
许多问题都有可能导致睡眠过多，如失眠症患者就可能因夜间睡眠不足而出现白天困倦嗜睡，睡眠呼吸暂停也可能引起睡眠过多等。但这些情况却不构成嗜睡症的诊断。

三、发作性睡病

发作性睡病(narcolepsy)是指白天出现不可克制的发作性短暂性睡眠。多见于 15~25 岁,典型表现为白天过度睡眠、猝倒发作、睡眠麻痹、睡眠幻觉,称为发作性睡眠四联征。主要表现为:

1. 白天过度睡眠 指白天任何情况下出现难以抑制的睡意和睡眠发作,一段睡眠后可使精神振作。

2. 猝倒发作 猝倒发作常由强烈情感刺激诱发,表现躯体肌张力突然丧失但意识清楚,不影响呼吸,能完全恢复。

3. 睡眠麻痹 睡眠麻痹指从 REM 睡眠中醒来时发生的一过性的不能讲话或全身不能活动,但呼吸和眼球运动不受影响。

4. 睡眠幻觉 睡眠幻觉指从觉醒向睡眠或睡眠向觉醒转换时,为视、听、触或运动性幻觉,多为生动的不愉快感觉体验。

该病目前尚无满意的治疗方法,只能以对症治疗为主。

四、睡眠 - 觉醒节律障碍

睡眠 - 觉醒节律障碍(circadian rhythm sleep disorders)是指睡眠 - 觉醒节律与所要求的不符,导致对睡眠质量的持续不满状况,病人对此有忧虑或恐惧心理,并引起精神活动效率下降,妨碍社会功能。

1. 分型 以睡眠紊乱为特征(包括失眠和白天睡眠过多),可以分为以下三种亚型。

(1)睡眠时相延迟型(delayed sleep phase type, DSPS):长期存在入睡时间与觉醒时间延迟,伴随不能在早一点的时间入睡或醒来;另一个极端,提前性睡眠时相型(advanced sleep phase type, ASPS)睡眠节律障碍则表现为"早睡早起",即睡眠时间比正常时间提前。

(2)时差综合型(jet lag type):在与当地不恰当的时间出现的睡眠与清醒,一般发生于快速经过多个时区的时候。

(3)轮班型(shift work type):在主要睡眠阶段出现失眠,或在主要觉醒期出现过度睡眠。这一分型常与夜间轮班或经常改变轮班时间相联系。

2. 治疗 主要是要调整患者入睡和觉醒的时间以恢复正常睡眠节律。

(1)一般治疗:规律作息时间、维持足够的日光照射。对于睡眠时相延迟,最有效的疗法是时间疗法(chronotherapy),是一种行为疗法,按照人体生物节律的天生后移倾向,把上床时间系统地延迟。

(2)药物治疗:研究显示,褪黑素可以促进机体节律的再适应,能够显著缩短时差综合征的时间,提高睡眠质量,缩短睡眠潜伏期等。

五、睡眠觉醒障碍 [非快速眼动(NREM)睡眠唤醒障碍]

睡眠觉醒障碍(sleep-wake disorders)主要表现为由睡眠向觉醒移行过程中,意识尚未完全清醒状态下出现的轻微行为障碍。此时患者的行为动作已经进入了觉醒状态,但是其认知功能仍未完全清醒,表现为对时间和地点定向障碍、精神活动迟钝、说话颠三倒四等,最常见于夜间睡眠的前 1/3 阶段,其发生与 NREM 睡眠期密切相关,可持续数分钟至数小时,次日对夜间发生的事毫不知情。下面介绍几种常见的睡眠觉醒障碍。

（一）睡行症

睡行症（sleepwalking disorder）过去习惯被称为梦游症或夜游症，是一种在睡眠过程中尚未清醒而起床在室内或户外行走，或做一些简单活动的睡眠和清醒的混合状态。发作时难以唤醒，刚醒时意识障碍，定向障碍，警觉性下降，反应迟钝。以患者在睡眠中行走为基本临床特征，不论是即刻苏醒或次晨醒来均不能回忆。可伴有夜惊症及遗尿症。近年来睡眠实验室研究证明，睡行症并非发生在梦中，主要见于非快速眼动睡眠（NREM）的第三与第四期，故以前梦游症的称法名不符实。本症在儿童中发病率很高，可达 1%~15%，成人低于 1%，男孩多见。

1. **临床表现** 睡行症是一种睡眠中出现多种异常行为的睡眠障碍。患者入睡后不久（通常发生在初入睡的 2~3 小时内），突然从睡眠中坐起，意识朦胧，睁眼或闭眼，可仅在床上做出摸索不停等重复动作，少数喃喃自语；或缓慢起床，不言不语，下地不确定地反复徘徊，然后再回到床上睡去；也可能在下地后双目凝视，做出一些日常的生活活动，如梳洗、上厕所、饮水进食、外出游逛等，可以躲避障碍，但由于意识不清，患者对环境的变化往往不能主动意识，当身处危境时因不能觉察可能发生意外，极少发生奔跑或者试图逃避某种可能威胁行为。大多数睡行期间的行为都是固定的并且复杂程度较低，但也有开门甚至操作机器的报告。睡行多发生在睡眠前三分之一的 NREM 深睡期，所以发作时很难唤醒患者，即使被唤醒也会迷惑几分钟才能恢复正常，不能回忆所发生的情况，强行唤醒时常出现精神错乱，事后常完全遗忘。大多数睡行持续数分钟或数十分钟。发作时脑电图可出现高波幅慢波，但在白天及夜间不发作时脑电图正常。

2. **诊断** 根据临床表现诊断不难，本症没有痴呆或癔症的证据，可与癫痫并存，但应与癫痫发作鉴别。睡行症可与夜惊并存，此时应并列诊断。

3. **治疗** 儿童期偶有睡行发作，大多数在青少年时期自行停止，无需治疗。睡行症的治疗以预防伤害为主，频繁发作者可选择苯二氮䓬类药物如：阿普唑仑、艾司唑仑、氯硝西泮等在睡前服用，以减少发作，也可用三环类抗抑郁药中的阿米替林、氯米帕明等睡前口服。年轻的患者可同时配合自我催眠和放松训练等行为治疗。

（二）夜惊

夜惊（night terror）是一种常见于儿童的睡眠障碍，为反复出现从睡眠中突然觉醒并惊叫、哭喊，伴有惊恐表情和动作，以及心率增快、呼吸急促、出汗、瞳孔扩大等自主神经兴奋症状。大约有 5% 的儿童经历过夜惊，一般始于 4~12 岁间，以 4~7 岁儿童最常见，并在青春期逐渐缓解。但其他年龄也可发生。成人发病率低于 1%，多始于 20~30 岁间，并会持续多年，其频率与严重程度可有变化。儿童患者中男性较多，成人男女性别比例相当。夜惊发作有家族聚集的倾向。

1. **临床表现** 主要有：①通常以尖厉的叫声开始并有反复发作倾向，极其不安，常常大汗淋漓、心率加快。虽然夜惊与梦魇相像（哭喊并感到害怕），但夜惊发生在 NREM 睡眠期，因此不是噩梦所致。②多持续 1~10 分钟。③发作期间儿童不易被唤醒，且常感到不适，有如在梦魇中。④患者自己往往不能回忆夜惊的经过，常记不起刚刚做过的梦，或只能记起一些片段。大多数在被惊醒后并不会立即醒来，而是会继续睡觉，醒来时会出现对梦境的完全遗忘。

2. **治疗**

（1）一般治疗：保证患者的总睡眠时间。

（2）药物治疗：药物开始时建议先观察症状能否自行消失，如果问题频繁出现或持续很长时间，建议使用抗抑郁药或苯二氮䓬类药物，但疗效尚未得到明确的证明。

（3）心理治疗：心理治疗对夜惊引起的焦虑有所帮助。

（4）制订觉醒列表：研究人员对每晚出现夜惊的儿童的父母进行指导，教会他们在孩子典型发作前 30 分钟左右唤醒孩子。这项简单的技术几乎可以完全消除夜惊症状，几周之后就可以停用。

六、梦魇障碍

梦魇障碍（nightmare disorder）是指睡眠中被噩梦突然惊醒，以恐怖不安或焦虑为主要特征的梦境体验，且对梦境中的恐怖内容能清晰回忆，并心有余悸的一种睡眠障碍。通常在夜间睡眠的后期发作。梦魇可发生于任何年龄，但以 3~6 岁多见。其发病率儿童为 20%，成人为 5%~10%。

1. **病因**　儿童白天听恐怖故事，看恐怖影片后，可能诱发梦魇。成人在受到精神刺激后可经常发生噩梦和梦魇。睡眠姿势不当也可发生梦魇，频繁的梦魇发作可能与人格特征有关，也有研究提示高频率的终生性梦魇具有家族性。

2. **临床表现**　梦魇的最大特点是反复出现一些让人感到恐怖的噩梦。一般来说，梦魇发生于 REM 睡眠期。因此，患者醒来后还能详细描述梦中的细节。梦魇会让个体在被惊醒时警觉性明显提高。

3. **诊断与治疗**　根据临床表现作出诊断。偶尔发生的梦魇不需要特殊处理，发作频繁者应予以干预。

（1）病因治疗：对于梦魇发作频繁的患者，应详细检查其发病原因，给予相应处理。

（2）认知心理治疗：认知心理治疗有助于完善梦魇患者的人格，提高其承受能力。

（3）行为治疗：用多种方式描述梦境，可以采用"意象复述技术（imagery rehearsal technique）"对经常出现的噩梦内容，通过回忆和叙述将梦境演示或画出来，然后加以讨论，解释，同时配合放松训练技术减少此过程中的焦虑和恐惧情绪的影响，常可使梦魇症状明显改善或者消失，大大减少对于梦魇的恐惧感。

七、不安腿综合征

不安腿综合征（restless leg syndrome，RLS）是指于静息状态下出现难以名状的躯体不适感，而迫使肢体发生不自主运动。本病可见于任何年龄，最多见于中年人，老年人也可首次出现，婴儿罕见。普通人群患病率为 10%，老年人患病率较高。

1. **临床表现**　最具特征性症状为精细状态下出现难以名状的下肢不适，患者难以忍受，而迫使下肢发生不自主的运动。运动时，下肢不适感可短暂的部分或全部缓解，停止运动后不适感再次出现。通常表现为虫爬行、蠕动、拉扯、刺痛、震颤、发痒、沉重、抽筋、发胀或麻木等，通常为双侧性，但严重程度和发作频率可不对称，一般于静息状态或身体放松时出现，夜间较多。

2. **治疗**　药物治疗有：①多巴胺能药物；②苯二氮䓬类；③阿片类药物对肌肉痉挛、身体不安和睡眠质量下降有轻度或中度的疗效；④抗惊厥药物、部分抗抑郁药物有一定疗效。

第二部分 试 题

一、名词解释

1. 睡眠
2. 失眠症
3. 嗜睡症
4. 反复发作性过度睡眠
5. 特发性过度睡眠
6. 发作性睡病
7. 睡眠 - 觉醒节律障碍
8. 睡行症
9. 夜惊
10. 梦魇障碍
11. 不安腿综合征
12. 快速眼动睡眠
13. NREM
14. 慢波睡眠期
15. 睡眠效率
16. 创伤后过度睡眠
17. 白天过度睡眠
18. 猝倒发作
19. 睡眠麻痹
20. 睡眠幻觉

二、填空题（在空格内填上正确的内容）

1. 睡眠是一种与_____状态交替出现的生理状态。
2. 人类_____的时间处于睡眠状态。
3. 与睡眠状态相比，麻醉或昏迷状态不具备_____的特征。
4. 正常的睡眠包括两个主要的阶段：_____与_____睡眠。
5. NREM 睡眠有时亦被称为_____睡眠或_____睡眠。
6. 进入 NREM 睡眠期第二阶段的标志是出现了特征性的_____和_____。
7. NREM 睡眠期的第四阶段一般也被称为_____或_____。
8. 入睡后第一个快速眼动期常被称为_____。
9. NREM 约占整个睡眠时间的_____，REM 约占_____。
10. 睡眠的主要功能在于促进_____和_____的恢复。
11. 睡眠与觉醒的变化规律称为_____。
12. 当睡眠 - 觉醒节律与每日_____调节及_____分泌节律不符合时，人就会感到无精打采。

13. 夕阳西下时,人体_____的分泌显著增加,进而可增加人的睡眠倾向。

14. Pavlov认为睡眠的本质是源自大脑皮质的广泛扩散的_____。

15. 位于网状结构中的蓝斑核通过_____和_____两种神经递质来维持觉醒状态。

16. 网状结构中的蓝斑核后的中缝核通过产生_____对睡眠进行控制。

17. 睡眠规律与个体_____有很大关系。

18. 睡眠障碍按照病因学可进一步分为_____、_____和_____紊乱型三型。

19. 内源性失眠是指与_____异常相关的失眠。

20. 外源性失眠是指由于_____因素导致的失眠。

21. 睡眠觉醒周期紊乱性失眠是指由于睡眠_____功能失常所致的失眠。

22. 睡眠不足已经成为相当普遍的健康问题,其患病率随着年龄的增加而_____。

23. 睡眠 - 觉醒节律障碍的主要原因是脑机制不能使_____与当时白天和晚上的_____同步。

24. 睡眠时相延迟型睡眠障碍可分为:_____和_____。

25. 一般来说,梦魇发生在_____睡眠期。

26. 儿童夜惊一般会在_____自然缓解。

27. 失眠症患者似乎比正常人具有_____体温,并且他们的体温_____。

28. 褪黑素一般在_____中分泌,一有_____就会停止。

29. 盲人的24小时节律是一种_____的经验,但可以通过让他们服用_____来重新设置他们的生物钟节律。

30. 预防睡眠障碍的策略主要包括:改善_____环境、提高_____水平、养成_____习惯。

三、单项选择题(在5个备选答案中选出1个最佳答案)

1. 睡眠是一种与何种现象交替出现的生理状态
   A. 觉醒　　　　　　　　B. 清醒　　　　　　　　C. 智慧
   D. 理智　　　　　　　　E. 情绪

2. NREM的第四期是指
   A. 慢波睡眠期　　　　　B. 入睡期　　　　　　　C. 纺锤波和K波睡眠期
   D. 快速眼动睡眠期　　　E. 正相睡眠

3. 在NREM睡眠期中持续时间最长是一个阶段是
   A. 纺锤波和K波睡眠期　B. 思睡期　　　　　　　C. 深睡期
   D. 慢波睡眠期　　　　　E. 中睡期

4. 控制人体正常睡眠 - 觉醒节律的内源性起搏点位于下列哪个脑结构中
   A. 中脑　　　　　　　　B. 间脑　　　　　　　　C. 下丘脑上交叉神经核
   D. 大脑皮质　　　　　　E. 小脑

5. 机体睡眠节律的出现始于
   A. 2个月　　　　　　　B. 4个月　　　　　　　C. 2岁
   D. 4岁　　　　　　　　E. 1岁

6. 机体睡眠节律逐步稳定是在
   A. 婴儿期　　　　　　　B. 儿童期　　　　　　　C. 青春期
   D. 中年以后　　　　　　E. 老年期

7. 皮质醇是调节睡眠的一种重要递质, 皮质醇分泌的减少一般发生在
   A. 做梦时　　　　　　　B. 醒来时　　　　　　　C. 入睡后
   D. 日间　　　　　　　　E. 清晨

8. 褪黑素分泌增加会导致
   A. 睡眠减少　　　　　　　　　　　　B. 睡眠增加
   C. 睡眠倾向增强　　　　　　　　　　D. 直接帮助个体进入睡眠状态
   E. 睡眠倾向减少

9. 快速眼动睡眠时间的变化规律一般为
   A. 随年龄的增加而逐步减少
   B. 随年龄的增加而逐步增加
   C. 随年龄的增加而逐步先增加后减少
   D. 随年龄的增加而逐步先减少后增加
   E. 没有变化

10. 婴儿到青春期的慢波睡眠时间是中年后个体的
    A. 1 倍　　　　　　　　B. 2 倍　　　　　　　　C. 3 倍
    D. 4 倍　　　　　　　　E. 5 倍

11. 巴浦洛夫 (Pavlov) 认为, 睡眠的本质是
    A. 源自大脑皮质广泛扩散的内抑制　　B. 源自神经递质分泌的差异
    C. 神经递质对睡眠节律的调控　　　　D. 一种生物学习惯
    E. 是生命延续的必需

12. 盲人的睡眠节律的调节方式为
    A. 改变光照　　　　　　B. 时钟提醒　　　　　　C. 服用褪黑素
    D. 服用安眠药　　　　　E. 饮酒

13. 神经生理学发现, 睡眠主要是中缝核通过产生何种化学物质进行调节的
    A. 多巴胺　　　　　　　B. 去甲肾上腺素　　　　C. 乙酰胆碱
    D. 5- 羟色胺　　　　　　E. 组胺

14. 睡眠规律的形成与下列哪项的关系最为密切
    A. 体温　　　　　　　　B. 身体健康程度　　　　C. 人体生物钟
    D. 性别　　　　　　　　E. 年龄

15. 褪黑素对睡眠的作用是通过什么实现的
    A. 控制体温　　　　　　B. 增加睡眠时间　　　　C. 影响人体生物钟设置
    D. 减少睡眠时间　　　　E. 内分泌调节

16. 慢波睡眠时间在整个睡眠时间中所占的比例变化的规律是
    A. 儿童期及成年早期慢波睡眠时间所占比例不大
    B. 青少年期以后, 慢波睡眠期所占比例开始减少
    C. 慢波睡眠期在人的一生中都不会消失

    D. 婴儿到青春期的慢波睡眠时间是中年后个体的4倍

    E. 老年人都有慢波睡眠

17. 快速眼动睡眠的变化规律是

    A. 婴儿期快速眼动睡眠期很少

    B. 快速眼动睡眠时间在青春期时达到稳定

    C. 快速眼动睡眠期的时间达到稳定后，将不再有太大的变化

    D. 快速眼动睡眠的时间会随着年龄的增加而增加

    E. 老年人的快速眼动睡眠有增加

18. 睡行症发生时，患者

    A. 通常正在做梦   B. 通常并未做梦   C. 不太固定

    D. 说不清   E. 发作时很容易唤醒患者

19. 睡行症患者被唤醒后通常

    A. 能够立刻恢复正常   B. 会描述丰富的梦境

    C. 完全记得曾经做的事   D. 惊恐不安

    E. 不记得发生了什么

20. 梦魇的发生时间通常为

    A. 睡眠初期   B. 睡眠中期   C. 睡眠后期

    D. NREM 睡眠期   E. 不固定

21. 夜惊一般出现于

    A. 成人   B. 青少年   C. 儿童

    D. 老人   E. 婴幼儿

22. 在临床上使用的用于减少慢性夜惊的简单有效方法是

    A. 保证总睡眠时间   B. 定时唤醒儿童   C. 游戏治疗

    D. 服用药物   E. 制订觉醒列表

23. 儿童夜惊患者在持续时间上一般表现为

    A. 如果不加治疗会持续终身

    B. 就算不进行治疗亦会在很短的时间内消失

    C. 在青春期后逐步自然缓解

    D. 没有固定的规律

    E. 在成年人中发病持续时间较短

24. 精神分析理论认为失眠最直接的原因是

    A. 未解决的内心冲突的某种表现   B. 潜意识冲动的表达

    C. 患者移情的表现   D. 患者人格三结构的冲突所致

    E. 病理性的神经过敏

25. 行为主义理论认为，睡眠障碍的原因主要是

    A. 不良睡眠观念造成的   B. 不良学习的结果

    C. 不良照顾方式造成的   D. 无人关注所致

    E. 不良的感知造成的

26. 认知理论认为，睡眠障碍的主要原因**不包括**

    A. 对失眠结果的扩大化   B. 对睡眠时间的不切实际的期望

C. 内心矛盾所致　　　　　　　　　　　　D. 对失眠的错误归因

E. 对失眠的不合理信念

27. 在对睡眠障碍进行治疗中,常采用刺激控制技术,它的主要目的是

A. 减少影响睡眠的刺激量

B. 帮助患者建立快速入睡和卧室与床之间的条件反射

C. 减少患者通过运动量

D. 控制患者入眠前的各种活动

E. 改变患者对睡眠的不合理信念

28. 以下关于失眠症病程的诊断标准,正确的是

A. 每周失眠 2 次,持续 1 个月以上　　　B. 每周失眠 2 次,持续 2 个月以上

C. 每周失眠 3 次,持续 2 个月以上　　　D. 每周失眠 3 次,持续 1 个月以上

E. 每周失眠 3 次,持续 3 个月以上

29. 神经生理学发现,觉醒状态主要是网状结构中的蓝斑核通过产生何种化学物质进行维持的

A. 去甲肾上腺素和多巴胺　　　　　　　B. 肾上腺素

C. 乙酰胆碱　　　　　　　　　　　　　D. 5- 羟色胺

E. 组胺

30. 治疗失眠症比较有效、使用最多的药物是

A. 抗精神病药　　　　　B. 促脑代谢药　　　　　C. 抗抑郁药

D. 镇静催眠药　　　　　E. 情感稳定剂

31. 需要的睡眠时间最长的年龄段是

A. 刚出生到满周岁的婴儿　　　　　　　B. 1~4 岁幼儿

C. 5~10 岁儿童　　　　　　　　　　　D. 青少年

E. 31~60 岁成年人

32. 关于失眠的定义,正确的是

A. 通常指患者对睡眠时间和(或)质量不满足并影响日间社会功能的一种主观体验

B. 指患者睡眠时间不够

C. 指患者睡眠质量不满足

D. 睡眠时间和质量都不好

E. 常表现入睡困难、睡眠不深、早醒等

33. 下列患者可能存在入睡困难的是

A. 小孙每天总会在上床后看半小时书才能睡得着

B. 一个多星期以来,小李上床后久久不能入睡,一般都得半小时以后

C. 小王临睡前总要花半小时时间回顾一下今天做过的事,然后才能睡得着

D. 由于担心第二天的重要会议,小张夜里迟迟不能入睡

E. 小张每天睡觉前都要花半小时的时间看手机

34. 小李最近一段时间常在早上 3 点左右醒来,然后就再也睡不着了,醒来后,还常感到心情不佳,小李可能出现了何种睡眠障碍的症状

A. 入睡困难　　　　　B. 睡得不深　　　　　C. 早醒

  D. 夜惊   E. 睡行症

35. 因为第二天上午的一场重要考试，小明失眠了。这是一种因什么而导致的睡眠障碍

  A. 错误认知   B. 不良睡眠习惯   C. 睡眠环境

  D. 内心冲突   E. 生活应激

36. 某女，56岁，自诉"难以入睡且睡眠不深、易醒8年"。服用安眠药效果不佳。对其最可能的诊断是

  A. 入睡困难   B. 失眠症   C. 睡行症

  D. 梦魇   E. 药物依赖

37. 睡眠中突然出现的一种短暂的恐惧和惊恐发作，伴有强烈的语言、运动形式及自主神经系统的兴奋现象，这是

  A. 夜惊   B. 梦魇

  C. 睡行症   D. 睡眠 - 觉醒节律障碍

  E. 嗜睡症

38. 病人从睡眠中起床，穿衣，在室内走到，表情茫然，难以唤醒，20分钟后重新上床睡觉，醒后对事件不能回忆，这是

  A. 夜惊   B. 梦魇

  C. 睡行症   D. 睡眠 - 觉醒节律障碍

  E. 嗜睡症

39. 小李，16岁，近半年经常在白天无论任何情况下，出现难以抑制的睡意和睡眠发作，一般睡眠后可使精神振作。有时从睡眠中醒来会出现一过性的不能讲话或全身不能活动，但呼吸和眼球运动不受影响，有入睡前幻觉。有时在强烈的精神刺激下，会出现躯体肌张力突然丧失，但意识清楚，不影响呼吸。此患者考虑患有

  A. 发作性睡病   B. 梦魇

  C. 睡行症   D. 睡眠 - 觉醒节律障碍

  E. 嗜睡症

40. 张某，19岁，周期性出现睡眠过多，每昼夜的睡眠时间达18小时，醒来时常快速进食大量食物和排泄，进食和排泄后又进入睡眠状态，但无尿失禁。详细询问病史，张某未服用镇静催眠药物及酒精等，躯体状况良好。考虑张某最可能患有

  A. 反复发作性过度睡眠   B. 梦魇

  C. 睡行症   D. 睡眠 - 觉醒节律障碍

  E. 夜惊

四、问答题

1. 简述睡眠的两大阶段及其主要特点。
2. 简述 NREM 睡眠的生理意义。
3. 简述 REM 睡眠的生理意义。
4. 1990年睡眠障碍国际分类（ICSD）中对睡眠障碍是如何分类的？
5. 试述 ICD-10 将失眠症概念限定的内容。
6. 试述导致睡眠障碍的心理社会因素。

7. 试述睡眠障碍的生物节律理论。

8. 试述睡眠障碍的刺激控制技术的主要操作方法。

9. 试述嗜睡症的临床表现和分型。

10. 试述夜惊的基本特点。

第三部分　参　考　答　案

一、名词解释

1. 睡眠是与觉醒状态交替出现的生理状态。人类 1/3 的时间处于睡眠状态。

2. 失眠症是一种以失眠为主的睡眠质量不满意的状况，其他症状均继发于失眠，包括难以入睡、睡眠不深、易醒、多梦早醒、再睡困难、醒后不适或疲乏感，或白天困倦。

3. 嗜睡症又称原发性过度睡眠，指白天睡眠过多，不是由于睡眠不足、药物、酒精、躯体疾病所致，也不是精神障碍的症状。

4. 反复发作性过度睡眠亦称周期性过度睡眠、克莱恩 - 莱文综合征、青少年周期性嗜睡症，患者在睡眠发作时，每昼夜的睡眠时间可长达 18~20 小时，觉醒时间仅用于快速进食大量食物与排泄，进食与排泄后有进入睡眠状态，但无尿失禁。

5. 特发性过度睡眠发病年龄为 10~50 岁不等，主要表现为长时间的打瞌睡后出现日间过度睡眠，并可不分场合甚至在需要十分清醒的情况下也出现不同程度、不可抗拒的入睡，持续 1 小时或以上，小睡后并不能恢复精力，可伴有自主神经功能障碍，如头痛、直立性低血压、雷诺现象等。

6. 发作性睡病是指白天出现不可克制的发作性短暂性睡眠。多见于 15~25 岁，典型表现为白天过度睡眠、猝倒发作、睡眠瘫痪、睡眠幻觉，称为发作性睡眠四联征。

7. 睡眠 - 觉醒节律障碍指睡眠 - 觉醒节律与所要求的不符，导致对睡眠质量的持续不满状况，患者对此有忧虑或恐惧心理，并引起精神活动效率下降，妨碍社会功能。

8. 睡行症过去习惯被称为梦游症或夜游症，是一种在睡眠过程中尚未清醒而起床在室内或户外行走，或做一些简单活动的睡眠和清醒的混合状态。发作时难以唤醒，刚醒时意识障碍，定向障碍，警觉性下降，反应迟钝。以患者在睡眠中行走为基本临床特征，不论是即刻苏醒或次晨醒来均不能回忆。

9. 夜惊是一种常见于儿童的睡眠障碍，主要为反复出现从睡眠中突然觉醒并惊叫、哭喊，伴有惊恐表情和动作，以及心率增快、呼吸急促、出汗、瞳孔扩大等自主神经兴奋症状。

10. 梦魇障碍是指睡眠中被噩梦突然惊醒，以恐怖不安或焦虑为主要特征的梦境体验，且对梦境中的恐怖内容能清晰回忆，并心有余悸的一种睡眠障碍。

11. 不安腿综合征是指于静息状态下出现难以名状的躯体不适感，而迫使肢体发生不自主运动。运动时，下肢不适感可短暂的部分或全部缓解，停止运动后不适感再次出现。

12. 快速眼动睡眠指入睡后 70~100 分钟出现，伴随快的眼球运动，该阶段与非快速眼动睡眠周期性出现。做梦一般发生在此阶段。

13. NREM 指非快速眼动睡眠期，常识中所认为的生理与心理活动减少的睡眠期。这是机体各种功能恢复的主要时期。与 REM 睡眠期在睡眠过程中交替出现，共同构成睡眠总体。

14. 慢波睡眠期是个体深睡眠期,亦称 δ 波睡眠期。其标志为脑波中以 δ 波的出现为主,机体在此时进入深度睡眠时期。

15. 睡眠效率指总睡眠时间与记录时间(睡在床上的时间)之比,通常使用百分比表示,正常睡眠效率应在 80% 以上,但与年龄有关,如儿童一般睡眠效率较高。

16. 创伤后过度睡眠又称继发性过度睡眠,指在中枢神经系统创伤后 1 年内出现的日间睡眠过多。可见于任何年龄,主要表现为脑创伤后出现的日间睡眠过多,常与其他症状(如头痛、疲劳、记忆障碍等)同时发生,少部分可见睡眠类型或觉醒改变。

17. 白天过度睡眠指白天任何情况下出现难以抑制的睡意和睡眠发作,一段睡眠后可使精神振作。

18. 猝倒发作常由强烈情感刺激诱发,表现躯体肌张力突然丧失但意识清楚,不影响呼吸,能完全恢复。

19. 睡眠麻痹指从 REM 睡眠中醒来时发生的一过性的不能讲话或全身不能活动,但呼吸和眼球运动不受影响。

20. 睡眠幻觉指从觉醒向睡眠或睡眠向觉醒转换时,为视、听、触或运动性幻觉,多为生动的不愉快感觉体验。

二、填空题

1. 觉醒

2. 三分之一

3. 瞬间唤醒

4. 快速眼动睡眠　非快速眼动

5. 正相　高电压慢波睡眠

6. 纺锤波　K 波

7. δ 波　慢波睡眠期

8. 快速眼动潜伏期

9. 75%　25%

10. 体力　精神

11. 睡眠节律

12. 体温　皮质醇

13. 褪黑素

14. 内抑制

15. 去甲肾上腺素　多巴胺

16. 5-羟色胺

17. 生物钟

18. 内源性　外源性　睡眠觉醒周期

19. 脑功能

20. 外界干扰

21. 调节

22. 增加

23. 睡眠模式　节律模式
24. 提前睡眠时相型　延迟睡眠时相型
25. REM
26. 青春期
27. 更高的　变化不大
28. 黑暗　光线
29. 自然　褪黑激素
30. 睡眠　身心健康　良好的睡眠

三、单项选择题

1. A　2. A　3. A　4. C　5. B　6. D　7. C　8. C　9. A　10. B
11. A　12. C　13. D　14. C　15. C　16. B　17. C　18. B　19. E　20. C
21. C　22. E　23. C　24. A　25. B　26. C　27. B　28. D　29. A　30. D
31. A　32. A　33. B　34. C　35. E　36. E　37. A　38. C　39. A　40. A

四、问答题

1. 简述睡眠的两大阶段及其主要特点。

答：正常的睡眠包括了两个主要阶段：快速眼动睡眠（REM 睡眠）与非快速眼动睡眠（NREM 睡眠）。睡眠是 NREM 睡眠与 REM 睡眠相互交替的过程，其中，NREM 约占所有睡眠时间的 75%，REM 约占 25%。REM 睡眠有时也被称为做梦睡眠（因为此阶段总与梦联系在一起）或异相睡眠（因为此时大脑异常活跃）。NREM 睡眠则指一般常识所认为生理与心理活动都减少的睡眠期。

（1）在多导记录仪的帮助下，我们可以据脑电图的不同特点将 NREM 分为四个阶段：第一阶段：向睡眠的过渡阶段，或思睡期，此时个体失去意识，进入睡眠阶段，同时，心率减慢，呼吸开始减缓，躯体肌肉放松，这一阶段大概占到整个睡眠时间的 5%；第二阶段：进入浅睡（浅睡期），随着睡眠加深，体温进一步下降，随之出现特征性的纺锤波和 K 波，这两种波的出现标志着我们正式进入睡眠，这一阶段能占到整个夜间睡眠时间的 50%；第三、四阶段（也被称为 δ 波或慢波睡眠期），这是个体进入深度睡眠的阶段，δ 波或慢波的出现，是这两个阶段的特点，δ 波在第一个非快速眼动睡眠期其出现频率最高，随后，δ 波睡眠的持续时间在每次成功的非快速眼动睡眠后逐次减少，这一时期是机体各种生理功能的主要恢复时期，这一阶段能占到个体整个睡眠时间的 10%~20%。

（2）入睡约 90 分钟后进入 REM 睡眠，"做梦"通常发生在此时期。REM 睡眠的特点是出现了高频低幅的不同步脑电波，以及周期性的快速眼动。一些心理障碍患者的 REM 持续时间明显偏短，如抑郁症、进食障碍、边缘性人格障碍、分裂症、酒精依赖等。

2. 简述 NREM 睡眠的生理意义。

答：NREM 睡眠是促进生长、消除疲劳及恢复体力的主要方式。白天剧烈活动后，当夜及第二夜 NREM 睡眠可增加 1 倍左右。此外，在 NREM 睡眠期间，动物心率减慢、血压下降、呼吸频率降低、机体能量消耗减少，脑垂体各种激素分泌增多（特别是生长激素），有利于合成代谢，促进生长发育。

3. 简述 REM 睡眠的生理意义。

答：① REM 睡眠是神经系统发育到高级阶段的产物。NREM 睡眠可见于大部分爬行动物，但 REM 睡眠只可见于哺乳动物及人类，且哺乳动物的 REM 时间占 15%~20%，似乎随脑进化程度提高而增加，因此 REM 睡眠可能与神经系统的高度进化有关。② REM 睡眠与神经系统发育成熟有关。③ REM 睡眠与记忆有关。④ REM 睡眠与体温调节有关。⑤ REM 睡眠与某些疾病有关。REM 睡眠出现时常伴随心率、血压、呼吸和自主神经系统活动发生明显而又不规则的变化，因此 REM 睡眠常与分娩、心绞痛、急性脑血管病、哮喘等意外事件有关。⑥阴茎勃起是与 REM 睡眠相关联的一种生理现象。⑦ REM 睡眠与梦境有关。

4. 1990 年睡眠障碍国际分类（ICSD）中对睡眠障碍是如何分类的？

答：1990 年，美国睡眠障碍联合会制定了《睡眠障碍国际分类》（ICSD），ICSD 是从事睡眠医学的专业人员使用最多的分类方法，将睡眠疾患分为三大类：睡眠障碍、睡眠行为障碍和继发性睡眠障碍。睡眠障碍按病因学再进一步分为内源性、外源性和睡眠醒觉周期紊乱性失眠三型。内源性失眠是指与脑功能异常相关性失眠；外源性失眠是由于外界干扰因素导致的睡眠紊乱；睡眠醒觉周期紊乱性失眠是由于睡眠调节障碍所致。睡眠行为障碍是指在睡眠过程中不应发生的行为和躯体活动，常见于睡行症和梦魇。通常情况下，睡眠行为异常不会导致严重失眠。继发性睡眠障碍多与精神、躯体疾病和神经系统疾病有关。

5. 试述 ICD-10 将失眠症概念限定的内容。

答：ICD-10 将失眠症的概念限定为以下三方面的内容：①在评价失眠时须将患者在睡眠数量和（或）质量不足的主诉和体验考虑在内，不包括实际睡眠时间较短但无睡眠不足表现（所谓的短睡型）。②每周失眠多于 3 次，并至少持续 1 个月。仅为轻度或短暂性睡眠困难者不足以诊断为失眠症。避免将由于日常生活事件或一般的心理应激导致的一过性失眠与临床的失眠症混为一谈。③除睡眠不足的主诉外，心情烦躁，日常生活和工作能力下降。应避免错将失眠症作为其他精神或躯体疾病的一个症状。只要是睡眠障碍导致情绪紊乱和社会功能下降，临床即可诊断为失眠症。

6. 试述导致睡眠障碍的心理社会因素。

答：影响个体容易出现睡眠障碍的心理社会因素包括：①睡眠期待。研究显示失眠者对其睡眠需要的时间期望不现实；对失眠的后果考虑与现实不符。②文化差异。跨文化睡眠的研究对象主要集中于儿童。③内心冲突。精神分析理论认为失眠是未解决的内心冲突的某种表现。④不良睡眠习惯。行为主义者认为，睡眠障碍的出现是不良学习的结果。⑤错误的认知。认知行为理论认为，患者对偶然发生的失眠现象的不合理信念是导致失眠长期存在的重要原因。这些不合理信念包括、对失眠结果的扩大化、对睡眠时间的不切实的期望和造成失眠的错误归因。⑥感知不良。主观性失眠患者把在睡眠过程中发生的精神活动错误的判断为是处于觉醒状态时出现的感觉，从而对睡眠状态的感知不良，可能是产生失眠的原因之一。主观性失眠患者对睡眠时间的估计不准确。

7. 试述睡眠障碍的生物节律理论。

答：生物节律是理解睡眠现象的基础，当机体的生物节律被打乱时就会出现睡眠障碍。其中褪黑激素（melatonin）对生物钟的设置起到了很大作用，它告诉我们该什么时候睡觉。褪黑激素由松果体腺产生，在黑暗中分泌，一有光线分泌就停止。当我们的眼睛看到黑夜来临时，松果体腺就开始分泌褪黑激素。研究者认为光线和褪黑激素对生物钟的设置均起作用。褪黑激素可用来治疗严重时差型睡眠障碍和其他与 24 小时节律受扰有关的睡眠障碍，但要注意用药的指征。

8. 试述睡眠障碍的刺激控制技术的主要操作方法。

答：刺激控制技术的主要目的是要帮助患者建立快速入睡和卧室与床之间的条件反射联系，其策略主要通过减少影响睡眠的活动来达到，其具体操作如下：①只有感到困倦时才上床；②卧室和床只能用来睡觉和性生活，不可进行其他活动，例如：看书报、看电视、吃东西和思考；③若发现超过 20 分钟不能入睡，则起床到另外的房间，直到有睡意再回卧室；④每天早晨按时起床，保持良好睡眠节律；⑤白天睡眠时间不宜过长，尽量避免日间小睡。

9. 试述嗜睡症的临床表现和分型。

答：患者表现为白天思睡，夜间却整夜不眠或睡眠时间显著缩短，睡中易醒等。由于白天嗜睡，严重影响患者日间功能，同时伴发神经精神症状和认知功能改变，表现为精神萎靡、头昏、头胀、反应迟钝、记忆力下降等。

嗜睡症可以分为以下几种类型：①反复发作性过度睡眠（亦称周期性过度睡眠、克莱恩 - 莱文综合征、青少年周期性嗜睡症）；②特发性过度睡眠；③创伤后过度睡眠（又称继发性过度睡眠）；④其他原因继发嗜睡症。

10. 试述夜惊的基本特点。

答：夜惊的基本特点：①通常以尖厉的叫声开始，并有反复发作的趋势，夜惊中孩子感到极其不安，常常大汗淋漓、心率加快。虽然夜惊与梦魇似乎很相像（孩子哭喊并感到害怕），但夜惊发生在 NREM 睡眠期，因此不是由于可怕的梦境所致。②一般会持续 1~10 分钟，并伴有自动觉醒和极度恐慌的行为表现。③在夜惊发作期间儿童不易被唤醒，且常感到不适，有如在梦魇中。④患者自己往往不能回忆夜惊的经过，患者常常记不起刚刚做过的梦，或只记得起一些片段。大多数在被惊醒后，患者并不会立即醒来，而是会继续睡觉，醒来时会出现对梦境的完全遗忘。

（陶桂凤）

第十二章　人格障碍

第一部分　内容概要与知识点

本章导读　人格障碍使一个人的行为和思考的特有方式使其与他人格格不入，引发重重人际矛盾，导致他人和自身的巨大痛苦。本章主要介绍了人格障碍的基本概念、病因、分类标准及其临床表现特点，从不同理论角度解释人格障碍患者的行为及其病理学，并且介绍了人格障碍的各种评估工具及诊断标准，最后还介绍了人格障碍的治疗要点。

第一节　概　　述

1. **定义**　人格障碍（personality disorder）是指明显偏离正常且根深蒂固的行为方式，具有适应不良的性质，其人格在内容、特质等整个人格方面的异常，使患者感到痛苦和（或）使他人遭受痛苦，或给个人或社会带来不良影响。人格的异常妨碍了他们的情感和意志活动，破坏了其行为的目的性和统一性，给人以与众不同的特别的感觉，在待人接物方面表现尤为突出。人格障碍通常开始于童年、青少年或成年早期，并一直持续到成年乃至终生。部分人格障碍患者在成年后有所缓和。

2. **人格障碍的由来**　1806 年法国 Pinel 首次提出"不伴妄想的躁狂症"（manie sans

delire）；1835 年，英国普里查德（J.C.Prichard）提出"悖德狂"（moral insanity）的概念；1891 年，S.Koch 提出了接近现代概念的术语"精神病性卑劣"（psychopathic inferiority）；1913 年，德国 E.Kraepelim 在其《精神病学》教科书第 8 版中首次引用称之为"病态人格"（psychopathic personality）；到 20 世纪 50 年代，美国的 DSM 和国际 ICD 诊断系统才对人格障碍作了比较明确的分类和描述。

3. **人格障碍与人格改变（personality changes）的区别**　人格改变是获得性的，是指一个人原本人格正常，而在严重或持久的应激、严重的精神障碍及脑部疾病或损伤之后发生，随着疾病痊愈和境遇改善，有可能恢复或部分恢复。人格障碍没有明确的起病时间，始于童年或青少年且持续终生，人格改变的参照物是病前人格；而人格障碍主要的评判标准来自于社会和心理的一般准则。

4. **人格障碍的病因**　一部分来自生物学因素，很大部分来源于心理社会因素。其中心理社会因素又包含了：①依附（attachment）；②家庭环境（family environment）；③社会认知（social cognition）模式。其中常见的影响人格障碍的社会认知模式又包含了：①个人价值（self value）；②经历寻求（experience seeking）；③自由（freedom）；④爱（love）；⑤家（family）；⑥孝敬（filial duty）。

第二节　分类与表现

1. **人格障碍的分类系统**　CCMD-3、ICD-10 与 DSM-5 的人格障碍分类不尽相同，这反映了人格障碍问题的复杂性，也说明了当前此领域研究的活跃。例如，ICD-10 的环性人格在 F34.0，分裂型人格障碍在 F21；DSM-5 将环性人格障碍归入双相及相关障碍中。

2. **人格障碍的界定型分类**　DSM-Ⅳ系统将人格障碍分为三大簇（十种类型），附加两种仅供研究的类型：① A 簇（cluster A）包括偏执型（paranoid）、精神分裂样（schizoid，简称分裂样）和精神分裂型（schizotypal，简称分裂型），这一簇又被统称为怪异型（weird），因为它们共同包含有疑神疑鬼的特点；② B 簇（cluster B）包括反社会型（antisocial）、边缘型（borderline）、表演型（histrionic）和自恋型（narcissistic），这一簇又被统称为野蛮型（wild），因为它们都包含明显的不良冲动行为等特点；③ C 簇（cluster C）包括有回避型（avoidant）、依赖型（dependent）和强迫型（obsessive-compulsive），这一簇又被统称为依附型（whiny），因为它们都含着对人或环境有特殊要求的特点；④另外，用于研究时可以参考的分类，包括抑郁型（depressive）和被动攻击型（passive-aggressive）人格障碍两类。

3. **人格障碍的维度型分类**　将 DSM-Ⅳ所述的人格障碍类型，以特质的方式重新排列了，分为五种障碍人格特质：①情绪失调型（emotional dysregulation）对应 DSM-Ⅳ分类中的边缘型、回避型和依赖型；②反社会型（dissocial）对应 DSM-Ⅳ分类中的偏执型、反社会型、表演型、自恋型和被动 - 攻击型；③抑制型（disinhibition）对应 DSM-Ⅳ分类中的分裂样和部分分裂型；④强迫型（compulsivity）对应 DSM-Ⅳ分类中的强迫型；⑤奇异寻求型（peculiarity seeking）对应 DSM-Ⅳ分类中的大部分分裂型。

4. **人格障碍的维度 - 界定型分类**　DSM-5 以一个混合的维度 - 界定模型评估、诊断人格障碍。在 DSM-5 中有五个高级的病理性人格特质单元，每个单元包含多种人格特质，总共 35 种人格特质，每种人格障碍包含相应的病理性人格特质。其病理性人格特质单元包括负面情绪（negative emotionality）、分离（detachment）、敌意（antagonism）、去抑制

（disinhibition）vs 强迫（compulsivity）、精神质（psychoticism）。

5. 人格障碍的共同特征 ①异常行为开始于童年、青少年或成年早期，并一直持续到成年乃至终生。没有明确的起病时间，不具备疾病发生发展的一般过程。②可能存在脑功能损害，但一般没有可测查的神经系统形态学病理变化。③人格显著的、持久的偏离了所在社会文化环境应有的范围，从而形成与众不同的行为模式。个性上有情绪不稳、自制力差、与人合作能力和自我超越能力差等特征。④主要表现为情感和行为的异常，但其意识状态、智力均无明显缺陷。一般没有幻觉和妄想，可与精神病性障碍相鉴别。⑤对自身人格缺陷常无自知之明，难以从失败中吸取教训，屡犯同样的错误，因而在人际交往、职业和感情生活中常常受挫，以致害人害己。⑥一般能应付日常工作和生活，能知晓自己的行为后果，也能在一定程度上认识社会对其行为的评价，可以有主观上的痛苦。⑦各种治疗手段效果欠佳，医疗措施难以奏效，教育效果有限。

6. 人格障碍的临床表现特点 各型人格障碍的特点为：①偏执型人格障碍，以猜疑和偏执为特点；②反社会型人格障碍，以行为不符合社会规范，经常违法乱纪，对人冷酷无情为特点；③分裂样人格障碍，以观念、行为、外貌装饰的奇特、情感冷漠、人际关系明显缺陷为特点；④冲动型人格障碍，以阵发性情感爆发，伴明显冲动性行为为特点，又称攻击性人格障碍；⑤表演型人格障碍，以过分感情用事或夸张言行以吸引他人注意为特点；⑥强迫型人格障碍，以过分要求严格与完美无缺为特点；⑦边缘型人格障碍，以反复无常的心境和不稳定的行为为主要特点的人格障碍；⑧焦虑型人格障碍特征是一贯感到紧张、提心吊胆、不安和自卑，总是需要被人喜欢和接纳，对拒绝和批评过分敏感，因习惯性地夸大日常处境中的潜在危险，所以有回避某些活动的倾向；⑨依赖型人格障碍特征是依赖、不能独立解决问题，怕被人遗弃，常感到自己无助、无能和缺乏精力。

第三节 理 论 解 释

1. 精神分析理论 根据 Freud 的理论，人格障碍分类可以建立在本我、自我和超我的结构模型上。

2. 行为学习理论 根据 B.F.Skinner 的行为主义理论，没有必要假想以及不可观察的感情状态或认知期望的存在导致了人格障碍患者的行为及其病理症状。

3. 认知心理学理论 A.Beck 发展了各种人格障碍的认知理论。患有同型人格障碍的个体均有具代表性的经验和行为的认知框架，这些扭曲的认知框架提供了适应不良相互影响的策略，并且引发了个体在日常生活中的自动思维。

4. 生物学理论 某些神经递质类型与人格障碍有特点的关系，神经递质水平的异常可能会导致人格障碍的产生。

第四节 诊 断 评 估

1. 人格障碍的临床定式检测 ① IPDE（国际人格障碍检查 / International Personality Disorder Examination）；② SCID-II（DSM-III-R 人格障碍临床定式检查 / Structured Clinical Interview For DSM III-R Personality Disorders）；③ PDI-IV（DSM-IV 人格障碍测查 / Personality Disorder Interview）。

2. **人格障碍的自陈式调查问卷** 自陈式调查表的优点在于：①自陈式调查表的计分结果将使临床工作者对没有预料到的问题或领域产生警觉；②自陈式调查表对评估被试难以与检测者进行公开讨论的特质很有用处；③在临床诊断中不一定要对每一被试都要采用半定式检测工具逐一进行评估。目前常用的自陈式问卷有：① SCID-Ⅱ PQ（SCID-Ⅱ Patient Questionnaire）；② PDQ-R（Personality Diagnostic Questionnaire-Revised）。

3. **人格障碍的诊断** 目前主要有三种不同的人格障碍诊断系统：① CCMD-3 列出四项人格特征，要求至少具备一项才可以诊断；② ICD-10 对每一种类型的人格障碍描述了七项人格特征，并规定至少具备三项才能诊断为该类型的人格障碍，而且还规定，如果只有一项或者两项，可诊断为人格障碍特性的尖锐化；③ DSM-5 诊断系统则指明，人格障碍是指明显偏离了个体文化背景预期的内心体验和行为的持久模式，是泛化的和缺乏弹性的，起病于青少年或成年早期，随着时间的推移逐渐变得稳定，并导致个体的痛苦或损害。

4. **CCMD-3 诊断标准** 其症状标准为个人的内心体验与行为特征（不限于精神障碍发作期）在整体上与其文化所期望和所接受的范围明显偏离，这种偏离是广泛、稳定和长期的，这种偏离是广泛、稳定和长期的，起始于儿童期或青少年期，并至少有下列一项：①认知（感知，即解释人和事物，由此形成对自我及他人的态度和形象的方式）的异常偏离；②情感（范围、强度，即适切的情感唤起和反应）的异常偏离；③控制冲动及对满足个人需要的异常偏离；④人际关系的异常偏离。

5. **ICD-10 诊断标准** 其诊断要点为不是由广泛性大脑损伤或病变以及其他精神科障碍所直接引起的状况，符合下述标准：①明显不协调的态度和行为，通常涉及几方面的功能，如情感、唤起、冲动控制，知觉与思维方式及与他人交往的方式；②这一异常行为模式是持久的，固定的，并不局限于精神疾患的发作期；③异常行为模式是泛化的，与个人及社会的多种场合不相适应；④上述表现均于童年或青春期出现，延续至成年；⑤这一障碍会给个人带来相当大的苦恼，但仅在病程后期才明显；⑥这一障碍通常会伴有职业及社交的严重问题，但并非绝对如此。

6. **DSM-5 诊断标准** 其诊断标准为：①明显偏离了个体文化背景预期的内心体验和行为的持久模式，表现为下列 2 项（或更多）症状：a. 认知（即对自我、他人和事件的感知和解释方式）；b. 情感（即情绪反应的范围、强度、不稳定性和适宜性）；c. 人际关系功能；d. 冲动控制。②这种持久的心理行为模式是缺乏弹性和泛化的，涉及个人和社交场合的诸多方面。③这种持久的心理行为模式引起有临床意义的痛苦，或导致社交、职业或其他重要功能方面的损害。④这种心理行为模式在长时间内是稳定不变的，发生可以追溯到青少年期或成年人早期。⑤这种持久的心理行为模式不能用其他精神障碍的表现或结果来更好地解释。⑥这种持久的心理行为模式不能归因于某种物质（例如，滥用的毒品、药物）的生理效应或其他躯体疾病（例如，头部外伤）。

第五节 治 疗 要 点

1. **认知 - 行为疗法** 掌握每一型人格障碍的病态中心意念、对待自己及别人的看法、相关的推论和行为模式，是有效地实施认知 - 行为疗法的关键。治疗过程中需要心理治疗师树立标准，校正患者扭曲的认知观念，不仅需要时间，更需要患者本人和相关家人的积极配合。具体实施不仅局限于治疗时间段内，同时要借助家庭作业实施在患者的日常生活中，是患者走出自我"设定"的病态环境中。

2. 辩证行为疗法 该疗法建立于认知-行为疗法的基础上,其精髓在于让患者和心理治疗师都能及时有效地配合,随时调整疗法的模式,也让患者随时学习日常生活或功能技巧。

3. 夫妻疗法 心理治疗师教导有问题的夫妻双方逐步提高最基本的表达和交谈技巧,并将这些技术逐步地运用在生活实践中,以应对各种问题。具体步骤中可以包括以下五步:制订日程和目标、双方各自提出问题的症结、角色认同和学习、技巧的学习和运用以及对起初计划的评估和修正。

4. 药物治疗 目前的药物治疗难以改变人格结构,但在出现异常应激和情绪反应时少量用药仍有帮助,也就是说药物治疗仍限于对症治疗。

5. 教育和训练 多数学者指出惩罚对这类人是无效的,需要多方面紧密配合对他们提供长期而稳定的服务和管理,特别是卫生部门和教育系统的配合,以精神科医生为媒介组织各种服务措施。

6. 预后 过去认为人格障碍是无法治愈的,只能给予适当的管理和对病症处理。目前一些学者认为不仅药物治疗和环境治疗能改善人格缺陷,而且随着年龄增长,无论类型如何,一般均可逐步趋向缓和。

第二部分 试 题

一、名词解释

1. 人格
2. 人格障碍
3. 人格改变
4. 边缘型人格障碍
5. 表演型人格障碍
6. 反社会型人格障碍
7. 冲动型人格障碍
8. 偏执型人格障碍
9. 分裂样人格障碍
10. 强迫型人格障碍
11. 焦虑型人格障碍
12. 依赖型人格障碍
13. 行为治疗
14. 精神分析心理治疗
15. 本我
16. 自我
17. 超我
18. 认知疗法

19. IPDE
20. SCID-Ⅱ PQ
21. PDQ-R
22. SCID-Ⅱ
23. PDI-Ⅳ

二、填空题(在空格内填上正确的内容)

1. 人格障碍的概念有狭义与广义之分,前者专指_____人格障碍,后者包括人格障碍的所有类型,目前采用_____的定义。

2. 人格障碍的治疗方法有_____、_____、_____。

3. _____是指一个人由于某种特殊原因导致人格的显著变化,多为异常情况,是获得性的,多出现在_____并有特定的前因,如严重或持久的应激、极度的环境剥夺、酒中毒、脑外伤、精神病或神经症等疾病等。

4. 依附障碍与人格障碍的形成也有部分关系,如不安全依附在很大程度上导致了_____人格障碍。

5. 人格障碍的诊断标准被称为_____描述,而特质的确定被称为_____描述。

6. DSM-Ⅳ系统人格障碍 A 簇又被统称为鬼附型,因为它们以奇异、古怪和反常为特点。包括_____、_____和分裂型。

7. DSM-Ⅳ系统人格障碍 B 簇,又被统称为野蛮型,以过度表现、情绪化或不稳定为特点。包括_____、_____、_____和自恋型;这一簇都包含明显的不良冲动行为等特点。

8. DSM-Ⅳ系统人格障碍 C 簇又被统称为依附型,以与焦虑或者恐惧相关为特点。包括回避型、_____和_____,这一簇都含有对人或环境有特殊要求的特点。

9. _____人格障碍以_____和_____为特点,始于成年早期,男性多于女性。表现对周围的人或事物敏感、多疑、不信任,易把别人的好意当恶意。

10. _____人格障碍以观念、行为、外貌装饰的奇特、情感冷漠、人际关系明显缺陷为特点,常被人称为怪人。

11. 冲动型人格障碍以_____情感爆发,伴明显_____行为为特点,又称_____人格障碍。

12. 表演型人格障碍,以_____或_____以吸引他人注意为特点。

13. 强迫型人格障碍男性多于女性_____倍,此类患者以过分要求_____与_____为特点。

14. 根据 Freud 的理论,自恋的类型由_____主导,没有其他人或_____、_____的影响。

15. PDI-Ⅳ是用于评定_____中 12 型人格障碍的_____工具。

16. 人格障碍患者往往在认知、_____、人际关系、_____方面与其文化所期望和接受的范围有所偏离。

17. Beck 父女等有力地将_____疗法推入人格障碍的治疗;Linehan 在此方法上建立起来的辩证行为疗法有效地控制了_____人格障碍患者的类自杀行为。

18. 根据 DSM-Ⅳ系统,人格障碍可分为偏执型、分裂样、分裂型、_____、边缘型、表演型、_____、回避型、依赖型、_____人格障碍等十种。

19. 根据 CCMD-3 系统,人格障碍可分为偏执型、_____、反社会型、_____、_____、强迫型人格障碍等六种,外加依赖型、焦虑型人格障碍等。

20. 边缘型人格障碍以_____和_____为主要特点。

21. 偏执型人格障碍以_____和_____为主要特点。

22. IPDE 是一个与_____和_____诊断系统匹配使用的_____人格障碍检测工具。

23. SCID-Ⅱ是与_____诊断系统匹配的人格障碍临床半定式检测工具。

24. SCID-Ⅱ涵盖_____人格障碍诊断。

25. 人格或称_____,是一个人固定的行为模式及在日常活动中待人处事的习惯方式,是全部心理特征的综合。

26. 人格一旦形成具有相对的_____,但重大的生活事件及个人的成长经历仍会使人格发生一定程度的变化,说明人格既具有相对的稳定性又具有一定的_____。

27. _____是指明显偏离正常且根深蒂固的行为方式,具有适应不良的性质,其人格在内容、特质等整个人格方面的异常,使患者感到痛苦和(或)使他人遭受痛苦,或给个人或社会带来不良影响。

28. 人格障碍通常开始于_____、_____或_____,并一直持续到成年乃至终生。

29. Pinel 命名的"不伴妄想的躁狂症",将这一术语用于那些易出现不可理解的暴怒或冲动暴发者,即_____,也可能还包括一些没有妄想的精神疾病。

30. 人格特质无论健康还是不健康都具有一定的遗传性,孪生子研究发现正常人格特质的遗传度为_____,而人格障碍的总体遗传度也大致如此。

31. 具有攻击行为脑电图有脑发育延迟的特征,如慢波活动等,多见于_____和_____。

32. 反社会型人格障碍者在自主性唤醒维度上处于_____,并具有_____的特点。

三、单项选择题(在 5 个备选答案中选出 1 个最佳答案)

1. 狭义的人格障碍是指
   A. 边缘型人格障碍　　　　B. 表演型人格障碍　　　　C. 自恋型人格障碍
   D. 反社会型人格障碍　　　E. 偏执型人格障碍

2. 关于人格障碍患者,正确的是
   A. 小于 18 岁　　　　　　B. 有智能障碍　　　　　　C. 在成年后可有改善
   D. 有些为躯体疾病所致　　E. 有确定的起病时间

3. 关于人格障碍患者,以下说法**不正确**的是
   A. 他们的认知、行为显著偏离特定的文化背景
   B. 他们的社会、职业功能明显受损,对社会适应不良
   C. 适应不良的行为模式难以矫正,大部分病人精神极度痛苦
   D. 他们的不良行为通常始于童年期或青少年期,并长期持续发展至成年
   E. 部分人格障碍患者在成年后有所缓和

4. 关于人格障碍患者，以下说法**不正确**的是
    A. 少数病人在成年后，其病情在程度上可有改善
    B. 人格障碍常与药物所致的生理反应或躯体的病理状况有关
    C. 人格障碍会导致一个人的显著不安，或社交、职场功能缺陷
    D. 患者在认知、情绪发放、冲动控制和人际关系等方面都有异常
    E. 人格障碍一般始于童年或青少年且持续终生

5. 关于人格障碍，以下说法**不正确**的是
    A. 可以是其他精神疾病的表现之一
    B. 起病可以追溯到青少年时代或成人早期
    C. 不包括特殊原因导致人格显著变化的例子
    D. 人格障碍模式稳定且长期存在，且在社交中不容易变化
    E. 人格障碍随着年龄增长，无论类型如何，一般均可逐步趋向缓和

6. 关于人格障碍，以下说法**不正确**的是
    A. 自主神经系统的功能与个体的人格有关
    B. 正常特质有一定的遗传性，异常特质则没有
    C. 研究发现 5-HT 能功能增强与暴力和自杀行为等有关
    D. 去甲肾上腺素能增强与 5-HT 活动减低伴发时尤易发生攻击行为
    E. 具有攻击行为的人格障碍脑电图有一定的改变

7. 不安全依附与下述何种人格障碍有很大关系
    A. 表演型　　　　　B. 边缘型　　　　　C. 强迫型
    D. 反社会型　　　　E. 偏执型

8. 关于人格障碍的心理社会因素下列选项**不正确**的是
    A. 早年与父母的依附与人格形成有关
    B. 社会认知模式偏差对异常人格的形成影响不大
    C. 父母养育方式偏差对异常人格特质影响较大
    D. 父母严厉的管教方式并且"剥夺"子女的日常处理事务主动权，也会给人格障碍形成增加机会
    E. 社会认知模式偏差直接关系到人格障碍的心理治疗

9. 表现为广泛的猜疑、不信任他人的人格障碍为
    A. 表演型　　　　　B. 分裂样　　　　　C. 偏执型
    D. 反社会型　　　　E. 边缘型

10. 偏执型人格障碍的特点**不包括**
    A. 不信任他人　　　　　　　　B. 对批评易记仇
    C. 心胸狭隘，言语刻薄　　　　D. 情感冷漠，缺乏亲切感
    E. 男性多于女性

11. 被称为怪人的人格障碍类型为
    A. 表演型人格障碍　　B. 分裂样人格障碍　　C. 偏执型人格障碍
    D. 反社会型人格障碍　E. 强迫型人格障碍

12. 分裂样人格障碍的特点**不包括**
    A. 情感冷漠　　　　　　　　　B. 女性略多于男性

C. 人际关系明显缺陷   D. 观念、行为和外貌装饰奇特

E. 基本不与他人主动交往

13. 分裂样人格障碍的特点**不包括**

    A. 缺乏亲切感

    B. 怕见人,社交焦虑

    C. 广泛的猜疑,不信任他人

    D. 有奇特和古怪的想法,常沉湎于幻想

    E. 常不修边幅,服饰奇特

14. 最早引起研究者关注的人格障碍类型为

    A. 自恋型人格障碍患者   B. 强迫型人格障碍患者

    C. 分裂型人格障碍患者   D. 反社会型人格障碍患者

    E. 偏执型人格障碍患者

15. 自幼存在行为问题的是

    A. 自恋型人格障碍患者   B. 表演型人格障碍患者

    C. 分裂型人格障碍患者   D. 反社会型人格障碍患者

    E. 偏执型人格障碍患者

16. 无道德观念,对善恶是非缺乏正确判断,不吸取教训,无内疚感,是下述何种人格障碍的特点

    A. 表演型   B. 分裂样   C. 强迫型

    D. 反社会型   E. 偏执型

17. 经常旷课、旷工,不能维持持久工作或学习,频繁换工作,是下述何种人格障碍的特点

    A. 表演型   B. 强迫型   C. 冲动型

    D. 反社会型   E. 偏执型

18. 以阵发性情感爆发,伴明显冲动性行为为特点的人格障碍是

    A. 表演型   B. 强迫型   C. 冲动型

    D. 反社会型   E. 偏执型

19. 关于冲动型人格障碍,以下说法**不正确**的是

    A. 男性明显高于女性

    B. 可因点滴小事爆发强烈的愤怒情绪和攻击行为

    C. 人际关系强烈而不稳定,时好时坏,几乎没有持久的朋友

    D. 发作后对自己的行为不懊悔,也不能防止再发

    E. 做事缺乏目的性,缺乏计划和安排,做事虎头蛇尾,很难坚持

20. 在日常生活和工作中同样表现出冲动性,缺乏目的性,缺乏计划和安排,做事虎头蛇尾,很难坚持需长时间才完成的某一件事,是下述何种人格障碍的特点

    A. 表演型   B. 强迫型   C. 冲动型

    D. 反社会型   E. 分裂样型

21. 关于表演型人格障碍,以下说法**不正确**的是

    A. 以过分感情用事或夸张言行以吸引他人注意

    B. 患病率两性无明显差异

C. 常渴望表扬和同情,经不起批评,爱撒娇,任性、急躁,胸襟较狭隘

D. 暗示性弱,意志较强,不容易受他人影响或诱惑

E. 喜欢寻求刺激而过分地参加各种社交活动

22. 喜欢寻求刺激而过分地参加各种社交活动,是下述何种人格障碍的特点

A. 表演型　　　　　B. 强迫型　　　　　C. 冲动型

D. 反社会型　　　　E. 边缘型

23. 关于强迫型人格障碍,以下说法**不正确**的是

A. 常有不安全感,往往穷思竭虑或反复考虑

B. 男性多于女性2倍,有的进一步发展成强迫症

C. 对任何事物都要求过严、过高,循规蹈矩

D. 工作后常有愉快和满足的内心体验

E. 业余爱好较少,缺少社交友谊往来

24. 人格障碍分类可以建立在本我、自我和超我的结构模型上,这是以下哪种理论对人格障碍的解释

A. 精神分析理论　　B. 行为学习理论　　C. 认知心理学理论

D. 神经生物学理论　E. 人际关系理论

25. 没有必要假想以及不可观察的感情状态或认知期望的存在导致了人格障碍患者的行为及其病理症状,这是以下哪种理论对人格障碍的解释

A. 精神分析理论　　B. 行为学习理论　　C. 认知心理学理论

D. 神经生物学理论　E. 人际关系理论

26. 患有同型人格障碍的个体均有具代表性的经验和行为的认知框架,这是以下哪种理论对人格障碍的解释

A. 精神分析理论　　B. 行为学习理论　　C. 认知心理学理论

D. 神经生物学理论　E. 人际关系理论

27. 神经递质水平的异常可能会导致人格障碍的产生,这是以下哪种理论对人格障碍的解释

A. 精神分析理论　　B. 行为学习理论　　C. 认知心理学理论

D. 神经生物学理论　E. 人际关系理论

28. 下列**不属于**人格障碍的半定式人格障碍检测工具的是

A. IPDE　　　　　B. PERM　　　　　C. SCID-ⅡPQ

D. PDQ-R　　　　E. PDI-Ⅳ

29. 关于人格障碍的诊断,下列**错误**的是

A. 诊断人格障碍需要既往资料

B. 一个人的行为模式已经持续两年以上,既不与某种精神障碍或症状直接联系,又没有任何相反的证据

C. 从临床实际出发

D. 人格诊断可以结合自我评估和人格障碍临床定式(或半定式)检测工具

E. 多轴诊断系统的建立,是人格诊断的"金标准"

30. 在认知-行为方法上建立起来的辩证行为疗法,能有效地控制以下何种患者的类自杀行为

A. 边缘型人格障碍　　　　B. 表演型人格障碍　　　　C. 分裂型人格障碍

D. 反社会型人格障碍　　　E. 冲动型人格障碍

31. 认知-行为疗法对人格障碍患者治疗的关键是

A. 给患者树立关于正确的认知和观念的标准,而加以校正

B. 掌握患者的病态中心意念、对自己及别人的看法,推论和行为模式

C. 争取患者本人和相关家人的积极配合,让患者随时学习日常生活技巧

D. 对患者及其家人进行心理教育,包括对所患疾病的病因、病理等方面的认识

E. 从"内驱力优势"的分析模式,逐渐转换到客观相关性的分析方法

32. 下列关于辩证行为疗法的说法**不正确**的是

A. 分步骤地鼓励患者走入新的自然和人际关系的环境

B. 帮助患者及其家庭将所处的环境按照心理治疗师的要求而重新布置

C. 只对边缘型人格障碍具有疗效

D. 对有需要的患者进行技能培训,如社交、谈话、理解别人面部情绪的技巧等

E. 增加患者愿意改变认知、行为和情绪释放模式的动力

33. 关于边缘型人格障碍的说法,**不正确**的是

A. 人际关系强烈而极不稳定　　　　B. 情绪不稳定

C. 有冲动性地自我伤害的可能　　　　D. 自我角色经常突然变化

E. 男性多于女性

34. 李某,26岁,在厂内总是猜疑别人,无理找三分。明明是自己的错也挑别人的理,自小就固执、学习不好,找老师的原因,不爱和别人交往。总认为自己是最棒的,对侮辱和伤害总是怨恨持续很久,依此症状判断他有以下哪种人格障碍

A. 偏执型人格障碍　　　　B. 自恋型人格障碍　　　　C. 强迫型人格障碍

D. 分裂样人格障碍　　　　E. 边缘型人格障碍

35. 刘某,40岁已婚,对待家人冷淡,妻子和孩子病了不管,态度很冷淡也不愿和别人交往,家里来了客人也没有热情接待,还常有奇特的幻想,从小父母离异,对婚姻没有强烈的需求,在母亲百般催促下才结婚,据此表现判断此人是

A. 边缘型人格障碍　　　　B. 自恋型人格障碍　　　　C. 被动攻击型人格障碍

D. 分裂样人格障碍　　　　E. 偏执型人格障碍

36. 有个17岁的姑娘由母亲带到心理咨询门诊部。母亲告诉医生说她女儿一向清高,做事认真,不好交往,学习专注,好胜心强。近两年她女儿变得神情恍惚,经常胡思乱想,脾气变得很坏,常跟父母顶嘴怄气;把同学对她的帮助看成是瞧不起她、小看她;有几次老师批评她不该那么固执、自以为是,她便在课堂上跟老师争吵得面红耳赤;回家常诉说老师故意整她,同学串通跟她作对;与老师、同学和家人的关系越来越糟,多次提出要转学,要到外婆家去住,等等。这类想法与烦恼每天搅得姑娘心烦意乱,干什么都定不下心来,学习成绩急剧下降。

根据上述症状可诊断为

A. 偏执型人格障碍　　　　B. 表演型人格障碍　　　　C. 反社会型人格障碍

D. 分裂样人格障碍　　　　E. 强迫型人格障碍

小强(化名),男,16岁,初中生。由于和社会上的不良人员混在一起,他经常组织打群架,并多次受伤住院。他在家中排行第二,与其姐姐跟着爷爷、奶奶在老家长大,父母在外

地做生意。小强 13 岁时,父母把他从县城接到城市上学。经过了解得知,小强性格孤僻、内向,话也不多,曾因个子矮,说家乡方言在学校里遭受同学欺负。父母也因忙于生意无暇去管他。他在第二年休学,发誓要报仇,外出学武一年。15 岁又回到学校上学,声称要保护弱小的同学。从此打架斗殴成为他生活的主要内容。问及打架的理由,他认为都是别人先对不起他的,或者有什么不顺心事时,以此发泄。现在发展到有一个小团伙,威霸一方。

37. 上述案例中提到的小强具有哪些症状
    A. 过分感情用事或夸张言行以吸引他人注意
    B. 阵发性情感爆发,伴明显冲动性行为
    C. 观念、行为、外貌装饰的奇特、情感冷漠、人际关系明显缺陷
    D. 行为不符合社会规范,具有经常违法乱纪,对人冷酷无情
    E. 过分要求严格与完美无缺

38. 小强可能诊断为
    A. 冲动型人格障碍   B. 反社会型人格障碍   C. 表演型人格障碍
    D. 分裂样人格障碍   E. 强迫型人格障碍

39. 某男,43 岁,自幼心胸狭窄,敏感多疑,对人不信任,极少向他人倾诉内心想法,人际关系常处在紧张敌对状态,其诊断可能是
    A. 偏执型人格障碍   B. 分裂样人格障碍   C. 强迫型人格障碍
    D. 反社会型人格障碍   E. 边缘型人格障碍

李某,38 岁,女性,五官端正,穿着得体,打扮入时,因情绪不稳定,易激惹,与人相处容易发火,尤其是与自己亲近的人相处时更明显,在母亲陪伴下来就诊。从小母亲对她管教严,初中开始常常与母亲发生冲突,曾在吵架后服用大量去疼片自杀未遂,大学期间交过十多个男朋友,每当与男友发生矛盾时,李某便以分手相要挟,频繁与男朋友吵架,经常在宿舍折磨自己,哭闹,想自杀。30 岁结婚,婚后常因小事与丈夫吵架,大闹,丈夫为了避免争吵住在外面不回家,李某感到更加愤怒,以要从楼上跳下去威胁丈夫让其回家,丈夫回家后患者甜言蜜语,向其保证以后好好过日子,但不久后又会吵闹如故。36 岁丈夫实在无法忍受提出和李某离婚,李某服用大量安定片后给母亲打电话,母亲将李某带到医院抢救。

40. 李某可能诊断为
    A. 偏执型人格障碍   B. 分裂样人格障碍   C. 强迫型人格障碍
    D. 反社会型人格障碍   E. 边缘型人格障碍

41. 李某的主要特点是
    A. 以反复无常的心境和不稳定的行为为主要的人格特点
    B. 过分感情用事或夸张言行以吸引他人注意
    C. 观念、行为、外貌装饰的奇特、情感冷漠、人际关系明显缺陷
    D. 行为不符合社会规范,具有经常违法乱纪,对人冷酷无情
    E. 过分要求严格与完美无缺

四、问答题

1. 试述 CCMD-3 对人格障碍的诊断要点。
2. 简述人格障碍的共同特征。
3. 试述 DSM-5 对人格障碍的诊断要点。

4. 试述偏执型人格障碍的临床表现。

5. 试述边缘型人格障碍的临床表现特点。

6. 试述强迫型人格障碍的临床表现特点。

7. 试述反社会型人格障碍的临床表现特点。

8. 试述表演型人格障碍的临床表现特点。

9. 如何看待人格障碍的预后？

第三部分　参 考 答 案

一、名词解释

1. 人格是一个人固定的行为模式及在日常活动中待人处事的习惯方式，是全部心理特征的综合。

2. 人格障碍是指明显偏离正常且根深蒂固的行为方式，具有适应不良的性质，其人格在内容、特质等整个人格方面的异常，使患者感到痛苦和（或）使他人遭受痛苦，或给个人或社会带来不良影响。

3. 人格改变是获得性的，是指一个人原本人格正常，而在严重或持久的应激、严重的精神障碍及脑部疾病或损伤之后发生，随着疾病痊愈和境遇改善，有可能恢复或部分恢复。

4. 边缘型人格障碍是以反复无常的心境和不稳定的行为为主要特点的人格障碍。

5. 表演型人格障碍又称癔症型人格障碍，以过分感情用事或夸张言行以吸引他人注意为特点。

6. 反社会型人格障碍以行为不符合社会规范，具有经常违法乱纪，对人冷酷无情等特点。

7. 冲动型人格障碍以阵发性情感爆发，伴明显冲动性行为为特征，又称攻击性人格障碍。

8. 偏执型人格障碍以猜疑和偏执为特点。始于成年早期，男性多于女性。

9. 分裂样人格障碍以观念、行为、外貌装饰的奇特、情感冷漠、人际关系明显缺陷为特点。男性略多于女性。

10. 强迫型人格障碍以过分要求严格与完美无缺为特征。

11. 焦虑型人格障碍又称回避性人格障碍，发生率低于人口总数的 1%，男性与女性发生率相当。其特征是社交抑制，自感能力不足，对负性评价敏感。

12. 依赖型人格障碍临床人口学中发生率大约为 3%，女性是男性的 3 倍。特征是依赖、不能独立解决问题，怕被人遗弃，常感到自己无助、无能和缺乏精力。

13. 行为治疗是一种以行为主义心理学有关学习过程的理论和实验为基础，指导当事人克服不适应的行为习惯过程。它是包括系统脱敏疗法、厌恶疗法、操作学习疗法等一系列行为改变技术的总称。

14. 精神分析心理治疗是指由奥地利精神医学家弗洛伊德于 19 世纪末开创的一种特殊心理治疗方法。其特点是经由分析来了解患者潜意识的欲望与动机，认识对挫折、冲突或应激的反应方式，体会病例与症状的心理意义，并经指点与解释，让患者获得对问题之领悟。

15. 本我存在于潜意识的深处,是人格中最原始的部分,代表人们生物性的本能冲动,主要是性本能和破坏欲,其中性本能对人格发展尤为重要。

16. 自我大部分存在于意识中,小部分是潜意识的。一方面,自我的动力来自本我,即为了满足各种本能的冲动和欲望;另一方面,它又是在超我的要求下,要顺应外在的现实环境,采取社会所允许的方式指导行为,保护个体的安全。

17. 超我类似于良心、良知、理性等含义,大部分属于意识的。超我是在长期社会生活过程中,由社会规范、道德观念等内化而成。

18. 认知疗法是根据人的认知过程,影响其情绪和行为的理论假设,通过认知和行为技术来改变求职者的不良认知,从而矫正适应不良行为的心理治疗方法。

19. IPDE 是一个与 ICD-10 和 DSM-Ⅲ-R 诊断系统匹配使用的半定式人格障碍检测工具,可评估 8 种人格障碍。

20. SCID-ⅡPQ 是与 SCID-Ⅱ匹配使用的简短的自陈式调查表。

21. PDQ-R 是与 DSM-Ⅲ-R 诊断系统匹配的人格障碍自陈式调查表。

22. SCID-Ⅱ人格障碍临床定式检查,是与 DSM-Ⅲ-R 诊断系统匹配的人格障碍临床半定式检测工具,涵盖 12 型人格障碍诊断(10 型正式诊断,2 型提议性诊断)。

23. DSM-Ⅳ人格障碍测查,用于评定 DSM-Ⅳ中 12 型人格障碍的半定式检测工具。

二、填空题

1. 反社会型　广义
2. 心理治疗　药物治疗　教育和训练
3. 人格改变　成年期
4. 边缘型
5. 界定型　维度型
6. 偏执型　分裂样
7. 反社会型　边缘型　表演型
8. 依赖型　强迫型
9. 偏执型　猜疑　偏执
10. 分裂样
11. 阵发性　冲动性　攻击性
12. 过分感情用事　夸张言行
13. 2　严格　完美无缺
14. 自我　本我　超我
15. DSM-Ⅳ　半定式检测
16. 情感　冲动控制
17. 认知-行为　边缘型
18. 反社会型　自恋型　强迫型
19. 分裂样　冲动型　表演型
20. 反复无常的心境　不稳定的行为
21. 猜疑　偏执

22. ICD-10　DSM-Ⅲ-R　半定式

23. DSM-Ⅲ-R

24. 12 型

25. 个性

26. 稳定性　可塑性

27. 人格障碍

28. 童年　青少年　成年早期

29. 反社会型人格障碍

30. 30%~50%

31. 反社会型人格障碍　边缘型人格障碍

32. 低水平　不稳定

三、单项选择题

1. D	2. C	3. C	4. B	5. A	6. C	7. B	8. B	9. C	10. D
11. B	12. B	13. C	14. D	15. D	16. D	17. D	18. C	19. D	20. C
21. B	22. B	23. D	24. A	25. B	26. C	27. B	28. B	29. E	30. A
31. B	32. C	33. E	34. A	35. D	36. A	37. B	38. B	39. A	40. E
41. A									

四、问答题

1. 试述 CCMD-3 对人格障碍的诊断要点。

答：其症状标准为个人的内心体验与行为特征（不限于精神障碍发作期）在整体上与其文化所期望和所接受的范围明显偏离，这种偏离是广泛、稳定和长期的，并至少有下列一项：①认知（感知，及解释人和事物，由此形成对自我及他人的态度和形象的方式）的异常偏离；②情感（范围、强度，及适切的情感唤起和反应）的异常偏离；③控制冲动及对满足个人需要的异常偏离；④人际关系的异常偏离。

严重标准为特殊行为模式的异常偏离，使病人或其他人（如家属）感到痛苦或社会适应不良。

病程标准为开始于童年、青少年期，现年 18 岁以上，至少已持续 2 年。

排除标准为人格特征的异常偏离并非躯体疾病或精神障碍的表现或后果。

2. 简述人格障碍的共同特征。

答：（1）异常行为开始于童年、青少年或成年早期，并一直持续到成年乃至终生。没有明确的起病时间，不具备疾病发生发展的一般过程。

（2）可能存在脑功能损害，但一般没有可测查的神经系统形态学病理变化。

（3）人格显著、持久地偏离了所在社会文化环境应有的范围，从而形成与众不同的行为模式。个性上有情绪不稳、自制力差、与人合作能力和自我超越能力差等特征。

（4）主要表现为情感和行为的异常，但其意识状态、智力均无明显缺陷。一般没有幻觉和妄想，可与精神病性障碍相鉴别。

（5）对自身人格缺陷常无自知之明，难以从失败中吸取教训，屡犯同样的错误，因而在人际交往、职业和感情生活中常常受挫，以致害人害己。

（6）一般能应付日常工作和生活，能知晓自己的行为后果，也能在一定程度上认识社会对其行为的评价，可以有主观上的痛苦。

（7）各种治疗手段效果欠佳，医疗措施难以奏效，教育效果有限。

3. 试述 DSM-5 对人格障碍的诊断要点。

答：（1）明显偏离了个体文化背景预期的内心体验和行为的持久模式，表现为下列 2 项（或更多）症状：①认知（即对自我、他人和事件的感知和解释方式）。②情感（即情绪反应的范围、强度、不稳定性和适宜性）。③人际关系功能；④冲动控制。

（2）这种持久的心理行为模式是缺乏弹性和泛化的，涉及个人和社交场合的诸多方面。

（3）这种持久的心理行为模式引起有临床意义的痛苦，或导致社交、职业或其他重要功能方面的损害。

（4）这种心理行为模式在长时间内是稳定不变的，发生可以追溯到青少年期或成年人早期。

（5）这种持久的心理行为模式不能用其他精神障碍的表现或结果来更好地解释。

（6）这种持久的心理行为模式不能归因于某种物质（例如，滥用的毒品、药物）的生理效应或其他躯体疾病（例如，头部外伤）。

4. 试述偏执型人格障碍的临床表现。

答：偏执型人格障碍以猜疑和偏执为特点。始于成年早期，男性多于女性。表现对周围的人或事物敏感、多疑、不信任，易把别人的好意当恶意；经常无端怀疑别人要伤害、欺骗或利用自己，或认为有针对自己的阴谋，因此过分警惕与抱有敌意；遇挫折或失败时，则埋怨、怪罪他人，推诿客观，强调自己有理，夸大对方缺点或失误，易与他人发生争辩、对抗；常有病理性嫉妒观念，怀疑恋人有新欢或伴侣不忠；易记恨，对自认为受到轻视、侮辱、不公平待遇等耿耿于怀，引起强烈的敌意，常有回击、报复之心；易感委屈，评价自己过高，自命不凡。总感自己怀才不遇、不被重视受压制、被迫害，甚至上告、上访，不达目的不肯罢休。对他人的过错更不能宽容，固执地追求不合理的利益或权力。忽视或不相信与其想法不符的客观证据，因而很难以说理或事实来改变病人的想法。

5. 试述边缘型人格障碍的临床表现特点。

答：以反复无常的心境和不稳定的行为为主要特点的人格障碍。国外统计发病率为 1%~2%，女性 3~4 倍于男性。他们的人际关系强烈而极不稳定。情绪也不稳定，常感空虚，有冲动性地引起自我伤害的可能，并有潜在性地自我毁灭的倾向，如酗酒、吸毒、淫乱、豪赌、鲁莽驾车等。他们的自我角色经常突然变化，常突然中断学业或反复失业或离婚。他们常合并有情感障碍、多动障碍、进食障碍、物质滥用等。

6. 试述强迫型人格障碍的临床表现特点。

答：强迫型人格障碍以过分要求严格与完美无缺为特征。男性多于女性 2 倍，在强迫症中，约 72% 的患者在病前具有强迫性人格。常表现为对任何事物都要求过严、过高，循规蹈矩，按部就班，不容改变，否则感到焦虑不安，并影响其工作效率；拘泥细节，甚至对生活小节也要程序化，有的好洁成癖，若不按照要求做就感到不安，甚至重做；常有不安全感，往往穷思竭虑或反复考虑，对计划实施反复检查、核对，唯恐有疏忽或差错；主观、固执，比较专制，要求别人也要按照他的方式办事，否则即感不愉快，往往对他人做事不放心；遇到需要解决问题时常犹豫不决，推迟或避免作出决定；常过分节俭，甚至吝啬；过分沉溺于职责义务与道德规范，责任感过强，过分投入工作，业余爱好较少，缺少社交友谊往来。工作后常缺乏愉快和满足的内心体验，相反常有悔恨和内疚。

7. 试述反社会型人格障碍的临床表现特点。

答：反社会型人格障碍以行为不符合社会规范，具有经常违法乱纪，对人冷酷无情等特点。男性多于女性。本组患者往往在少儿期就出现品行问题，如经常说谎、逃学、吸烟、酗酒、外宿不归、欺侮弱小；经常偷窃、斗殴、赌博、故意破坏他人或公共财物，无视家教、校规、社会道德礼仪，甚至出现性犯罪行为，或曾被学校除名或被公安机关管教等。成年后（18 岁后）习性不改，主要表现行为不符合社会规范，甚至违法乱纪。如经常旷课、旷工，不能维持持久工作或学习、频繁变换工作；对家庭亲属缺乏爱和责任心，不抚养子女或不赡养父母，待人冷酷无情；经常撒谎、欺骗，以获私利或取乐；缺乏自我控制，易激惹、冲动，并有攻击行为，如斗殴；无道德观念，对善恶是非缺乏正确判断，且不吸取教训，无内疚感；极端自私与自我中心，往往是损人利己或损人不利己，以恶作剧为乐，无羞耻感，故使其家属、亲友、同事、邻居感到痛苦或憎恨。

8. 试述表演型人格障碍的临床表现特点。

答：表演型人格障碍以过分感情用事或夸张言行以吸引他人注意为特点。患病率两性无明显差异。表现情感体验较肤浅，情感反应强烈易变，常感情用事，按自己的喜好判断事物好坏；爱表现自己，行为夸张、做作，犹如演戏，经常需要别人注意，为此常哗众取宠、危言耸听，或在外貌和行为方面表现过分；常渴望表扬和同情，经不起批评，爱撒娇、任性、急躁，胸襟较狭隘；自我中心，主观性强，强求别人符合其需要或意愿，不如意时则强烈不满，甚至立即使对方难堪；暗示性强，意志较薄弱，容易受他人影响或诱惑；爱幻想，不切合实际，夸大其词，可掺杂幻想情节，缺乏具体真实细节，难以核实或令人相信。喜欢寻求刺激而过分地参加各种社交活动。

9. 如何看待人格障碍的预后？

答：过去认为人格障碍是无法治愈的，只能给予适当的管理和对病症处理。人格障碍患者中发生自杀未遂的比例高于一般人口，人格障碍患者有较高的伴发酒精中毒和物质滥用的风险。偏执性人格障碍的病程是漫长的，有些患者可延续终生。有的可能是偏执型精神分裂症病前人格特征。随着年龄的增长，人格趋向成熟或应激减少，偏执性特征可能会有所缓和。反社会人格障碍一旦形成后呈持续进程，在少年后期达到高潮。随着年龄增长，一般在成年后期违纪行为即趋减少，情况有所缓和。目前一些学者认为不仅药物治疗和环境治疗能改善人格缺陷，而且随着年龄增长，无论类型如何，一般均可逐步趋向缓和。

（刘　洋　刘华清　杨甫德）

第十三章　性　障　碍

【教学大纲——目的要求】
1. 掌握各种性障碍的临床特点及理论解释。
2. 熟悉基本概念及诊断评估。
3. 了解性障碍的防治要点。
【重点与难点提示】
1. 重点提示　本章重点内容是性障碍的各种表现，如概念、原理、类型及防治等，明确性障碍与正常性行为之间的关系，充分理解学习性障碍的意义。
2. 难点提示　主要有两个难点：①什么是性障碍？对性障碍的判别标准的充分掌握是学好本章的关键。②性障碍涉及文化背景、社会伦理及司法问题等诸多方面，学习中注意时效性。

第一部分　内容概要与知识点

本章导读　性障碍是各种异常性心理和性行为的统称。本章主要介绍性心理障碍中的性身份障碍、性偏好障碍和性指向障碍，以及性行为障碍中的性强迫、性成瘾和性功能障碍的定义、临床描述、理论解释、诊断评估和防治要点。

第一节　概　述

一、性障碍的概念

性障碍(sexual disorder)是各种异常性心理与性行为的统称。本章根据其临床特征分为性功能障碍、性身份障碍、性心理障碍、性胁迫和性成瘾五个方面。

性心理障碍(psychosexual disorder)是指性行为明显偏离正常的一组心理障碍，表现为以异常的性行为作为满足性需要的主要方式，从而不同程度地干扰了正常的性活动。

二、性障碍的判别标准

性行为由正常到异常可以看作一个连续谱，两极是正常和异常，其中间存在正常的变异形式，属于正常的变异。基本的判别标准有：以生物学特点为准则、以社会性道德规范为准则、以对他人或社会的影响为准则、以对本人的影响为准则。另外,诊断性心理障碍必须排除器质性疾病和其他精神障碍所引起的异常性行为。

第二节 性身份障碍

一、概述

性身份障碍(gender identity disorder,GID)是指个体对自身性别的认同与解剖生理上的性别特征相反而导致的心理障碍。有变换自身性别的强烈欲望者被称为易性症,是性身份障碍最主要的临床类型。

二、临床描述

1. **童年性身份障碍** 童年性身份障碍(gender identity disorder of children)是指15岁以下未成年人持续对自己的性别感到痛苦,渴望成为异性或坚持自己属于异性成员的病症。通常在入学之前就已出现,青春期前就已十分明显。接近青春期时,他(她)们中的大多数人会减少对自己性别的活动和服装的追求,逐渐显露出同性恋倾向。

2. **易性症** 易性症(transsexualism)的特征是在心理上对自身性别的认定与解剖生理性别特征相反,持续存在改变本身性别的解剖生理特征以达到转换性别的强烈愿望,其性爱倾向为同性恋。

易性症的特征:①深信其内在是真正的异性;②希望周围的人按其体验到的性别接受他(她);③强烈要求医生为他(她)作性变手术;④易性症未作性变手术前,往往具有强烈的抑郁及焦虑情绪,无法通过心理治疗来缓解。

3. **其他性身份障碍** 双重角色异装症(dual-role transvestism)是在生活中的某一时刻穿着异性服装,以暂时享受作为异性成员的体验,但无永久改变性别愿望的病症。患者穿着异性服装时,并不伴有性兴奋,而是基于对异性性别的偏爱,认为只有穿着异性装扮才符合其性身份。

三、理论解释

性身份障碍发生的原因目前认为与性心理身份的障碍有关。所谓性心理身份,又称为性别同一性,指人对性属(男性或女性)的意识。它是受生物、心理和社会环境等多种因素所影响的。

四、诊断评估

1. **诊断** CCMD-3和DSM-5中GID诊断标准。
2. **评估** 目前对性身份障碍有多种手段进行评估,心理测量是重要的方法之一。

五、防治要点

治疗的任务是帮助患者自己决定解决性别两难状况的办法,主要包括变性手术治疗、心理治疗和药物治疗。

第三节　性偏好障碍

一、概述

性偏好障碍(disorders of sexual preference)指选择性伴或欣赏异性时对异性的某个或某些方面特殊重视和追求,并因此远远超过了对正常男女性生活追求的病症。典型的性偏好障碍有以下特点:排斥正常的男女性生活、性偏好异常强烈,以致病人将过多的时间和精力投入在性偏好的追求和满足上、追求满足的行为频繁而持久,具体包括:①恋物症;②恋物性异装症;③露阴症;④窥阴症;⑤恋童症;⑥兽奸症;⑦摩擦症;⑧施虐症;⑨受虐症,等。

二、临床描述

1. **恋物症**　恋物症(fetishism)是指反复出现以异性使用的物品或异性躯体某个部分作为性满足的刺激物,几乎仅见于男性。

恋物症初始于性成熟期,条件反射学说认为这些物体曾与引起性冲动的女性相伴出现,后来可以单独引起性欲的作用,也与异性恋在某种方面受到抑制有关。气味对于产生恋物症对象很重要,行为主义者指出一个被选择物品的气味完全可能已经成为性欲唤起的有区别力的暗示。

恋物症状也可以是一种预后较好的青春期的性尝试行为。部分恋物症患者在结婚后具有异性性活动,恋物症症状自行消失。

2. **异装症**　异装症(transvestism)的特征是具有正常异性恋者反复出现穿戴异性装饰的强烈欲望并付诸实施,通过穿戴异性装饰可引起性兴奋,抑制此种行为可引起明显不安。主要见于男性,多始于童年或青春期,开始时偶尔穿着一两件异性服装,以后逐渐增加件数。异装症者通常强烈地体验到一种难以遏制的紧张感和痛苦感。

有关异装症的心理动力学理论强调的是一种受干扰的母子关系以及认为一个侵犯性的母亲是一种否定阉割恐惧的手段;认为一个有权威的、恐吓的和严厉的父亲是一种否定阉割恐惧的手段,在女性异装症中被认为是很普遍的。行为理论强调的是泛化强化物的作用。

3. **露阴症**　露阴症(exhibitionism)是较多见的性心理障碍,其特点是反复出现在异性面前暴露自身的性器官,以获取性满足,可伴有手淫,但无进一步性活动的要求。几乎仅见于男性,国外报道偶有女性露阴。通常发生在青春期,发生高峰期在 25~29 岁。露阴症最多见于春季,以白天的户外公共场合最多,他们选择人少或十分拥挤而有机可乘的场所,在一定距离时,突然暴露勃起的阴茎,以受害人出现情感或行为反应(如愤怒、害羞、恐惧、逃避等)获取性满足。

精神分析学派认为,露阴症是在一种创伤应激条件下,性心理社会发展受挫而退行,固定于儿童早年的幼稚、不成熟阶段——性心理社会发展的恋母情结阶段。心理动力学理论提示,露阴症并不需要性接触,而是需要显示他的男性化特征,但是这种人在表现男性角色活动时又常常遭到失败,这些增强了被压抑的潜在冲突所引起的焦虑被一种象征性的方式实现和替代,即性器官暴露的形式。

4. **窥阴症**　窥阴症(voyeurism)的特征是反复出现暗中窥视异性下身、裸体和性活动行为,以达到性兴奋的强烈欲望,可伴有手淫,事后回忆窥视景象同时手淫,以获取性满足。

5. 摩擦症 摩擦症(frotteurism)的特征是在拥挤场所或乘对方不备,以生殖器或身体某些部位摩擦女性躯体或触摸异性身体的某一部分,以引起性兴奋。摩擦症仅见于男性。

6. 性施虐症和性受虐症 性施虐症(sexual sadism)的特征是向性爱对象施加虐待以取得性兴奋,性受虐症(sexual masochism)是指接受性爱对象虐待以获得性兴奋。两者也可并存。

7. 恋童症 首次出现变态性行为的年龄一般较其他性偏好障碍晚,通常在30岁以后。很多人结婚成家并已有子女。但通常都有婚姻关系长期失和、性生活不和谐的历史,使患者对成年异性的性欲显著减退,并逐渐转以儿童为性爱对象。所恋对象多在10~16岁之间,也有3岁以下者。恋童症者通常会伴随有其他性欲倒错行为。

三、理论解释

1. 生物学研究 在某些患者的血液中,发现睾酮含量增高,但还没有普遍性意义。

2. 精神动力学理论 认为性偏好障碍者是在正常发育过程中,由于异性恋发展受挫,性的生殖功能不能整合为一种成熟的发展方式,产生心理冲突,表现出各种焦虑,导致退行到儿童早期幼稚的性心理发展阶段。

3. 学习理论 条件反射理论认为,一些无关刺激通过某种偶然的机会与性兴奋相结合,在主动回忆当时情景时仍会出现性快感,如此通过对性快感情景的回忆和性幻想强化了无关刺激,形成了条件联系。

4. 整合模式 Abel等于1986年提出了整合模式,主张将不同理论部分地整合在一起加以应用。

四、诊断评估

性偏好障碍的评估要在患者同意的基础上,尽可能详细地作出。除了病史,还应包括性行为细节、性兴奋的意义、求助动机、心理测验、心理生理检查。

性偏好障碍诊断可根据其临床表现,按诊断标准进行。但要注意排除某些精神障碍,尤其是对首次发生性偏好障碍的患者。因为性偏好障碍可继发于痴呆、酒中毒、抑郁症和躁狂症等疾患。

五、防治要点

性偏好障碍的治疗常常需要采取个性化的综合性措施。在做好一般性处理基础上可选择的治疗方法主要有心理治疗和药物治疗。

第四节 性指向问题

性指向是关于性爱对象是同性还是异性的性心理问题,主要是同性恋。由于现代主流精神障碍分类系统已经取消了同性恋这一疾病术语,本书首先将其作为一个性心理问题对待,目的是使临床专业人员在服务过程中能够正确和科学地处理此类问题。

一、概述

1974年美国精神病学会(APA)认为,同性恋本身并不是精神障碍,而属于"性定向障碍"。1975年美国心理学会发表声明予以支持。1980年DSM-Ⅲ取消了同性恋作为精神障碍的名称,但自我认同困难同性恋(ego-dystonic homosexuality)仍归属于性心理障碍之中。1987年DSM-Ⅲ-R彻底放弃了同性恋的诊断。ICD-10也取消了这一诊断。我国的CCMD-3将同性恋作为性行为障碍的一种,但明确表示从性爱本身来说性指向障碍不一定是异常。2001年中华医学会精神病分会将"自我认同型的同性恋"从《中国精神障碍分类与诊断标准》中删除。也就是说,目前认为同性恋作为性体验与性行为的变异,只有在一定的条件下,特别是陷入个人或社会冲突时,才作为心理障碍来处理。

性指向障碍(sexual orientation disorders)是在合理异性成员存在的情况下,性爱或性兴趣的中心对象脱离了社会所公认的合理异性成员,而指向同性的一种性心理障碍。性指向障碍主要包括同性恋、双性恋,最常见的是同性恋。

二、临床描述

同性恋(homosexuality)的特点是性爱指向对象是同性而非异性,即在正常条件下对同性持续表现性爱倾向,包括思想、情感和性爱行为。

同性恋可以从以下角度进行分类:①男同性恋与女同性恋;②精神性同性恋与实质性同性恋;③主动性同性恋与被动性同性恋;④绝对性同性恋与相对性同性恋。

还有一种称为境遇性同性恋或代偿性同性恋,是由于环境条件的限制,合理异性成员并不存在或无法接触而出现一时的性取向异常,主要见于长期与异性隔绝的特殊环境。

三、理论解释

包括生物学解释、心理社会因素和精神分析理论。

四、诊断评估

现代医学已将同性恋作为可选择的正常的性行为,而我们将其列入,不仅是因为不同文化的不同看法,而是临床心理学家经常面临这方面的求助。

五、干预要点

1. **处置原则** 当今认识的进步彻底推翻了同性恋是病态的观念,成为人们可以自行选择的正常性行为方式之一。因此,只有在同性恋者在个人性指向或性发育过程中,感到焦虑、抑郁、甚至痛苦,或者感到犹豫不决,或者希望改变为异性恋时,方才提供治疗和帮助。

2. **同性恋者** 对于确认无疑的同性恋的心理困惑,专业工作者要帮助他们接受自己的性取向,也要说明对家庭与社会的压力准备。

3. **青春期同性恋取向者** 要作准确的性取向的检查评估,帮助他们确立和谐的性身份认同,优先考虑作为生物学和社会学主流取向的异性恋。

4. **要求改变同性恋取向者** 可进行心理治疗。

第五节 性 胁 迫

一、概述

在多数情况下,性胁迫(sexual coercion)是指借助于暴力、威胁、言辞、强求、欺骗或金钱诱惑等手段,违背他人的真实意愿,强迫(或诱骗)与之发生性关系的性行为。性强迫包括多种性伤害或攻击行为的连续统,常见有强奸、儿童性虐待和性骚扰等,是一个严重的公共卫生问题。

二、临床描述

1. **强奸** 强奸(rape)的广义是违背他人的意志,使用任何手段与他人发生性交行为。狭义的强奸特指男性使用暴力或非暴力手段,违背女性的意愿,强行与她发生性交行为。

根据强奸者动机分为三类:①愤怒型强奸;②权力型强奸;③虐待型强奸。

根据强奸者身份分类有:陌生人强奸、熟人强奸、约会强奸、团伙强奸、婚内强奸、男性或女性强奸。

强奸给受害者带来的心理伤害是巨大的。她们有可能会患上许多心理障碍——首先是性功能失调和创伤后应激障碍,同时会有一系列的身体的损伤。

2. **儿童性虐待** 儿童性虐待(child sexual abuse)是一种通过暴力的或非暴力的手段与儿童发生接触性的或非接触性的性活动,包括胁迫、引诱儿童观看色情影像或他人性活动的侵犯性行为,而不论儿童是否同意或是否知道这种活动的意义。

根据性活动的方式,儿童性虐待可分为两个层次:①接触性性活动;②非接触性的性活动。

以严重程度分为:①重度性虐待;②中度性虐待;③轻度性虐待。这三个等级都是接触性的性虐待。

儿童性虐待是一种具有很强杀伤力的创伤性事件,对儿童的情感、认知及行为都具有明显的影响,是导致受害者发生各种心理障碍的主要危险因素,包括:①焦虑障碍;②分离障碍;③物质滥用;④其他问题。

3. **性骚扰** 性骚扰(sexual harassment)是指不受欢迎的性求爱、性好感邀请,以及其他带有性性质的言语和身体行为。

(1)分类:①交易性性骚扰;②敌意环境性骚扰。

(2)方式:①口头方式;②行动方式;③设置环境方式。

(3)分型:①补偿型性骚扰;②游戏型性骚扰;③权利型性骚扰;④攻击型性骚扰;⑤病理型性骚扰;⑥冲动型性骚扰。

(4)后果:绝大多数性骚扰后果是严重和持久的。性骚扰的危害性很大,除了对受害者人格的侮辱和人权的侵犯,影响受害人的经济利益和职业发展,造成婚姻和工作的不稳定之外,大多数情况下,性骚扰对受害者造成的后果主要表现在心理方面,据调查90%以上的受害者会出现心理和生理障碍。

三、理论解释

1. 前置因素 是指给性行为发生提供依据、动机和原因的因素，先于行为的发生，包括知识水平、信念、态度和价值观念等内容。

2. 强化因素 指行为发生后的反馈影响，后于行为的发生，影响行为是否能持续存在，分正负强化因素。

3. 促成因素 指完成一项行为所需要的技能和资源，在行为发生前即已存在，有主客观两个方面。

四、分类

可分为可容忍性、过渡性和非法性三个连续的范畴。

五、防治要点

对性胁迫的预防是一项社会系统工程，而不是单纯的专业技术工作。处理原则是依据有关法律法规分别予以不同的处置。

第六节 性 成 瘾

一、概述

性成瘾（sexual addiction）主要指一个人强迫性地寻求性的体验，当性行为不能满足时就会出现行为异常的情况。

二、临床描述

存在性成瘾的人不能控制他们的性冲动，包括性幻想和性行为，结果使性欲望、性行为增加。患者曾反复试图终止，但都是不成功的。性的极度兴奋与快乐的感觉是他们寻求性行为的动机，但是在没有性高潮的情况下，他们有时也会寻求性刺激。这种疾病将性行为变成了人际关系或生活需要的主要基础。这种性行为对病人的社会生活、职业生涯或婚姻会产生不良的干扰和影响，病人为了性行为，可以抛弃家庭、事业等。

性成瘾有如下特征：①不受控制的行为；②性行为导致医学、法律、人际关系等严重的不良后果；③持续追求自毁性的或高危性的性行为；④反复想限制或停止性行为；⑤性强迫和性幻想是主要的应对机制；⑥需要增加性活动的数量；⑦与性活动有关的严重的心境变化，抑郁、欣快；⑧用大量时间获得性、性交或从性体验中恢复；⑨性行为干扰社交、职业和娱乐活动。

心理学家根据人们对性成瘾行为的接受程度分为三个级别。第一级：指那些可以得到社会容忍的行为，比如手淫等，没有侵害到他人；第二级：指涉及一些侵犯他人的性活动，比如当着异性的面暴露生殖器官，或偷看异性的私密部位；第三级：指强奸、乱伦以及对儿童进行性侵犯，属于犯罪。

三、理论解释

多数性学专家把性成瘾看作一种心理问题。它主要发生于男性,男女之比为 4:1,其中 80% 的人具有其他类型的症好,如酗酒和赌博等。究其原因,性成瘾可能是儿童期受虐待的悲剧性后果之一。性成瘾的外因是家庭和社会环境的影响,导致心理发育出了偏差。

四、诊断评估

到目前为止,性心理学家们对性成瘾的存在还没有达成一致,赞成性成瘾存在的有两种观点,一种观点认为性成瘾是一种成瘾行为,另一种观点认为性成瘾是一种强迫行为。这两种行为是一连续谱系的两极,因此,其诊断标准靠相关的成瘾标准或强迫标准。

五、防治要点

1. **心理治疗** 包括认知治疗、行为治疗、精神分析治疗及团体心理治疗,家庭治疗和婚姻治疗也常使用。
2. **药物治疗** 常使用抗抑郁药及抗焦虑药物治疗;抗雄性激素往往会有一定的疗效。

第七节 性功能障碍

一、概述

性功能(sexual function)是指男女性活动的整个过程,包括性欲、准备、性交、性高潮和射精等环节。性功能障碍表现为性唤起障碍、性兴奋障碍、性高潮障碍等多种形式,是比较多见的心理障碍。

二、临床描述

1. **性欲障碍** 表现为持续性、蔓延性的性兴趣缺乏和性唤起抑制。女性远多于男性,她们没有任何性欲,在性生活中也完全处于被动状态,日常生活也常显得刻苦、拘谨且古板。
2. **性兴奋障碍** 表现为以男性射精和女性阴道润滑障碍为特征,如阳痿、冷阴等。
3. **性高潮障碍** 表现为男性能勃起和女性能出现正常的性兴奋期,但性高潮障碍反复发生并持续存在,或者不适当地推迟,如早泄、射精延迟和女性性高潮缺乏。
4. **其他性功能障碍** 表现为女性阴道痉挛和性交疼痛。

三、理论解释

性反应是一种心身过程,正常的性活动除了要有正常的生殖器官、内分泌系统、神经系统和性染色体等生理结构和功能维持以外,还必须要有一个适宜的心理状态,必要的性知识对性活动也有作用,很多疾病、药物和心理因素都对性功能产生干扰。因此,性功能障碍的产生原因和机制是很复杂的。

由于心理及躯体过程通常都在性功能障碍的发病中起作用,尽管有时在辨认心因性或器质性病因时或许可以做到,但是对大多数性功能障碍,尤其是那些诸如勃起不能或性交疼痛等问题,则很难确定心因性还是器质性因素何者重要,因为性功能障碍的产生常常是多种因素相互作用的结果。因此,考虑混合性原因是比较适宜的。

四、诊断评估

对性功能障碍进行细致和全面的心理评估是非常重要的,尤其是对后续治疗方法的选择与控制。评估包括临床面谈、心理测评与心理生理评估三个方面内容,包括必要的身体检查。

诊断主要依据 ICD-10、DSM-5 和 CCMD-3。

五、防治要点

几乎所有的性功能障碍都有可能通过合理的治疗得到改善或痊愈,哪怕是最简单的"教育"都可能有效。应鼓励性功能障碍者及早求治。治疗性功能障碍的具体方法很多,但在所有的治疗方法中有一些基本的规律和原则必须遵守。

1. **治疗原则** 全面掌握夫妻双方相关的性解剖、性生理、性心理和性行为的资料;强调性活动是一种自然本能活动的观点,消除对性行为的恐惧;夫妻双方共同参与治疗;注意其他方面的性问题和非性的问题;保密。

2. 对不同性功能障碍的特殊处理。

第二部分 试 题

一、名词解释

1. 性心理障碍
2. 性身份障碍
3. 易性症
4. 性偏好障碍
5. 恋物症
6. 异装症
7. 露阴症
8. 窥阴症
9. 摩擦症
10. 性指向障碍
11. 同性恋
12. 性胁迫
13. 强奸
14. 儿童性虐待
15. 性骚扰
16. 性成瘾
17. 性欲障碍

18. 阳痿
19. 早泄
20. 女性性高潮缺乏

二、填空题（在空格内填上正确的内容）

1. 人的性心理活动是_____、_____和_____三因素共同作用的结果。

2. 性心理障碍主要包括_____、_____与_____三类。

3. 性心理障碍患者多数性欲_____，甚至不能进行正常的性生活，_____关系往往不和谐。

4. 15 岁以下未成年人持续对自己的性别感到痛苦，渴望成为异性或坚持自己属于异性成员的病症称为_____。

5. _____被称为"男扮女装症"。

6. 在生活中的某一时刻穿着异性服装，以暂时享受作为异性成员的体验，但无永久改变性别愿望的病症称为_____。

7. 可以通过变性手术治疗的性心理障碍是_____。

8. 个体对自身性别的认同与解剖生理上的性别特征相反而导致的心理障碍称为_____。

9. 性别身份建立的关键期是_____岁至_____岁之间。

10. 露阴症的行为通常针对的对象是_____。

11. _____的特征是向性爱对象施加虐待以取得性兴奋，绝大多数为男性。_____是指接受性爱对象虐待以获得性兴奋。两者可以单独存在，也可并存。

12. 具有正常异性恋者反复出现穿戴异性装饰的强烈欲望并付诸实施，通过穿戴异性装饰可引起性兴奋，抑制此种行为可引起明显不安的性心理障碍是_____。

13. 反复出现暗中窥视异性下身、裸体和性活动行为，以达到性兴奋的强烈欲望，可伴有手淫，或事后回忆窥视景象同时手淫，以获取性满足，这种性心理障碍称为_____。

14. 恋童症的大部分受害者都是_____。

15. 由于环境条件的限制，合理异性成员并不存在或无法接触而出现一时的性取向异常称为_____。

16. 解释同性恋的主要心理学理论是_____。

17. _____一般不属于性医学和精神医学研究的对象，只有在陷入个人或社会冲突的条件下，他们才需要精神科医生的帮助。

18. 为了更像异性而着异装的是_____；为了产生性兴奋而着异装的是_____；为了吸引同性着异装的是_____。

19. 美国于_____年取消了同性恋的诊断。

20. 原性指向障碍主要包括_____和_____，最常见的是_____。

21. _____和_____往往是绝对性同性恋。

22. 根据强奸者的动机可以将强奸分为三类：_____、_____和_____。

23. 性骚扰的方式通常有三种，它们是：_____、_____和_____。

24. 导致性胁迫发生的因素有很多，从流行病学角度将发生性胁迫行为的决定因素分为_____、_____和_____。

25. 不受欢迎的性求爱、性好感邀请，以及其他带有性性质的言语和身体行为称为_____。

26._____又称强迫性性行为,主要指一个人强迫性地寻求性体验,当性行为不能满足时就会出现行为异常的情况。

27. 女性冷阴与男性阳痿同属于_____。

28. 男性早泄与女性性高潮缺乏同属于_____。

29. 在男性性功能障碍中发病率占第二位的是_____。

30._____是一种影响妇女性反应能力的心理生理综合征,又称性交恐惧症。

三、单项选择题(在 5 个备选答案中选出 1 个最佳答案)

1. 以下有关性心理障碍患者的说法,正确的是
   A. 性心理障碍患者多有人格障碍
   B. 性心理障碍患者多数性欲低下,甚至不能进行正常的性生活
   C. 性心理障碍患者的社会适应差
   D. 性心理障碍的患者对自己的行为缺乏充分的辨认能力
   E. 性心理障碍者都同时伴有生理缺陷

2. **不能**诊断为性心理障碍的是
   A. 异装症　　　　　B. 恋物症　　　　　C. 易性症
   D. 恋童症　　　　　E. 失恋

3. 性心理障碍是指
   A. 性欲减退　　　　B. 性欲亢进　　　　C. 性生理功能障碍
   D. 异常性行为　　　E. 性指向障碍

4. 关于性心理障碍正确的说法是
   A. 性心理障碍是强迫障碍
   B. 多数患者社会适应能力良好
   C. 性心理障碍与人格障碍本质是一样的
   D. 性心理障碍者智力高于一般人群
   E. 性心理障碍就是犯罪

5. 易性症通常开始于
   A. 幼儿期　　　　　B. 儿童期　　　　　C. 青春期
   D. 中年期　　　　　E. 老年期

6. 性心理障碍中最少见的是
   A. 同性恋　　　　　B. 异装症　　　　　C. 易性症
   D. 恋物症　　　　　E. 摩擦症

7. 属于性身份障碍的是
   A. 同性恋　　　　　B. 窥阴症　　　　　C. 易性症
   D. 恋物症　　　　　E. 异装症

8. 易性症着异装是为了
   A. 改变自己的身份　B. 更像异性　　　　C. 吸引同性
   D. 产生性兴奋　　　E. 满足恋物需求

9. 采用与常人**不同**的异常性行为满足性欲是
    A. 性身份障碍　　　　　B. 性偏好障碍　　　　　C. 性取向有关心理障碍
    D. 性指向障碍　　　　　E. 同性恋

10. 对异性衣着特别喜爱,反复穿戴异性服饰由此引起性兴奋,最恰当的诊断应为
    A. 异装症　　　　　　　B. 易性症　　　　　　　C. 摩擦症
    D. 恋物症　　　　　　　E. 同性恋

11. 以下**不属于**性偏好障碍的是
    A. 露阴症　　　　　　　B. 恋物症　　　　　　　C. 易性症
    D. 摩擦症　　　　　　　E. 性施虐症

12. 反复出现以异性使用的物品或异性躯体某个部分作为性满足的刺激物,几乎仅见于男性,他们通过吻、尝、抚弄该物品获得性满足,最恰当的诊断应为
    A. 异装症　　　　　　　B. 易性症　　　　　　　C. 摩擦症
    D. 恋物症　　　　　　　E. 性受虐症

13. 反复出现暗中窥视异性下身、裸体和性活动行为,以达到性兴奋的强烈欲望,可伴有手淫,事后回忆窥视景象同时手淫,以获取性满足。最恰当的诊断应为
    A. 露阴症　　　　　　　B. 恋物症　　　　　　　C. 窥阴症
    D. 摩擦症　　　　　　　E. 易性症

14. 露阴症的行为通常针对的是
    A. 青年男性　　　　　　B. 青年女性　　　　　　C. 年幼女性
    D. 年幼男性　　　　　　E. 中年女性

15. 男,20岁,因偷窃女士内衣、内裤而被拘留。他最可能的诊断是
    A. 同性恋　　　　　　　B. 异装症　　　　　　　C. 易性症
    D. 恋物症　　　　　　　E. 摩擦症

16. 男,22岁,某日见到一年轻女性突然露出已勃起的阴茎,并手淫。他最可能的诊断是
    A. 露阴症　　　　　　　B. 性欲亢进　　　　　　C. 窥阴症
    D. 摩擦症　　　　　　　E. 性施虐症

17. 属于性偏好障碍的是
    A. 同性恋　　　　　　　B. 异装症　　　　　　　C. 易性症
    D. 恋物症　　　　　　　E. 双重角色异装症

18. 异装症着异装是为了
    A. 改变自己的身份　　　B. 更像异性　　　　　　C. 吸引同性
    D. 产生性兴奋　　　　　E. 满足恋物需求

19. 关于露阴症的说法,**错误**的是
    A. 属于性偏好障碍　　　　B. 露阴可达到射精和性高潮
    C. 多见于男性　　　　　　D. 患者具有内向,不善人际交往的特点
    E. 与受教育程度密切相关

20. 关于窥阴症的说法,**错误**的是
    A. 窥视别人的性生活、异性外阴等以获得性兴奋和性满足
    B. 对正常两性关系淡漠
    C. 发病多为男性

D. 只要有过窥视别人性行为而获得性满足的行为就可考虑诊断窥阴症

E. 与受教育程度无紧密相关

21. 关于摩擦症的说法，**错误**的是

A. 取出阴茎隔衣挨擦女性的臀部、手臂

B. 通常发生在公共汽车等人多拥挤的场合

C. 是一种性功能障碍

D. 患者往往服装整齐、彬彬有礼

E. 患者没有暴露自己生殖器的愿望

22. 关于恋物症的说法，最确切的是

A. 恋的物是异性内衣等无生命的物件

B. 恋的物是异性的脚等身体的某一部分

C. 患者常有盗窃异性使用过的物件的行为

D. 患者通过所恋之物获得性满足

E. 以上都是

23. 关于异装症的说法，正确的是

A. 男性患者常打扮成女性以吸引同性

B. 异装症属于性身份障碍

C. 患者常扮成女性以唤起自己的兴奋

D. 患者由于获得女性衣物本身而产生性兴奋

E. 患者在性兴奋消退后还扮成异性

24. 关于性施虐症和性受虐症，下列正确的选项是

A. 性施虐症和性受虐症不可并存

B. 性施虐症者的性功能强

C. 性受虐症者的性功能强

D. 施虐最严重可以虐杀致死

E. 性施虐症和性受虐症属于性身份障碍

25. 美国取消了同性恋的诊断的年份是

A. 1975　　　　　　B. 1980　　　　　　C. 1982

D. 1990　　　　　　E. 2000

26. 属于性指向障碍的是

A. 恋童症　　　　　B. 异装症　　　　　C. 易性症

D. 恋物症　　　　　E. 同性恋

27. 同性恋着异装是为了

A. 改变自己的身份　　B. 更像异性　　　　C. 吸引同性

D. 产生性兴奋　　　　E. 满足恋物需求

28. 以男性射精和女性阴道润滑作用障碍为特征的是

A. 性欲障碍　　　　　B. 性兴奋障碍　　　C. 性高潮障碍

D. 性功能障碍　　　　E. 性成熟障碍

29. 表现为持续性、蔓延性的性兴趣缺乏和性唤起抑制的是

A. 性欲障碍　　　　　B. 性兴奋障碍　　　C. 性高潮障碍

D. 早泄   E. 阳痿

30. 下列**不属于**性功能障碍的是

    A. 性交痛   B. 阳痿   C. 同性恋

    D. 性乐高潮缺乏   E. 冷阴

31. 阳痿是男性常见的

    A. 性生理障碍   B. 性心理障碍   C. 性行为障碍

    D. 性功能障碍   E. 性器官疾病

32. 性障碍的判定标准**不包括**

    A. 生物学特点准则   B. 社会性道德规范准则

    C. 对他人或社会的影响准则   D. 对本人的影响准则

    E. 法律准则

33. 可以使用变性手术治疗的是

    A. 同性恋   B. 异装症   C. 易性症

    D. 双性恋   E. 童年性身份障碍

34. 属于女性特有的性兴奋障碍是

    A. 冷阴   B. 阳痿   C. 早泄

    D. 性交疼痛   E. 性高潮缺乏

35. 下列**不属于**性胁迫的是

    A. 强奸   B. 强制性接触   C. 性骚扰

    D. 婚外性行为   E. 儿童性虐待

36. 关于性成瘾,以下说法正确的是

    A. 是不受控制的行为

    B. 持续追求自毁性或高危性性行为

    C. 与性活动有关的严重心境变化,如抑郁或欣快

    D. 性行为干扰社交、职业和娱乐活动

    E. 以上都对

37. "表现出对性的压倒一切的需求,使整个精神状态被这种需求与关注强烈地占据以致正常的工作和关系被干扰"指的是

    A. 性攻击   B. 性成瘾   C. 性虐待

    D. 性骚扰   E. 性偏好障碍

38. 关于性胁迫发生的原因,说法正确的是

    A. 性胁迫者一般文化程度较高

    B. 性胁迫者平时很少有机会接触黄色信息

    C. 对性胁迫持容忍态度可以减少性胁迫的发生

    D. 性胁迫是一个严重的公共卫生问题

    E. 用诱骗手段与他人发生性关系不属于性胁迫

39. 下列选项中属于性胁迫者使用的手段的是

    A. 暴力   B. 威胁   C. 欺骗

    D. 风俗习惯   E. 以上都对

40. 当儿童询问有关性的问题时,成人应

　　A. 坦诚相告　　　　　B. 尽量回避　　　　　C. 立即禁止
　　D. 主动介绍　　　　　E. 严肃批评

四、问答题

1. 性障碍的判别标准是什么？
2. 易性症与异装症有何不同？
3. 试述性偏好障碍类型及各类的主要临床特点。
4. 如何对同性恋进行干预？
5. 性偏好障碍形成原因的理论观点有哪些？
6. 根据性骚扰的行为特点可以将其分为哪几种类型？
7. 导致性胁迫发生的前置因素有哪些？
8. 性成瘾的主要特征是什么？
9. 试述性功能障碍的常见类型及其表现。
10. 性功能障碍的治疗原则是什么？

第三部分　参　考　答　案

一、名词解释

1. 性心理障碍是指性行为明显偏离正常的一组心理障碍，表现为以异常的性行为作为满足性需要的主要方式，从而不同程度地干扰了正常的性活动。

2. 性身份障碍是指个体对自身性别的认同与解剖生理上的性别特征相反而导致的心理障碍。

3. 易性症是指在心理上对自身性别的认定与解剖生理性别特征相反，持续存在改变本身性别的解剖生理特征以达到转换性别的强烈愿望，其性爱倾向为同性恋。

4. 性偏好障碍是指选择性伴或欣赏异性时对异性的某个或某些方面特殊喜好，远远偏离了以性器官活动为中心的性满足。

5. 恋物症是指反复出现以异性使用的物品或异性躯体某个部分作为性满足的刺激物，几乎仅见于男性，他们通过吻、尝、抚弄该物品获得性满足，这些物品包括乳罩、内裤、月经带、内衣、头巾、鞋、丝袜、发夹等，异性的头发、足趾、腿等也可成为眷恋物。

6. 异装症是具有正常异性恋者反复出现穿戴异性装饰的强烈欲望并付诸实施，通过穿戴异性装饰可引起性兴奋，抑制此种行为可引起明显不安。

7. 露阴症是一种反复在异性面前暴露自身的性器官以获取性满足的性心理障碍，可伴有手淫，但无进一步性活动的要求。

8. 窥阴症是反复出现暗中窥视异性下身、裸体和性活动行为，以达到性兴奋的强烈欲望的性心理障碍，可伴有手淫，事后回忆窥视景象同时手淫，以获取性满足。

9. 摩擦症是在拥挤场所或乘对方不备，以生殖器或身体某些部位摩擦女性躯体或触摸异性身体的某一部分，以引起性兴奋的目的的性心理障碍。

10. 性指向障碍是在合理异性成员存在的情况下，性爱或性兴趣的中心对象脱离了社会所公认的合理异性成员,而指向同性的一种性心理障碍。

11. 同性恋是性爱指向对象是同性而非异性,即在正常条件下对同性持续表现性爱倾向,包括思想、情感和性爱行为。

12. 性胁迫是指借助于暴力、威胁、言辞、强求、欺骗、风俗习惯或金钱诱惑等手段,违背他人的真实意愿,强迫(或诱骗)与之发生性关系的性行为。

13. 强奸的广义是违背他人的意志,使用任何手段与他人发生性交行为。狭义的强奸特指男性使用暴力或非暴力手段,违背女性的意愿,强行与她发生性交行为,是一种常见的犯罪行为。

14. 儿童性虐待是一种通过暴力的或非暴力的手段与儿童发生接触性的或非接触性的性活动,包括胁迫、引诱儿童观看色情影像或他人性活动的侵犯性行为,而不论儿童是否同意或是否知道这种活动的意义。

15. 性骚扰是指不受欢迎的性求爱、性好感邀请,以及其他带有性性质的言语和身体行为。

16. 性成瘾指一个人强迫性地寻求性体验,当性行为不能满足时就会出现行为异常的情况。

17. 性欲障碍是指持续性、蔓延性的性兴趣缺乏和性唤起抑制。

18. 阳痿是指男性虽有性欲,但在性交时难以产生和维持满意的阴茎勃起。

19. 早泄指持续地发生性交时射精过早,导致性交不满意,如阴茎未插入阴道或刚插入时就射精。

20. 女性性高潮缺乏指女性在性活动中没有或很难有性兴奋和性感高潮的体验。

二、填空题

1. 生物　心理　社会
2. 性身份障碍　性指向障碍　性偏好障碍
3. 低下　家庭
4. 童年性身份障碍
5. 易性症
6. 双重角色异装症
7. 易性症
8. 性身份障碍
9. 1.5　3
10. 青年女性
11. 性施虐症　性受虐症
12. 异装症
13. 窥阴症
14. 小女孩
15. 境遇性同性恋
16. 精神分析理论
17. 同性恋
18. 易性症　异装症　同性恋

19. 1980

20. 同性恋　双性恋　同性恋

21. 被动性男同性恋　主动性女同性恋

22. 愤怒型强奸　权力型强奸　虐待型强奸

23. 口头方式　行动方式　设置环境方式

24. 前置因素　强化因素　促成因素

25. 性骚扰

26. 性成瘾

27. 性兴奋障碍

28. 性高潮障碍

29. 早泄

30. 阴道痉挛

三、单项选择题

1. B　　2. E　　3. D　　4. B　　5. C　　6. C　　7. C　　8. B　　9. B　　10. A

11. C　12. D　13. C　14. B　15. D　16. A　17. C　18. E　19. E　20. D

21. C　22. C　23. D　24. D　25. B　26. E　27. C　28. B　29. A　30. C

31. D　32. E　33. C　34. A　35. D　36. E　37. B　38. D　39. E　40. A

四、问答题

1. 性障碍的判别标准是什么?

答:由于不同时空的社会规范要求使性行为正常与否的判别只有相对标准,标准如下:

(1)以生物学特点为准则:从生物学角度考察,两性动物的性爱心理与行为特征,是以发育成熟的异性为对象,并以性器官活动为中心。性行为应符合生物学需要与特征,反之则是异常或变态的。

(2)以社会性道德规范为准则:凡是符合特定历史阶段某一社会所公认的社会道德规范或法律规定,就是正常的性行为,反之则是异常或变态的。

(3)以对他人或社会的影响为准则:如果一种性行为使性对象遭受损害并感到痛苦,其性行为就是异常的。

(4)以对本人的影响为准则:倘若一种性活动使其本人受到损害或感到痛苦,例如名誉、地位的损害,内心世界性冲动与社会道德之间的强烈冲突,或因此导致的悔恨、焦虑、抑郁等,则是异常的。

(5)诊断性心理障碍必须排除器质性疾病和其他精神障碍所引起的性行为异常。

2. 易性症与异装症有何不同?

答:(1)所属性心理障碍的分类不同:易性症属于性身份障碍,异装症属于性偏好障碍。

(2)定义不同:易性症是在心理上对自身性别的认定与解剖生理性别特征相反,持续存在改变本身性别的解剖生理特征以达到转换性别的强烈愿望;异装症是具有正常异性恋者反复出现穿戴异性装饰的强烈欲望并付诸实施,通过穿戴异性装饰可引起性兴奋,抑制此种行为可引起明显不安。

(3)性爱倾向不同:易性症性爱倾向同性,而异装症则指向异性。

（4）异性着装目的不同：异装症通过穿戴异性装饰可引起性兴奋，但易性症不产生性兴奋，更无手淫行为。

3. 试述性偏好障碍类型及各类的主要临床特点。

答：性偏好障碍主要包括恋物症、异装症、露阴症、窥阴症、恋童症、摩擦症、性施虐与性受虐症等。

（1）恋物症的临床特点是：在强烈的性欲望和性兴奋的驱使下反复收集异性所使用的物品，所恋物品均为直接与异性身体接触的东西，这些物品是其性刺激的重要来源或获得性满足的基本条件。

（2）异装症的临床特点是：对异性衣着特别喜爱，反复出现穿戴异性服饰的强烈欲望并付诸行动，由此引起性兴奋。

（3）露阴症的临床特点是：反复多次在陌生异性毫无准备的情况下暴露自己的生殖器以达到性兴奋的目的，有的继以手淫，但无进一步的性侵犯行为。情景越惊险紧张，他们越感到刺激，性的满足也越强烈。

（4）窥阴症的临床特点是：反复多次地窥视他人性活动或亲昵行为或异性裸体作为自己性兴奋的偏爱方式。他们除了窥视行为本身之外，一般不会有进一步的攻击和伤害行为。

（5）摩擦症的临床特点是：男性在拥挤的场合或乘对方不备，伺机以身体的某一部分（常为阴茎）摩擦和触摸女性身体的某一部分以达到性兴奋之目的。

（6）性施虐症的临床特点是：在性生活中向性对象同时施加肉体上或精神上的痛苦，作为达到性满足的惯用和偏爱方式。

（7）性受虐症的临床特点是：在性生活的同时，要求对方施加肉体上或精神上的痛苦，作为达到性满足的惯用与偏爱方式。

（8）恋童症的临床特点是：以儿童为性爱对象，以糖果、零钱或其他小恩惠引诱儿童或少年上钩并进行猥亵或性交。

4. 如何对同性恋进行干预？

答：（1）处置原则：当今认识的进步彻底推翻了同性恋是病态的观念，成为人们可以自行选择的正常性行为方式之一。因此，只有在同性恋者在个人性指向或性发育过程中，感到焦虑、抑郁，甚至痛苦，或者感到犹豫不决，或者希望改变为异性恋时，方才提供治疗和帮助。

（2）同性恋者：对于确认无疑的同性恋的心理困惑，专业工作者要帮助他们接受自己的性取向，使其明白同性恋者的智力和能力并不比异性恋者差，同样可以正常生活并实现自我价值。当然也要说明对家庭与社会的压力准备。

（3）青春期同性恋取向者：首先要作准确的性取向的检查评估，帮助他们确立和谐的性身份认同。当然异性恋作为生物学和社会学的主流性取向，应优先考虑。

（4）要求改变同性恋取向者：可进行心理治疗。

5. 性偏好障碍形成原因的理论观点有哪些？

答：（1）生物学研究：性偏好障碍的生物学研究侧重于病因和机制研究，在某些患者的血液中，发现睾酮含量增高，但还没有普遍性意义。

（2）精神动力学理论：认为性偏好障碍者是在正常发育过程中，由于异性恋发展受挫，性的生殖功能不能整合为一种成熟的发展方式，产生心理冲突，表现出各种焦虑，导致退行到儿童早期幼稚的性心理发展阶段。其性行为则表现为一种幼稚的不成熟的儿童性取乐行为，如玩弄生殖器，暴露阴茎，手淫或摩擦阴部，偷看异性洗澡等。

（3）学习理论：条件反射理论认为，一些无关刺激通过某种偶然的机会与性兴奋相结合，由于性快感的强烈体验，在主动回忆当时情景时仍会出现性快感，如此通过对性快感情景的回忆和性幻想强化了无关刺激，形成了条件联系。

（4）整合模型：主张从不同理论中可部分地整合在一起加以应用。首先，要对性障碍的激发因素加以了解和掌握，这些因素可能是早期生活中的首次性经验，或是对别人性偏离行为的模拟，也可能来自儿童早期的性虐待；其次，在社会化过程中所发展的对性的认知、信念，对性问题的态度和行为方式也至关重要；最后，其本人的性心理、行为是否为社会、家庭成员所接受或认可而导致内心冲突等多因素结合起来而导致性心理障碍。

6. 根据性骚扰的行为特点可以将其分为哪几种类型？

答：依据性骚扰者的行为特点可分为六种类型：①补偿型性骚扰：是因性饥渴导致的一时冲动之举；②游戏型性骚扰：多是有过性经验的男人，将女性视作玩物；③权利型性骚扰：多发生在老板对雇员或上司对下属，尤以女秘书居多；④攻击型性骚扰：多半在早年有不愉快的性关系史，有蓄意的伤害性或攻击倾向；⑤病理型性骚扰：因各种疾病，尤其是性心理障碍所致；⑥冲动型性骚扰：多为青年，性好奇性强，自制力差，往往有人格缺陷。

7. 导致性胁迫发生的前置因素有哪些？

答：前置因素是指给性行为发生提供依据、动机和原因的因素，先于行为的发生，包括知识水平、信念、态度和价值观念等内容。主要包括：

（1）知识、态度和观念：文化程度低、性知识较少甚至缺乏，辨别是非的能力较低，往往容易遭受或强迫他人发生非意愿性性行为；长期接触黄色信息，处于不健康的有关性的交流氛围，使人对性胁迫持容忍甚至支持态度，助长了性胁迫的发生。

（2）个体因素：童年受到性、肉体或感情虐待，母亲的头胎生育年龄较小，将影响个体对性的看法和观念，增加性胁迫的机会，甚至出现经常性性胁迫。因个性、智力结构不同，对此问题的看法和处理能力不同，如自尊心较强、智力较好的人遇到性胁迫问题，往往能自行解围，而软弱的、智力发展水平较低的人则很难解围。

（3）家庭因素：家庭经济贫困、父母文化程度低和家庭教育质量差，家长观念封建保守易造成孩子性格孤僻或自尊心降低、少女卖淫、遭受社会歧视和各种性胁迫等问题，子女离家出走或在外留宿，将会接触到更多的危险因素。

（4）其他因素：强奸者的感情压抑或性欲强烈、体内相关激素水平高、幼年有性侵害或被欺侮创伤史、个人表达能力欠佳或是与异性相处能力薄弱，易唤起性胁迫欲望。

8. 性成瘾的主要特征是什么？

答：性成瘾的特征主要有：①不受控制的行为；②性行为导致医学、法律和人际关系等严重的不良后果；③持续追求自毁性或高危性性行为；④反复想限制或停止性行为；⑤性强迫和性幻想是主要的应对机制；⑥需要增加性活动的数量；⑦与性活动有关的严重心境变化，如抑郁或欣快；⑧用大量时间获得性、性交或从性体验中恢复；⑨性行为干扰社交、职业和娱乐活动。

9. 试述性功能障碍的常见类型及其表现。

答：性功能障碍的类型及其表现如下：

（1）性欲障碍：表现为持续性、蔓延性的性兴趣缺乏和性唤起抑制。女性远多于男性，她们没有任何性欲，在性生活中也完全处于被动状态。日常生活也常显得刻苦、拘谨且古板。有资料表明,在已婚妇女中患性冷淡者约占 15%,还有资料报告有 25%~30% 的女性具有性冷淡现象。

(2)性兴奋障碍:表现为以男性射精和女性阴道润滑作用障碍为特征的异常,如阳痿、冷阴等。

(3)性高潮障碍:表现为男性能勃起和女性能出现正常的性兴奋期,但性高潮障碍反复发生并持续存在,或者不适当地推迟,如早泄、射精延迟和女性性高潮缺乏。

(4)其他性功能障碍:①阴道痉挛:是一种影响妇女性反应能力的心理生理综合征,又称性交恐惧症。即在试图性交时,围绕阴道口的肌肉群发生不随意的痉挛反射,于是肌肉强烈的收缩成一个环状肌肉团块,结果使阴道口紧闭,使性交无法进行。甚至连妇科医生的常规检查都无法进行。此时的肌肉收缩是不由自主的和无法控制的,通常会由实际的性交,或由想象或预感到将要发生性交而引发。②性交疼痛:指性交引起女性或男性的性生殖器疼痛。女性的性交疼痛有时仅在外阴部,有时又可在阴道内,甚至会经常伴有下腹部疼痛,疼痛剧烈且反复发作,时间长短不等,有时在性交数小时后才消退,常不得不拒绝性交。男性的疼痛多限于阴茎。

10. 性功能障碍的治疗原则是什么?

答:(1)全面掌握夫妻双方相关资料:如性解剖、性生理、性心理和性行为等,特别要区别是器质性还是心因性?是原发还是继发?这关系到治疗方案的制订和实施。

(2)消除对性行为的恐惧:对性行为的恐惧是引起性功能障碍的重要因素:降低性生活的兴趣,丧失自信心,引起紧张和压力,干扰和抑制性行为。性治疗的中心任务之一,就是强调性活动是一种自然本能活动,使患者减少恐惧,轻松并主动进行性生活。

(3)夫妻共同参与治疗:性治疗的首要目的是建立满意的夫妻关系。性功能正常与否是夫妻双方的事,且会互相影响,某一方的态度和行为常会导致另一方的性的功能和对性的满足程度,治疗需要双方配合。如果只单独改变一方,常常使治疗无法进行。性治疗的任务之一就是通过沟通,改善夫妻间的相互关系。

(4)注意其他方面的问题:除对患者性功能障碍的准确把握之外,还应了解和关注有关性问题的其他情况,如对性问题的错误态度,以及性知识的缺乏和错误等。

(5)保密:这里强调的是夫妻间的保密。虽然性治疗更关注夫妻间的交流和沟通,但并不排除一方有不想让配偶知道的隐私,此时治疗必须为患者保密,即使在治疗结束后。

(李志勇　金明琦)

第十四章　智 力 障 碍

第一部分　内容概要与知识点

本章导读　本章首先对智力障碍的特点、原因和分类进行了概述,随后以分节的形式对智力障碍进行详细阐述。其中,对智力障碍的病因、分级和临床表现,以及智力障碍的预防及治疗进行了着重的阐述。最后以参考资料的方式对特殊形式的一些智力障碍的特点进行了介绍。

第一节　概　　述

1. **不同国家对于智力障碍的定义**　智力障碍/智力残疾是指各种原因引起智力落后于一般人,并对其生活和社会能力有明显影响的综合征。美国智力与发展障碍协会推出的 2010 年版《智力障碍定义、分类与支持体系手册》中提出:智力障碍是指智力功能和适应行为两方面明显受限而表现出来的一种障碍,适应行为表现为概念性、社会性和应用性技能;智力障碍应出现在 18 岁以前。我国将之定义为智力发育期间(18 岁以前),由于各种有害因素导致精神发育不全或智力迟缓;智力成熟以后,由于各种有害因素导致的智力损害或老年期的智力明显衰退。

2. **流行病学资料**　在各个年龄阶段,男性智障儿童都比女性智障儿童多;男女轻度智力障碍儿童之比为 1.5 : 1~1.8 : 1,而男女重度智力障碍比例为 1.2 : 1。智力障碍在发达国家的发生率较高;约 90% 的智力障碍者为轻度的智力障碍,仅有 10% 为中度以上的智力障碍。

第二节　智力障碍发展历史

1. **早期名称的演变**　1908 年 Tredgrod 首先定义为:是一种由于大脑不完全发育而在个体自出生或幼年期产生的智力缺陷状况,致使其无法履行作为社会成员所应尽的各种职责。1937 年进行了修订,重新定义为:缺少他人的监督、控制与外部支持时,个体不能适应其同伴环境和维持生活的一种不完全的智力发育状态。此定义侧重强调了患者的个人行为能力。1941 年,Doll 将智力落后的定义进一步修订为:个体在生长发育时期由于体质发展迟滞而造成的一种社会无能状况,而且其根本无法医治或矫正。Doll 主张对智力落后进行描述与定义时必须考虑六个核心维度:社会化能力缺乏、智力低于正常、发展停滞、生长发育期出现、器质性原因、根本无法治愈。

2. **新时期的定义**　1992 年,美国智力落后术语与分类委员会将智力落后定义为:现有的功能存在实质性的限制,其智力功能明显的低于平均水平,同时伴有以下各项适应功能中的两项或者两项以上的限制:沟通交际、自我照顾、居家生活、社会技能、社区运用、自我指示、健康安全、实用性学科技能、休闲娱乐和工作,并且智力落后发生在 18 岁之前。2002年的定义:智力落后是指智力功能和适应行为两方面明显受限而表现出来的一种障碍,适应性行为表现为概念性、社会性和应用性技能;智力落后出现在 18 岁以前。DSM-5 中依然将智力障碍分为轻度、中度、重度和极重度四类。明确指出,不同严重程度的水平是基于适应功能来决定的,而非智商分数。因为是适应功能决定患者所需要的支持程度。此外,在智商区间的下限上,智商评估的有效性也比较低。所以在其诊断标准中不刻意强调智商分数这一标准,反而在概念领域、社交领域和适用领域三个方面给予全面完整评估进而确定患者的智力障碍等级。

第三节　智力障碍病因及影响因素

1. **理论解释**　导致 MR 的原因多而复杂,WHO 将其分为十大类:①感染和中毒;②外伤和物理因素;③代谢障碍或营养不良;④大脑疾病(出生后的);⑤不明的孕期因素和胎内疾病;⑥染色体异常;⑦未成熟儿;⑧重性精神障碍;⑨心理社会剥夺;⑩其他和非特异性的病因。

2. **遗传因素**　包括染色体畸变和隐性基因遗传性疾病。

3. **环境因素**　主要有妊娠、产期有害因素和新生儿、婴幼儿时期的有害因素两大类。

4. **共病现象**　智力障碍者易共患其他精神障碍。大约 3/4 的孤独症儿童有智力障碍。智力障碍合并孤独症患者有更严重的社交等行为问题,预后更差。

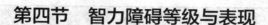

第四节 智力障碍等级与表现

1. 智力障碍的等级（表14-1）

表14-1 智力障碍分级

分级	智商水平	相当智龄	适应能力缺陷	所占比例(%)
轻度	50~69	9~12岁	轻度	85
中度	35~49	6~9岁	中度	10
重度	20~34	3~6岁	重度	4
极重度	<20	<3岁	极重度	<1

2. 智力障碍的表现（表14-2）

表14-2 智力障碍的表现

年龄 严重程度 表现	学龄前(0~6岁) 成熟和发育领域	学龄期(6~21岁) 训练和教育的效果	成年期(21岁~) 社会责任感及职业表现
一级（极重度）	总体迟滞，感知运动领域能力极差，需要监护	不能在生活自理能力训练中受益，需要监护	某些运动能力及言语得到发展，不能自理，需要完全的看护和监督
二级（重度）	运动发展很差，言语能力有限，难以从生活自理训练中受益，交流能力极差甚至没有语言及言语能力	会说话及学习交流，通过训练能养成一般的健康习惯，能从系统的健康习惯训练中受益	在充分监护下能做到部分生活自理，能发展一些低限度的自我保护技能
三级（中度）	会说话并学习交流，社交意识很差，运动发展尚可，只能从某些生活自理能力训练中受益，需中等程度的监护	通过特殊教育，到青年晚期大致能学会四年级的课程	在技术性不强的岗位能做到半自理，即使在很轻微的社会压力和经济压力下也需要监护和指导
四级（轻度）	能发展社交技能和交流技能，感知领域发展有些迟缓，较晚才会与同龄人之间表现出差异	到青年晚期只能学会六年级课程，不能学会普通中学课程，在中学阶段特别需要特殊教育	在恰当的教育下足以胜任社交和职业情境，在严肃的社会经济情境中需要监护

资料来源：摘自 Sloan，Birch. Mental Retardation [M] 1955：190

第五节 智力障碍诊断和评估

1. 诊断分类 三种诊断系统对于智力障碍的分类见表14-3。

2. 诊断步骤

（1）收集病史：收集母孕期及围产期的状况。

表 14-3 智力障碍分类

CCMD-3 精神发育迟滞与童年和少年期 心理发育障碍	ICD-10 精神发育迟滞	DSM-5 智力障碍(智力发育障碍)
70 精神发育迟滞	F70 轻度精神发育迟滞	轻度(F70)
71 言语和语言发育障碍	F71 中度精神发育迟滞	中度(F71)
72 特定学习技能发育障碍	F72 重度精神发育迟滞	重度(F72)
73 特定运动技能发育障碍	F73 极重度精神发育迟滞	极重度(F73)
74 混合型性特定发育障碍	F78 其他精神发育迟滞	
75 广泛性发育障碍	F79 未特定的精神发育迟滞	

（2）体格检查和实验室检查：了解生长发育指标（身高、体重、皮肤、手掌、头围等），需要时可选择内分泌及代谢检查、脑电图、头部 MRI 等，以及染色体及脆性位点检查。

（3）心理发育测评：包括智力测评与适应能力测评。

第六节　智力障碍的防治

1. **病因治疗**　对于先天性代谢疾病（如苯丙酮尿症）和地方性克汀病，如果早期发现并开始饮食疗法和甲状腺素类药物治疗，是可以防止后来的智力障碍发生。对于某些内分泌不足的性染色体畸变者，及时给予性激素可以改善性特征并有利于促进智力水平的发展。对某些先天性颅脑畸形如狭颅症、先天性脑积水等，手术治疗可减轻大脑压迫，有助于其智力发育。用于帮助脑发育和增强智力的药物尚在研究中，有报道脑活素（cerebrolysin）可促进言语及运动功能发育。

2. **对症治疗**　ID 患儿易共患其他精神障碍，导致活动过度、注意障碍、情绪障碍，甚者精神病性症状等，会加重智力障碍，社会适应能力进一步受损。可使用相应的精神药物对症治疗。

3. **教育训练**　对 ID 的教育和训练是当前矫治的最重要的方面，对任何类型、任何程度、任何年龄的患者都很重要。通过学校、家庭、社区、特殊教育机构等多方面的教育，使患者学习各种文化知识，掌握生活和劳动技能，使其能够自食其力、独立生活；通过训练，可以矫治行为问题，提高社会适应能力。

4. **心理治疗**　心理治疗的主要目的是解决患者的内心冲突、增强自信和提升社会适应能力，促进患者积极心理的形成等。

5. **预防**　①减少遗传问题；②改善环境因素；③早期发现与防治。

第二部分　试　题

一、名词解释

1. 智力

2. 智力障碍

3. 适应行为

4. 智力障碍流行率

5. 隐性遗传

6. 智力障碍的等级

7. 胎儿酒精综合征

8. 半乳糖血症

9. 苯丙酮尿症

10. 唐氏综合征

11. 性染色体畸变

12. 轻度智力障碍行为表现

13. 中度智力障碍行为表现

14. 重度智力障碍行为表现

15. 极重度智力障碍行为表现

二、填空题（在空格上填上正确的内容）

1. 智力障碍/智力残疾是指各种原因引起智力落后于一般人，并对其_____和生活有明显影响的综合征。

2. 智力发育期间(18岁以前)，由于_____导致精神发育不全或智力迟缓。

3. 智力落后早期定义的一个重要特征是强调智力障碍是_____，认为智力落后是一种永久的状态。

4. 智力落后是指智力功能和适应行为两方面明显受限而表现出来的一种障碍，适应性行为表现为概念性、社会性和应用性技能；智力落后出现在_____岁以前。

5. DSM-5中将智力障碍分为_____、_____、_____、_____四类。

6. 主要有两方面的原因引起智力障碍，即_____。

7. 绝大多数轻度智力障碍最重要的影响是_____。

8. 智力障碍患者共患精神分裂症主要以_____症状突出。

9. DSM-Ⅲ-R以_____作为区分严重程度的基础。

10. DSM-5强调使用_____作为诊断分级的标准，而非智商分数。

11. 适应行为包含可测量的成熟、学习能力和_____能力三个方面。

12. 适应行为是人适应社会环境要求的能力，是后天习得、_____的行为。

13. 智力障碍患者的诊断中需要进行的心理发育测评包括智力测评与_____测评。

14. 由于对智力障碍的认识有了很大的发展，早期诊断、精准诊断以及_____越来越被人们重视。

15. 针对智力障碍患者的心理治疗，主要目的是解决患者的内心冲突、_____和提升社会适应能力。

16. 对于智力障碍患儿的早期筛查我们可以选用_____。

17. 我国智力障碍的定义为：智力发育期间(18岁以前)，由于_____导致精神发育不全或智力迟缓；智力成熟以后，由于各种有害因素导致的智力损害或老年期的智力明显衰退。

18. DSM-5 在_____、_____和_____三个方面给予全面完整评估进而确定患者的智力障碍等级。

19. 怀孕最初_____里，有 50% 患感染性疾病的母亲会将疾病传染给胎儿。

20. 导致智力障碍的遗传因素有_____和_____。

21. 智力障碍共患精神分裂症的患者主要以_____症状突出，而一般精神分裂症患者是以_____为主要表现。

22. DSM-5 中依然将智力障碍分为轻度、中度、重度和极重度四类。明确指出，不同严重程度的水平是基于_____来决定的，而非_____。

23. 约 90% 的智力障碍者为_____的智力障碍，仅有 10% 为_____的智力障碍。

24. 美国精神医学学会在广泛听取了 AAIDD 的建议，并受美国联邦法律(公共法 111-256, Rosa 法)的要求，使用智力障碍一词替换了_____，并且在研究期刊中也要求使用智力障碍一词。

25. 导致 ID 的原因多而复杂，已知的影响因素高达上百种之多。WHO 将其分为_____大类。

26. _____的有害因素占中、重度智力障碍中的 5%~10%。

27. 据统计 15% 的癫痫人群伴有_____智力障碍。

28. 有报告指出，大约 3/4 的_____儿童有智力障碍。

三、单项选择题(在 5 个备选答案中选出 1 个最佳答案)

1. 智力障碍是指智力功能和_____两方面明显受限而表现出来的一种障碍
   A. 社会功能　　　　　B. 适应行为　　　　　C. 行为障碍
   D. 生活能力　　　　　E. 社交能力

2. 引起智力障碍的两大方面原因包括遗传因素和
   A. 智力因素　　　　　B. 疾病因素　　　　　C. 环境因素
   D. 社会因素　　　　　E. 家庭因素

3. 遗传因素导致出现智力障碍的主要原因为隐性基因遗传疾病和
   A. 染色体畸变　　　　B. 性染色体异常　　　C. 常染色体异常
   D. 21 三体综合征　　　E. 雷诺综合征

4. 智力障碍者中合并哪种精神疾病最为常见
   A. 精神分裂症　　　　B. 抑郁症　　　　　　C. 癫痫性精神障碍
   D. 焦虑症　　　　　　E. 双相情感障碍

5. 轻度智力障碍的智商水平为
   A. 50~69　　　　　　B. 35~49　　　　　　C. 20~34
   D. < 20　　　　　　　E. 70~80

6. 中度智力障碍的智商水平为
   A. 50~69　　　　　　B. 35~49　　　　　　C. 20~34
   D. < 20　　　　　　　E. 70~80

7. 重度智力障碍的智商水平为
   A. 50~69　　　　　　B. 35~49　　　　　　C. 20~34

D. ＜20　　　　　　　　　E. 70~80

8. 极重度智力障碍的智商水平为
　　A. 50~69　　　　　　　B. 35~49　　　　　　　C. 20~34
　　D. ＜20　　　　　　　　E. 70~80

9. 患儿能学会一般的语言,但不能表达复杂的内容,常口齿不清,接受能力及理解能力较同龄孩子差,勉强升入二年级,难以再升上去。经过训练可以自理生活并从事一些简单劳动。但需别人指导和照顾。其智力障碍程度为
　　A. 轻度智力障碍　　　　B. 中度智力障碍　　　　C. 重度智力障碍
　　D. 极重度智力障碍　　　E. 正常儿童

10. 下列治疗对于智力障碍患者最重要的是
　　A. 病因治疗　　　　　　B. 对症治疗　　　　　　C. 教育训练
　　D. 心理治疗　　　　　　E. 代币训练

11. 智力测验是诊断智力障碍的重要依据,心理测验应由_____来完成
　　A. 精神科医生　　　　　B. 精神科护士　　　　　C. 心理咨询师
　　D. 具有专业资质的人员　E. 心理治疗师

12. 下列诊断标准中就不将智商分数作为诊断标准,而更加强调适应性行为对于诊断分级的作用的是
　　A. DSM-5　　　　　　　B. CCMD-3　　　　　　　C. ICD-10
　　D. DSM-Ⅳ　　　　　　　E. ICD-11

13. 智力障碍应出现在_____岁以前
　　A. 12　　　　　　　　　B. 16　　　　　　　　　C. 18
　　D. 20　　　　　　　　　E. 24

14. 以下心理治疗方法**不适用**于智力障碍患者的是
　　A. 绘画治疗　　　　　　B. 沙盘治疗　　　　　　C. 精神分析治疗
　　D. 音乐治疗　　　　　　E. 代币训练

15. 重度智力障碍相当于多大的心理年龄
　　A. 3 岁以下　　　　　　B. 3~6 岁　　　　　　　C. 3~8 岁
　　D. 5~8 岁　　　　　　　E. 8~12 岁

16. 儿童精神与行为障碍的三大诊断分类系统(CCMD-3、ICD-10、DSM-5)所共有的是
　　A. 言语与语言发育障碍　B. 排泄障碍　　　　　　C. 精神发育迟滞
　　D. 多动障碍　　　　　　E. 睡眠障碍

17. 精神发育迟滞的 IQ 标准是
　　A. IQ 低于 90　　　　　B. IQ 低于 80　　　　　C. IQ 低于 70
　　D. IQ 低于 60　　　　　E. IQ 低于 95

18. 据估计,智力障碍的发生率在 1% 左右,其中轻度的占
　　A. 90%　　　　　　　　B. 75%　　　　　　　　C. 80%
　　D. 85%　　　　　　　　E. 95%

19. "患者通常在学龄前已能察觉到智力落后,能学会讲话,但言语简单,缺乏社交能力,对日常生活常识了解差……"这是精神发育迟滞的哪种类型
　　A. 轻度　　　　　　　　B. 中度　　　　　　　　C. 重度

D. 极重度　　　　　　　　　E. 边缘状态

20. "患者表情愚蠢,语言极少,口齿不清,仅在手势的帮助下才能理解最简单的语句,生活不能自理,仅有可能学会少量对话和自我照顾的能力,其中极少数具有特殊认知能力……"这是对何种类型的精神发育迟滞的描述

  A. 轻度　　　　　　　　　B. 中度　　　　　　　　　C. 重度

  D. 极重度　　　　　　　　E. 边缘状态

21. 流行病学调查显示,智力障碍患者中

  A. 男孩多于女孩　　　　　　　　　B. 女孩多于男孩

  C. 男女基本平衡　　　　　　　　　D. 幼年男性多于女性,成年相反

  E. 不清楚

22. ID 是指

  A. 智力障碍　　　　　　　B. 学习障碍　　　　　　　C. 品行障碍

  D. 精神分裂症　　　　　　E. 人格障碍

23. 判断智力障碍的主要依据是

  A. 发病年龄　　　　　　　B. 智商　　　　　　　　C. 社会适应能力

  D. 脑功能　　　　　　　　E. 病因

24. 中度 ID 儿童的特殊教育的主要目标在于

  A. 培养正常的学习能力与生活能力

  B. 以训练适应能力和简单劳动为主

  C. 以训练基本的卫生习惯和生活能力为主

  D. 训练照顾者,改善对 ID 的照顾水平

  E. 训练社交能力为主

25. 下列哪一项**不**是导致 ID 的原因

  A. 感染和中毒　　　　　　　　B. 学习障碍

  C. 代谢障碍或营养不良　　　　D. 不明的孕期因素和胎内疾病

  E. 重性精神障碍

26. 智力障碍的流行病学特征是

  A. 城市儿童高于农村

  B. 发病率约为 1%

  C. 女性智力障碍儿童多于男性儿童

  D. 学龄前儿童发现率较高

  E. 重性智力障碍多于其他类型智力障碍

27. 轻型智力障碍占全部智力障碍患者的百分比是多少

  A. 95%　　　　　　　　　B. 90%　　　　　　　　　C. 85%

  D. 80%　　　　　　　　　E. 情况不明

28. 学龄期智力障碍儿童占全部智力障碍患者的百分比是多少

  A. 95%　　　　　　　　　B. 90%　　　　　　　　　C. 85%

  D. 80%　　　　　　　　　E. 情况不明

29. 怀孕最初三个月里,患感染性疾病的母亲会将疾病传染给胎儿的比例是

  A. 55%　　　　　　　　　B. 50%　　　　　　　　　C. 45%

D. 40%   E. 30%

30. 新生儿、婴幼儿时期的有害因素占中、重度智力障碍中的百分比为

A. 5%~15%   B. 5%~10%   C. 4%~15%

D. 4%~10%   E. 3%~10%

31. 据统计癫痫人群伴有重度智力障碍的百分比是

A. 15%   B. 10%   C. 25%

D. 20%   E. 30%

四、简答题

1. 试比较智力障碍的三大诊断分类系统的差异。

2. 简述 WHO 对智力障碍可能病因的分类。

3. 简述智力障碍的主要类别及其特点。

4. 简述对智力障碍的治疗策略。

5. 简述智力障碍的预防。

6. 简述智力障碍的诊断步骤。

7. 试述男性智障儿童比女性智障儿童多的可能因素。

8. 试述导致智力障碍的遗传因素。

9. 试述导致智力障碍的环境因素。

10. 试述发达国家智力障碍的发生率较发展中国家较高的可能原因。

第三部分　参　考　答　案

一、名词解释

1. 智力又称智能,是人的学习能力与适应能力的统称。

2. 智力障碍是智力功能和适应行为两方面明显受限而表现出来的一种障碍,适应行为表现为概念性、社会性和应用性技能;智力障碍应出现在 18 岁以前。

3. 适应行为是人适应社会环境要求的能力,是后天习得、可以被矫正的行为。

4. 智力障碍流行率指的是实际存在的智力落后儿童总人数与学龄儿童总数之比。

5. 隐性遗传是指父母携带某种基因但不发病,其基因遗传给后代则使其发病,近亲结婚生下的孩子有更大的患病概率。

6. 当前较普遍使用的是 DSM-Ⅲ-R 的四级分法:轻度、中度、重度和极重度。

7. 因母亲怀孕时饮酒过量导致胎儿脑部受损,最常见的是小头症(脑部过小),有轻度到重度的智力障碍。还有注意力、学习、多动和行为问题。

8. 由于 1-磷酸半乳糖转变成 1-磷酸葡萄糖的过程受阻或乳糖聚积在血液、组织内,对肝、肾、脑等多种脏器造成损害,除引起的躯体症状外,还有智力缺陷。

9. 这类患儿因先天缺乏苯丙氨酸羟化酶,体内的苯丙氨酸不能转化成酪氨酸而引起的一系列代谢紊乱。最后的结果是严重损害正在发育的脑神经系统,进而形成智力障碍、痉挛、多动等异常行为。

10. 当父母的染色体正常的分裂且配对时(减数分裂),父亲的精子与母亲的卵子产生不正常结合的情形,例如当受精时第21对染色体有三体,结果导致出现唐氏综合征。

11. 人类第23对染色体决定受精卵的性别,女性有两个X染色体,男性有一个X染色体和一个Y染色体。凡是出现与此不相同的状态,均为性染色体畸变。如XXY型,或者XYY型。

12. 语言、行走发育稍晚,小学开始成绩接近正常,之后下降明显,一般难以完成中学学习。成年后可做简单工作。脾气稳定者较安静,多数能掌握一定的劳动技能;不稳定者喋喋不休,惹是生非,令人讨厌或遭戏弄。常依赖别人,容易上当受骗。

13. 会一般的语言,但不能表达复杂事物,口齿不清,接受能力及理解能力差,大概能接受二年级教育。经过训练可以自理生活并从事一些简单劳动。但需别人指导和照顾。

14. 出生后就能发现有躯体及神经系统异常,只能学会简单语言,只能在监护下生活,不能完成工作。

15. 出生时即有明显的躯体畸形及神经系统异常,不能学会走路和说话,感觉迟钝,缺少反应,常因其他先天性疾病或继发感染而夭折。

二、填空题

1. 社会能力

2. 各种有害因素

3. 不可治愈的

4. 18

5. 轻度 中度 重度 极重度

6. 遗传因素和环境因素

7. 环境因素

8. 行为和情感

9. 智商

10. 适应性行为

11. 社会适应

12. 可以被矫正

13. 适应能力

14. 病因学诊断

15. 增强自信

16. 丹佛儿童发育筛查测验

17. 各种有害因素

18. 概念领域 社交领域 适用领域

19. 三个月

20. 染色体畸变 隐性基因遗传疾病

21. 行为和情感 认知障碍

22. 适应能力 智商分数

23. 轻度 中度以上

24. 精神发育迟滞

25. 十
26. 新生儿和幼儿时期
27. 重度
28. 孤独症

三、单项选择题

1. B　2. C　3. A　4. C　5. A　6. B　7. C　8. D　9. B　10. C
11. D　12. A　13. C　14. C　15. B　16. C　17. C　18. D　19. B　20. C
21. A　22. A　23. C　24. B　25. B　26. B　27. C　28. B　29. B　30. B
31. A

四、简答题

1. 试比较智力障碍的三大诊断分类系统的差异。

答：

CCMD-3 精神发育迟滞与童年和少年期 心理发育障碍	ICD-10 精神发育迟滞	DSM-5 智力障碍（智力发育障碍）
70 精神发育迟滞	F70 轻度精神发育迟滞	轻度（F70）
71 言语和语言发育障碍	F71 中度精神发育迟滞	中度（F71）
72 特定学习技能发育障碍	F72 重度精神发育迟滞	重度（F72）
73 特定运动技能发育障碍	F73 极重度精神发育迟滞	极重度（F73）
74 混合型性特定发育障碍	F78 其他精神发育迟滞	
75 广泛性发育障碍	F79 未特定的精神发育迟滞	

2. 简述 WHO 对智力障碍可能病因的分类。

答：导致 ID 的原因多而复杂，已知的影响因素高达上百种之多。WHO 将其分为十大类：①感染和中毒；②外伤和物理因素；③代谢障碍或营养不良；④大脑疾病（出生后的）；⑤不明的孕期因素和胎内疾病；⑥染色体异常；⑦未成熟儿；⑧重性精神障碍；⑨心理社会剥夺；⑩其他和非特异性的病因。概括起来主要有两方面的原因引起智力障碍，即遗传因素和环境因素。

3. 简述智力障碍的主要类别及其特点。

答：（1）轻度：语言、行走发育稍晚，小学开始成绩接近正常，之后下降明显，一般难以完成中学学习。成年后可做简单工作。脾气稳定者较安静，多数能掌握一定的劳动技能；不稳定者喋喋不休，惹是生非，令人讨厌或遭戏弄。常依赖别人，容易上当受骗。

（2）中度：会一般的语言，但不能表达复杂事物，口齿不清，接受能力及理解能力差，大概能接受二年级教育。经过训练可以自理生活并从事一些简单劳动。但需别人指导和照顾。

（3）重度：出生后就能发现有躯体及神经系统异常，只能学会简单语言，只能在监护下生活，不能完成工作。

（4）极重度：出生时即有明显的躯体畸形及神经系统异常，不能学会走路和说话，感觉迟钝,缺少反应,常因其他先天性疾病或继发感染而夭折。

4. 简述对智力障碍的治疗策略。

答:(1)病因治疗:对于一些先天性代谢疾病(如苯丙酮尿症)和地方性克汀病,如果早期发现并开始饮食疗法和甲状腺素类药物治疗。对于某些内分泌不足的性染色体畸变者,及时给予性激素可以改善性特征并有利于促进智力水平的发展。对某些先天性颅脑畸形如狭颅症、先天性脑积水等,手术治疗可减轻大脑压迫,有助于其智力发育。

(2)对症治疗:ID患儿易共患其他精神障碍,导致活动过度、注意障碍、情绪障碍,甚至精神病性症状等,会加重智力障碍,社会适应能力进一步受损。可使用相应的精神药物对症治疗。

(3)教育训练:对ID的教育和训练是当前矫治的最重要的方面,对任何类型、任何程度、任何年龄的患者都很重要。通过学校、家庭、社区、特殊教育机构等多方面的教育,使患者学习各种文化知识,掌握生活和劳动技能,使其能够自食其力、独立生活;通过训练,可以矫治行为问题,提高社会适应能力。

(4)心理治疗:心理治疗的主要目的是解决患者的内心冲突、增强自信和提升社会适应能力,促进患者积极心理的形成等。

5. 简述智力障碍的预防。

答:(1)减少遗传问题:做好婚前检查,对高龄初产妇应及时做唐氏筛查以避免唐氏综合征的发生。若父母患有遗传疾病或子女中也有遗传性疾病,应进行遗传咨询,进行必要的产前诊断。

(2)改善环境因素:包括整个妊娠期和围产期。

(3)早期发现与防治:如婴儿出生后有可疑时,应进行心理行为方面的筛查。

6. 简述智力障碍的诊断步骤。

答:(1)收集病史:全面收集母孕期及围产期的状况,出生史如产伤、窒息等;出生后生长发育情况,语言和行为发展情况(与同龄儿童比);抚养情况,家庭经济状况,以及教育环境;身体健康与疾病等。

(2)体格检查和实验室检查:了解生长发育指标(身高、体重、皮肤、手掌、头围等),需要时可选择内分泌及代谢检查、脑电图、头部MRI等,以及染色体及脆性位点检查。

(3)心理发育测评:包括智力测评与适应能力测评。

智力测验:韦克斯勒儿童智力测验量表(WISC-R)是最常用的量表。对于4岁以下儿童,可选用国内修订的格赛尔婴幼儿发展量表。该量表测评动作能、应物能、言语能、应人能四个方面的智能,得到婴幼儿发展商数(Development Quotient,简称DQ)。DQ值低于65~70存在智力发育落后。

适应行为测验:常用的有儿童适应行为量表,适用于3~12岁小儿;大于13岁可选用成人智残评定量表。

7. 试述男性智障儿童比女性智障儿童多的可能因素。

答:男性比女性更容易发生与X染色体有关的缺陷;男性比女性对于脑损伤有更强的易患性;社会对男性的生活自理或自立的要求比女性高,男孩比女孩更容易被认为有适应行为方面的缺陷。

8. 试述导致智力障碍的遗传因素。

答:①染色体畸变,包括常染色畸变和性染色体畸变;②隐性基因遗传性疾病,包括苯丙酮尿症和半乳糖血症。

9. 试述导致智力障碍的环境因素。

答：①妊娠、产期有害因素，包括怀孕期感染、胎儿酒精综合征、药物滥用；②新生儿、婴幼儿时期的有害因素，包括新生儿、婴幼儿时期严重的中毒、感染、缺氧、外伤、营养不良等因素。

10. 试述发达国家智力障碍的发生率较发展中国家高的可能原因。

答：经济欠发达国家的智力障碍儿童死亡率较高；发达国家有较好的医疗资源和检测手段，导致轻度智力障碍儿童检出率较高。

（张　欣）

第十五章　成　瘾　障　碍

第一部分　内容概要与知识点

本章简介　本章主要阐述成瘾障碍、精神活性物质、物质依赖、物质滥用、耐受性和戒断状态等的基本概念以及精神活性物质的分类。成瘾对躯体、社会、心理的危害及其形成的病理生理学机制和社会心理学的解释；烟草、酒精、苯丙胺及阿片类药物滥用与依赖的识别与防治原则。

第一节　概　　述

1. **成瘾障碍**　包括物质成瘾障碍和非物质成瘾障碍，二者的核心特征为失控、渴求、耐受性与戒断状态，这是成瘾的核心要素。两者皆表现为反复出现、具有强迫性质的行为特点,并产生躯体、心理、社会的严重不良后果。

2. **精神活性物质** 又称物质或成瘾物质,是指能够影响人的心境、情绪、行为,改变意识状态,并可导致依赖作用的一类化学物质。人们使用这些物质的目的在于取得或保持某些特殊的心理和生理状态。通常也可用广义"药物"概念代替,不仅包括类似海洛因和可卡因等"毒品",还包括很多平常合法使用的物质,如酒精、香烟、催眠药和麻醉药、咖啡和巧克力中的咖啡因等。

3. **依赖综合征** 是一组认知、行为和生理症状群,表明个体尽管明白使用成瘾物质会带来明显的问题,但还在继续使用,导致耐受性增加、戒断症状和强迫性觅药行为。强迫性觅药行为是指使用者不顾一切后果使用药物,是自我失控的表现,并非人们常常理解的意志薄弱和道德败坏问题。

依赖分为躯体依赖(也称生理依赖)和精神依赖(也称心理依赖)两种形式。躯体依赖是指由于反复用药导致的一种病理性适应状态,表现为耐受性增加和躯体戒断症状。精神依赖是指对药物的行为失控、强烈渴求,以期获得用药后的特殊快感,呈现强迫性觅药行为,是依赖综合征的根本特征。

4. **戒断状态** 是指停止使用药物或减少使用剂量,或因使用拮抗剂占据相应受体后出现的特殊的令人痛苦的心理和生理症状群。是由于用药导致成瘾后突然停药引起的适应性反跳。一般表现为与所使用药物的药理作用相反的症状。但不同药物所致的戒断症状不完全相同。

5. **滥用** 指长期过量使用具有依赖性潜力的药物,违背了公认的医疗用途和社会规范,"滥用"强调的是社会不良后果,未出现依赖的表现。

6. **耐受性** 是指药物使用者必须增加使用剂量方能获得既往效果,或使用原来的剂量已经达不到使用者所追求的效果。

第二节　成瘾的危害

1. **对躯体的影响** 物质对机体产生毒性作用而继发引起的有害的生理、生化和病理变化,表现为急性中毒和慢性中毒及戒断综合征。非物质成瘾对躯体的直接影响较小,主要表现为戒断反应。物质成瘾对躯体的影响有:

(1)急性中毒:是物质成瘾最常见并且危害最严重的表现,患者的意识水平、认知、知觉、情绪或行为明显紊乱,可能伴随组织损害或其他并发症,严重者导致死亡。可卡因过量中毒可见谵妄和幻觉,伴有冲动、伤人和自杀企图;苯丙胺过量可产生以妄想为主要症状的精神障碍;镇静催眠药急性中毒最典型的是中枢神经系统抑制症状;滥用大麻过量可产生急性抑郁反应或中毒性谵妄;饮酒过量可引起呼吸衰竭致死;致幻剂滥用可出现攻击行为等。

(2)慢性中毒:长期物质滥用可导致多系统、多脏器损害,不同物质对不同脏器功能损害程度不一。注射用药常引起局部或全身感染,近年来发现药物滥用是继同性恋传播艾滋病后的第二大危险因素。

(3)戒断综合征:当使用某种物质已形成躯体依赖,一旦戒药即出现躯体和精神症状,轻者感到难受和全身不适,重者可威胁生命。戒断症状大部分因停药引起,也可因使用拮抗药导致药物的作用暂时减弱或阻断引起,后者称诱发性戒断综合征。

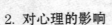

2. 对心理的影响

（1）人格改变：在无从制止的驱力促使下，成瘾者形成难以矫正的成瘾行为，人格也逐渐随之改变，变得极端自私，甚至道德沦丧殆尽。

（2）记忆及智能障碍：阿片类、大麻、苯丙胺和氯胺酮等物质均可引起认知功能损害，酒精依赖者可出现 Wernicke 脑病，一部分转为 Korsakoff 综合征，成为不可逆的疾病，还可引起酒精性痴呆。非物质成瘾一般不会出现智能障碍。

（3）其他心理障碍：药物滥用者心理障碍的发生率远高于一般人群，往往为急性发作，物质停用后迅速缓解，长期使用者可能会一直存在或再次出现。女性滥用者更容易出现抑郁和焦虑症状。部分滥用者会有幻觉和妄想。患者在妄想支配下可有冲动、自杀或杀人等暴力行为。非物质成瘾者则多伴有情绪障碍。

3. 对社会功能的影响　各种成瘾皆可影响到社会功能。成瘾者多存在性格改变及与伦理道德等高级情感活动相关的障碍，易引起家庭破裂以及违法乱纪行为，如海洛因成瘾者往往涉黑及贩毒；酒精依赖者常导致子女受虐待或教养不良、自杀率或离婚率增加等。

第三节　成瘾的机制

1. 生物因素　物质成瘾的神经生物学机制和遗传学基础研究有以下发现：

（1）脑的奖赏机制：中枢神经系统中存在固有的趋利避害辨别系统，精神活性物质模拟了有利于个体生存和种族延续的刺激，引起机体成瘾。

（2）代偿性适应：此代偿性适应涉及不同脑区、核团、神经环路、神经递质、细胞及分子。

（3）神经通路：各种精神活性物质虽然初始靶点不同，但都能导致多巴胺水平的升高，激活中脑腹侧被盖区-伏隔核奖赏环路，该环路是成瘾启动的共同通路。

（4）神经递质：多巴胺系统在成瘾的启动中发挥重要作用，而谷氨酸系统由于其介导长时程记忆可能在成瘾的维持和复吸中占主要地位，内源性阿片肽、γ-氨基丁酸、5-羟色胺、内源性大麻素等神经递质也具有重要的调节作用。

（5）基因学研究：发现个体对物质滥用依赖的易感性有 40%~60% 来自于遗传。基因、个性和环境因素及其相互作用对青少年吸毒行为可能有一定的预测作用。

（6）环境因素和遗传因素的作用：一般认为，环境因素在使用初期、规律性用药到强迫性用药及复吸的不同阶段均有重要作用，遗传因素在最终发展为强迫性使用中起到了至关重要的作用。

2. 心理因素

（1）行为学习理论：主要有条件反射理论、强化理论、社会学习理论。

（2）精神分析理论：成瘾者将物质或非物质视为抚慰性内在客体的替代物，因此成瘾者反复用药，消除无助感，并期望补偿自我，以此改变情绪，产生"解脱"的假象。

（3）人本理论：青少年通过虚拟网络可以消除无力应付现实环境中的不安全因素造成的威胁；网络上社交互动性服务项目可以使青少年找到归属感。

（4）认知理论：成瘾者面临压力时，习惯性使用物质解决情绪问题，回避遇到的困难，从而导致恶性循环。

3. 社会因素

（1）人口学特征：男性酒精、药物成瘾者多于女性；相关研究显示酒精使用障碍存在种族差异,可能与乙醛脱氢酶有关。

(2)社会文化背景:文化因素不仅决定是否可以接受物质,也对物质滥用和依赖的患病率起到重要影响。

(3)社会生活环境:社会压力、犯罪亚文化及成瘾障碍具有特定的家庭特点。

总之,成瘾是多因素相互作用的结果,但是否成为"瘾君子",还与个体的生物易感性有关,而社会心理因素在成瘾中起诱发因素等作用。

第四节 常见的物质成瘾

1. **烟草成瘾** 烟草使用是世界上导致可预防性死亡和疾病的最主要原因。WHO 统计,烟草导致全球每年有近 600 万人丧生并造成数千亿元的经济损失,成为全球最大的健康负担之一。烟草使用是目前全球所面临的最大公共卫生威胁之一。

(1)吸烟的危害:尼古丁是香烟中最关键的物质,导致许多吸烟者很难维持长期戒烟状态,尼古丁具有强化作用,既能增加正性情绪又能减少负性情绪。尼古丁依赖后会出现耐受性增加、戒断症状和行为失控表现。

(2)戒烟的方法:包括简单的戒烟建议、药物治疗、心理治疗和其他戒烟干预等。药物治疗有尼古丁替代疗法、非尼古丁替代疗法等。

2. **酒精成瘾** 酒文化是一种特殊的文化形式,在不同的国家有不同的地位,饮酒是历史悠久且普遍的生活习惯和社会风俗之一,与饮酒有关的负性后果业已突出,如今已经成为重要的公共卫生和社会问题。

(1)临床表现:分为急性酒中毒和慢性酒中毒两大类。可有精神依赖;躯体依赖;耐受性增加,而影响耐受性增加的主要因素有个体素质、饮酒的类型、饮酒方式、速度及饮酒量等;躯体并发症等。

(2)防治要点:对酒精依赖者治疗的目的是防止过度饮酒对心身的危害和对社会的不良影响。酒精依赖的治疗及康复措施应灵活多样,以脱瘾、戒酒和康复为相互衔接的三个治疗阶段。

3. **阿片类成瘾** 阿片类药物是指天然的或(半)合成的、对机体产生类似吗啡效应的一类药物。

(1)临床表现:导致心理行为改变、躯体损害、社会功能损害。而心理渴求是阿片类成瘾的重要特征,是导致复吸的重要原因。停止吸食或减少吸食量或使用阿片类受体拮抗剂后可出现阿片戒断综合征。

(2)影响因素:主要有生物学因素,人脑内和脊髓内存在着阿片受体;其次为心理因素,青少年应激压力高于成年人,往往会借助药物来缓解;再次为社会环境因素,家庭环境不良或同伴的影响至关重要。

(3)防治要点:阿片类物质成瘾的治疗是一种以"生物-社会-心理"医学模式为基础,以患者为中心,全面、系统和综合的治疗过程。目前治疗方法有脱毒治疗、防止复吸和社会心理康复。

4. **苯丙胺类成瘾** 苯丙胺类兴奋剂是对中枢神经系统具有显著兴奋作用的精神药物,能上调高级皮质活动,导致精神活动暂时增加的物质,主要包括 AST 和可卡因等。

(1)临床表现:中枢神经系统和交感神经系统的兴奋症状的急性中毒和体重下降、口腔黏膜有磨伤和溃疡、步态不稳、运动困难及精神症状等的慢性中毒。

（2）防治要点：对症治疗、心理社会干预及提供安静的治疗环境与场所。

5. 镇静催眠药成瘾 镇静催眠药物是指一组抑制中枢神经系统活动，具有镇静、诱导睡眠、抗惊厥和辅助麻醉等作用的一类药物。

（1）临床表现：苯二氮䓬类成瘾表现：耐受、戒断症状、强制性觅药行为，以及不顾有害后果持续使用苯二氮䓬类药物等。不同种类的镇静催眠药在中毒、过量时的症状和体征相似，均可产生镇静到深度昏迷，单一药物中毒致死率3.8%。

（2）防治要点：苯二氮䓬类成瘾的预防在于限制处方，治疗主要是对过量中毒的处理以及对戒断症状的治疗，心理支持和认知行为治疗起到治疗和预防复发的作用。

6. 氯胺酮成瘾 氯胺酮又称 K 粉，其滥用由美国首先报告（1971）。此后，粉剂和片剂氯胺酮陆续出现在黑市中。氯胺酮滥用严重损害滥用者身心健康，导致艾滋病等传染病蔓延，还引发各种家庭问题，影响社会安全。

（1）临床表现：氯胺酮导致多种临床问题，如急性中毒、成瘾、引起精神病性症状和各种躯体并发症，具有致幻作用、躯体戒断症状轻的特点。

（2）治疗要点：氯胺酮无特异性的解毒剂，主要是对症治疗、重建健康的生活方式、预防复发等为原则。

7. 大麻类成瘾 大麻滥用在全球非常普遍，目前大麻已经成为全球滥用最为广泛的成瘾物质。

（1）临床表现：滥用的急性反应是意识状态改变；滥用大麻的远期效应是影响细胞和免疫系统。

（2）防治要点：对急性中毒可对症处理，同时给予心理治疗和教育。

第五节 非物质成瘾

1. 概述 非物质成瘾是与使用物质无关的一种行为成瘾形式，指反复进行和无法控制并产生不良后果的冲动行为，故又称之为行为成瘾，如赌博成瘾、网络成瘾、购物成瘾、性（爱）成瘾、摄食成瘾等。这些行为已明显地影响了其社会功能（如工作、学习、生活和人际关系等），或是给自己和（或）他人带来很大的痛苦，甚至也给其身体造成不良后果，尽管成瘾者也明知此行为所产生的不良后果，有时也想摆脱，但是无法控制。临床表现有其共同点：①明知道该行为对自己不利，但是不能控制；②没有什么社会目的，仅仅是心理生理上的自我满足，或是为了摆脱现实中的苦恼和失意；③行为实施前可有紧张兴奋，实施中如释重负或产生极度快感，实施后常有失望与懊恼；④行为反复发生，严重影响了患者的社会功能，甚至造成违法；⑤成瘾常合并其他精神障碍。

2. 赌博成瘾 赌博成瘾又称为病理性赌博，是一种持续反复发作、无法自控的赌博冲动行为，常严重影响了个人、家庭和社会风气。

（1）临床表现：主要有耐受性增加、戒断反应、渴求、逃避压力、社会功能降低等。

（2）防治策略：药物对症治疗和心理治疗。

3. 网络成瘾 又称网络成瘾障碍，也称病理性互联网使用等，是由于各种原因导致个体上网时强迫性的经常使用网络，沉迷于网络上活动而难以摆脱，表现为过度使用互联网而造成个体明显心理和社会功能损害。网络成瘾障碍包括强迫行为和冲动控制障碍问题，根据其表现特点可将其分成五类：①网络色情成瘾；②网络关系成瘾；③网络强迫行为；④信息超载；⑤计算机成瘾。矫治方法主要采用心理治疗。

4. 购物成瘾　又称病理性购物、购物狂等，为一种慢性、难以阻止、反复性的购买行为，表现为对负性事件或负性情感的反应，并最终会导致不良后果。特点为：①购物目的为满足心理需求；②购物地点不定；③数量巨大；④购物失控。目前的治疗多为经验治疗。

第二部分　试　题

一、名词解释

1. 成瘾障碍
2. 物质成瘾
3. 非物质成瘾
4. 精神活性物质
5. 依赖综合征
6. 躯体依赖
7. 精神依赖
8. 戒断状态
9. 滥用
10. 耐受性
11. 戒断综合征
12. 单纯醉酒
13. 柯萨科夫精神病
14. 酒精性幻觉症
15. 替代治疗
16. 苯丙胺类兴奋剂
17. 非物质成瘾
18. 赌博成瘾
19. 网络成瘾
20. 强迫性购物

二、填空题（在空格内填上正确的内容）

1. 强迫性觅药行为是指使用者＿＿＿＿＿＿，是＿＿＿＿＿＿的表现，并非人们常常理解的＿＿＿＿＿＿和＿＿＿＿＿＿问题。

2. 精神依赖是指对药物的行为＿＿＿＿＿＿、＿＿＿＿＿＿，以期获得用药后的特殊快感，呈现＿＿＿＿＿＿，是依赖综合征的根本特征。

3. 急性中毒是物质成瘾最常见并且危害最严重的表现，患者的＿＿＿＿＿＿、＿＿＿＿＿＿、＿＿＿＿＿＿、情绪或行为明显紊乱，可能伴随组织损害或其他并发症，严重者＿＿＿＿＿＿。大部分致死原因为过量使用引起的＿＿＿＿＿＿。

4．滥用大麻的远期效应是影响_____和_____，导致罹患_____等。

5．阿片类物质通过作用于体内的_____发挥其生物学活性，这些受体集中分布在_____、_____、_____和脊髓罗氏胶质区等区域。阿片类典型的戒断症状分为_____和主观症状两大类。

6．阿片类物质依赖的治疗一般分两步走，即急性期的_____治疗和脱毒后的_____及_____。关于阿片类物质依赖的替代治疗，常用的替代药物是_____和_____。

7．酒精的代谢场所主要在_____内，参与体内酒精代谢的两大系统是_____和_____。

8．酒精依赖者可发生 Korsakoff 综合征，主要表现为_____、_____、_____三大特征。

9．烟草中的依赖性成分是_____，通过作用于脑的_____发挥生理及行为作用。

10．赌瘾发作时_____，_____，_____，计划性与_____受到影响，缺乏深思熟虑，容易冒险。

11．网络成瘾又称网络成瘾障碍，也称病理性互联网使用等，是由于各种原因导致个体上网时_____的经常使用网络，沉迷于网络上活动而_____，表现为_____互联网而造成个体明显心理和社会功能损害。

12．单纯醉酒又称普通醉酒状态，是由_____引起的急性中毒，临床症状的严重程度与病人_____及_____有关。

13．病理性醉酒是一种_____引起的精神病性发作。病人饮酒后急剧出现_____和_____，多伴有片断_____和_____，临床上表现为高度兴奋、_____。

14．滥用在 ICD-10 分类系统中被称为有害使用，是一种_____方式，由于反复使用药物导致了明显的_____，如不能完成重要的工作、学业，损害了躯体、心理健康，导致法律上的问题等。

15．简单学习理论的基础是_____。阿片类药物之所以具有极强的滥用潜力，是由于它们具有_____。当强化与_____在时间上紧密相邻时，该行为的发生频度便会快速增加。

16．酒中毒性幻觉症是一种因长期饮酒引起的幻觉状态。病人在突然减少或停止饮酒后 1~2 天内出现大量_____的幻觉，以_____为主。

17．酒中毒性妄想症是指病人在_____的情况下出现_____与_____，临床上以前者多见。

18．酒中毒性脑病是慢性酒中毒最为严重的精神病状态，是长期大量饮酒引起脑器质性损害的结果。临床以_____、_____、_____和_____为主要特征，绝大部分患者不能完全恢复正常。

19．替代治疗的理论基础是利用与_____有相似作用的药物来替代毒品，以减轻_____的严重程度，使病人能较好地耐受。

20．酒精依赖者可出现_____，一部分转为_____，成为不可逆的疾病，还可引起_____。

21．成瘾障碍表现为反复出现、具有_____的行为特点，并产生_____、_____、_____的严重不良后果。

22．目前对于网络成瘾障碍的矫治主要采用_____方法，尤其是_____和_____，但仍不能对所有人有效。

23．成瘾障碍包括_____和_____，二者的核心特征为_____、_____、_____与_____，这是成瘾的核心要素。

24．非物质成瘾是与_____无关的一种成瘾行为，指控制不住地反复进行会产生不良后果的冲动行为，包括_____、_____、_____等。

25．尼古丁具有强化作用，既能增加_____又能减少_____。

26．躯体依赖，又称生理依赖是指由于反复用药导致的一种_____，表现为_____和_____。

27．网络成瘾主要分为：_____、_____、_____、_____、_____等五类。

28．各种成瘾皆可影响到社会功能，大多存在_____及与伦理道德等高级情感活动相关的扭曲或障碍，易引起_____以及_____行为。

29．药物依赖的强化理论认为正性强化主要造成对药物的_____，负性强化主要造成对药物的_____。

三、单项选择题（在5个备选答案中选出1个最佳答案）

1．关于精神活性物质，下列说法**错误**的是

    A．能够影响人类情绪、行为、改变意识状态

    B．有致依赖作用

    C．在社会上禁止使用

    D．人们使用这些物质的目的在于取得或者保持某些特殊的心理、生理状态

    E．是一些化学物质

2．以下哪种与其他**不属于**同一类精神活性物质

    A．苯巴比妥   B．地西泮   C．乙醇

    D．咖啡因   E．氯氮䓬

3．吗啡和海洛因等短效药物的戒断反应的极期常出现于停药后

    A．8~12小时   B．48~72小时   C．4~7天

    D．12~24小时   E．7~10天

4．我国的毒品**不包括**

    A．阿片类   B．可卡因   C．大麻

    D．酒精   E．冰毒

5．关于戒断状态，下列说法**错误**的是

    A．是滥用的特征性表现之一

    B．机制是由于长期用药后，突然停药引起的适应性反跳

    C．一般表现为与所使用的药物的药理作用相反的症状

    D．停止使用药物或减少使用剂量或使用拮抗剂占据受体后所出现

    E．不同药物所致的戒断症状因其药理特性不同而不同

6．酒精属于

    A．挥发性溶剂   B．致幻剂   C．中枢神经抑制剂

D. 中枢神经兴奋药   E. 镇静催眠类药物

7. 酒精在体内的主要代谢部位是

　　A. 肝脏　　　　　　　　B. 肾脏　　　　　　　　C. 脾脏

　　D. 胃肠道　　　　　　　E. 胰腺

8. 长期大量饮酒者如突然断酒,震颤谵妄常出现在断酒

　　A. 48 小时后　　　　　　B. 24 小时后　　　　　　C. 12 小时后

　　D. 72 小时后　　　　　　E. 36 小时后

9. 在临床上常用来缓解酒精依赖戒断症状的是

　　A. 苯二氮䓬类　　　　　B. 小剂量抗精神病药物　C. 大剂量维生素

　　D. 能量合剂　　　　　　E. 葡萄糖

10. 有关可卡因的叙述**不正确**的是

　　A. 中毒时可出现小人国样幻视　　　　　　B. 有高度精神依赖性

　　C. 与苯丙胺有类似的药理作用　　　　　　D. 具有阿片类的药理作用

　　E. 戒断后不会出现与酒精依赖时的躯体表现

11. 震颤谵妄的治疗**不包括**

　　A. 用苯二氮䓬类镇静

　　B. 可选用抗精神病药控制精神症状

　　C. 纠正水、电解质和酸碱平衡紊乱

　　D. 保持环境足够的亮度

　　E. 补充大量维生素

12. 关于 Wernicke 脑病说法**不正确**的是

　　A. 是由于维生素 B_1 缺乏所致

　　B. 表现为眼球震颤、眼球不能外展和明显的意识障碍

　　C. 一部分病人转为 Korsakoff 综合征,成为不可逆的疾病

　　D. 往往伴有定向障碍、记忆障碍、震颤谵妄等

　　E. 大量补充维生素 B_1 可使眼球的症状和记忆障碍很快消失

13. 关于酒精性痴呆,下列说法**不正确**的是

　　A. 一般来说是可逆的

　　B. 有短期、长期记忆障碍

　　C. 部分病人有皮层功能受损表现,如失语、失认、失用等

　　D. 长期、大量饮酒后出现的持续性智力减退

　　E. 有抽象思维及理解判断障碍,人格改变

14. 关于精神活性物质滥用的认知行为治疗,哪条**不是**其主要目的

　　A. 改变导致适应不良行为的认知方式

　　B. 改变导致吸毒的行为方式

　　C. 帮助病人应付急性或慢性渴求

　　D. 缩短其急性脱毒期的时间

　　E. 戒断精神活性物质的滥用

15. 若患者出现严重的近记忆力障碍,遗忘、错构、虚构和定向力障碍,此为

　　A. Wernicke 脑病　　　　B. 柯萨科夫综合征　　　C. 精神发育迟滞

  D. Ganser 综合征　　　　E. 抑郁症

16. 根据世界卫生组织 2011 年统计,世界上每年死于与烟草有关疾病的人数是
  A. 600 万　　　　　　B. 40 万　　　　　　C. 4000 万
  D. 200 万　　　　　　E. 1000 万

17. 下列属于酒精戒断综合征的是
  A. 酒精所致幻觉症　　B. Wernicke 脑病　　C. Korsakoff 综合征
  D. 震颤谵妄　　　　　E. 痴呆

18. 患者,男,21 岁,因为出汗、腹痛、焦虑不安、打哈欠,流涕 2 小时入院,体检发现双上肢有很多针孔瘢痕。患者承认有吸毒史,患者目前的情况是
  A. 急性中毒　　　　　B. 戒断症状　　　　　C. 慢性中毒
  D. 药物所致快感　　　E. 精神依赖

19. 关于阿片类物质的药理作用,以下**不正确**的是
  A. 镇痛　　　　　　　B. 抑制咳嗽　　　　　C. 瞳孔扩大
  D. 抑制呼吸　　　　　E. 导致欣快

20. 下列药物用来对海洛因依赖者进行替代治疗的是
  A. 可乐定　　　　　　B. 纳洛酮　　　　　　C. 美沙酮
  D. 纳曲酮　　　　　　E. 吗啡

21. 一次大量使用或小量反复使用可卡因的表现**不包括**
  A. 情感欣快　　　　　B. 幻视　　　　　　　C. 瞳孔缩小
  D. 幻触　　　　　　　E. 敏感多疑

22. 患者,女,51 岁,因睡眠不好服用地西泮 3 个月,开始服药时睡眠情况改善,但是渐渐效果欠佳。因此,患者逐渐加大剂量,最大量达到每天 12 片,一旦减药或停药,患者出现睡眠差,心慌,烦躁不安。此时对此患者最好的处理是
  A. 继续服药,不用处理　B. 加用其他镇静催眠药　C. 递减药物
  D. 加大药物剂量　　　　E. 马上停止服药

23. 一个病人意识清晰,有嗜酒史,智能相对完好,但有近事记忆障碍及言谈虚构倾向,该患者最可能的综合征是
  A. 谵妄综合征　　　　B. 酒中毒性幻觉症　　C. 酒中毒性妄想症
  D. 痴呆综合征　　　　E. 遗忘综合征

24. 一般慢性酒精中毒的形成常有多年饮酒史,通常为
  A. 5 年以上　　　　　B. 10 年以上　　　　C. 15 年以上
  D. 20 年以上　　　　　E. 25 年以上

25. 酒精中毒指饮酒后所致的
  A. 精神障碍　　　　　B. 躯体障碍　　　　　C. 精神和躯体障碍
  D. 戒断症状　　　　　E. 意识障碍

26. 震颤谵妄为
  A. 慢性酒精中毒突然停饮后出现的精神症状
  B. 慢性酒精中毒的记忆障碍
  C. 慢性酒精中毒突然停饮后缓慢出现的精神障碍
  D. 慢性酒精中毒性行为障碍

E. 慢性酒精中毒的情感障碍

27. Korsakoff综合征病变主要累及
    A. 松果体　　　　　　B. 脑垂体　　　　　　C. 乳头体
    D. 胼胝体　　　　　　E. 纹状体

28. 关于药物依赖或称药物成瘾,指长期反复服用某种药物后,个体对药物产生
    A. 精神上依赖　　　　B. 躯体上依赖　　　　C. 药物耐受性增加
    D. 精神和躯体上的依赖　　E. A + B + C

29. 下列**不易**引起成瘾的药物是
    A. 水合氯醛　　　　　B. 杜冷丁　　　　　　C. 安眠酮
    D. 氯丙嗪　　　　　　E. 吗啡

30. 药物依赖的产生主要与下列因素有关
    A. 获得药物的机会　　B. 药物的特点　　　　C. 人格缺陷
    D. 社会压力　　　　　E. 药物的剂量

31. 下列表现对诊断物质依赖**没有**帮助的是
    A. 耐受性增加　　　　B. 渴求　　　　　　　C. 冲动性使用物质
    D. 带来严重不良后果　E. 戒断症状

32. 与苯丙胺有关描述**不正确**的是
    A. 具有强烈的中枢神经兴奋作用和致欣快作用
    B. 中毒时可出现幻觉、妄想症状
    C. 与可卡因有类似的药理作用
    D. 使用后很快体会到快感
    E. 极易产生躯体依赖和精神依赖

33. 与成瘾物质产生快感密切相关的是
    A. 乙酰胆碱系统　　　B. 甘氨酸系统　　　　C. 5-羟色胺系统
    D. 去甲肾上腺素系统　E. 多巴胺系统

34. 精神活性物质滥用的界定是指
    A. 每天饮用三杯白酒或四瓶啤酒
    B. 因精神活性物质的滥用而破坏了自己的学业、职业及人际关系
    C. 每天摄入某种精神活性物质
    D. 每周大量摄入某种精神活性物质
    E. 长期反复使用精神活性物质,造成个体产生了精神和躯体上的依赖

35. 关于烟草依赖下列说法**不正确**的是
    A. 主要的依赖成分是尼古丁　　　　　　B. 致癌物质与焦油有关
    C. 尼古丁替代是一个治疗选择　　　　　D. 一般不会出现戒断症状
    E. 尼古丁作用于胆碱受体

36. 患者,男,27岁。既往精神状态正常,近1周出现明显异常,说看见奇怪的东西,觉得周围的人要害他,为此紧张不安,不敢出门。家属称患者最近可能有吸毒史,最需要进一步进行的检查是
    A. CT　　　　　　　　B. 脑电图　　　　　　C. 尿毒品检测
    D. 尿常规　　　　　　E. 血常规

37. 最容易产生生理依赖、耐药性与戒断反应的精神活性物质是
    A. 抗抑郁药 　　　　B. 兴奋剂　　　　　 C. 吗啡制剂
    D. 致幻剂 　　　　　E. 抗精神病药物

38. 关于科萨科夫脑病下列说法**不正确**的是
    A. 近记忆障碍 　　　 B. 明显的意识障碍　 C. 错构
    D. 顺行性遗忘 　　　 E. 与 B 族维生素缺乏有关

39. 患者，男，45 岁。大量饮酒 15 年，每天饮用高度白酒 500g。进两日因偷盗被拘留，2 天后因不认识家人，全身大汗，恐惧不安，行为紊乱入院。此患者目前最可能是
    A. 癔症 　　　　　　 B. 酒精性幻觉症　　 C. 震颤谵妄
    D. 柯萨科夫综合征 　 E. Wernicke 脑病

40. 患者，男，60 岁。因睡眠不好服用阿普唑仑 5 个月，患者逐渐加大剂量，最大量达到 30 片 / 天，曾多次停药，一旦停药或减药，患者出现睡眠差，心慌，烦躁不安。此时对患者最好的处理是
    A. 继续服药，不用处理 B. 加用其他镇静催眠药　 C. 住院治疗
    D. 加大药物剂量 　　　E. 马上停止服药

四、问答题

1. 精神活性物质根据其药理特性分为哪几类？
2. 简述依赖与滥用的区别。
3. 简述阿片类物质依赖的戒断症状。
4. 酒精依赖戒断的防治要点。
5. 简述苯丙胺类急性中毒的临床表现。
6. 物质滥用的身心危害有哪些？
7. 简述犯罪亚文化成员的特点。
8. 简述物质滥用者的家庭特点。
9. 简述在预防戒烟者复吸的工作中采取预防性措施。
10. 简述非物质成瘾临床表现的共同点。

第三部分　参　考　答　案

一、名词解释

1. 成瘾障碍为物质成瘾障碍和非物质成瘾障碍，二者的核心特征为失控、渴求、耐受性与戒断状态，这是成瘾的核心要素。两者皆表现为反复出现、具有强迫性质的行为特点，并产生躯体、心理、社会的严重不良后果。

2. 物质成瘾又称精神活性物质所致的精神障碍，是指精神活性物质不当使用引起的成瘾行为，精神活性物质既包括毒品（如鸦片类、大麻类、兴奋剂和致幻剂等），也包括一些非毒品（如酒、烟草、镇静催眠药等）。

3. 非物质成瘾是与使用化学物质无关的一种成瘾行为，指控制不住地反复进行会产生

不良后果的冲动行为,包括网络成瘾、病理性赌博、购物成瘾等。

4. 精神活性物质又称成瘾物质或成瘾药物,是指来源于体外、能够影响人类精神活动(如思维、情绪、行为或改变意识状态),并可导致依赖作用的所有化学物质。使用者使用这些物质的目的在于获得或保持药物带来的某些特殊的心理和生理状态。

5. 依赖综合征是一组认知、行为和生理症状群,表明个体尽管明白使用成瘾物质会带来明显的问题,但还在继续使用,导致耐受性增加、戒断症状和强迫性觅药行为。

6. 躯体依赖是指由于反复用药导致的一种病理性适应状态,表现为耐受性增加和躯体戒断症状。

7. 精神依赖是指对药物的行为失控、强烈渴求,以期获得用药后的特殊快感,呈现强迫性觅药行为,是依赖综合征的根本特征。

8. 戒断状态是指停止使用药物或减少使用剂量,或因使用拮抗剂占据相应受体后出现的特殊的令人痛苦的心理和生理症状群。是由于用药导致成瘾后突然停药引起的适应性反跳。一般表现为与所使用药物的药理作用相反的症状。

9. 滥用是指长期过量使用具有依赖性潜力的药物,违背了公认的医疗用途和社会规范,"滥用"强调的是社会不良后果,未出现依赖的表现。

10. 耐受性是指药物使用者必须增加使用剂量方能获得既往效果,或使用原来的剂量已经达不到使用者所追求的效果。

11. 戒断综合征是指当使用某种物质已形成躯体依赖,一旦戒药即出现躯体和精神症状,轻者感到难受和全身不适,重者可威胁生命。戒断症状大部分因停药引起,也可因使用拮抗药导致药物的作用暂时减弱或阻断引起,后者称诱发性戒断综合征。

12. 单纯醉酒又称普通醉酒状态,是因一次大量饮酒引起的急性中毒,严重程度与血液酒精含量及酒精代谢速度有关,但有个体差异。初期表现自制力差、兴奋话多等,随后出现言语凌乱、困倦等,可伴有轻度意识障碍。重者出现呼吸抑制导致死亡。

13. 柯萨科夫精神病又称柯萨科夫综合征,表现为近记忆缺损突出,学习新知识困难,常有虚构和错构。

14. 酒精性幻觉症是指长期饮酒引起的幻觉状态。一般在突然减少或停止饮酒后24小时内出现大量丰富鲜明的幻觉,以幻视为主。

15. 替代治疗是指利用与毒品有相似作用的药物来替代毒品,以减轻戒断症状的严重程度,使病人能较好的耐受,然后再将替代药物逐渐减少直至停用。常用的替代药物有美沙酮和丁丙诺啡。

16. 苯丙胺类兴奋剂是对中枢神经系统具有显著兴奋作用的精神药物,能上调高级皮质活动,导致精神活动暂时增加的物质,主要包括 AST 和可卡因等。

17. 非物质成瘾是指与使用物质无关的一种行为成瘾形式,指反复进行和无法控制并产生不良后果的冲动行为,故又称之为行为成瘾。如赌博成瘾、网络成瘾、购物成瘾、性(爱)成瘾、摄食成瘾等,这些行为已明显地影响了其社会功能(如工作、学习、生活和人际关系等),或是给自己和(或)他人带来很大的痛苦,甚至也给其身体造成不良后果,尽管成瘾者也明知此行为所产生的不良后果,有时也想摆脱,但是无法控制。

18. 赌博成瘾又称为病理性赌博,DSM-5 称之为赌博障碍,是一种持续反复发作、无法自控的赌博冲动行为,常严重影响了个人、家庭和社会风气。

19. 网络成瘾又称网络成瘾障碍,也称病理性互联网使用等,是由于各种原因导致个体上网时强迫性的经常使用网络,沉迷于网络上活动而难以摆脱,表现为过度使用互联网而造成个体明显心理和社会功能损害。

20. 强迫性购物又称病理性购物、购物狂等。为一种慢性、难以阻止、反复性的购买行为,表现为对负性事件或负性情感的反应,并最终会导致不良后果。

二、填空题

1. 不顾一切后果使用药物　自我失控　意志薄弱　道德败坏
2. 失控　强烈渴求　强迫性觅药行为
3. 意识水平　认知　知觉　导致死亡　呼吸抑制
4. 细胞　免疫系统　呼吸道癌症
5. 阿片受体　脑室周围灰质　腹侧被盖系统　中脑边缘系统　客观体征
6. 脱毒　防止复吸　社会心理康复治疗　美沙酮　丁丙诺啡
7. 肝脏　乙醇脱氢酶系统　微粒体乙醇氧化系统
8. 记忆障碍　虚构　定向障碍
9. 尼古丁　尼古丁乙酰胆碱受体
10. 控制能力下降　记忆减退　判断错误　认知灵活性
11. 强迫性　难以摆脱　过度使用
12. 一次大量饮酒　血液酒精含量　酒精代谢速度
13. 小量饮酒　环境意识　自我意识障碍　恐怖性幻觉　被害妄想　极度紧张惊恐
14. 适应不良　不良后果
15. 条件反射理论　原发性强化作用　操作性行为
16. 丰富鲜明　幻视
17. 意识清晰　嫉妒妄想　被害妄想
18. 谵妄　记忆力缺损　痴呆　人格改变
19. 毒品　戒断症状
20. Wernicke 脑病　Korsakoff 综合征　酒精性痴呆
21. 强迫性质　躯体　心理　社会
22. 心理治疗　认知治疗　行为矫正法
23. 物质成瘾障碍　非物质成瘾障碍　失控　渴求　耐受性　戒断状态
24. 使用化学物质　网络成瘾　病理性赌博　购物成瘾
25. 正性情绪　负性情绪
26. 病理性适应状态　耐受性增加　躯体戒断症状
27. 网络色情成瘾　网络关系成瘾　网络强迫行为　信息超载　计算机成瘾
28. 性格改变　家庭破裂　违法乱纪
29. 精神依赖　躯体依赖

三、单项选择题

1. C　　2. D　　3. B　　4. D　　5. A　　6. A　　7. A　　8. A　　9. A　　10. D
11. D　12. E　13. E　14. E　15. B　16. A　17. D　18. B　19. C　20. C
21. C　22. C　23. E　24. B　25. C　26. A　27. C　28. D　29. D　30. B

31. D　32. E　33. E　34. B　35. D　36. C　37. C　38. B　39. C　40. C

四、问答题

1. 精神活性物质根据其药理特性分为哪几类？

答：精神活性物质根据其药理特性分为以下几类：①中枢神经系统抑制剂；②中枢神经系统兴奋剂；③大麻；④致幻剂；⑤阿片类；⑥挥发性溶剂；⑦烟草。

2. 简述依赖与滥用的区别。

答：依赖是一组认知、行为和生理症状群，表明使用者尽管明白使用成瘾物质会带来问题，但还在继续使用，导致耐受性增加、戒断症状和强迫性觅药行为。强迫性觅药行为是指使用者不顾一切后果使用药物，是自我失控的表现，并非人们常常理解的意志薄弱和道德败坏问题。

依赖分为躯体依赖(也称生理依赖)和精神依赖(也称心理依赖)两种形式。

而滥用指长期过量使用具有依赖性潜力的药物，违背了公认的医疗用途和社会规范，"滥用"强调的是社会不良后果，未出现依赖的表现。DSM-5 将依赖与滥用合并，统称物质使用障碍。滥用在 ICD-10 分类系统中被称为有害使用。

3. 简述阿片类物质依赖的戒断症状。

答：典型的戒断症状可分为两大类：①客观体征，如血压升高、脉搏增加、体温升高、"鸡皮疙瘩"、喷嚏、发热、瞳孔扩大、流涕、震颤、腹泻、呕吐、失眠等；②主观症状，如恶心、肌肉疼痛、骨头疼痛、腹痛、不安、食欲差、无力、疲乏、发冷、渴求药物等。

4. 酒精依赖戒断的防治要点。

答：对酒精依赖者治疗的目的是防止过度饮酒对心身的危害和对社会的不良影响。酒精依赖的治疗及康复措施应灵活多样，以脱瘾、戒酒和康复为相互衔接的三个治疗阶段。往往需内科医生、精神科医生、心理学家、家庭成员和社会工作者等共同处理。其中，家庭在酒依赖的治疗中起着重要作用，是影响治疗成败的关键因素之一。

5. 简述苯丙胺类急性中毒的临床表现。

答：急性中毒的临床表现为中枢神经系统和交感神经系统的兴奋症状。大剂量时引起收缩压和舒张压升高、心动过速和心律失常、呼吸速率及深度增加、出汗，可同时出现头痛、发热、心慌、疲惫、瞳孔扩大和睡眠障碍等，部分会出现咬牙、共济失调、恶心和呕吐等；低剂量时反射性地降低心率。静脉注射的滥用者，很快出现头脑活跃、精力充沛和能力感增强，可体验到难以言表的快感，所谓腾云驾雾感或全身电流传导般的快感；数小时后，使用者出现全身乏力、压抑、倦怠、沮丧而进入"苯丙胺沮丧期"。可出现血糖升高、血液凝集速度加快、固体食物吞咽困难，骨骼肌张力增加，腱反射亢进，重者惊厥、谵妄、昏迷、心律失常甚至死亡。使用苯丙胺后体验到快感或者焦虑不安，同时自我意识增强、警觉性增高、判断力受损、兴奋话多，重者可出现幻觉和妄想以及冲动和攻击行为。

6. 物质滥用的身心危害有哪些？

答：①急性中毒；②躯体损害；③戒断综合征；④人格改变；⑤营养障碍；⑥记忆及智能障碍；⑦其他心理障碍；⑧社会功能损害。

7. 简述犯罪亚文化成员的特点。

答：①易惹麻烦，出现各种违法行为；②粗鲁且过于大胆；③精明，善于欺骗他人；④易激动，好冒险；⑤相信命运；⑥自行其是，不愿受外界约束。这些人滥用药物的危险度明显高于一般人群。

8. 简述物质滥用者的家庭特点。

答：①家庭中物质滥用或行为依赖（如病理性赌博）者较多；②对冲突的表现方式较为原始而直接；③母亲的养育行为与子女的行为具有"共生性"；④家庭中早夭者较多；⑤家庭各成员多具有虚假的个人独立性；⑥多为移民家庭。此外，滥用者在家庭之外尚有团伙，在家庭出现冲突后，有逃避、容身之处，强化其虚幻的自主感。不过须注意的是，这些特点与滥用物质的种类之间并无特定的联系。

9. 简述在预防戒烟者复吸的工作中采取预防性措施。

答：①尽一切可能避免接触或使用含有尼古丁的物质；②充分估计导致复吸的危险因素和各种诱惑；③寻找可以替代吸烟的多种爱好；④纠正与吸烟有关的社交和处事方式；⑤应用在戒烟过程中学习的方法（如放松疗法等），对付焦虑、抑郁、压力感等不良情绪；⑥建立有利于戒烟的活动空间和人际关系。

10. 简述非物质成瘾临床表现的共同点。

答：①明知道该行为对自己不利，但是不能控制；②没有什么社会目的，仅仅是心理生理上的自我满足，或是为了摆脱现实中的苦恼和失意；③行为实施前可有紧张兴奋，实施中如释重负或产生极度快感，实施后常有失望与懊悔；④行为反复发生，严重影响了患者的社会功能，甚至造成违法；⑤成瘾常合并其他精神障碍，例如情感障碍、焦虑障碍和注意缺陷与多动障碍、酒精精滥用以及人格障碍等。

（谈成文　周晓琴）

第十六章 精神分裂症及其他精神病性障碍

第一部分　内容概要与知识点

本章导读　介绍了精神病性症状及精神病性障碍的特点，重点阐述了精神病中发病率最高的精神分裂症，应掌握精神分裂症的病因、发病机制、临床表现、分型、诊断、治疗、预后及影响因素，在此基础上又补充介绍了偏执性精神障碍、急性短暂性精神病及感应性精神障碍的临床特点，以进一步明确精神病在变态心理中的地位及其对于人们的影响。

第一节　精神分裂症

一、概念

1. **精神病性症状**（psychotic symptoms）　是指精神病所特有的一类症状，包括幻觉、妄想、思维逻辑障碍和某些严重意识障碍等，其共同特点是严重脱离现实并缺乏自知力。

2. **非精神病性症状**（non-psychotic symptoms）　即除精神病性症状以外的各种心理症状，亦可称之为非精神病性精神障碍（non-psychotic mental disorders），如神经症、人格障碍和智力低下，以及焦虑、恐惧、强迫、疑病等。

3. **精神病(psychosis)** 精神病是指一组具有精神病性症状的精神障碍,包括器质性和功能性两大类。后者包括精神分裂症、情感性精神病、偏执性精神病等最严重的精神疾病。近几十年来,精神医学认为"精神病"的概念不够确切,而使用精神病性障碍(psychotic disorder)术语。

4. **精神病性障碍(psychotic disorder)** 是指以精神病性症状为主要临床相的一组综合征,相当于以往"精神病(psychosis)"的概念。

5. **精神分裂症(schizophrenia)** 简称分裂症,是一组病因未明的精神疾病。它具有思维、情感和行为等多方面的障碍,以精神活动和环境不协调为特征。通常意识清晰,智能尚好,部分病人可出现认知功能损害。

二、临床特征

1. **精神病的三个显著特征** ①认知功能障碍,即对客观现实有严重歪曲的认知,如出现幻觉、妄想等精神病性症状;②社会功能受损,病人不能保持与环境的现实接触,因而难以从事正常工作或生活;③自知力丧失。

2. **精神分裂症的五大临床症状群** ①阳性症状,以知觉障碍和思维障碍为主;②阴性症状,如思维贫乏、情感平淡或淡漠及意志活动减退等;③认知功能障碍,包括注意力、记忆、智力、言语及自知力的损害等;④情感障碍,情感反应不协调,情感淡漠、倒错、低落及矛盾情感,易激惹等;⑤行为障碍,包括行为紊乱、冲动、孤僻、退缩、木僵等。

3. **精神分裂症的临床分型** 经典的做法是分为五型。

(1)偏执型:发病晚,起病缓,病程呈渐进性,以妄想和幻觉为主,可出现恐惧、冲动、伤人、自伤等紊乱行为,治疗效果及预后较好。

(2)青春型:青春期急性或亚急性起病,以思维障碍、情感和行为极不协调为主要临床表现,可自然缓解,但易复发,若不及时治疗,则可迅速出现精神衰退。

(3)紧张型:以不协调的精神运动性兴奋和紧张性木僵为基本表现,可单独发生,也可交替出现,多见于青壮年,急性或亚急性起病,发作性病程,自然缓解率高。

(4)单纯型:青少年发病,起病潜隐,持续进展,以阴性症状为主,直至退缩,脱离现实,疗效欠佳,预后较差。

(5)未定型:具有精神分裂症的一般表现,可以同时存在以上各型的部分症状,但又不符合上述任何一型。

4. **DSM-5 取消了精神分裂症的亚型** DSM-5 认为这些亚型的诊断稳定性差,可靠性低,有效性差,且亚型间有明显的症状重叠。故 DSM-5 中采用维度方法界定了几种精神病理症状:①妄想;②幻觉;③言语紊乱;④明显紊乱的或紧张症行为;⑤阴性症状。并对每个维度进行严重性评估。ICD-11 也将同样放弃精神分裂症亚型思路,选择维度等其他的替代思路。维度的思路可能会成为国际精神疾病诊断标准未来的主导取向。

5. **CCMD-3 关于精神分裂症的诊断标准**

(1)症状学标准:至少有下列 2 项,并非继发于意识障碍、智能障碍、情感高涨或低落,单纯型另有规定:①反复出现的言语性幻听;②明显的思维松弛、思维破裂、言语不连贯,或思维贫乏或思维内容贫乏;③思想被插入、被撤走、被播散、思维中断,或强制性思维;④被动、被控制,或被洞悉体验;⑤原发性妄想(包括妄想知觉,妄想心境)其他荒谬的妄想;⑥思维逻辑倒错、病理性象征性思维,或语词新作;⑦情感倒错,或明显的情感淡漠;⑧紧张综合征、怪异行为,或愚蠢行为;⑨明显的意志减退或缺乏。

（2）严重标准:自知力障碍,并有社会功能严重受损或无法进行有效交谈。

（3）病程标准:①符合症状学标准和严重标准至少已持续 1 个月,单纯型另有规定;②若同时符合精神分裂症和情感性障碍的诊断标准,当情感症状减轻到不能满足情感性障碍症状标准时,精神分裂症症状需继续满足精神分裂症的症状标准至少 2 周以上,方可诊断为精神分裂症。

（4）排除标准:排除器质性精神障碍,及精神活性物质和非成瘾物质所致精神障碍。尚未缓解的精神分裂症病人,若又罹患本项中前述两类疾病,应并列诊断。

6. DSM-5 关于精神分裂症的诊断标准

A. 两项（或更多）下列症状,每一项症状均在 1 个月中有相当明显的一段时间里存在（如经成功治疗,则时间可以更短）,至少其中一项是（1）、（2）或（3）:

（1）妄想。

（2）幻觉。

（3）言语紊乱（例如,频繁的离题或联想松弛）。

（4）明显紊乱的行为或紧张症的行为。

（5）阴性症状（即,情绪表达减少或动力缺乏）。

B. 自障碍发生以来的明显时间段内,一个或更多的重要方面的功能水平,如工作、人际关系或自我照料,明显低于障碍发生前具有的水平（或若障碍发生于儿童期或青少年期,则人际关系、学业或职业功能未能达到预期的发展水平）。

C. 这种障碍的体征至少持续 6 个月。此 6 个月应包括至少 1 个月（如经成功治疗,则时间可以更短）符合诊断标准 A 的症状（即活动期症状）,可包括前驱期或残留期症状。在前驱期或残留期,该障碍的体征可表现为仅有阴性症状,或有轻微的诊断标准 A 所列的两项或更多症状（例如,奇特的信念、不寻常的知觉体验）。

D. 分裂情感性障碍和抑郁或双相障碍伴随精神病性特征已被排除,因:（1）没有与活动期症状同时出现的重性抑郁或躁狂发作;或（2）如果心境发作出现在症状活动期,则它们只是存在此疾病的活动期和残留期整个病程的小部分时间内。

E. 这种障碍不能归因于某种物质（如滥用的毒品、药物）的生理效应或其他躯体疾病。

F. 如果有孤独症（自闭症）谱系障碍或儿童期发生的交流障碍的病史,除了精神分裂症的其他症状外,还需有明显的妄想或幻觉,且存在至少 1 个月（如经成功治疗,则时间可以更短）,才能做出精神分裂症的额外诊断。

7. 精神分裂症的治疗原则　抗精神病药物治疗为基础,足量、足疗程、系统治疗,结合支持性心理治疗及社会心理康复治疗。

第二节　偏执性精神障碍

一、概念

1. 偏执性精神障碍（paranoid disorders）　是指一组以系统妄想为主要临床特征而病因未明的精神障碍,若有幻觉则历时短暂且不突出。在不涉及妄想的情况下,无明显的其他心理方面异常。病程进展缓慢,但人格保持相对完整,且较少出现精神衰退。

2. **偏执性精神障碍的影响因素** 起病年龄一般在 30 岁以后,女性未婚者居多。患者病前大多具有特殊的个性缺陷,如主观、敏感、多疑、好嫉妒、自尊心强、自我中心和不安全感等。在此基础上,患者遭受刺激时,不能正确地面对现实,不能妥善地处理人际关系和对待生活中的挫折,歪曲地理解事实并逐步形成被害妄想。在妄想的影响下,患者与周围环境的冲突加剧,反过来又强化了妄想。研究表明,文化背景、生活环境的改变、被监禁及社会隔绝状态等,都可能与此病有关。

二、临床特征

1. **CCMD-3 关于偏执性精神障碍的诊断标准** 以系统妄想为主要症状,内容较固定,并有一定的现实性,不经了解,难辨真伪。主要表现为被害、嫉妒、夸大、疑病和钟情等内容。

符合症状学标准和严重标准至少已持续 3 个月。

2. **偏执性精神障碍的治疗和预后** 目前尚无针对偏执性精神障碍有特殊疗效的药物。抗精神病药物可以稳定患者情绪,改善睡眠。但因患者往往拒绝合作,所以治疗往往难以顺利进行,心理治疗因难以取得合作所以难以实施。

第三节 急性短暂性精神病

1. **急性短暂性精神病**（acute and transient psychosis） 是一组具有下列共同特点的精神障碍:①起病急骤;②以精神病性症状为主,包括片断妄想、片断幻觉或多种妄想、多种幻觉,言语紊乱,行为紊乱或紧张症;③多数病人可缓解或基本缓解。

如果患者临床表现以精神分裂症性症状为主,病程不超过 1 个月,可诊断为分裂样精神病。如果在长途旅行中发病,出现意识障碍,片断的幻觉、妄想及言行紊乱等表现,停止旅行、充分休息后数小时或数周内自行缓解,可诊断旅途性精神病。

2. **急性短暂性精神病的治疗原则** ①对症支持治疗;②可予以小剂量抗精神病药物;③配合心理治疗,部分患者可自行缓解。

第四节 感应性精神障碍

1. **感应性精神障碍** 又叫感应性精神病（induced psychosis）,是一种以系统妄想为突出表现的疾病,往往发生于同一环境或家庭中长期相处密切联系的亲属或挚友中,如母女、姐妹、夫妻或师生等。

2. **感应性精神障碍的治疗原则** 首先要将患者与原发者隔离,避免原发者的影响,部分患者可自行缓解;如不能自行缓解者,可予以小剂量抗精神病药物;配合心理治疗,让患者了解相关的疾病知识,自觉与原发者隔离或避免受其影响。

第二部分　试　　题

一、名词解释

1. 幻觉
2. 妄想
3. 精神病性症状
4. 精神病
5. 分裂症后抑郁
6. 精神病学
7. 急性短暂性精神病
8. 精神障碍
9. 精神分裂症
10. 自知力
11. 认知功能
12. 阳性症状
13. 分裂样精神病
14. 阴性症状
15. 系统妄想
16. 原发性妄想
17. 分裂症衰退期
18. 超价观念
19. 感应性精神病
20. 偏执性精神障碍

二、填空题（在空格内填上正确的内容）

1. 精神障碍是一类具有诊断意义的精神方面的问题,特征为_____、_____、_____等方面的改变,伴有_____和（或）_____。

2. 精神分裂症是以_____、_____、_____之间互不协调为主。

3. 精神病的预防,主要是要_____、_____、_____、_____、_____。

4. E.Bleuler 提出的四"A"症状是_____、_____、_____、_____。

5. 近 30 年来,对精神分裂症的脑影像学研究比较一致的发现是脑室_____,其中以_____和_____扩大最为明显。

6. 精神分裂症最具特征性的症状是思维联想过程缺乏_____和_____。

7. 一般认为,精神分裂症的阳性症状包括_____、_____、_____。而阴性症状包括_____、_____、_____、_____、_____。

8. 思维形式障碍包括_____、_____两大部分。

9. 妄想是精神分裂症最常见的症状之一,在内容上以_____、_____、_____最为常见。

10. 判断某一抗精神病药物的疗效，在剂量足够的情况下，一般需观察_____周以上。

11. 偏执型精神分裂症是以_____为主要临床表现，可伴有或不伴有幻觉。

12. 精神障碍是指_____、_____、_____、_____以及_____等精神运动方面的异常，需要用医学方法进行治疗的一类疾病。

13. 精神病学的相关学科主要有_____、_____、_____、_____以及_____等。

14. 精神分裂症的病因学研究包括以下几个方面：_____、_____、_____、和_____。

15. 精神分裂症的遗传学研究包括_____研究、_____研究、_____研究和_____研究。

16. 妄想是一种病理性的歪曲信念，是病态的推理和判断，妄想具有以下特征_____、_____、_____、_____。

17. 从症状群角度来看，精神分裂症的临床表现包括有_____、_____、_____、_____以及_____五个症状群。

18. 精神分裂症的认知功能障碍包括有_____、_____、_____以及_____几个方面的损害。

19. 精神病一般具有三个显著特征：_____、_____、_____。

20. 精神分裂症的情感障碍主要表现为_____。

21. 国际疾病分类第十版（ICD-10）中精神分裂症有_____、_____、_____、_____以及_____等几种类型。

22. CCMD-3中精神分裂症的诊断标准包括_____、_____、_____以及_____四个方面。

23. 精神分裂症的治疗原则是以_____为主，结合_____和_____的综合治疗。

24. 精神分裂症的结局大致有三种：_____、_____以及_____。

25. 偏执性精神障碍起病_____，进展_____，早期不易为周围人所察觉。其临床特点是以_____为主要临床症状，并伴有相应的情感和意向活动，人格相对_____。

26. 青春型分裂症多在青春期急性或亚急性起病，以_____、_____为主要临床表现。

27. 精神分裂症患者在木僵时常发生_____、_____、_____。

28. 真性幻觉的特征包括_____、_____、_____。

29. 精神病是指一组具有精神病性症状的精神障碍，包括_____和_____两大类。

30. 紧张型精神分裂症以_____和_____为基本表现，可单独发生，也可交替出现，多见于青壮年，急性或亚急性起病，发作性病程，自然缓解率高。

31. CCMD-3关于精神分裂症的诊断标准中，需排除_____、_____、_____。

32. DSM-5中采用维度方法界定了几种精神病理症状：_____、_____、_____、_____及_____。

三、单项选择题（在 5 个备选答案中选出 1 个最佳答案）

1. 听幻觉最常见于
    A. 躁狂症   B. 抑郁症   C. 精神分裂症
    D. 癔症   E. 强迫症

2. 我国精神分裂症的年发病率为
    A. 0.1‰ 左右   B. 0.5‰ 左右   C. 1‰ 左右
    D. 5‰ 左右   E. 1.5‰ 左右

3. 精神分裂症的病因学研究中，目前认为最重要的致病因素是
    A. 遗传因素   B. 环境因素   C. 生化因素
    D. 精神因素   E. 家庭因素

4. 精神分裂症最常见的临床类型是
    A. 单纯型   B. 青春型   C. 紧张型
    D. 偏执型   E. 分裂情感型

5. 以下哪项**不属于**布鲁勒（E.Bleuler）诊断精神分裂症的基本症状（四 A 症状）
    A. 思维联想障碍   B. 情感障碍   C. 矛盾意向
    D. 行为紊乱   E. 内向性

6. 精神分裂症的情感障碍主要表现为
    A. 情感低落   B. 情感不稳   C. 情感高涨
    D. 情感反应不协调   E. 情感迟钝

7. 关于精神分裂症单纯型，下列说法**不正确**的是
    A. 发病多在少年期   B. 病程缓慢   C. 生活懒散
    D. 伴有幻觉妄想   E. 情感淡漠

8. 关于偏执型精神分裂症，下列说法正确的是
    A. 偏执型精神分裂症妄想系统，幻觉与妄想有关
    B. 偏执型精神分裂症妄想不系统，幻觉与妄想有关
    C. 偏执型精神分裂症妄想系统，幻觉与妄想无关
    D. 偏执型精神分裂症妄想不系统，幻觉与妄想不一定有关
    E. 偏执型精神分裂症妄想系统，幻觉与妄想不一定有关

9. 下列症状**很少**见于精神分裂症的是
    A. 钟情妄想   B. 嫉妒妄想   C. 自罪妄想
    D. 疑病妄想   E. 关系妄想

10. 影响精神分裂症预后的因素**不包括**
    A. 起病形式   B. 症状特点
    C. 维持治疗   D. 病前的社会功能水平
    E. 是否使用了电抽搐治疗

11. 病人患精神分裂症 3 年余，虽经治疗，但症状从未完全消失过，目前表现淡漠退缩，意志活动减退，个人生活需督促，此病人最可能的诊断是
    A. 分裂症后抑郁   B. 分裂症衰退期   C. 分裂症残留期
    D. 慢性分裂症   E. 分裂症缓解期

12. **不属于**精神障碍范畴的是
    A. 人格障碍　　　　　B. 精神发育迟滞　　　　C. 攻击行为
    D. 神经症　　　　　　E. 心境障碍

13. 女性,20岁,大学生。家人诉其近2年来变得少语少动,孤僻离群,对亲友冷淡,不讲究个人卫生,有时发呆,学习成绩下降,对自己的前途无打算。未发现幻觉妄想。此病人最有可能的诊断是
    A. 精神分裂症青春型　　B. 品行障碍　　　　　C. 精神分裂症单纯型
    D. 人格障碍　　　　　　E. 抑郁症

14. 下列症状**不属于**精神分裂症的阴性症状的是
    A. 思维贫乏　　　　　B. 注意力不集中　　　　C. 幻觉
    D. 情感淡漠　　　　　E. 意志行为减退

15. 关于幻觉的定义为
    A. 对客观事物的错误感受　　　　　　　B. 对客观事物的胡思乱想
    C. 缺乏相应的客观刺激时的感知体验　　D. 缺乏客观刺激时的思维过程
    E. 缺乏客观刺激时的感受过程

16. 于精神分裂症的临床特点,**错误**的是
    A. 多数在青壮年发病　　　　　　　　B. 自知力丧失
    C. 常慢性起病、病程多迁延　　　　　D. 偏执型是最常见类型
    E. 常有意识障碍和智能障碍

17. 理性象征性思维,下列说法正确的是
    A. 属于思维内容障碍的一种　　　　　B. 正常人不可能出现象征性思维
    C. 是思维形式障碍的表现之一　　　　D. 与文化背景有关
    E. 可以被人们共同理解

18. 关于妄想,下列说法正确的是
    A. 是一种病理性的歪曲信念
    B. 是一种不符合事实的信念
    C. 是病人坚信不疑的信念
    D. 是一种可以通过讲事实、摆道理进行说服的信念
    E. 是和他(她)的文化水平相符合的信念

19. 关于自知力,下列说法**不正确**的是
    A. 自知力也称为领悟力
    B. 病人自称自己有病,肯定有自知力
    C. 自知力一般随着病情的好转而逐渐恢复
    D. 有些精神疾病患者自知力并不丧失
    E. 自知力完整是精神病病情痊愈的重要指标之一

20. 病人原先无任何精神异常,某次听广播时突然坚信播音员在说他,而他的生活经历与当时的广播内容并无明显联系。这个病人可能的症状为
    A. 听幻觉　　　　　B. 原发性妄想　　　　C. 继发性妄想
    D. 思维散漫　　　　E. 病理性象征性思维

21. 妄想按起源可分为
    A. 原发性妄想与继发性妄想　　　　B. 系统性妄想与非系统性妄想
    C. 被害妄想与夸大妄想　　　　　　D. 疑病妄想与虚无妄想
    E. 钟情妄想与物理影响妄想

22. 中国精神分裂症病程标准为至少
    A. 3个月以上　　　　　　B. 6个月以上　　　　　　C. 1个月以上
    D. 4个月以上　　　　　　E. 12个月以上

23. 器质性精神障碍与精神分裂症进行鉴别诊断时的鉴别要点是
    A. 言语是否凌乱　　　　B. 是否有自知力　　　　C. 情感是否协调
    D. 行为是否怪异　　　　E. 是否有意识障碍

24. 精神分裂症的schneider一级症状是
    A. 意念飘忽　　　　　　B. 强迫观念　　　　　　C. 定向障碍
    D. 虚构　　　　　　　　E. 思维被扩散

25. 单纯型精神分裂症与神经衰弱最主要的鉴别在于前者
    A. 病程迁延　　　　　　　　　　　B. 起病很缓慢
    C. 有幻觉妄想　　　　　　　　　　D. 对疾病漠不关心,不要求治疗
    E. 头痛、失眠等症状

26. 改善精神分裂症预后的措施**不包括**
    A. 早期发现　　　　　　　　　　　B. 尽早使用抗精神病药物
    C. 注意维持用药　　　　　　　　　D. 配合家庭、社会治疗
    E. 保证住院时间在6个月左右

27. 下列症状对精神分裂症有诊断意义的是
    A. 意识清晰,联想过程缺乏连贯性和逻辑性
    B. 思维缓慢,精神运动性抑制,反复企图自杀
    C. 紧张恐惧,大量的强迫观念和动作
    D. 意识模糊,大量幻觉、错觉和兴奋躁动
    E. 头痛、头晕、失眠、乏力

28. 女性,44岁,在强烈精神刺激后起病,立即出现面无表情,僵住不动,不语,外界刺激不能引起相应反应,几分钟后恢复正常,事后不能全部回忆,可考虑诊断为
    A. 精神分裂症紧张型　　B. 抑郁症　　　　　　C. 急性短暂性精神障碍
    D. 创伤后应激障碍　　　E. 人格障碍

29. 病人不言不语,躺在床上,进食需人劝说吃几口,精神检查,神志清楚,接触被动不合作,数问不答,肢体随意搬弄,形同蜡塑,此症状属于
    A. 违拗　　　　　　　　B. 不合作　　　　　　C. 生活懒散
    D. 木僵　　　　　　　　E. 作态

30. 精神分裂症与神经症鉴别主要在于前者
    A. 无自知力　　　　　　B. 情感障碍突出　　　　C. 幻觉不明显
    D. 睡眠不佳　　　　　　E. 有多种躯体不适

31. 一位患者说听到别人(实际无人)骂他,并对骂,这种症状多见于
    A. 症状性精神障碍　　　　　　　　B. 脑器质性精神障碍

C. 精神分裂症　　　　　　　　　　　　D. 反应性精神障碍

E. 精神活性物质所致精神障碍

32. 对精神分裂症最有诊断意义的是

　　A. 情感高涨、思维活动加速,言语动作增多

　　B. 思维,情感,行为互不协调

　　C. 过度敏感,睡眠障碍,焦虑发作

　　D. 意识障碍伴有兴奋躁动

　　E. 思维活动缓慢,言语动作减少,情绪低落

33. 诊断精神障碍最好的办法是

　　A. 实验室检查　　　　B. 心理测验　　　　　C. 既往病史资料

　　D. 现症精神状况检查　　E. 横向的现症精神状况结合纵向的病史材料

34. DSM-5 中采用维度方法界定了几种精神病理症状,下列描述**不正确**的是

　　A. 妄想　　　　　　　B. 幻觉　　　　　　　C. 言语紊乱

　　D. 阴性症状　　　　　E. 社会功能受损

35. 精神分裂症偏执型的特征,以下**错误**的是

　　A. 起病年龄较晚,常在 40 岁左右　　　　B. 以妄想为主要表现

　　C. 缓慢发病者多　　　　　　　　　　　D. 幻觉少见

　　E. 及时治疗效果较好

36. 一青年病人,3 个月前急性起病,意识清晰,表现说话难以理解,行为幼稚怪异,本能意向亢进,有片断的耳闻远方亲友声音的幻觉,觉有人跟踪。此病人最可能的诊断是

　　A. 青春型精神分裂症　　B. 偏执型精神分裂症　　C. 单纯型精神分裂症

　　D. 病毒性脑炎　　　　　E. 分裂样精神病

37. 30 岁的男性病人,近半年来觉得有人跟踪自己,有人在屋里放了窃听器而不敢大声讲话,常听见有人在议论如何对付他。因而表现闷闷不乐,闭门不出,写信到公安局请求保护。此病人最可能的诊断是

　　A. 青春型分裂症　　　　B. 偏执型分裂症　　　　C. 单纯型分裂症

　　D. 偏执性精神病　　　　E. 紧张型分裂症

38. 以下疾病预后最好的是

　　A. 偏执狂　　　　　　　B. 偏执状态　　　　　　C. 偏执型精神分裂症

　　D. 偏执型人格障碍　　　E. 妄想阵发

39. 精神分裂症预防工作的关键是

　　A. 宣传疾病知识　　　　B. 加强身体锻炼　　　　C. 早期诊断、早期治疗

　　D. 加强个性修养　　　　E. 增加营养

40. 下列表现归于幻觉的是

　　A. "草木皆兵"　　　　　　　　　　　　B. 感觉皮肤上有虫爬感

　　C. 感觉自己的手一只特别长　　　　　　D. 感觉阳光特别刺眼

　　E. 风声鹤唳

四、问答题

1. 试述对精神分裂症预后的判断有提示意义的因素包括哪些。

2. 试述脑器质性及躯体疾病所致精神障碍与精神分裂症的鉴别要点。

3. 简述情感低落与情感淡漠的鉴别要点。

4. 何为偏执性精神障碍？CCMD-3 中关于偏执性精神障碍的诊断标准是什么？

5. 如何鉴别偏执性精神障碍、偏执型精神分裂症及偏执性人格障碍？

6. 如何判定某一个体精神活动是否异常？

7. 精神分裂症的认知功能障碍包括哪些方面？具体表现是什么？

8. 简述妄想的分类及其临床特点。

9. 试述偏执型精神分裂症的临床特征。

10. 简述精神障碍的三级预防。

11. 如何鉴别精神分裂症与神经症？

12. 精神分裂症病人的心理社会治疗的基本原则。

13. DSM-5 关于精神分裂症的诊断标准。

第三部分 参考答案

一、名词解释

1. 幻觉指没有现实刺激作用于感觉器官时出现的知觉体验，是一种虚幻的知觉。常见的有幻听、幻视、幻嗅、幻味、幻触、本体幻觉和反射性幻觉等。常见于器质性精神障碍、精神活性物质所致精神障碍和精神分裂症等。

2. 妄想是一种病理性的歪曲信念，是病态的推理和判断，虽然病理性信念的内容与事实不符，没有客观现实基础，但患者仍坚信不疑，并影响患者的情感和行为，常见于精神分裂症等疾病。

3. 精神病性症状是指精神病所特有的一类症状，包括幻觉、妄想、思维逻辑障碍和某些严重意识障碍等，其共同特点是严重脱离现实并缺乏自知力。

4. 精神病是指一组具有精神病性症状的精神障碍，包括器质性和功能性两大类。后者包括精神分裂症、情感性精神病、偏执性精神病等最严重的精神疾病。

5. 分裂症后抑郁是指近一年内诊断为分裂症，分裂症病情好转而未痊愈时出现抑郁症状；且持续至少 2 周的抑郁为主要症状，虽然遗有精神病性症状，但已非主要临床相；排除抑郁症、分裂情感性精神病。

6. 精神病学是医学的一个分支学科，是研究精神疾病病因、发病机制、临床表现、疾病的发展规律以及治疗和预防的一门学科。

7. 急性短暂性精神病是一组具有下列共同特点的精神障碍：①起病急骤；②以精神病性症状为主。包括片断妄想、片断幻觉或多种妄想、多种幻觉，言语紊乱，行为紊乱或紧张症；③多数病人可缓解或基本缓解。

8. 精神障碍又称为精神疾病，是指在各种因素的作用下（包括各种生物学因素、社会心理因素等）造成大脑功能失调，而出现感知、思维、情感、行为、意志以及智力等精神运动方面的异常，需要用医学方法进行治疗的一类疾病。

9. 精神分裂症是一组病因未明的精神疾病，具有思维、情感、行为等多方面的障碍，以精神活动和环境不协调为特征。通常意识清晰,智能尚好,部分病人可出现认知功能损害。多起病于青壮年,常缓慢起病,病程迁延,有慢性化倾向和衰退的可能,但部分病人可保持痊愈或基本痊愈状态。

10. 自知力是指病人对其本身精神疾病状态的认识能力,即能否察觉或识辨自己有病和精神状态是否正常,能否正确分析和判断,并指出自己既往和现在的表现与体验中哪些属于病态。

11. 认知功能是指感知、思维、学习的能力,包括智力、从外界环境获取经验、预见、计划并能对外界环境做出正确反应、解决实际问题的能力。

12. 阳性症状是指精神功能的异常或亢进,包括幻觉、妄想、明显的思维形式障碍、反复的行为紊乱和失控。

13. 分裂样精神病是将症状标准、严重程度标准和排除标准都符合精神分裂症诊断标准而病程不足的患者诊断为分裂样精神病。

14. 阴性症状指精神功能的减退或缺失,包括情感平淡、思维贫乏、意志缺乏、无快感体验、注意障碍。

15. 系统妄想是指妄想建立在与患者人格缺陷有关的一些错误判断或病理思考的基础上,妄想的结构层次分明,条理清楚,其推理过程有一定逻辑性,内容有现实基础。患者对此坚信不疑。

16. 原发性妄想是一种无法以患者当前的环境和以往的心境解释,又非来源于其他异常精神活动的病理信念,是精神分裂症的特征性症状。

17. 分裂症衰退期是指过去符合分裂症诊断标准,且至少2年一直未完全缓解;病情好转,但至少残留下列1项:①个别阳性症状;②个别阴性症状,如思维贫乏、情感淡漠、意志减退,或社会性退缩;③人格改变,社会功能和自知力缺陷不严重;最近1年症状相对稳定,无明显好转或恶化。

18. 超价观念是在意识中占主导地位的错误观念,其发生常常有一定的事实基础,但患者的这种观念是片面的,与实际情况有出入,而且带有强烈的感情色彩,明显影响到患者的行为。

19. 感应性精神病是一种以系统妄想为突出表现的疾病,往往发生于同一环境或家庭中长期相处密切接触的亲属或挚友中,如母女、姐妹或夫妻和师生等。先发病的患者称为原发者,受原发者的影响而出现与原发者极为相似症状的患者称为感应者。

20. 偏执性精神障碍是指一组以系统妄想为主要临床特征而病因未明的精神障碍,若有幻觉则历时短暂且不突出。在不涉及妄想的情况下,无明显的其他心理方面异常。病程进展缓慢,但人格保持相对完整,且较少出现精神衰退。

二、填空题

1. 情绪　认知　行为　痛苦体验　功能损害
2. 思维　情感　行为
3. 早期发现　早期诊断　早期治疗　巩固疗效　预防复发
4. 联想障碍　情感淡漠　意志缺乏　内向性
5. 扩大　侧脑室　第三脑室
6. 连贯性　逻辑性

7. 幻觉　妄想　明显的思维形式障碍　反复的行为紊乱和失控　情感平淡　言语贫乏　意志缺乏　无快感体验　注意障碍

8. 思维联想障碍　思维逻辑障碍

9. 被害妄想　关系妄想　影响妄想

10. 4

11. 妄想

12. 感知　思维　情感　行为　意志活动

13. 神经科学　分子遗传学　医学心理学　行为医学　医学社会学　医学人类学

14. 遗传　神经生化　脑结构和脑影像　神经生理　心理社会因素

15. 家系　双生子　寄养子　分子遗传学

16. 病理性信念的内容与事实不符　妄想内容以患者为中心　妄想具有个人独特性　妄想内容有浓厚的时代色彩

17. 阳性症状　阴性症状　认知功能障碍　情感障碍　行为障碍

18. 智力　学习和记忆功能　注意　言语功能　自知力

19. 认知功能障碍　社会功能受损　自知力丧失

20. 情感反应不协调

21. 偏执型　青春型　紧张型　单纯型　未定型　精神分裂症后抑郁　残留型

22. 症状学标准　严重程度标准　病程标准　排除标准

23. 抗精神病药物　支持性心理治疗　社会康复训练

24. 彻底缓解　部分缓解后至残留期　精神活动衰退

25. 隐袭　缓慢　系统妄想　完整

26. 思维破裂　情感和行为极不协调

27. 蜡样屈曲　违拗症　空气枕头

28. 形象生动　存在于客观空间　不从属于病人自己　不能随病人的意愿加以改变　通过感觉器官获得

29. 器质性　功能性

30. 不协调的精神运动性兴奋　紧张性木僵

31. 器质性精神障碍　精神活性物质　非成瘾物质所致精神障碍

32. 妄想　幻觉　言语紊乱　明显紊乱的或紧张症行为　阴性症状

三、单项选择题

1. C　　2. A　　3. A　　4. D　　5. D　　6. D　　7. D　　8. D　　9. C　　10. E

11. B　12. C　13. C　14. C　15. C　16. E　17. C　18. A　19. B　20. B

21. A　22. C　23. E　24. E　25. D　26. E　27. A　28. C　29. D　30. A

31. C　32. B　33. E　34. E　35. D　36. A　37. B　38. E　39. C　40. B

四、简答题

1. 试述对精神分裂症预后的判断有提示意义的因素包括哪些。

答：100余年的经验表明，以下因素对精神分裂症的预后判断有帮助：①提示结局良好的因素包括：急性起病，病期短暂，中年以后起病，病前人格良好，无精神病家族史，病前工作能力好,病前社会关系良好,有明显的情感症状,稳定的婚姻,较多的家庭和社会支持,治疗及时、合理、系统等。②提示预后不良的因素包括:隐袭起病,病期长,早年起病,病前人格不良,有明显的精神病家族史,病前职业功能和社会关系不良,以阴性症状为主,缺乏家庭与社会支持,有脑结构的异常,治疗不及时、不系统、服药依从性差等。

2. 试述脑器质性及躯体疾病所致精神障碍与精神分裂症的鉴别要点。

答:不少脑器质性病变如癫痫、颅内感染、脑肿瘤和某些躯体疾病如系统性红斑狼疮以及药物中毒等,都可引起类似精神分裂症的表现,如生动鲜明的幻觉和被害妄想等。但仔细观察就会发现,这类病人往往同时伴有意识障碍,幻觉多为恐怖性幻视,症状常有昼轻夜重的波动性。当病人意识障碍减轻时,病人与环境接触良好,情感反应保存,精神症状持续的时间相对较短,一般没有精神分裂症的特征性症状,病程经过与躯体疾病密切相关,消长平行。更为关键的是,病人常有某些确凿的临床及实验室证据,证明患者的精神状态与脑器质性或躯体疾病有密切的联系。

3. 简述情感低落与情感淡漠的鉴别要点。

答:情感低落与情感淡漠的患者均可表现为言语动作的减少、兴趣减退、意志减退及人际关系的疏远,但两者的本质不同。①情感低落是负性情感增强的表现,患者外部表情愁苦,双眉紧锁,忧心忡忡,唉声叹气,内心深感痛苦,悲观绝望,觉得一无是处,甚至反复出现想死的念头,常伴有明显的思维迟缓,言语动作的减少,以及食欲减退、早醒等生物学症状,常见于抑郁症,也可见于反应性抑郁及更年期抑郁。②情感淡漠是情感反应的减弱或缺乏,患者外部表情冷淡呆板,内心对任何刺激均缺乏相应的情感反应,对自身前途及周围发生的事情均漠不关心,熟视无睹,与周围环境失去情感上的联系,它是精神分裂症晚期常见的症状,也可见于痴呆病人。

4. 何为偏执性精神障碍? CCMD-3 中关于偏执性精神障碍的诊断标准是什么?

答:偏执性精神障碍是指一组以系统妄想为主要临床特征而病因未明的精神障碍,若有幻觉则历时短暂且不突出。在不涉及妄想的情况下,无明显的其他心理方面异常。病程进展缓慢,但人格保持相对完整,且较少出现精神衰退。CCMD-3 中关于偏执性精神障碍的诊断标准是:

(1)症状学标准:以系统妄想为主要症状,内容较固定,并有一定的现实性,不经了解,难辨真伪。主要表现为被害、嫉妒、夸大、疑病和钟情等内容。

(2)严重标准:社会功能严重受损和自知力障碍。

(3)病程标准:符合症状学标准和严重标准至少已持续 3 个月。

(4)排除标准:排除器质性精神障碍、精神活性物质和非成瘾物质所致精神障碍及精神分裂症、情感性精神障碍。

5. 如何鉴别偏执性精神障碍、偏执型精神分裂症及偏执性人格障碍?

答:(1)偏执性精神障碍的妄想系统,幻觉少见,即使出现也历时短暂且不突出,与妄想密切相关;妄想的内容比较固定而不泛化,与现实生活有联系,有一定的现实性,不经了解难辨是非;在不涉及妄想的情况下,病人其他方面的精神功能基本正常,病程迁延,但甚少衰退。而且,偏执性精神障碍患者的情感是相当活跃的,意志活动不仅没有减退,绝大多数是增强的,没有精神分裂症的阴性症状。

(2)偏执型精神分裂症的妄想是奇特的和不系统的,内容常较荒谬且牵连广泛,易于泛化,旁人难于理解,常伴有幻觉,但幻觉的内容不一定和妄想有关;被动体验以及其他分裂症的症状,药物治疗效果相对较好,情感活动相对平淡乃至淡漠,常出现阴性症状,晚期可以出现精神衰退。

（3）偏执性人格障碍早年起病,表现为敏感多疑,情感冷淡,与人格格不入等特征,但不构成妄想,亦无幻觉。

6. 如何判定某一个体精神活动是否异常?

答:需要从三个方面进行分析:①纵向比较。与其过去的一贯表现比较,精神状态是否有明显改变。②横向比较。与大多数正常人的精神状态比较,差别是否有显著性,持续时间是否超出一定限度。③应注意结合当事人的心理背景和所处的具体环境进行具体分析和判断,避免主观片面。

7. 精神分裂症的认知功能障碍包括哪些方面?具体表现是什么?

答:精神分裂症的认知功能障碍包括以下几个方面:

（1）智力的损害:传统观点认为精神分裂症患者的智商保持正常范围内,但较正常人群低,且存在多方面的损害。

（2）学习和记忆功能的损害:记忆过程是一个涉及神经系统多方面功能的复杂过程。精神分裂症患者的注意常常受损,可能导致回忆困难。该病的记忆障碍主要表现为工作记忆受损,与中枢神经系统执行当前功能有关。

（3）注意损害:精神分裂症患者的注意障碍表现在主动注意和被动注意能力受损两个方面。患者不能集中注意力从事各种活动,以致工作能力下降,成绩较差;对外界刺激的敏感性下降,注意转移困难等。

（4）言语功能的损害:精神分裂症患者的言语流畅性较正常人差,交谈时词汇不丰富,用词不确切,交流困难。有学者认为精神分裂症的言语功能损害是中枢神经系统语词的组织功能出现障碍的结果。

（5）自知力的损害:自知力是指患者对自己精神状况的认识能力,即能否觉察自己有病和精神状态是否正常,能够正确分析和判断,并指出自己既往和现在的表现、体验中哪些是属于病态的。精神分裂症患者存在不同程度的自知力缺陷。

8. 简述妄想的分类及其临床特点。

答:（1）妄想按其起源及与其他心理活动的关系可分为原发性妄想及继发性妄想。原发性妄想常突然发生,内容不可理解,与既往经历及当前处境无关,也不是来源于其他异常心理活动的病态信念,包括突发性妄想、妄想知觉、妄想心境或妄想气氛,原发性妄想是精神分裂症的特征性症状,常在疾病的早期出现,结构不太系统,逻辑性差,对诊断精神分裂症具有重要价值。继发性妄想是发生在其他病理心理基础上的妄想,或是在某些妄想基础上产生的另一种妄想,一般较原发性妄想系统,有一定逻辑性,可见于多种精神疾病。

（2）按妄想的结构可分为系统性妄想和非系统性妄想。系统性妄想是指妄想内容前后相互联系、结构严密、逻辑性较强的妄想;反之则称为非系统性妄想。

（3）临床上通常按妄想的主要内容归类,常见的有被害妄想、关系妄想、物理影响妄想、夸大妄想、罪恶妄想、疑病妄想、钟情妄想及嫉妒妄想等。

9. 试述偏执型精神分裂症的临床特征。

答:常起病于青壮年或中年,起病缓慢,早期常表现敏感多疑,逐渐发展成妄想并在内容和范围方面常有不断扩大和泛化的趋势,妄想内容日益脱离现实,妄想结构可较系统，亦可松散，妄想内容以关系、被害多见。病人可表现一个或多个妄想，且常伴有幻觉，以幻听最多见。病人的行为常受妄想、幻觉的影响，多数病人不愿意暴露自己的病态体验，有的病人沉湎于幻觉和妄想的体验之中而变得孤僻离群。此类病人的思维形式和情感、意志、言语障碍不太突出，人格改变较轻，有时在相当长的时间里尚能保持较好的工作能力。

10. 简述精神障碍的三级预防。

答：（1）第一级预防旨在消除或减少病因或致病因素，防止或减少精神障碍的发生。这是最积极、最主动的预防措施，主要包括：①增进精神健康的保健工作，大力宣传精神健康的重要意义，把预防、保健、诊疗、护理、康复、健康教育融入社区医护工作；②开展疾病监测、减少心理因素所致的疾病、减少致病因素、保护高危人群；③注重从儿童期到老年期的心理卫生教育，针对个体发育的不同阶段给予相应的精神卫生指导和社会技能训练，培养个体的应变及适应能力，提高个体的心理应付技能。

（2）第二级预防的目标是早期发现、早期诊断和早期治疗精神疾病，争取良好预后，预防复发，主要包括：①定期对社区居民进行精神健康调查，确认引起精神障碍的危险因素和相关因素；②对有或疑有精神障碍的人群，指导其及时就诊，明确诊断，接受治疗；③对患者给予及时的治疗和护理，缩短住院时间，使患者早日返回家庭及社区。

（3）第三级预防的目标是做好精神残疾者的康复、减少功能残疾，延缓疾病衰退的进程，减轻病人的痛苦，提高生活质量等，主要包括：①防止疾病恶化；②防止病残；③做好康复工作；④调整出院病人的生活环境；⑤做好管理工作。

11. 如何鉴别精神分裂症与神经症？

答：部分精神分裂症病人，尤其是疾病早期或单纯型病人，常出现神经衰弱和强迫性神经症的症状。鉴别要点：①神经症的病人大多自知力充分，病人完全了解自己的病情变化和处境，求治心切，情感反应强烈，而分裂症病人早期可有自知，但却不迫切求治，情感反应亦不强烈，分裂症病人的强迫症状内容有离奇、荒谬和不可理解的特点，摆脱的愿望不强烈，痛苦体验不深刻；②仔细的病史询问和检查可发现精神分裂症的某些症状，如情感淡漠迟钝、行为孤僻退缩等；③一时难以诊断则需要一定时间的随访观察，随着病情的进展，精神分裂症病人表现出日益加重的情感淡漠，行为孤僻或思维离奇等症状。

12. 精神分裂症病人的心理社会治疗的基本原则。

答：心理治疗必须成为精神分裂症治疗的一部分。心理治疗不但可以改善病人的精神症状、提高自知力、增强治疗的依从性，也可改善家庭成员间的关系，促进患者与社会的接触。其具体实施方案包括心理教育和社区康复。

（1）心理教育：是向患者及其家人提供有关精神疾病的性质和可能的病程演变过程相关知识，介绍可供选择的治疗方法、卫生保健知识和社会服务资源利用等的一门技术。对患者或其家人进行心理教育的最终目的包括两个方面：首先是增加他们对疾病本身的了解；其次是修正他们的态度和行为。因此，心理教育是病人康复过程中很重要的一种心理治疗。一般认为，心理教育应包括以下内容：①对疾病的性质的讲解；②介绍患者可能接受的治疗方法；③介绍康复的模式以及疾病的各种不同的结局状况、疾病预后的前景；④治疗将会涉及的组织机构和人员等。

（2）针对疾病康复期的心理社会干预：对首次精神病发作的患者促进痊愈、预防慢性残疾是首要任务，而预防复发是其中的重要一环。痊愈期的总体目标是尽量缩短活动性精神病的期限，帮助患者重建生活，帮助他们了解精神疾病并确立将来的对策。这是一个恢复和再调整的阶段，一个逐渐和动态的过程，需要患者和家属共同主动参与这一过程。所有精神病人有权利在社区生活和工作。然而，在实际工作中，首发病人的总体心理社会结局阻止了病人在职业功能、学业、财政、家庭与社会等方面去获得这一理想目标。精神分裂症常在成年早期发病，此时，个体仍处在学习和受教育阶段，或仅仅是刚刚开始建立其成年期的社会和职业角色，正常的发育过程将受到长期精神病态及其不良结局的影响。基于这一点，在征得病人同意的前提下，应与教师和单位领导取得联系，并提供适当的信息，共同讨论一个逐步恢复正常工作、学习的方法或程序。提出几种可供选择的方案，如保护性就业和技能培训。确定一个切实可行的短期或长期目标，以增强病人的成就感，避免自尊心的丧失。职业功能的获得是以促进康复为目的的心理社会干预的中心目标。康复期的心理社会干预常涉及以下几个方面：个案管理、提高服药依从性、改善家庭态度、促进对疾病复发的早期认识和适当的干预措施、减少应激和预防自杀等内容。

13. DSM-5 关于精神分裂症的诊断标准。

答：DSM-5 关于精神分裂症的诊断标准为：

（1）两项（或更多）下列症状，每一项症状均在 1 个月中有相当明显的一段时间里存在（如经成功治疗，则时间可以更短），至少其中一项是：①妄想；②幻觉；③言语紊乱（例如，频繁的离题或联想松弛）；④明显紊乱的行为或紧张症的行为；⑤阴性症状（即，情绪表达减少或动力缺乏）。

（2）自障碍发生以来的明显时间段内，一个或更多的重要方面的功能水平，如工作、人际关系或自我照料，明显低于障碍发生前具有的水平（或若障碍发生于儿童期或青少年期时，则人际关系、学业或职业功能未能达到预期的发展水平）。

（3）这种障碍的体征至少持续 6 个月。此 6 个月应包括至少 1 个月（如经成功治疗，则时间可以更短）符合诊断标准（1）的症状（即活动期症状），可包括前驱期或残留期症状。在前驱期或残留期，该障碍的体征可表现为仅有阴性症状，或有轻微的诊断标准（1）所列的两项或更多症状（例如，奇特的信念、不寻常的知觉体验）。

（4）分裂情感性障碍和抑郁或双相障碍伴随精神病性特征已被排除，因：①没有与活动期症状同时出现的重性抑郁或躁狂发作；或②如果心境发作出现在症状活动期，则它们只是存在此疾病的活动期和残留期整个病程的小部分时间内。

（5）这种障碍不能归因于某种物质（如滥用的毒品、药物）的生理效应或其他躯体疾病。

（6）如果有孤独症（自闭症）谱系障碍或儿童期发生的交流障碍的病史，除了精神分裂症的其他症状外，还需有明显的妄想或幻觉，且存在至少 1 个月（如经成功治疗，则时间可以更短），才能做出精神分裂症的额外诊断。

（刘培培　刘新民）

第十七章　常见于儿少期的心理障碍

第一部分　内容概要与知识点

本章简介　本章首先介绍了儿少期身心发展的特点，紧接着对儿少期心理障碍的特点、原因和分类进行了概述，随后以分节的形式对各种心理障碍进行阐述。其中，对临床最常见的学习障碍、多动障碍、品行障碍、孤独症、抽动障碍和排泄障碍等的概念、临床描述、理论解释、诊断评估和防治要点等问题进行了详细的阐述。最后以参考资料的方式对与儿童少年心理相关的违法与犯罪进行了介绍。

第一节 概　述

一、儿少期身心发展的特点

儿少期是个体身心发展的关键时期,儿少期包括 6~12 岁的儿童期和 11、12 岁 ~15、16 岁的少年期。在儿童期(学龄期)生理心理稳步发展的同时儿童需经历从家庭到学校,进入社会学习和人际关系的实践中,该时期对自我意识发展、同伴关系和师生关系的发展有重要影响;少年期,身体形态和功能急速发展,性生理快速发育到性成熟,自我意识的迅速变化,生理心理发展的不平衡等产生诸多的心理发展问题:成人感与幼稚性,独立性与依赖性,闭锁性与开放性,成就感与挫折感等。这都是各种心理障碍发生的生理与心理基础。

二、儿少期心理障碍的特点

不同儿童心身发展速度不同,导致的行为表现不同,是心理发育速度导致的正常行为迟缓还是心理偏差需要进行鉴别;婴幼儿通常不能用语言把自己的问题准确描述出来。往往以不恰当的行为方式表达其内心感受,需要对儿童的行为进行分析理解;儿童的心理行为问题有时会因所处的特定情境而具有特异性。

三、儿少期心理障碍的原因

儿少期心理障碍原因未明,是很多因素共同作用的结果;大多数心理障碍都是先天的易感性与后天环境相互作用造成的;一个易感的孩子是否最终罹患某种障碍,在很大程度上取决于环境与孩子心理承受能力的共同作用;儿童出生时的家庭生活质量、稳定性和教养方式等都会影响孩子的心理发育;儿童期各种心理障碍的患病率存在着性别差异,可能的原因是不同性别儿童的大脑发育和社会经验不同造成的。

四、儿少期心理障碍的分类

早期分类系统没有设置儿童青少年精神障碍类别,DSM-Ⅲ-R 首先将通常在婴儿、儿童或青少年期首次诊断的精神障碍单独作为一个类别。ICD-10 将儿童精神障碍集中单独分类,但对明显既见于儿童又见于成人的精神障碍,则置于成人项目之中。CCMD-3 也是如此。新近出版的 DSM-5 将类别名称改为神经发育障碍。

第二节 学习障碍

一、概述

学习障碍是指在学习和使用学习技能的获得与发育(展)障碍。

二、临床表现

学习障碍源于一组障碍所构成认识处理过程的异常,其主要表现在听、说、读、写、推理以及计算能力的获得和应用方面存在一种或一种以上的特殊性障碍。

1. **特定阅读障碍** 主要是认读、拼读准确性差和(或)理解困难。

2. **特定拼写障碍** 特点是书写能力明显低于与其年龄、智力、受教育年限相当的同龄人。

3. **特定计算技能障碍** 亦称数学障碍,主要表现为数量、数位概念混乱,数字符号命名、理解与表达、计数、基本运算和数学推理障碍,以至严重影响日常生活和学习。

三、影响因素

1. **遗传因素** 确切的生物学机制尚未了解,可能与某些基因有关。

2. **神经生物学因素** 最常见的看法是认为学习障碍由中枢神经系统受损所致。

3. **脑及脑功能因素** 各种轻微脑损伤也被认为可能是学习障碍的原因。

4. **心理动力学解释** 认为学习不佳是儿童无法解决潜意识冲突而出现的一种神经质表现。

5. **认知因素** 患者视觉-空间认知缺陷、言语理解表达不足、注意集中困难、汉字再认困难、抽象信息的感知、加工处理能力受损等是言语型学习障碍儿童的主要认知特征。

6. **社会和家庭因素** 社会经济地位、父母的期望、社会支持以及老师或父母的教育方法等因素,对学习障碍的发生有重要影响。

四、防治要点

教育措施有:①直接改善基本问题的措施(如教导一些理解视、听觉材料的技巧);②对听、说、理解和记忆进行教育训练,以改善其认知技巧;③教给学生行为技能,以弥补阅读、数学或者书写表达方面存在的问题。

第三节 儿童多动障碍

一、概述

1. **儿童多动障碍** 又称注意缺陷/多动障碍,是以活动过多、注意力不集中、冲动任性为主要特征的行为障碍。

2. **患病率** 美国报道患病率约为6%,我国不同地区报告的患病率从1.3%到13.4%不等,多于3岁左右发病,发病高峰在7~9岁,男孩患病率为女孩的4~9倍。

二、临床表现

主要表现有以下四个方面:

1. **活动过多** 不论在何种场合,尤其是在需要安静的场合,患儿总处于不停活动的状态中。

2. **注意力不易集中** 患儿的注意力很难集中,或注意力集中时间短暂,不符合实际年龄特点。

3. **冲动任性** 他们由于自控力差,冲动任性,不服管束,常惹是生非。

4. **学习困难** 他们由于注意力不集中,上课不认真听讲,对教师布置的作业未听清楚,以致做作业时常常发生遗漏、倒置和理解错误等情况。

三、影响因素

1. **遗传因素**　大约 40% 的多动障碍患儿的父母、同胞和其他亲属也患过此症，单卵双生子中多动障碍的发病率较异卵双生子明显增高。

2. **脑神经递质**　有研究认为，多动障碍的发生可能是由于某些脑神经递质数量不足，导致信号不能及时传导所致。

3. **神经系统发育**　轻微脑损伤的证据如神经系统软体征、共济运动失调、脑功能不足的某些细微体征等提示中枢神经系统的早期发育损害可能与本病的发生有关。

4. **脑组织器质性损害**　有大量的患儿是由于其额叶或尾状核功能障碍所致。

5. **心理社会因素**　研究表明，环境、社会和家庭不良因素持续存在，对于诱发和促进多动障碍有重要作用。

6. **其他**　也有资料显示，摄入人工染料和含铅量过度的饮食也可导致多动行为的发生。

四、诊断评估

对于多动障碍的诊断，主要依据患儿的家长和老师提供病史、临床表现特征及其检查。

五、防治要点

治疗方法的选择，除了针对病因和临床表现外还要根据患儿个体和家庭情况综合考虑。

1. **药物治疗**　哌醋甲酯可提高注意力，减少过度活动，从而达到改善症状的目的。托莫西汀是国内多动障碍诊疗指南中的一线推荐用药。氟哌啶醇和利培酮等对多动和冲动行为也有一定效果。

2. **家庭治疗**　针对亲子关系类型和家庭教育模式，给家长以指导。

3. **行为治疗**　利用行为学习原理于日常生活中，如对他们的适宜行为及时给予奖励。

4. **感觉统合（sensory integration）与注意力训练**　通过心理功能和症状评定，制定个体化有针对性的训练方案，用专门的器材进行系统的感觉运动协调和注意力功能训练。

第四节　品行障碍

一、概述

品行障碍（conduct disorder，CD）是指儿童或少年反复出现的，违反与其年龄相应的行为规范，侵犯他人或公共利益的行为（包括反社会性、攻击性或对抗性行为）。据估计，在 18 岁以下的人群中品行障碍患病率是 4%~16%。男孩多于女孩，两者之比为 4∶1~12∶1。

二、临床表现

1. **品行障碍的核心症状**　反社会行为和攻击行为。反社会行为是指不符合道德规范和社会准则的一些行为，如说谎、逃学、离家出走、偷盗和欺骗等。攻击性行为包括殴打、伤人、破坏物品及虐待他人或动物、性攻击、抢劫等行为。

2. **品行障碍患儿的行为特点**　①反复持续出现；②这些行为不仅偏离正常儿童该有的

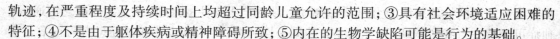

轨迹,在严重程度及持续时间上均超过同龄儿童允许的范围;③具有社会环境适应困难的特征;④不是由于躯体疾病或精神障碍所致;⑤内在的生物学缺陷可能是行为的基础。

3. **品行障碍主要类型**　反社会性品行障碍(dissocial conduct disorder)和对立违抗性障碍(oppositional defiant disorder)。

三、影响因素

1. **生物学因素**　婴儿期困难型气质的儿童会产生行为问题。有些有品行障碍的儿童经常会存在低言语智商和轻微神经生理缺陷。新生儿脑缺氧、婴幼儿期感染、中毒、外伤、慢性腹泻和严重营养不良均可成为品行障碍的病因。

2. **家庭社会环境因素**　研究表明品行障碍与家庭因素密切相关。

四、防治要点

1. **家庭治疗**　该治疗取向是关注有问题的家庭模式,改变儿童的攻击性和其他非适应行为。治疗的重点在于调整儿童和父母间的关系互动。

2. **行为治疗**　主要应用于不良行为的矫正。

3. **药物治疗**　主要是对症治疗,解决其情绪问题、攻击行为和偏执症状或一过性知觉障碍。

第五节　儿童孤独症（自闭症）

一、概述

儿童孤独症又称自闭症,是广泛性发育障碍的一种亚型。男孩多见,起病于婴幼儿期,主要表现为不同程度的人际交往障碍、兴趣狭窄和行为方式刻板。约有 3/4 的患儿伴有明显的精神发育迟滞,部分患儿在一般性智力落后的背景下具有某方面超强的能力。

二、临床表现

儿童孤独症的主要临床表现包括社交功能损伤、语言沟通能力损伤以及刻板行为,被称之为 Kanner 三联征。

1. **社交缺陷**　是孤独症的核心症状,主要表现为缺乏交往的基本技能和兴趣。

2. **沟通困难**　绝大多数孤独症患者存在严重的沟通困难,近一半的患者从来没有学会有效的交流技能。

3. **行为刻板**　孤独症儿童的兴趣狭窄、奇特,他们过分关注某些特殊的物品,或某种特殊的形式。

三、影响因素

1. **生物学因素**　遗传因素在孤独症发病中具有重要作用,但遗传模式尚不清楚;孤独症患者的小脑体积明显较正常人小;孤独症患者存在神经生理学方面的变化,如血中 5- 羟色胺(5-HT)水平增高,多巴胺(DA)、去甲肾上腺素(NE)含量升高等。

2. **心理和社会因素**　孤独症患儿多来自社会经济地位较高的家庭,他们的父母多具有高智商和高度的抽象思维能力,但情感冷淡,缺乏与人交往的兴趣,亲子之间缺乏沟通;孤独症可能存在自我意识缺乏,尤其是自我同一性和统一性的缺陷;孤独症患者与正常儿童最根本的区别在于其社会性交往的缺失。

四、治疗要点

由于病因未明,对于儿童孤独症的治疗一直缺乏确切有效的方法,目前主要依靠特殊教育、行为训练与矫正及药物治疗等综合措施。

第六节　抽 动 障 碍

一、概述

抽动障碍(tic disorder)是以抽动为主要表现的一组行为障碍。抽动是一种不随意的突发、快速、重复、非节律性、刻板的单一或多部位肌肉运动或发声。运动和发声抽动都可分为界限不清的简单和复杂两类。抽动障碍多发于儿童期,典型的发病年龄是 7 岁。大多数患者的症状到青春期后会趋于缓解。但只有 8% 的患者会完全或持续缓解。

二、临床描述

不同类型的表现和特点见表 17-1。

表 17-1　抽动障碍的分类及特点

类型	特点及表现	起病及持续
短暂性抽动障碍	急性简单抽动为主;常限于某一部位一组或两组肌肉;眨眼、扮鬼脸或头部抽动	起病于学龄早期,4~7 岁儿童常见,男孩多见
慢性抽动障碍	以一组肌肉或两组肌肉群发生运动或发声抽动(但两者不并存)为特征;可以是单一的也可是多种的(通常是多种的),不自主运动抽动或发声,可以不同时存在,常 1 天发生多次,可每天或间断出现	18 岁前起病,至少已持续 1 年;持续 1 年以上,并没有持续 2 个月以上的缓解期
抽动秽语综合征	多部位运动和发声抽动,常伴秽语或异常发声,部分患儿伴有模仿言语、模仿动作,或强迫、攻击、情绪障碍,及注意缺陷等行为障碍	男孩居多,2~15 岁起病,病程迁延,重症会影响智力发育和学业表现

三、影响因素

包括遗传因素、神经病理学因素、环境因素和社会心理因素等。

四、防治要点

1. **药物治疗**　常用的有氟哌啶醇(haloperidol)、硫必利(tiapride)、哌咪清(pimozide)和可乐定(clonidine)等。

2. **心理治疗与社会干预**　包括自我监控训练、放松训练、密集消退技术、习惯扭转技术和行为弱化技术等。

3. **外科手术** 有极少数患者无法从药物及心理治疗中获益,对这部分患者可以采取神经外科手术的方法进行治疗。

第七节 排 泄 障 碍

一、概述

如果一个儿童在 4~5 岁后仍不能控制大小便,他们有可能存在排泄障碍。CCMD-3 中将排泄障碍分为遗粪症与遗尿症两种主要的类型。

二、临床表现

1. **遗粪症** 亦称非器质性遗粪症,是指反复随意或不随意地在社会文化背景不能认可的地方大便,大便的物理性状通常正常或接近正常。

2. **遗尿症** 也称非器质性遗尿症。是指 5 岁以后的儿童在白天和(或)夜间仍有不自主排尿的现象。

三、理论解释

1. **生理因素** 包括遗传、膀胱功能发育障碍和神经内分泌因素等。

2. **心理社会因素** 1/3 以上的排泄障碍患者存在不良的心理因素,包括应激、家庭冲突(特别是母子冲突)、心理障碍以及个性缺陷等。

3. **心理学解释** 包括:①心理动力学理论。认为排便障碍是内心无意识冲突(主要源自肛门期不良的亲子关系)的一种表现。②行为主义理论。强调不恰当的强化在原发性遗尿和遗粪中起重要作用。③家庭系统理论。认为儿童排便障碍是父母的不当教育方式导致的,如果父母一方对儿童过度保护,而另一方则批评和忽视儿童,那么就会造成孩子内心世界的巨大冲突,并进而以排泄障碍的方式来表达。

四、防治要点

1. **药物治疗** 采用人工合成的抗利尿激素来治疗遗尿症,并取得了较好的效果。其他的药物包括抑制副交感神经兴奋的抗胆碱能药物,以及三环类抗抑郁药物、中枢神经兴奋类药物等。

2. **心理与行为治疗** 主要方法有遗尿报警器、保持力训练、超量学习和干床训练等。

第二部分 试 题

一、名词解释

1. 特定计算技能障碍

2. 儿童多动障碍(ADHD)

3. 品行障碍（CD）

4. 慢性抽动障碍

5. 遗粪症

6. 社交缺陷

7. 儿童孤独症（自闭症）谱系障碍（ASD）

8. 学习障碍

9. 感觉统合（sensory integration）

10. 结构化教育

11. 密集消退技术

12. 抽动障碍

13. 习惯扭转技术

14. 超量学习

15. 干床训练

16. 反社会行为

17. 学习困难

18. 学习无能

19. 多重感官刺激

20. 遗尿症

二、填空题（在空格内填上正确的内容）

1. 品行障碍是指在儿童青少年期反复／持续出现的_____行为、_____行为的心理障碍。

2. 儿童孤独症主要临床表现包括_____、_____和_____，又称_____。

3. 在 DSM-Ⅳ-TR 与我国的 CCMD-3 中将品行障碍分为两种类型：_____和_____。

4. 中国的儿童青少年各类心理行为问题的发生率已达_____。

5. 精神发育迟滞的类型：_____、_____、_____、_____。

6. 学习障碍临床类型包括：_____、_____、_____、_____。

7. ADHD 又称_____／_____，是以_____、_____、_____为主要特征的神经发育障碍。

8. 多动障碍的临床表现：_____、_____、_____。

9. 孤独症者视觉作用_____听觉效果。

10. CCMD-3 中将排泄障碍分为_____与_____两种主要的类型。

11. 诊断遗粪症要求年龄或智龄在_____岁以上，反复出现在不恰当的地方排便。

12. 如果一个儿童在_____岁后仍不能控制大小便，他们有可能存在排泄障碍。

13. 当前，_____技术已经成为治疗抽动障碍最广泛的一种策略。

14. CCMD-3 将抽动障碍而分为_____；_____；_____三类。

15. 目前的研究认为品行障碍是_____、_____、_____等因素相互作用的结果。

16. 问题行为孩子的家庭养育方式的特点有：_____、_____、_____等。

17. 品行障碍儿童更多的生活于_____的社会经济阶层。

18. 遗尿症也称_____,是指 5 岁以后的儿童在白天和(或)夜间仍有不自主排尿的现象。

19. 对于遗尿症而言,最受实证支持的治疗方法是遗尿警报,1902 年最早提出时被称作_____。

20. 关于抽动障碍,有报告 13.9% 的抽动障碍儿童是在心理受到_____后发病的,如受到打骂、责罚、惊吓等。

21. 遗尿症分为_____和_____。

22. 学习障碍的临床诊断分类包括:_____、_____、_____、_____等学校学习技能障碍。

23. 排泄障碍易发于_____、_____、_____、_____、_____,过于敏感和易于兴奋的儿童。

24. 排泄障碍被认为是内心_____(主要源自肛门期不良的亲子关系)的一种表现。

25. 父母的_____可能会导致儿童压抑自己的攻击性,转而通过排便加以表达;而父母_____则可能造成儿童对大便的焦虑,继而造成伴有拉稀或便秘。

26. 遗尿和遗粪的消极后果,还会造成儿童的_____和_____,并因此而强化了不当的排泄行为。

27. 抽动是一种不随意的突发、_____、_____、非节律性、刻板的单一或多部位肌肉运动或发声。

28. 创始人 Lavas 将要教授的复杂行为技能分解成可执行的小单元行为,通过回合式教学的方法对每一个行为单元进行培训直到掌握,最后把已掌握的小单元行为串联起来复原成原来复杂的行为,这是_____疗法。

29. 品行障碍的治疗涉及_____、_____、社会和专业机构。

30. 品行障碍分为两种类型:_____和_____。

三、单项选择题(在 5 个备选答案中选出 1 个最佳答案)

1. 在 CCMD-3 中,学习障碍的术语是
   A. 学习技能发育障碍　　B. 特定学校技能发育障碍　　C. 学习障碍
   D. 特定学习障碍　　E. ASDD

2. 一般认为少年犯罪与成年犯罪的年龄界限为
   A. 16 周岁　　B. 17 周岁　　C. 18 周岁
   D. 19 周岁　　E. 20 周岁

3. 关于多动障碍,描述正确的是
   A. 学习时认真严谨　　B. 上课专心听讲　　C. 做事持久
   D. 做作业效率高　　E. 容易兴奋和冲动,有一些过火的行为

4. 关于品行障碍,描述正确的是
   A. 患病高峰年龄为 13 岁　　B. 不包括心理因素　　C. 患者通常是女性
   D. 患者有很多朋友　　E. 没有攻击性行为

5. 自闭症的临床表现为
   A. kanner 三联征　　B. 运动障碍　　C. 攻击性行为
   D. 书写障碍　　E. 言语障碍

6. 自闭症谱系障碍（ASD）主要的辅助诊断量表为
    A. 儿童孤独症筛查量表　　　　　　　B. 儿童孤独症行为量表
    C. 儿童孤独症评定量表　　　　　　　D. DSM-5
    E. CCMD-3

7. 关于排泄障碍，以下描述正确的是
    A. 遗尿报警器　　　　　　　　　　　B. 患儿喜欢参与社会交往
    C. 患儿不会被同伴排斥　　　　　　　D. 遗尿只发生于睡眠的某一个时间
    E. 发病年龄在 4 岁以下

8. 在遗尿症的概念中，儿童在白天或夜间仍有不自主排尿现象的年龄为
    A. 4 岁　　　　　　　　　B. 5 岁　　　　　　　　　C. 6 岁
    D. 7 岁　　　　　　　　　E. 8 岁

9. 学习障碍临床类型中最多的类型是
    A. 阅读障碍　　　　　　　B. 计算障碍　　　　　　　C. 拼写障碍
    D. 言语障碍　　　　　　　E. 运动障碍

10. 多动障碍与正常顽皮儿童在注意力方面的区别在于
    A. 多动障碍儿童服用哌醋甲酯后会兴奋和多动
    B. 正常顽皮儿童在严肃的陌生环境中能控制自己
    C. 多动障碍儿童注意力在任何环境中都难以集中
    D. 多动障碍儿童行动杂乱、冲动、有始无终
    E. 正常顽皮儿童行动较有目的、计划和安排

11. 患儿出现多部位运动和发声抽动，常伴随秽语或异常发声，这是
    A. 短暂性抽动障碍　　　　B. 慢性抽动障碍　　　　　C. 抽动秽语综合征
    D. 复杂抽动　　　　　　　E. 多动症

12. 自闭症谱系障碍主要的辅助诊断量表为
    A. 儿童孤独症筛查量表　　B. 儿童孤独症行为量表　　C. 儿童孤独症评定量表
    D. DSM-5　　　　　　　　E. CCMD-3

13. 抽动障碍的起病时期为
    A. 儿童和老年时期　　　　B. 儿童和青少年时期　　　C. 青少年和成年期
    D. 中老年时期　　　　　　E. 成年和老年期

14. 排泄障碍的心理与行为治疗中包括
    A. 遗尿报警器　　　　　　B. 保持力训练　　　　　　C. 超量学习
    D. 干床训练　　　　　　　E. 抗胆碱能药物

15. 儿童少年期心理障碍的原因为
    A. 心理因素　　　　　　　B. 生理因素　　　　　　　C. 遗传因素
    D. 社会文化因素　　　　　E. 多种因素共同作用

16. 重度精神发育迟滞的 IQ 为
    A. 70~79　　　　　　　　B. 50~69　　　　　　　　C. 35~49
    D. 20~34　　　　　　　　E. 20 以下

17. 精神发育迟滞的特征是
    A. 智力低下和社会适应困难　　　　　B. 智力正常和社会适应困难

    C. 智力超常   D. 学习差，社会适应良好

    E. 智力正常和社会适应良好

18. 临床上多见三方面障碍共同存在于某个儿童身上，称之为

    A. 混合障碍   B. 特定阅读障碍   C. 混合性学校技能障碍

    D. 混合性特定技能障碍 E. 书写障碍

19. 阅读障碍占学习障碍的

    A. 五分之一   B. 五分之二   C. 五分之三

    D. 五分之四   E. 不确定

20. 双亲中有一位患者，孩子患阅读障碍的比率为

    A. 10%~30%   B. 23%~65%   C. 45%~70%

    D. 50%~75%   E. 55%~80%

21. 排泄障碍心理行为治疗中，属于综合治疗策略的是

    A. 超量训练   B. 保持力训练   C. 遗尿警报器

    D. 干床训练   E. 习惯扭转技术

22. 帮助患者主动减少抽动发生的整合技术是

    A. 习惯扭转技术   B. 行为弱化技术   C. 密集消退技术

    D. 放松训练   E. 自我监控训练

23. CCMD-3 将抽动障碍分为短暂性抽动障碍、慢性运动或发声抽动障碍和

    A. 简单抽动症   B. 复杂抽动症   C. 眉眼抽动症

    D. 多动症   E. 抽动秽语综合征

24. 品行障碍的发病高峰年龄为

    A. 13   B. 14   C. 15

    D. 16   E. 17

25. 儿少期问题行为更易形成于

    A. 对孩子过于溺爱的家庭

    B. 具有反社会行为父母的家庭

    C. 对孩子严厉且一致的惩罚

    D. 较高的社会经济家庭

    E. 受教育水平较高的家庭

26. CCMD-3 规定品行障碍需符合症状标准和严重程度的时间为

    A. 2个月   B. 3个月   C. 4个月

    D. 5个月   E. 6个月

27. 自闭症患病率男孩是女孩的

    A. 一倍以上   B. 两倍以上   C. 三倍以上

    D. 四倍以上   E. 五倍以上

28. 自闭症患儿中

    A. 都伴有严重的智力障碍

    B. 几乎一半的智力发育水平在边缘状态

    C. 大多数在记忆、音乐等方面表现为天才

    D. IQ 越高的预后越好

E. 大多数都是高功能孤独症患者

29. 儿童多动障碍的患病高发年龄是
    A. 3~5 岁 B. 5~10 岁 C. 7~9 岁
    D. 8~12 岁 E. 6~8 岁

30. 属于儿少期障碍的是
    A. 抽动障碍 B. 抑郁症 C. 广泛性焦虑障碍
    D. 双相情感障碍 E. 精神分裂症

31. 品行障碍较早可发生在
    A. 4~6 岁 B. 3~5 岁 C. 5~8 岁
    D. 2~4 岁 E. 1~3 岁

32. 我国品行障碍的患病的高发年龄为
    A. 13 岁 B. 8 岁 C. 10 岁
    D. 7 岁 E. 9 岁

33. 治疗 ADHD 的常用药物是
    A. 哌甲酯 B. 托莫西汀 C. 利培酮
    D. 氟哌啶醇 E. 氟西汀

34. 儿童多动障碍又称
    A. 孤独症 B. 注意缺陷 C. 品行障碍
    D. 抽动症 E. 遗尿症

35. 双生子的一个被诊断为阅读障碍,另一个患病率为
    A. 100% B. 50% C. 30%
    D. 10% E. 20%

36. 个体身心发展的关键时期是
    A. 青春期 B. 幼儿期 C. 儿少期
    D. 成年期 E. 婴儿期

37. 造成儿童自我评价降低的障碍是
    A. 学习障碍 B. 品行障碍 C. 多动症
    D. 自闭症 E. 遗尿症

38. 临床常见的主要学习障碍类型是
    A. 阅读障碍 B. 计算障碍 C. 拼写障碍
    D. 运动障碍 E. 识字障碍

39. 能够帮助品行障碍儿童减少易怒和焦虑行为的是
    A. 卡马西平 B. 三环类抗抑郁药 C. 哌甲酯
    D. 碳酸锂 E. 利培酮

40. 儿童孤独症谱系障碍通常起病于
    A. 青年期 B. 少年期 C. 儿童期
    D. 婴幼儿期 E. 成年期

四、问答题

1. 儿童期和青少年期(简称儿少期)心理障碍的原因是什么?

2. 学习障碍的防治要点。

3. 品行障碍患者的行为特点有哪些?

4. 请简述 ABA 行为分析疗法。

5. 请简述儿童多动症的不同治疗方法。

6. 简述心理动力学理论对排泄障碍的解释。

7. 简述密集消退技术的主要内容。

8. 简述心理动力学理论对排泄障碍的解释。

9. 简述结构化教育的主要内容。

10. 简述治疗抽动障碍的行为弱化技术的主要内容。

第三部分　参考答案

一、名词解释

1. 特定计算技能障碍亦称数学障碍,主要表现为数量、数位概念混乱,数字符号命名、理解与表达、计数、基本运算和数学推理障碍。

2. 儿童多动障碍(ADHD)又称注意缺陷/多动障碍,是以活动过多、注意力不集中、冲动任性为主要特征的行为障碍。

3. 品行障碍(CD)指儿童或少年反复出现的,违反与其年龄相应的行为规范,侵犯他人或公共利益的行为(包括反社会性、攻击性或对抗性行为)。

4. 慢性抽动障碍以一组肌肉或两组肌肉群发生运动或发声抽动(但两者不并存)为特征;可以是单一的也可是多种的(通常是多种的),不自主运动抽动或发声,可以不同时存在,常1天发生多次,可每天或间断出现。

5. 遗粪症亦称非器质性遗粪症,是指反复随意或不随意地在社会文化背景不能认可的地方大便,大便的物理性状通常正常或接近正常。

6. 社交缺陷是孤独症的核心症状,主要表现为缺乏交往的基本技能和兴趣。他们似乎永远生活在自己的空间中,对任何其他外在的东西都缺少兴趣。

7. 儿童孤独症(自闭症)谱系障碍(ASD)是指一类给儿童若干发展领域带来持续性损害的神经发育障碍,包括儿童孤独症、卡纳式孤独症、阿斯伯格综合征、未特定广泛发育性障碍、非典型孤独症等。基本特征主要体现为社会交往和人际沟通、语言能力、兴趣爱好和活动能力等方面的缺损。

8. 学习障碍指在学习和使用学习技能(阅读、写作、算术或数学推理)上存在困难,经标准化成就测量和临床评估,学业技能低于实际年龄的预期并影响日常功能。

9. 感觉统合(sensory integration)指通过新型多媒体能提供多样的康复环境,让患儿通过自身的感观获得不同的感觉信息(视、听、嗅、味、触、前庭和本体觉等),实现大脑与身体功能的联系与协调,从而促进大脑与身体的发展。

10. 结构化教育是1970年由 Eric Schople 创建的。是针对孤独症者视觉作用大于听觉效果而设计的一套运用实物、图片、相片、色彩等可视性强的媒介,来标明要学习的内容及步骤,帮助他们克服困难从中学习,体现了以儿童为本的思想和扬长避短的原则。

11. 密集消退技术是一种治疗抽动障碍的策略，此技术认为，当个体主动持续进行某种行为时会感到疲劳，因此会对该行为产生抑制作用，进而减少该行为出现的可能性。

12. 抽动障碍是一种起病于儿童和青少年时期，具有明显遗传倾向的神经精神性疾病。CCMD-3 将其分为三类：短暂性抽动障碍/抽动症；慢性运动或发声抽动障碍；Tourette 综合征，又称抽动秽语综合征。

13. 习惯扭转技术是抽动障碍的一种治疗方法，是帮助患者主动减少抽动发生的整合技术。其策略包括觉察训练、放松训练、习惯控制动机训练、行为泛化训练和对抗行为训练等。伴随对抗行为训练，还要教儿童学会让肌肉紧张来主动对抗抽动的出现。

14. 超量学习是治疗遗尿症的方法之一，目的是帮助儿童在睡眠时增加正常的膀胱容量。方法是在儿童连续 14 个夜晚没有尿床后，让儿童睡前 15 分钟喝一杯水。如果儿童能够连续两个晚上不再尿床，那么再增加喝水量，直到儿童睡前喝水的数量等于自己的年龄加 2。连续 14 个晚上没尿床后方可停止。

15. 干床训练是常用的一种遗尿症的综合训练方法，是将排尿练习、保持力控制训练、报警训练以及清洁训练等方法综合起来的一种策略。在遗尿报警器法的基础上，让父母来干预患儿尿床行为，父母督促孩子入睡前多排尿，入睡后每间隔 1 小时就弄醒患儿，如未尿床（干床）就给予表扬，再饮更多的水；如发生尿床，就让患儿自己换床垫和衣物，并反复进行排尿训练。

16. 反社会行为是指严重不符合道德规范和社会准则的行为，如经常性地夜不归宿、逃学、离家出走，参与社会不良团伙故意欺诈、偷盗和破坏他人财物等。

17. 英国儿童精神病学派将学习困难分为广义和狭义两种，广义的称为普遍性学习困难，包括精神发育迟滞，狭义的称为特殊学习困难，与学习障碍同义，包括特殊阅读迟滞、拼写困难和数学困难。

18. 学习无能是指涉及理解或应用语言说或写方面，有一种以上的基本心理过程的障碍，具体表现在听、想、说、读、写、拼音或数学计算上的能力缺陷，包括以下几种情况：知觉缺陷、脑损伤、轻微脑功能障碍、失读和发育性失语。

19. 多重感官刺激是指融合听觉、视觉、动觉等于一体的多项感官刺激的集合，包括听觉与视觉的集合、听觉与动觉的整合，身体活动的协调。

20. 遗尿症也称非器质性遗尿症，是指 5 岁以后的儿童在白天和（或）夜间仍有不自主排尿的现象。

二、填空题

1. 反社会　攻击
2. 社交能力缺陷　语言沟通缺陷　刻板行为　Kanner 三联征
3. 反社会性品行障碍　对立违抗性障碍
4. 16%~32%
5. 轻度　中度　重度　极重度
6. 阅读　拼写　计算　运动等学校学习技能障碍
7. 注意缺陷/多动障碍　活动过多　注意力不集中　冲动任性
8. 注意障碍　活动过多　冲动任性
9. 大于

10. 遗粪症　遗尿症

11. 4

12. 4~5

13. 密集消退

14. 短暂性抽动障碍　慢性运动或发声抽动障碍　Tourette 综合征（抽动秽语综合征）

15. 生物学　心理　社会

16. 无效的父母养育　拒绝　严厉的但又缺乏一致的惩罚

17. 较低

18. 非器质性遗尿症

19. 警铃 - 尿垫法

20. 刺激

21. 原发性遗尿症　继发性遗尿症

22. 阅读　拼写　计算　运动

23. 胆怯　温顺　被动　孤僻　情绪不稳定

24. 无意识冲突

25. 忽视　强制性控制

26. 习得性无助感　低自我效能感

27. 快速　重复

28. ABA 行为分析

29. 家庭　学校

30. 社会性品行障碍　对立违抗性障碍

三、单项选择题

　1. B　　2. C　　3. E　　4. A　　5. A　　6. C　　7. A　　8. B　　9. A　　10. B
11. C　 12. C　 13. B　 14. E　 15. E　 16. D　 17. A　 18. C　 19. B　 20. B
21. D　 22. A　 23. E　 24. A　 25. B　 26. E　 27. C　 28. D　 29. C　 30. A
31. A　 32. A　 33. A　 34. B　 35. A　 36. C　 37. E　 38. A　 39. B　 40. D

四、问答题

1. 儿童期和青少年期（简称儿少期）心理障碍的原因是什么？

答：儿少期心理障碍往往是多因素共同作用的结果，总体上多是先天易感因素与后天环境因素相互作用所致；出生前的障碍可能是遗传因素或胎儿期的问题所致，焦虑障碍更多的显示创伤性经验；一个易感的孩子是否最终罹患某种行为障碍，在很大程度上取决于环境与孩子心理承受能力的共同作用；儿童出生时的家庭生活质量、稳定性和教养方式等，都会影响孩子的心理发育和行为障碍的形成。

2. 学习障碍的防治要点。

答：直接改善基本问题的措施（如教导一些理解视、听觉材料的技巧）；对听、说、理解和记忆进行教育训练，以改善其认知技巧；教给学生行为技能，以弥补阅读、数学或者书写表达方面存在的问题；对于那些信息识别过程存在障碍的儿童，可采用行为训练技术；对于那些在信息的组织与加工上存在障碍的儿童，则需要关注其学习策略和认知与元认知能力的训练,以强化对知识的理解与记忆;药物治疗仅限于那些同时伴有注意缺陷多动障碍的个体;预防措施要从优生开始,加强围生期保健,加强早期的教育训练,促进心理技能全面发展;还要注意早期发现、早期诊断和早期治疗;克服儿童学习障碍是需要长时间的矫正过程,老师和家长的相互配合格外的重要。

3. 品行障碍患者的行为特点有哪些?

答:问题行为反复持续出现;这些行为不仅偏离正常儿童该有的轨迹,在严重程度及持续时间上均超过同龄儿童社会行为规范与道德准则;具有社会环境适应困难的特征;不是由于躯体疾病或精神障碍所致;内在的生物学缺陷可能是行为的基础,但这些行为的形成与家庭及学校教育和社会环境等因素有关。

4. 请简述 ABA 行为分析疗法。

答:创始人 Lavas 将要教授的复杂行为技能分解成可执行的小单元行为,通过回合式教学的方法对每一个行为单元进行培训直到掌握,最后把已掌握的小单元行为串联起来复原成原来复杂的行为。例如日常生活中对患儿而言复杂的生活自理行为:刷牙、洗脸、穿衣、系鞋带等。

5. 请简述儿童多动症的不同治疗方法。

答:(1)药物治疗:哌醋甲酯可提高注意力,减少活动过多的症状,从而达到改善症状的目的。但此类药物的缺点是无法根除疾病,需要长时间服用。但随年龄增长,情况好转,药量可逐渐减少,直至停药。六岁以下或青春期以后原则上不用药。此外,氟哌啶醇和维思通等对多动和冲动行为也有一定效果。

(2)家庭治疗:针对亲子关系类型和家庭教育模式,给家长以指导。使家长了解有关科学知识,不责备、怪罪、歧视、打骂孩子,做到耐心教育辅导和正面的引导。家长和老师要组织他们多参加各种体育活动,使他们过多的精力能够释放。

(3)行为治疗:利用行为学习原理于日常生活中,如对他们的适宜行为及时给予奖励,以鼓励他们继续改进,对不适宜行为加以漠视或暂时剥夺某些权利,促使不良行为的消失。

(4)感觉统合与注意力训练:美国临床心理学家 Jesn Ayres 博士提出感觉统合理论并得到广泛应用。根据患儿多个感觉通道和运动反应之间存在整合与协调失常的情况。通过心理功能和症状评定,制订个体化有针对性的训练方案,用专门的器材进行系统的感觉运动协调和注意力功能训练,对于学龄前和学龄期患儿可收到一定疗效。

6. 简述心理动力学理论对排泄障碍的解释。

答:心理动力学理论认为排便障碍是内心无意识冲突(主要源自肛门期不良的亲子关系)的一种表现。在排便训练过程中,父母过度放松和忽视对儿童的训练,或者过度压抑和控制儿童,都可能导致出现排便障碍。父母的忽视可能会导致儿童压抑自己的攻击性,转而通过排便来加以表达;而父母强制性控制则可能造成儿童对大便的焦虑,继而造成伴有拉稀或便秘。

7. 简述密集消退技术的主要内容。

答:当个体主动持续进行某种行为时会感到疲劳,因此会对该行为产生抑制作用,进而减少该行为出现的可能性。当前,密集消退技术已经成为治疗抽动障碍最广泛的一种策略。让儿童尽可能快速地在固定的时间内表演抽动行为,间断休息。此方法能减少60%以上的抽动行为,但长期效果有待观察。

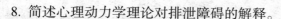

8. 简述心理动力学理论对排泄障碍的解释。

答：心理动力学理论认为排便障碍是内心无意识冲突（主要源自肛门期不良的亲子关系）的一种表现。在排便训练过程中，父母过度放松和忽视对儿童的训练，或者过度压抑和控制儿童，都可能导致出现排便障碍。父母的忽视可能会导致儿童压抑自己的攻击性，转而通过排便来加以表达；而父母强制性控制则可能造成儿童对大便的焦虑，继而造成伴有拉稀或便秘。

9. 简述结构化教育的主要内容。

答：结构化教育是 1970 年由 Eric Schople 创建的。是针对孤独症患者视觉作用大于听觉效果而设计的一套运用实物、图片、相片、色彩等可视性强的媒介，来标明要学习的内容及步骤，帮助他们克服困难从中学习，体现了以儿童为本的思想和扬长避短的原则。其最基本的运作原理依旧是通过刺激来使反应得到强化。

10. 简述治疗抽动障碍的行为弱化技术的主要内容。

答：行为弱化技术是一种行为治疗方法。其基本假设是当一种行为未得到强化的情况下（如父母及周围同学、老师等），该行为发生的频率将会趋于减少；儿童抽动发生时，父母责骂实际上是一种变相的关注，当儿童希望获得父母注意时，就有可能以抽动的方式表达。行为弱化技术在操作上要求家长和老师不要当着患儿的面提及他的病情，在患儿抽动发作时不要提醒或训斥，而是采取分散注意力的方法。

（刘 莉 韩 璐）

第十八章　器质性精神障碍

第一部分　内容概要与知识点

本章导读　器质性精神障碍是指人脑组织因某种致病因素的作用，导致大脑代谢紊乱或病理变化，产生精神活动失常。包括脑器质性精神障碍和躯体疾病所致的精神障碍，多具有共同的临床特征。急性脑损害时以意识障碍为主，谵妄最多见。慢性脑损害则出现痴呆等认知功能障碍、人格改变和相应的情感行为等精神症状。器质性精神障碍虽然是生理因素引起的，但心理社会因素也明显参与疾病的发生、发展及疾病的表现形式和预后。药物治疗可以减缓神经认知障碍的发展，心理治疗可以提高患者的生活质量，但神经元的损害则无法逆转。

第一节　概　　述

一、概念

器质性精神障碍(organic mental disorders)是指人脑因某种致病因素的作用,导致大脑代谢紊乱或病理变化,产生精神活动失常。它包括脑器质性精神障碍和躯体疾病所致的精神障碍。

二、临床特征

尽管器质性精神障碍的病因各不相同,但大多数患者具有共同的临床特征,其主要临床综合征类型包括:

1. **谵妄(delirium)**　即急性广泛性认知损害。它以意识受损为主要临床表现,多伴随有弥漫性脑功能紊乱,然而其病因却多在颅外(如呼吸衰竭引起的缺氧等)。

2. **痴呆(dementia)**　即慢性广泛性认知损害。其主要病因多在颅内,常为变性疾病所引起。病程的早期,患者的认知损害常有选择性,随着病情进展而逐渐表现为广泛性受损。

3. **特殊的神经精神综合征**　它包括局灶性脑损害综合征、遗忘综合征以及表现为感知与心境等选择性损害的器质性障碍。

三、诊断分类

器质性精神障碍的诊断分类原则是按照病因、病理、病机进行分类。在 CCMD-3 和 ICD-10 分类系统中,器质性精神障碍采用了器质性(包括症状性)精神障碍一词(症状性精神障碍是指躯体疾病所致的精神障碍),而 DSM-5 分类系统则归纳为神经认知障碍(neurocognitive disorders, NCDs)。

第二节　谵　　妄

一、概述

谵妄(delirium)是一组可以由多种因素导致的临床综合征,其实质是一种意识障碍状态。因其往往急性起病、发展迅速,故又称为急性脑病综合征(acute brain syndrome)。

二、临床表现

1. **急性起病**　几小时或几天内起病,常在晚上发病。
2. **病程短**　数天至几周内缓解,最长不超过 6 个月。
3. **病情波动**　可在一天内波动,一般为昼轻夜重。
4. **前驱症状**　多梦、噩梦、疲劳、情绪波动、焦虑、坐立不安。
5. **意识障碍／注意力受损**　意识清晰度下降,觉醒程度增高,注意力集中、维持和转移的困难。
6. **认知功能障碍**　记忆、抽象、判断、推理能力都受损。时间、地点、人物定向障碍,思维紊乱，不连贯。

7. **感知觉障碍** 错觉和幻觉多见，幻觉以幻视多见。

8. **遗忘** 事后部分或全部遗忘。

9. **妄想** 片段和不系统的妄想。

10. **精神运动障碍** 兴奋转抑制提示病情恶化。

11. **情绪障碍** 快速波动，恐惧最为多见。

12. **其他** 自主神经症状，即出汗、心动过速、阴茎勃起、瞳孔异常。运动障碍，即震颤、拍翼样震颤、发音困难。

三、影响因素

谵妄是严重疾病的信号。谵妄是非特异性的脑器质性综合征，常常涉及多种因素的共同作用。任何疾病，甚至治疗剂量的药物反应都可能是其病因。谵妄的易患因素很多，包括大脑老化、脑器质性疾病、机体调控内稳定的能力降低、应激反应、视觉和听觉损害、对急慢性疾病的抵抗能力下降、失眠、感觉丧失以及身心紧张、对陌生的环境不能适应等。另外，高龄、焦虑、药物依赖以及各种类型的脑损害也很容易发生谵妄。

四、诊断评估

DSM-5 关于谵妄的诊断标准：A. 注意和意识障碍。B. 该障碍在较短时间内发生，表现为与基线注意和意识相比的变化，以及在一天的病程中严重程度的波动。C. 额外的认知障碍。D. 诊断标准 A 和 C 中的障碍不能用其他已存在的神经认知障碍来更好的解释，也不是出现在觉醒水平严重降低的背景下，如昏迷。E. 病史、躯体检查或实验室发现的证据表明，该障碍是躯体疾病，物质中毒或戒断，或接触毒素，或多种病因的直接的生理性结果。

五、防治要点

1. **预防** 术前精神科访谈，充足的水分和睡眠、加强活动、避免联合或不恰当使用镇静催眠药、麻醉药、抗胆碱能药和其他精神活性药物，以及对患者睡眠 - 觉醒周期的管理。

2. **治疗** 消除或者缓和谵妄的致病因素来阻止对大脑的损害。

3. **护理** 家人及医护人员要帮助患者熟悉和适应环境，与患者进行适当的言语交流，予以心理支持。

第三节 痴 呆

一、概述

痴呆（dementia）是一种由大脑病变引起的综合征，临床特征为记忆、理解、判断、推理、计算和抽象思维等多种认知功能减退，可伴有幻觉、妄想、行为紊乱和人格改变。痴呆多见于老年期，最常见的是由阿尔茨海默病（Alzheimer's disease）引起的痴呆。

二、临床表现

1. **记忆障碍** 最早/最明显的是近事遗忘,学习能力下降;随后远记忆受损,最终忘记所有事件,包括自己的名字。
2. **失语** 语言功能受损,在说出事物或人名时非常困难。
3. **失用** 不能做已习得的技能,执行能力受损,如不会穿衣、不会挥手告别等。
4. **失认** 不能识别事物或人,如帽子、手套等,忘记熟人、妻子、儿女等。
5. **执行功能障碍** 不能做计划和创新性工作,不能依规则行事,不能统筹安排。

三、理论解释

引起痴呆的原因很多,主要包括中枢神经系统变性疾病和非神经系统变性疾病。老年痴呆常见类型有阿尔海茨默病、血管性痴呆、额叶痴呆及帕金森病所致痴呆,以前两种最为常见。

四、临床评估

痴呆的诊断要有可靠的病史、精神检查和神经系统检查,以及必要的辅助检查如脑CT或MRI,以及腰穿等实验室检查以排除梅毒、中毒、代谢和营养问题和内分泌疾病等。痴呆的早期诊断比较困难,需要时可进行神经心理测验。较常用的老年痴呆筛查工具为简易智能精神状态检查量表(mini-mental state examination, MMSE)。

五、防治要点

1. **一般处理** 评估患者目前功能障碍的性质及其严重程度,以及病人及其家庭所具有的社会资源。
2. **病因治疗** 根据引起痴呆的原因给予不同的具有针对性的治疗。
3. **综合处理** 痴呆的治疗包括药物治疗,同时结合心理治疗及社会行为治疗。
4. **照料者的心理干预** 以认知-行为治疗(cognitive-behavioral therapy, CBT)为基础的家庭干预有助于减轻照料者的负担。

第四节 特殊的神经精神综合征

一、局灶性脑损害综合征

大脑不同区域又有不同功能,当脑外伤、肿瘤及病原体等伤害脑内局部区域时,会导致相应区域功能的改变或丧失,表现皮层功能、记忆、心境和人格等选择性异常的局灶性脑损害综合征。

额叶综合征(frontal lobe syndrome)是额叶受损或与其联系的脑区受阻碍时出现的精神障碍。一般有自控力、预见性、创造力和主动性的下降,表现易为激惹或情感迟钝、自私、缺乏怜悯心和责任心、注意力下降、行动迟缓,但不一定有可测定的智能或记忆减退。双侧额叶病变时,临床表现有三种类型:一是以人格改变为主,表现为行为放纵或不伴欣快幸福感的轻躁狂状态;二是不伴悲痛或偏见的抑郁状态;三是混合型,即上述两种改变交替或并存。

二、遗忘综合征

1. 概述　遗忘综合征（amnesia syndrome）是一种选择性或局限性认知功能障碍，表现为学习新信息（顺行性遗忘）和回忆往事（逆行性遗忘）存在困难的障碍，这一障碍缺乏全面性智能障碍的基础。病理改变多源于丘脑中央内侧核、近中线结构或双侧海马的损害。Korsakov 综合征（Korsakov syndrome）表现为严重的记忆缺损、虚构及易激惹。Korsakov 综合征有狭广两种含义：狭义系指由维生素缺乏所致；广义者系指各种病因所致的一组类似表现，又称 Wernicke-Korsakov 综合征。Wernicke-Korsakov 综合征表现为急性起病的意识障碍，伴有记忆缺损、失定向、共济失调、眼球震颤及眼肌麻痹。病理改变位于第三、第四脑室及导水管周围灰质部位出血。

2. 临床表现　遗忘综合征患者只影响记忆。其突出表现为严重的近记忆障碍，其核心特点为情景记忆的严重受损。Wernicke-Korsakov 综合征和双侧丘脑中央内侧核损害所引起的"间脑性遗忘"均有相似、突出的临床表现：时间定向障碍、自传性记忆（可波及多年）信息丧失、虚构以及严重的包括言语和视觉材料在内的顺行性遗忘。

三、继发性精神综合征

由脑或系统疾病引起的脑功能异常引起的精神症状，包括人格、知觉和心境等的改变，其临床表现与相应的原发性精神疾病类似（如：精神分裂症、抑郁症和焦虑症等）。

第五节　常见的器质性精神障碍

一、Alzheimer 病

阿尔茨海默病（Alzheimer's disease，AD）是一种起病隐匿的进行性发展的痴呆，临床上以记忆障碍、失语、失用、失认和执行功能等认知障碍为特征，同时伴有精神行为异常和明显的社会生活功能减退。AD 的病程为 3~7 年，少数可存活 10 年或更长的时间。

1. 理论解释　阿尔茨海默病的病因大体可归结为病毒感染、免疫系统失调、铅中毒、维生素叶酸缺乏和脑外伤。目前的研究大多集中在致病基因的遗传和形成斑块的淀粉状蛋白上，这些斑块几乎在所有阿尔茨海默病患者的脑组织中都存在。

2. 诊断评估　确诊的标准为病理诊断（包括尸检和活检时发现神经纤维缠结和老年斑）。

3. 防治要点　包括非药物干预和药物治疗。

二、血管性痴呆

血管性痴呆（vascular dementia，VD）是由于脑血管病变引起的痴呆，多见于 60 岁以上伴有动脉硬化的老年人，男性多于女性。一般进展缓慢，常因卒中发作（stroke），导致症状急性加剧，病程呈阶梯式发展，可伴有局限性神经系统体征。智能损害可呈"斑片状"，只涉及某些局部的认知功能，如计算、命名等。患者的人格在早期可保持完好。

1. 理论解释　VD 的病因是脑血管病变引起脑组织血液供应障碍，导致脑功能衰退。

2. 临床评估　脑血管疾病的症状或实验室证据、神经成像技术。

3. 防治要点　针对危险因素进行防治。

三、病毒性脑炎所致精神障碍

病毒性脑炎（viral encephalitis）所致的精神障碍：主要为病毒感染所致的脑部病理改变，包括病毒的直接损害和组织的病理反应。临床表现多样，1/3 的患者以精神障碍为首发症状，半数以上的病例可伴有不同程度的精神障碍，预后一般较好。但可遗留程度不同的神经衰弱综合征、智力障碍、抽搐发作、行为障碍及人格障碍，持续数月至数年之久。

1. **理论解释** 病毒直接入侵、脑膜和脑实质有弥漫性或局灶性病变，神经细胞变性或被吞噬、消失和包涵体出现，脱髓鞘和软化灶形成。

2. **诊断评估** 有感染的症状，实验室和脑电图检查结果支持。

3. **防治要点** 以病因治疗为主，给予积极的支持疗法。

四、癫痫所致的精神障碍

癫痫性精神障碍（mental disorder in epilepsy）是指癫痫患者在癫痫发作前、发作时、发作后或发作间歇期表现出的精神活动异常。在癫痫患者中，精神障碍的患病率远高于正常人群。

1. **临床描述** ①发作前精神障碍：发作前数分钟、数小时乃至数天出现焦虑、紧张、易激惹、冲动、抑郁、淡漠、恶劣心境等症状。②发作后精神障碍：在发作后可出现意识模糊、定向力障碍、幻觉、妄想及兴奋等症状。③发作期精神障碍：主要是指精神运动性发作，主要包括：知觉障碍（原始性幻觉）、记忆障碍（似曾相识感）、思维障碍（强制性思维）、情感症状（发作性的恐怖）、自主神经功能障碍、自动症等症状。④发作间歇期精神障碍：慢性精神病状态如精神分裂样精神病、人格改变等症状。

2. **理论解释** 脑器质性或结构性病变，癫痫发作的影响社会心理因素（病耻感），以及药物因素。

3. **临床评估** 既往癫痫发作史和脑电图检查，明确精神症状和癫痫发作的关系。

4. **防治要点** 药物控制癫痫的发作、回避可能会降低癫痫阈值的药物（氯氮平等）、心理治疗和工娱治疗。

第二部分 试 题

一、名词解释

1. 器质性精神障碍
2. 谵妄
3. 急性脑病综合征
4. 痴呆
5. 遗忘综合征
6. 额叶综合征
7. Wernicke-Korsakov 综合征
8. 阿尔茨海默病

9. 癫痫发作的前驱症状

10. 躯体疾病所致的精神障碍

11. 病毒性脑炎所致的精神障碍

12. 麻痹性痴呆

13. 轻度认知损害

14. 局灶性脑损害综合征

15. 癫痫性精神障碍

16. 继发性精神综合征

17. 特殊的神经精神综合征

18. 血管性痴呆

19. 多发性梗死性痴呆

20. 自动症

二、填空题（在空格内填上正确的内容）

1. 器质性精神障碍的病因各不相同,但大多数患者具有共同的临床特征,其主要临床综合征类型包括_____、_____、_____、_____。

2. 谵妄表现为_____、失忆、意识不清,以及集中、维持或转移注意力障碍。

3. 谵妄的症状常突然出现,而且在一天中的表现_____,多在_____加重。

4. 谵妄又称为_____。

5. 痴呆最常见的是由_____引起的痴呆。

6. 痴呆（dementia）的临床表现主要为_____、_____、_____、_____、_____。

7. 遗忘综合征是一种_____认知功能障碍,表现为_____和_____存在困难的障碍,这一障碍缺乏全面性智能障碍的基础。

8. 阿尔茨海默病是一种起病隐匿的_____发展的痴呆,临床上以_____、失语、失用、失认和执行功能等认知障碍为特征,同时伴有精神行为异常和明显的社会生活功能减退。

9. 血管性痴呆是由于_____引起的痴呆。

10. 癫痫性精神障碍是指癫痫患者在癫痫_____、_____、_____或_____表现出的精神活动异常。

11. 病毒性脑炎多为_____起病,大多数症状_____达到高峰。

12. 癫痫发作后的_____常发生于全身强直-阵挛性发作及部分性癫痫发作后。

13. 遗忘综合征突出表现为严重的_____,核心是_____的严重受损。

14. 阿尔茨海默病的病程为_____,少数可存活 10 年或更长的时间。

15. 阿尔茨海默病的认知功能衰退程度与_____的异常密切相关。

16. 血管性痴呆患者的认知功能损害程度常有_____,这可能是脑血管代偿或发作性意识模糊所致。

17. 血管性痴呆患者的认知缺陷和情绪变化与脑组织受损的_____有关。

18. 血管性痴呆患者的每次脑卒中都可使痴呆症状加重,呈_____加重。

19. 血管性痴呆是因为_____病变引起脑组织血液供应障碍,导致脑功能衰退。

20. 对血管性痴呆患者而言，_____比治疗更重要。

21. 病毒性脑炎有_____的患者以精神障碍为首发症状。

22. 病毒性脑炎(viral encephalitis)所致的精神障碍，主要为_____导致脑组织病变。

23. 病毒性脑炎多为急性或亚急性起病，大多数_____症状达到高峰。

24. 病毒性脑炎的运动性功能障碍中，约有半数的患者以_____起病，以_____最多见，其次是局灶性发作和肌痉挛发作。

25. 癫痫所致的精神障碍的治疗方案为调整好抗癫痫药物的种类和剂量，控制癫痫的发作，同时控制精神症状，抗精神病药物_____。

26. 肝豆状核变性(Wilson 病)所致的精神障碍主要发病机制为_____障碍致脑基底核变性和肝功能损害。

27. 库欣综合征(Cushing 综合征)的精神症状以_____多见。

28. 亨廷顿舞蹈病的运动障碍由坐立不安发展到_____。

29. 病毒性脑炎所致精神障碍的精神症状以_____多见。

30. 谵妄是_____的脑器质性综合征，常常涉及多种因素的共同作用。

三、单项选择题（在 5 个备选答案中选出 1 个最佳答案）

1. 定向障碍常见于
   - A. 强迫症
   - B. 抑郁症
   - C. 精神分裂症
   - D. 器质性精神病
   - E. 癔症

2. 谵妄属于下列哪种障碍
   - A. 情感障碍
   - B. 思维障碍
   - C. 行为障碍
   - D. 记忆障碍
   - E. 意识障碍

3. 谵妄的特点是
   - A. 有幻觉
   - B. 有错觉
   - C. 有定向障碍
   - D. 意识障碍
   - E. 以上都对

4. 下列说法正确的是
   - A. 谵妄病人不会发生冲动或自伤行为
   - B. 谵妄病人的视幻觉多为非恐怖性
   - C. 谵妄病人没有定向障碍
   - D. 谵妄病人不会产生被害妄想
   - E. 谵妄病人突然变得安静，说明病情可能加剧

5. 下述综合征中，常具有昼轻夜重规律的是
   - A. 遗忘综合征
   - B. 痴呆综合征
   - C. 急性脑病综合征
   - D. 精神自动症
   - E. Capgras 综合征

6. 痴呆综合征又称为
   - A. 急性脑病综合征
   - B. 谵妄综合征
   - C. 慢性脑病综合征
   - D. 遗忘综合征
   - E. 行为紊乱综合征

7. 一个病人意识清晰，有嗜酒史，智能相对良好，但有近事记忆障碍及言谈虚构倾向，该患者最可能的综合征是

A. 谵妄综合征　　　　　B. 酒中毒性幻觉症　　　　C. 酒中毒性妄想症

D. 痴呆综合征　　　　　E. 遗忘综合征

8. 癫痫伴发精神障碍的表现形式多样，可以发生在

A. 癫痫发作前　　　　　B. 癫痫发作时　　　　　　C. 癫痫发作后

D. 癫痫起病多年后　　　E. 以上都对

9. 下列关于病毒性脑炎所致的精神障碍的选项正确的是

A. 主要为病毒感染所致的脑部病理改变

B. 病毒的直接损害和组织的病理反应

C. 临床表现多样，1/3 的患者以精神障碍为首发症状

D. 预后一般较好

E. 以上都对

10. 阿尔茨海默病与血管性痴呆的鉴别主要是

A. 发病年龄　　　　　　B. 记忆障碍　　　　　　　C. 情绪不稳

D. 病程的波动性特征　　E. 幻觉妄想

11. 病毒性脑炎最多见的症状是

A. 精神分裂样症状　　　B. 意识障碍　　　　　　　C. 注意障碍

D. 记忆障碍　　　　　　E. 活动减少

12. 对癫痫诊断最有意义的检查是

A. 头部 CT　　　　　　 B. 头部磁共振　　　　　　C. 脑电图

D. 经颅多普勒超声　　　E. 认知功能检测

13. 甲状腺功能亢进引起的临床表现包括

A. 高代谢症状群　　　　B. 躁狂　　　　　　　　　C. 精神分裂综合征

D. 谵妄　　　　　　　　E. 以上都是

14. 在冠心病所致的精神障碍的发病机制中，以下属于独立危险因素的是

A. 代谢紊乱　　　　　　B. 心脏炎性改变　　　　　C. 焦虑和抑郁

D. 兴奋和易激惹　　　　E. 疑病观念

15. 治疗癫痫所致的精神障碍，下列说法**错误**的是

A. 调整好抗癫痫药物的种类和剂量

B. 控制癫痫的发作

C. 使用氯氮平治疗

D. 控制精神症状

E. 抗精神病药物剂量宜小

16. 麻痹性痴呆是由以下何种病原体感染所致

A. 朊病毒　　　　　　　B. 梅毒螺旋体　　　　　　C. 艾滋病病毒

D. 单纯疱疹病毒　　　　E. 链球菌

17. 遗忘综合征是

A. 一种选择性或局灶性认知功能障碍

B. 一种广泛性认识功能障碍

C. 一种半侧脑认知功能障碍

D. 一种深部加表部脑受损时出现的认知功能障碍

E. 一种严重的思维障碍

18. 器质性精神障碍的诊断原则为

    A. 详细询问病史   B. 仔细进行估格和神经系统检查

    C. 生化检查   D. 脑电图或 X 线断层扫描检查

    E. 以上都对

19. 阿尔茨海默病的病理特征为

    A. 大脑皮质萎缩

    B. 小脑脑沟增宽

    C. 老年斑和 Alzheimer 神经元纤维改变

    D. 脑室扩大

    E. 神经元气球样肿胀

20. 阿尔茨海默病的早期症状为

    A. 记忆减退   B. 性格改变   C. 情绪急躁

    D. 多疑   E. 以上都对

21. 阿尔茨海默病的病程为

    A. 发作缓解型   B. 进行性发展加重   C. 只发一次

    D. 发作进展型   E. 缓慢发展、逐渐好转

22. 阿尔茨海默病与老年抑郁症的鉴别为

    A. 起病有无界限   B. 病前智能和人格   C. 有无抑郁情绪

    D. 抗抑郁药疗效   E. 以上都对

23. 患者脑外伤后出现人格改变,最可能累及的大脑部位为

    A. 枕叶   B. 颞叶   C. 额叶

    D. 顶叶   E. 小脑

24. 冠心病时伴发的精神障碍主要表现为

    A. 幻觉   B. 妄想   C. 抑郁

    D. 焦虑、紧张   E. 思维迟缓

25. 甲状腺功能减退伴发的精神障碍,最容易与以下哪种精神疾病混淆

    A. 精神分裂症   B. 抑郁症   C. 双相情感障碍

    D. 人格障碍   E. 躁狂发作

26. 癫痫所致的精神障碍的发病机制为

    A. 由癫痫的脑器质性或结构性病变引起

    B. 癫痫发作时脑缺血缺氧,大脑兴奋性神经递质及炎性介质聚集所致

    C. 癫痫长期不愈的"病耻感"对心理的不良影响

    D. 治疗癫痫药物的影响

    E. 以上都是

27. 癫痫发作期患者最常见的幻觉为

    A. 听幻觉   B. 视幻觉   C. 触幻觉

    D. 嗅幻觉   E. 原始幻觉

28. 癫痫所致精神障碍的患者的人格改变一般出现在

A. 癫痫发作前　　　　B. 癫痫发作期　　　　C. 癫痫发作后

D. 癫痫发作间歇期　　E. 以上都不是

29. 阿尔茨海默病的精神行为症状用药原则为

A. 低剂量起始　　　　B. 缓慢加量　　　　　C. 定期评估

D. 适时调整方案　　　E. 以上都是

30. 遗忘综合征的核心症状是

A. 时间定向障碍　　　　B. 远记忆障碍　　　　C. 情景记忆受损

D. 注意障碍　　　　　　E. 以上都不是

31. 70 岁的男性病人,近 2 天来夜间出现行为紊乱,说房间的地板上有老鼠、有蛇,表情恐惧、紧张,言语令人费解;住院期间患者白天较安静、喜卧床,进食较少,对夜间行为难以回忆,生活自理需协助。头颅 CT 示:顶枕叶片状梗死灶。考虑该患者目前处于

A. 痴呆状态　　　　　B. 幻觉妄想状态　　　　C. 谵妄状态

D. 抑郁状态　　　　　E. 木僵状态

32. 同上题题干,导致该患者目前状态可能的原因是

A. 年龄较大　　　　　B. 存在脑损害　　　　C. 进食较差

D. 对住院环境的不适应　E. 以上都是

33. 女性,68 岁,既往无高血压史。记忆力进行性下降 6 年。近来常因忘记关煤气而引起厨房失火,不知如何烹饪,熟悉的物品说不出名称,只会说"那样东西"。夜间定向障碍,行为紊乱。肌力正常,无共济失调,脑部 CT 示有广泛脑萎缩。考虑最可能的诊断是

A. 亨廷顿氏病　　　　B. 多发梗死性痴呆　　　　C. 血管性痴呆

D. 阿尔茨海默病　　　E. 假性痴呆

34. 男性,26 岁。2 周前曾出现恶心、呕吐、腹泻,发热,38℃。近 1 周诉头痛、出现幻听,感被人跟踪,疑被害。其情绪不稳,时哭时笑,伴行为紊乱、动作离奇无目的性。近 3 日出现尿失禁、偶出现四肢抽搐。查体:病理反射阳性。脑脊液检查 IgG 增高,EEG 示棘慢波。该例最可能的诊断是

A. 双相障碍　　　　　B. 精神分裂症青春型　　　　C. 躁狂发作

D. 脑炎所致精神障碍　E. 癫痫所致精神障碍

35. 男性,30 岁。从小有癫痫发作史。近 2 年来,癫痫发作较前频繁,同时出现性格古怪、孤僻、敏感多疑,家人发现其在小区内虐待小动物。该患者最可能的诊断是

A. 双相障碍　　　　　B. 精神分裂症青春型　　　　C. 躁狂发作

D. 脑炎所致精神障碍　E. 癫痫所致精神障碍

36. 21 岁女性,近 1 年来出现肾功能异常、面部蝶形红斑,近半个月来有幻听、多疑的表现。最可能的诊断是

A. 库欣综合征(Cushing 综合征)　　B. 慢性肾衰竭所致精神障碍

C. 精神分裂症　　　　　　　　　　　D. 系统性红斑狼疮

E. 类风湿性关节炎所致精神障碍

37. 女性,71 岁,远记忆受损,智能活动全面减退,不能正确回答自己和亲人的名字和年龄,饮食不知饥饱,生活不能自理,最可能为

A. 阿尔茨海默病早期　　B. 阿尔茨海默病中期　　C. 阿尔茨海默病晚期

D. 老年抑郁症　　E. 正常老年衰竭

38. 男性,35 岁,一年前曾因车祸导致头部外伤,患者车祸后出现昏迷,经手术治疗后苏醒。患者自车祸醒来后性格出现明显改变,变得自私,缺乏怜悯心和责任心。车祸导致该男性脑损伤最可能出现的部位是

A. 额叶　　B. 颞叶　　C. 顶叶

D. 枕叶　　E. 脑桥

39. 女性,22 岁,近 1 年出现抑郁、性格改变、记忆力下降,并伴有坐立不安,逐步发展至出现手足徐动样似舞蹈样动作,该患者最可能的诊断是

A. 帕金森病　　B. 朊病毒病　　C. 亨廷顿舞蹈病

D. 肝豆状核变性病　　E. 库欣综合征

40. 男性,14 岁,1 周前有流涕、发热等上感症状,逐步出现头痛、呕吐,近 2 天出现嗜睡,间断出现四肢抽搐,抽搐时有口舌咬伤、大小便失禁。化验室检查提示外周血白细胞增多或减少,脑电图提示弥漫性高波幅慢波。该患者最有可能的诊断是

A. 癫痫所致的精神障碍　　B. 病毒性脑炎

C. 甲状腺功能亢进　　D. 系统性红斑狼疮

E. 库欣综合征

四、问答题

1. 器质性精神障碍的主要临床综合征类型包括哪些?

2. 常见的导致谵妄的原因包括哪些?

3. 简述痴呆的临床表现。

4. 简述遗忘综合征的定义及临床特点。

5. 躯体疾病所致的精神障碍有哪些共同的临床特征?

6. 谵妄的易患因素有哪些?

7. 简述阿尔茨海默病的临床表现。

8. 简述血管性痴呆的病程和智能损害特点。

9. 简述癫痫所致精神障碍的临床表现。

10. 简述器质性精神障碍的临床特征。

第三部分　参 考 答 案

一、名词解释

1. 器质性精神障碍是指人脑因某种致病因素的作用,导致大脑代谢紊乱或病理变化,产生精神活动失常。它包括脑器质性精神障碍和躯体疾病所致的精神障碍。

2. 谵妄是一组可以由多种因素导致的临床综合征,其实质是一种意识障碍状态。因其往往急性起病、发展迅速,故又称为急性脑病综合征。

3. 急性脑病综合征即谵妄,是一组可以由多种因素导致的临床综合征,其实质是一种

意识障碍状态。因其往往急性起病、发展迅速。

4. 痴呆是一种由大脑病变引起的综合征,临床特征为记忆、理解、判断、推理、计算和抽象思维等多种认知功能减退,可伴有幻觉、妄想、行为紊乱和人格改变。

5. 遗忘综合征是一种选择性或局限性认知功能障碍,表现为学习新信息(顺行性遗忘)和回忆往事(逆行性遗忘)存在困难的障碍,这一障碍缺乏全面性智能障碍的基础。

6. 额叶综合征是额叶受损或与其联系的脑区受阻碍后出现的精神障碍。一般有自控力、预见性、创造力和主动性的下降,表现易为激惹或情感迟钝、自私、缺乏怜悯心和责任心、注意力下降、行动迟缓。

7. Wernicke-Korsakov综合征表现为急性起病的意识障碍,伴有记忆缺损、失定向、共济失调、眼球震颤及眼肌麻痹。病理改变位于第三、第四脑室及导水管周围灰质部位出血。

8. 阿尔茨海默病(Alzheimer's disease, AD)是一种起病隐匿的进行性发展的痴呆,临床上以记忆障碍、失语、失用、失认和执行功能等认知障碍为特征,同时伴有精神行为异常和明显的社会生活功能减退。

9. 癫痫发作的前驱症状是指部分患者会在癫痫发作前数分钟、数小时乃至数天出现焦虑、紧张、易激惹、冲动、抑郁、淡漠、恶劣心境等症状,使患者感到发作即将来临,称之为前驱症状。

10. 躯体疾病所致的精神障碍是由脑以外的躯体疾病,如躯体感染、内脏器官疾病、内分泌障碍、营养代谢疾病等,引起脑功能紊乱而产生的精神障碍。

11. 病毒性脑炎(viral encephalitis)所致的精神障碍主要为病毒感染导致脑组织病变,包括病毒的直接损害和组织的病理反应。

12. 麻痹性痴呆是由梅毒螺旋体侵犯大脑实质引起的中枢神经系统器质性损害,属于神经梅毒的晚期表现。

13. 轻度认知损害系指老年人出现轻度记忆或者某项认知功能障碍,但不足以诊断痴呆的临床综合征,介于正常老人和轻度痴呆之间的一种认知障碍症候群。

14. 局灶性脑损害综合征当大脑局部区域受损时,会导致相应区域功能的改变或丧失,表现皮层功能、记忆、心境和人格等选择性异常的局灶性脑损害综合征。

15. 癫痫性精神障碍是指癫痫患者在癫痫发作前、发作时、发作后或发作间歇期表现出的精神活动异常。

16. 继发性精神综合征是由脑或系统疾病引起的脑功能异常引起的精神症状,包括人格、知觉和心境等的改变,其临床表现与相应的原发性精神疾病类似。

17. 特殊的神经精神综合征包括局灶性脑损害综合征、遗忘综合征以及表现为感知与心境等选择性损害的器质性障碍。

18. 血管性痴呆是由于脑血管病变引起的痴呆。

19. 多发性梗死性痴呆即血管性痴呆,是由于脑血管病变引起的痴呆。

20. 自动症常见于癫痫复杂性发作,核心症状为意识障碍,在此基础上有一些目的不明确的动作和行为,如反复咀嚼、咂嘴、吞咽、舔舌,甚至咳嗽、吐痰,或是无目的的走动、跑步、搬动东西等。

二、填空题

1. 谵妄 痴呆 特殊的神经精神综合征
2. 定向障碍
3. 起伏不定 夜间
4. 急性脑病综合征
5. 阿尔茨海默病
6. 记忆障碍 失语 失用 失认 执行功能障碍
7. 选择性或局限性 学习新信息 回忆往事
8. 进行性 记忆障碍
9. 脑血管病变
10. 发作前 发作时 发作后 发作间歇期
11. 急性或亚急性 两周内
12. 朦胧状态
13. 近记忆障碍 情景记忆
14. 3~7 年
15. 乙酰胆碱
16. 波动
17. 程度和部位
18. 阶梯式
19. 脑血管
20. 预防
21. 1/3
22. 病毒感染
23. 两周内
24. 癫痫发作 大发作
25. 剂量宜小
26. 铜代谢
27. 情绪低落
28. 舞蹈样动作
29. 意识障碍
30. 非特异性

三、单项选择题

1. D 2. E 3. E 4. E 5. C 6. C 7. E 8. E 9. E 10. D
11. B 12. C 13. E 14. C 15. C 16. B 17. A 18. E 19. C 20. E
21. B 22. E 23. C 24. D 25. B 26. E 27. E 28. D 29. E 30. C
31. C 32. E 33. D 34. D 35. E 36. D 37. C 38. A 39. C 40. B

四、问答题

1. 器质性精神障碍的主要临床综合征类型包括哪些?

答:尽管器质性精神障碍的病因各不相同,但大多数患者具有共同的临床特征,主要包括:①谵妄(delirium),即急性广泛性认知损害。它以意识受损为主要临床表现,多伴随有弥漫性脑功能紊乱。②痴呆(dementia),即慢性广泛性认知损害。其主要病因多在颅内,常为变性疾病所引起。病程的早期,患者的认知损害常有选择性,随着病情进展而逐渐表现为广泛性受损。③特殊的神经精神综合征,包括局灶性脑损害综合征、遗忘综合征以及表现为感知与心境等选择性损害的器质性障碍。

2. 常见的导致谵妄的原因包括哪些?

答:谵妄是严重疾病的信号,常常涉及多种因素的共同作用。谵妄的易患因素很多,包括:大脑老化、脑器质性疾病、机体调控内稳定的能力降低、应激反应、视觉和听觉损害、对急慢性疾病的抵抗能力下降、失眠、感觉丧失以及身心紧张、对陌生的环境不能适应等。另外,高龄、焦虑、药物依赖以及各种类型的脑损害也是谵妄的易患因素。

3. 简述痴呆的临床表现。

答:痴呆的临床表现主要有:①记忆障碍:最早/最明显的是近事遗忘,学习能力下降;随后远记忆受损,最终忘记所有事件,包括自己的名字。②失语:语言功能受损,在说出事物或人名时非常困难。③失用:不能做已习得的技能,执行能力受损,如不会穿衣、不会挥手告别等。④失认:不能识别事物或人,如帽子、手套等,忘记熟人、妻子、儿女等。⑤执行功能障碍:不能做计划和创新性工作,不能依规则行事,不能统筹安排。

4. 简述遗忘综合征的定义及临床特点。

答:遗忘综合征是一种选择性或局限性认知功能障碍,表现为学习新信息和回忆往事存在困难的障碍,这一障碍缺乏全面性智能障碍的基础。遗忘性综合征患者只影响记忆。其突出表现为严重的近记忆障碍,其核心特点为情景记忆的严重受损。

5. 躯体疾病所致的精神障碍有哪些共同的临床特征?

答:不同的躯体疾病所致的精神障碍有一些共同的临床特征,包括:①精神障碍与原发躯体疾病的病情呈平行关系,发生时间上常有先后顺序的关系;②急性躯体疾病常引起意识障碍,慢性躯体疾病多引起智能和人格改变,在急性期、慢性期均可叠加出现精神病性症状、情感症状及神经症状等;③同一疾病可表现不同的精神症状,不同疾病又可以表现有类似的精神症状;④积极处理原发病可使精神症状得到改善。

6. 谵妄的易患因素有哪些?

答:谵妄的易患因素很多,包括大脑老化、脑器质性疾病、机体调控内稳定的能力降低、应激反应、视觉和听觉损害、对急慢性疾病的抵抗能力下降、失眠、感觉丧失以及身心紧张、对陌生的环境不能适应等。

7. 简述阿尔茨海默病的临床表现。

答:阿尔茨海默病发病初期表现为轻度记忆力下降,但是随着病情加重,患者记忆力大幅度衰退,思维混乱。有2/3的患者表现有焦虑、易怒、冷漠和烦躁等症状。随着病情恶化,患者变得很暴力,并产生幻觉和错觉,再到生活不能自理。

8. 简述血管性痴呆的病程和智能损害特点。

答:①病程进展缓慢,常因脑卒中发作(stroke),导致症状急性加剧,病程呈阶梯式发展,可伴有局限性神经系统体征。②智能损害可呈"斑片状",只涉及某些局部的认知功能,如计算、命名等。患者的人格在早期可保持完好。

9. 简述癫痫所致精神障碍的临床表现。

答:①发作前精神障碍:发作前数分钟、数小时乃至数天出现焦虑、紧张、易激惹、冲动、抑郁、淡漠、恶劣心境等症状。②发作后精神障碍:在发作后可出现意识模糊、定向力障碍、幻觉、妄想及兴奋等症状。③发作期精神障碍:主要是指精神运动性发作,主要包括:知觉障碍(原始性幻觉)、记忆障碍(似曾相识感)、思维障碍(强制性思维)、情感症状(发作性的恐怖)、自主神经功能障碍、自动症等症状。④发作间歇期精神障碍:慢性精神病状态如精神分裂样精神病、人格改变等症状。

10. 简述器质性精神障碍的临床特征。

答:尽管器质性精神障碍的病因各不相同,但大多数患者具有共同的临床特征。器质性精神障碍通常急性期以意识障碍为主要特征,如果脑部损害严重,范围广泛,患者的昏迷时间长,则病变具有不可逆性。在意识障碍恢复之后,将产生不同程度的智能及记忆力损害和人格改变,可伴有行为与精神症状等精神综合征。此外,还可能出现神经运动功能的损害。

(胡晓华　冯映映)

第十九章 相关的行业、法律和伦理问题

第一部分 内容概要与知识点

本章导读 本章主要包括变态心理相关的伦理和法律知识，这两大内容属于变态心理学相关学科的知识，它们都可以单独作为一门学科进行学习。在本教材中，掌握和了解基本知识和概念即可。本章包括三节内容，心理健康行业与伦理问题一节，需要掌握保密及保密例外原则、双重关系、胜任能力等心理咨询行业基本伦理原则；患者/来访者的权利一节，重点掌握知情同意原则的基本要素，了解精神患者接受治疗和拒绝治疗的权利；心理障碍与法律相关问题一节，重点掌握精神病学鉴定的含义、精神患者的刑事责任能力和民事行为能力。

第一节 心理健康行业与伦理问题

1. **胜任力** 胜任力意味着一个人可以有效使用咨询技能及其他专业能力，并且符合可被接受的标准。专业的胜任力是一个持续、发展的过程。

2. **专业能力** 是指保证心理治疗师有效应用临床治疗的方法、策略和技术，它强调心理治疗师应该具有广博的人文与社会知识，以及灵活运用各种专业知识和技术的能力。

3. **情感能力**　包括自我认识、自我接受和自我督导,要求心理治疗师认识和承认自己是现实生活中独特而难免有错误的人,知道自己情感方面的力量和弱点、需要和资源、临床工作的能力以及局限性等。

4. **保密原则**　保密是心理咨询和治疗的基石,因为它可以让来访者放心地分享自己的经历,而不必担心信息的不正当泄露。维持保密是一个关系性的过程,保密提供了一个框架,在其中来访者可以表露和探索他们自身或他们的关系中有问题的、造成个人痛苦的方面,而这些如果在咨询之外为人所知,可能会造成尴尬或伤害。

5. **保密例外原则**　如果来访者有伤害他人的打算或伤害自己的企图时,则属于保密例外。在这种情况下,专业人员必须决定是否要通知有关人员,特别是来访者企图伤害的人,以免发生不幸。有以下指导原则:①在开始干预前,要明确表示为来访者保密,但也有例外。一定要先告诫来访者,一旦他们有威胁他人或伤害自己的企图或想法时,不能再替他隐瞒。②在作决定前,先征求负责人、专家或其他有关人员的意见,同时制订处理计划,面对不同的来访者,该做什么以及如何做。③如果不能确定来访者的威胁性,则立即与其他专业人员商量或请示负责人,并作好记录。如果这样做了之后,仍然不能确定,则请其他专业人员来会诊。④如果来访者的威胁明确、具体,则应该采取行动。如果知道受害者会是谁,即有责任去告知、提醒他。⑤即使来访者用法律来威胁,也不应该成为阻碍专业人士将其危险性告知他人的理由。

6. **泄露保密资料的范围**　美国伦理学规范中指出:心理咨询师或治疗师在没有征得来访者的同意时,仅在法律命令或经法律允许时才能泄露保密资料。一般来说,在拟订医患双方治疗书面知情同意书中可明确治疗师与来访者之间的交往原则,界定什么资料可以给第三者。

7. **心理治疗病历的保存和处理**　在心理治疗工作中不但要求治疗师对来访者的病情资料保密,而且要求治疗师能妥善保存和处理来访者的病历和档案。美国 APA 咨询师《工作服务指南》中规定:在结束治疗或最后一次治疗性会谈后,要求治疗师保留所有的治疗记录至少 3 年,并另外保存记录或病历的摘要 12 年;咨询师要保留全部记录至少 4 年,记录或病历摘要另外再加 3 年。

8. **界限侵犯**　是指咨询中剥削或者有害的行为,咨询师为了自己性、情绪或经济方面的获益,不当地利用咨询师和来访者的权力差异,破坏适当的界限,做出不符合专业标准的行为。界限侵犯被认为是伦理和界限损坏过程中最严重的情况。

9. **界限跨越**　是经过深思熟虑和计划之后与来访者的一种关系,其目的在于增强咨询关系,最终提高治疗效果。界限侵犯和界限跨越的差异很大,界限侵犯一般对来访者有害,而界限跨越通常会对来访者有利。

10. **双重关系**　是指心理咨询和治疗师在从业过程中与来访者除了专业关系之外,还存在其他社会关系。双重关系很可能影响心理学工作者的客观判断或干扰他们有效地履行作为专业人员的责任,并可能伤害和利用他人,所以心理学工作者应避免形成双重关系。

11. **双重关系的弊端和危害**　包括:①危及治疗性医患关系;②影响客观评估;③影响来访者的认知判断;④双重关系的存在会打破原本平等的咨访关系;⑤改变心理治疗的性质;⑥影响公正性和真实性;⑦违法。

12. **心理治疗中双重关系的处理原则**　包括:①不断进行反思,提高内省水平;②不断进行再学习,提高专业治疗技术;③转介、会诊或中断治疗;④管理和监督责任、认真的审核受聘人员。

　　13. 伦理决策模型内容　包括以下这些内容：①对咨询过程中的问题发展伦理敏感性；②确定相关事实和当事人；③确定伦理难题中的关键问题以及可能的选择；④参阅专业伦理标准和相关法律法规；⑤查阅相关伦理文献；⑥在具体情境中贯彻基本伦理原则和理论；⑦就伦理难题与同事进行探讨；⑧独立思考并决定；⑨通知相关当事人并执行决定；⑩反思执行过程。

第二节　患者/来访者的权利

　　1. 知情同意　指在临床心理工作者为来访者提供足够相关信息的基础上，由来访者做出决定（同意或拒绝）。其基本要素包括：①提供信息，指为来访者提供有关心理咨询和治疗或研究的各种信息；②了解和评估来访者是否理解信息；③判断来访者是否能够做决定；④自愿原则，为尊重来访者的自主性，事先要申明，无论是否参与、拒绝还是中途退出，都会一视同仁，在心理咨询和治疗服务过程中其利益不会受到损害。

　　2. 接受治疗的权利　精神患者与一般患者享有同等的权利，理应得到医务人员高质量的医疗和人道的服务。精神病院至少应能提供最低标准的医疗和护理，满足基本治疗需要，包括人道的心理和物理环境、具有足够资格的工作人员，并提供个体化的治疗方案。精神患者有权利选择在最小限制的环境中接受治疗，简单讲就是在强制治疗的同时尽可能少地限制患者的自由。

　　3. 拒绝治疗的权利　总的来说，非自愿患者在精神病院内可能要被要求进行"常规"治疗，而这种常规治疗最常用的是精神药物。如果精神患者认为机构提供的治疗不适当，同样有权利拒绝治疗。当然，精神患者拒绝治疗的权利有限，特别是以下三种情况，患者没有权力拒绝治疗：①当患者被判定为无责任能力时，没有权利拒绝治疗，因为没有责任能力的个体无法判断治疗是否适当；②如果患者属于强制入院，不可能有权利拒绝治疗，如有自杀倾向的抑郁症患者、处于妄想状态的患者都没有权利拒绝服药；③即使是有责任能力、自愿入院治疗的患者，如果其拒绝治疗将导致医疗费用增加时，同样没有权利拒绝治疗。

第三节　心理障碍与法律相关问题

　　1. 司法精神病学　是建立在临床精神病学和法学两大基础上的新兴交叉学科。它的主要任务是司法精神病学医生运用精神医学的科学知识，协助司法机关对被鉴定人的精神状态及其刑事责任能力、民事行为能力及其他相关能力进行鉴定和评估的过程，从而解决精神疾病患者在法律方面的有关问题。它研究的对象是涉及刑事、民事和刑事诉讼、民事诉讼有关的精神疾病问题。在这方面最常见和最主要的工作和任务是司法精神病学鉴定。

　　2. 司法精神病学鉴定　是指对于涉及法律问题又有或怀疑有精神疾病的人，受司法部门的委托，鉴定人应用临床精神病学知识、技术和经验，对其进行精神状况的检查、分析、诊断以及判定其精神状态与法律的关系，这一过程是司法精神病学的核心内容和主要任务。司法精神病学鉴定的具体任务是：①明确被鉴定人员有无精神疾病；②为何种精神疾病；③疾病的严重程度；④实施触犯法律行为时的精神状态；⑤疾病和非法行为的关系；⑥有无刑事责任能力、民事行为能力；⑦医疗和监护建议。

3. 刑事责任能力与心理障碍　又称责任能力，是指行为人能够正确辨认自己的行为性质、意义、作用和后果，并能依据这种认识而自觉地选择和控制自己的行为，从而对自己实施的刑法所禁止的危害社会行为承担刑事责任的能力。刑事责任能力分为三个等级，即完全责任能力、限定（部分或限制）责任能力与无责任能力，其评定要件有医学标准（医学诊断）和法学标准（辨认能力和控制能力）两个要件，两者缺一不可。根据我国《刑法》第十八条，精神患者在不能辨认或者不能控制自己行为的时候造成危害结果，经法定程序鉴定确认的，不负刑事责任，但是应当责令他的家属或者监护人严加看管和治疗；在必要的时候，由政府强制治疗。

4. 民事行为能力与心理障碍　主要指个人处理日常事物的能力，它关系到相应阶段个人的权利和义务如结婚、离婚、抚养子女、遗嘱、合同以及诉讼能力。有行为能力的自然人是指达到一定年龄的、精神健全的，在民事法律问题中能够正确表达自己意思并能理智的处理自己问题的人。我国民法把行为能力分为三级，即无行为能力、限制行为能力和有行为能力，《民法通则》第十三条规定："不能辨认自己行为的精神病人是无民事行为能力人……不能完全辨认自己行为的精神病人是限制民事行为能力人……"。

5. 作证能力　在刑事诉讼活动中，证人证词是非常重要的，我国《刑事诉讼法》第三十七条规定：凡生理上、精神上有缺陷或者年幼，不能辨别是非，不能正确表达的人，不能作为证人。因此，处于发病期的精神患者不能当证人。精神患者能否出庭作证取决于四个因素，即精神患者的：观察力、理解力、记忆力、陈述力。

6. 受审能力　也称被告在刑事诉讼中的诉讼能力。被告人的受审能力除对控告有辩解能力外，还有行使国家赋予刑事被告人其他权利的能力，如有权拒绝回答与案件无关的问题，有权申请有关人员回避，有权对控诉进行反驳，有权聘请律师，有权参与辩论等。

7. 服刑能力　被告在服刑期间出现精神异常，应对其服刑能力进行鉴定，如无服刑能力则应由家属监护保外就医。一般来说有责任能力与有服刑能力是一致的。

8. 性防卫能力　精神正常的成年女性，一般对两性性行为具有辨认能力。当自身受到性侵害时，能表示反对和反抗。但严重智力低下或精神患者，因无法分辨性行为的目的、性质、意义及其后果，任由侵害者摆布，甚至主动勾引男方，丧失性自我防御能力。国家为保护妇女合法权益，对明知妇女患有精神病或智力低下，与之发生非法性关系者，不管采用何种手段和方式，一律按强奸罪论处。

9. 我国的精神卫生立法　我国于 1985 年起，卫生部指定由四川省卫生厅牵头、湖南省卫生厅协同起草《中华人民共和国精神卫生法（草案）》，由此拉开我国精神卫生立法漫长的序幕。在随后的 15 年时间里，草案经过数次讨论和调研。2011 年，由国务院常务会议讨论并且原则通过《精神卫生法（草案）》。2012 年 10 月 26 日，《精神卫生法》通过全国人大常委会表决，于 2013 年 5 月 1 日起实施。

我国《精神卫生法》共七章八十五条，对精神卫生工作的方针原则和管理机制、心理健康促进和精神障碍预防、精神障碍的诊断和治疗、精神障碍的康复、精神卫生工作的保障措施、维护精神障碍患者合法权益等几个方面作了规定。其中，明确了精神障碍患者住院实行自愿原则，设计了非自愿治疗的前提条件，被视为立法的重大突破。该法对从业人员资质、治疗原则等都作了详细的规定。我国精神卫生法的内涵体现在以下三个方面：①立足点在于预防；②着力点在于诊断；③最终落脚点在于保护精神障碍患者。

第二部分 试 题

一、名词解释

1. 胜任力
2. 专业能力
3. 情感能力
4. 保密原则
5. 界限
6. 界限侵犯
7. 界限跨越
8. 双重关系
9. 知情同意
10. 司法精神病学鉴定
11. 刑事责任能力
12. 民事行为能力

二、填空题（在空格内填上正确的内容）

1. 心理学工作者必须在其_____专业能力范围内从事工作、教育及行为研究，并以其教育、培训、督导或专业经验为基础。

2. 专业的胜任力是一个_____和_____的过程，从最低水平开始，随着新的发展和要求的出现，随着专业领域的成长和变化，咨询师首先获得基本的胜任力，接着保持、更新并逐渐增强胜任力。

3. 心理治疗师的行为对来访者具有相当大的影响，这就要求心理治疗师必须具备一定的处理、控制和驾驭治疗局面的能力，即有责任或义务来胜任其本职工作，拥有一定的_____和_____。

4. 心理咨询和治疗师要遵守_____，一般情况下不得把在治疗过程中获取的保密资料泄露给第三者。如果来访者有伤害他人的打算或伤害自己的企图时，则属于_____。

5. 基于_____、_____和_____，咨询框架的一致性有利于发展出持续的、安全的依恋，有可能改写来访者早先不安全依恋的模板。

6. 在心理治疗工作中，不但要求治疗师对来访者的病情资料保密，而且要求治疗师能妥善保存和处理来访者的_____和_____。

7. 美国 APA 咨询师《工作服务指南》中规定：在结束治疗或最后一次治疗性会谈后，要求治疗师保留所有的治疗记录至少_____年，并另外保存记录或病历的摘要_____年；咨询师要保留全部记录至少_____年，记录或病历摘要另外再加_____年。

8. 以病例研究或大众文章的形式发表病例资料时必须十分小心和慎重，只改换_____或某些_____是不够的。

9. 当咨询师的需求和利益占了上风时，即其需求和利益先于来访者的需求和利益时，就会出现_____、_____等典型的利益冲突。

10. 在心理咨询中，界限侵犯被认为是一个_____，而不是_____的具体的事件。

11. 双重关系会对心理治疗医患关系的本质造成严重伤害，使治疗师与来访者不能保持一定的_____和_____。

12. 咨询师应该发展_____，思考每次接收新的来访者和正在进行的咨询中的伦理问题。

13. 心理治疗作为治疗的一种形式或手段，与临床其他外科手术或内科药物治疗一样，治疗前必须征得来访者的同意，即来访者享有_____。

14. 只是在病情需要为避免患者自伤或对他人构成威胁时，才可以采取_____和_____。

15. 司法精神病学是建立在_____和_____两大基础上的新兴交叉学科。

16. 根据我国《刑法》第十八条，精神患者在不能_____或者不能_____自己行为的时候造成危害结果，经法定程序鉴定确认的，不负刑事责任，但是应当责令他的家属或者监护人严加看管和治疗；在必要的时候，由政府强制治疗。

17. 刑事责任能力分为三个等级，即_____、_____与_____，其评定要件有医学标准（医学诊断）和法学标准（辨认能力和控制能力）两个要件，两者缺一不可。

18. 民事行为能力主要指个人_____，它关系到相应阶段个人的权利和义务如结婚、离婚、抚养子女、遗嘱、合同以及诉讼能力。

19. 责任能力属于_____，是对当事人在危害行为当时的精神状态鉴定而言的；而行为能力属于_____，主要是指当事人在一个维持较长时期内的法律相关事务的处理能力而言的。

20. 我国精神卫生法的内涵体现在以下三个方面：_____、_____、_____。

三、单项选择题（在5个备选答案中选出1个最佳答案）

1. 在心理咨询与治疗中，关于胜任力的概念，下列选项最准确的表述是
   A. 指一个人可以有效使用心理咨询技能的能力
   B. 胜任力要求完美，每一位从业者都应该完全的胜任
   C. 专业的胜任力是一个持续和发展的过程
   D. 胜任力是固定不变的技能
   E. 胜任力不包括自我认识

2. 心理咨询师最好的服务对象应该是
   A. 亲戚或朋友　　　　B. 熟悉的人　　　　C. 同学或同事
   D. 陌生人　　　　　　E. 领导

3. 心理治疗与临床其他外科手术或内科药物治疗一样，治疗前
   A. 治疗师做好工作准备　　　　　　B. 患者做好心理治疗的准备
   C. 来访者有知情权　　　　　　　　D. 充分了解患者病情
   E. 来访者充分了解治疗师

4. 心理咨询和治疗师的专业能力**不包括**
   A. 知晓心理咨询是什么　　　　　　B. 知晓心理治疗是什么

C. 知晓自己的专业特点   D. 学会怎样去做临床工作

    E. 自我认识

5. 在心理咨询和治疗中,下列选项中需要突破保密原则的是

    A. 来访者尚未同意将保密信息泄露给他人

    B. 可能对自身或他人造成即刻伤害或死亡威胁的危险来访者

    C. 来访者的亲戚要求获得咨询和治疗的资料

    D. 来访者所在的单位要求获得咨询和治疗的资料

    E. 患有传染性疾病的来访者

6. 下列选项属于专业咨询师或治疗师的情感能力的是

    A. 知晓心理咨询是什么   B. 知晓心理治疗是什么

    C. 知晓自己的专业特点   D. 学会怎样去做临床工作

    E. 自我认识

7. 如果来访者有伤害他人的打算或自杀的企图时,心理咨询师应该

    A. 即时转介   B. 尊重来访者的意愿

    C. 仍然为来访者保守秘密   D. 积极劝慰来访者打消这个念头

    E. 属于保密例外情况,要及时通知有关人员

8. 心理咨询和治疗中的保密例外**不包括**

    A. 来访者同意将保密信息泄露给他人   B. 法庭要求咨询师提供保密信息

    C. 基于成文法对保密问题的限制   D. 来访者透露的隐私

    E. 在未来有犯罪行为倾向的来访者

9. 心理学工作者出于法律规定的正当目的,可以不经当事人同意披露保密信息,下列**不属于**正当目的的是

    A. 提供所需的专业服务   B. 获得适当的专业咨询

    C. 上级要求   D. 向来访者 / 患者支付服务费用

    E. 保护来访者 / 患者、心理学工作者或其他人不受伤害

10. 针对保密例外的处理原则**不恰当**的是

    A. 在开始干预前,要明确保密例外

    B. 在作决定前,寻求他人(如专家)意见

    C. 不论何种情况,直接选择上报

    D. 如果不能确定来访者的威胁性,应做好记录

    E. 如果来访者的威胁明确、具体,则应该采取行动

11. 心理治疗病历的保存和处理**不包括**

    A. 咨询师或治疗师的个人信息   B. 来访者档案的保存

    C. 病历的处理   D. 发表病例研究

    E. 心理测验材料的保密

12. 在结束治疗或最后一次治疗性会谈后,要求治疗师保留所有的治疗记录至少

    A. 1 年   B. 2 年   C. 3 年

    D. 4 年   E. 5 年

13. 以下情况涉及性的界限侵犯的是

    A. 对来访者的外表或穿着做诱惑性的评论

B. 暴露详细的个人生活或者与咨询无关的想法或情绪

C. 从来访者处接受贵重的礼物,并不是文化上象征感激或尊重的礼物

D. 与来访者在咨询以外的情境下会面(如喝咖啡或吃饭)

E. 在咨询中愉快地谈论咨询师和来访者的共同兴趣

14. 以下情况**不涉及**性的界限侵犯的是

A. 咨询师暴露其对来访者特有的性引、性唤起和性感觉

B. 在咨询期间对来访者进行性暗示或开下流的玩笑

C. 咨询师向来访者暴露个人的、私密的性感觉、性幻想和性行为

D. 对他们目前或可能的行为给予个人的、道德上的建议或评判

E. 咨询师对某个来访者有性期望,并在为其咨询时特意打扮

15. 下列案例涉及患者接受治疗的权利的是

A. 美国著名的 Tarasoff 案件   B. 案例:致命的疾病

C. 哈泊拒绝服药诉讼案   D. 案例:突然死亡

E. 唐纳森(Donaldson)诉讼案

16. 以下情况属于界限跨越的是

A. 咨询师暴露其对来访者特有的性引、性唤起和性感觉

B. 在咨询期间对来访者进行性暗示或开下流的玩笑

C. 咨询师向来访者暴露个人的、私密的性感觉、性幻想和性行为

D. 对他们目前或可能的行为给予个人的、道德上的建议或评判

E. 咨询中拥抱孩子来表示支持,或者回应孩子拥抱的要求

17. 下列情况属于界限侵犯的是

A. 与成年人打招呼或道别时拥抱来访者,在文化上象征尊重和认可

B. 有限、审慎地进行自我暴露,目的在于达到治疗目标

C. 在其他地方对青少年进行咨询,如散步或者在公园休息小坐时

D. 与来访者在咨询以外的情境下会面(喝咖啡或吃饭),与咨询目标无关

E. 参加对来访者很重要的宗教仪式,若不参加,在文化上是一种侮辱

18. 知情同意的基本要素**不包括**

A. 提供信息   B. 解释信息   C. 理解信息

D. 能够做决定   E. 自愿原则

19. 下列案例涉及保密原则的是

A. 美国著名的 Tarasoff 案件   B. 案例:致命的疾病

C. 哈泊拒绝服药诉讼案   D. 案例:突然死亡

E. 唐纳森(Donaldson)诉讼案

20. 伦理决策模型中**不涉及**的内容为

A. 对咨询过程中的问题发展伦理敏感性

B. 确定伦理难题中的关键问题以及可能的选择

C. 参阅专业伦理标准和相关法律法规

D. 查阅相关伦理文献

E. 将法律要求作为自己的唯一标准

21. 司法精神病学涉及的对象**不包括**

A. 涉及刑事的精神疾病问题

  B. 涉及民事的精神疾病问题

  C. 涉及民事诉讼的精神疾病问题

  D. 涉及行政的精神疾病问题

  E. 涉及刑事诉讼的精神疾病问题

22. 司法精神病学鉴定的任务**不包括**

  A. 为何种精神疾病

  B. 明确被鉴定人员有无精神疾病

  C. 疾病对个人日常生活的影响

  D. 疾病和非法行为的关系

  E. 实施触犯法律行为时的精神状态

23. 以下选项与精神患者能否作证出庭**无关**的是

  A. 判断力   B. 陈述力   C. 理解力

  D. 记忆力   E. 观察力

24. 下列案例涉及患者拒绝治疗的权利的是

  A. 美国著名的 Tarasoff 案件   B. 案例：致命的疾病

  C. 哈泊拒绝服药诉讼案   D. 案例：突然死亡

  E. 唐纳森（Donaldson）诉讼案

25. 知情同意是指

  A. 让来访者及家属了解病情

  B. 心理治疗师对病情做出详细的解释

  C. 征得来访者家属的同意

  D. 来访者了解可能的解决方案及优缺点

  E. 心理治疗师提供足够信息的基础上，由来访者做出同意或拒绝的决定

26. 来访者，女性，35 岁，近期因与丈夫离婚情绪状态差、整日以泪洗面，在朋友介绍下来到某心理健康服务中心寻找帮助，咨询师以"天涯何处无芳草，何必单恋一枝花"进行劝说，并叫其想开些，请问该咨询师最有可能违背的伦理原则是

  A. 保密   B. 知情同意   C. 胜任力

  D. 界限跨越   E. 界限侵犯

27. 来访者，女性，大一新生，该生因离家上大学，于开学第一学期出现烦躁、不安、想家、注意力无法集中，挂科等情形，经由辅导员转介来到心理健康中心寻求心理辅导，却发现自己在咨询室中透露的私人信息被同学知晓。请问该生可以就哪一条伦理原则要求咨询师停止侵犯个人隐私，赔礼道歉

  A. 保密   B. 知情同意   C. 胜任力

  D. 界限跨越   E. 界限侵犯

28. 某高校心理咨询师，面对前来咨询的学生存在自伤、自杀危险时，通知辅导员，联系学生家长，学生表示再也不相信咨询师的话，表示对心理咨询感到失望，此时心理咨询师可以借由哪一条原则向学生解释，并争取获得学生的理解

  A. 保密   B. 知情同意   C. 胜任力

  D. 保密例外   E. 界限

29. 一位前来寻求心理帮助的来访者出现情绪高涨、说话滔滔不绝、意志行为增多等表现，某私人执行心理咨询师，此前未接受过任何临床相关理论知识的培训，坚持为其进行1次/周的心理咨询，后查明该来访者属于甲亢患者，该咨询师明显违背的伦理原则是

    A. 保密   B. 知情同意   C. 胜任力

    D. 保密例外   E. 界限

30. 来访者，女性，25岁，从小家庭甚严，因与男友关系不和前来咨询，一名男性咨询师认为其过分压抑自己的性本能欲望，并不断赞美其容貌和装扮，咨询师会在每次咨询前特意打扮，该咨询师行为很有可能属于下列哪一种性质

    A. 缺乏专业能力   B. 违反保密原则   C. 缺乏情感能力

    D. 界限侵犯   E. 界限跨越

四、简答题

1. 确定保密例外原则的指导原则包括哪些？
2. 双重关系的危害是什么？
3. 双重关系的处理原则是什么？
4. 知情同意的基本要素是什么？
5. 伦理决策模型包括哪些步骤？
6. 患者没有权力拒绝治疗的情况有哪些？
7. 司法精神病学鉴定的主要任务是什么？

第三部分 参 考 答 案

一、名词解释

1. 胜任力是指一个人可以有效使用心理咨询技能及其他专业能力，并且符合可被接受的标准。专业的胜任力是一个持续和发展的过程。

2. 专业能力是指保证治疗师能有效应用临床治疗方法、策略和技术，它强调治疗师应该具有广博的人文与社会知识，以及灵活运用各种专业知识和技术的能力。

3. 情感能力包括自我认识、自我接受和自我督导，要求治疗师认识和承认自己是现实生活中独特而难免有错误的人，知道自己情感方面的力量和弱点、需要和资源、临床工作的能力以及局限性等。

4. 保密原则是心理咨询和治疗的基石，因为它可以让来访者放心地分享自己的经历，而不必担心信息的不正当泄露。维持保密是一个关系性的过程，保密提供了一个框架，在其中来访者可以表露和探索他们自身或他们的关系中有问题的、造成个人痛苦的方面，而这些如果在咨询之外为人所知，可能会造成尴尬或伤害。

5. 界限可视为咨询关系的框架和限制，它规定了来访者和咨询师的角色和规则。鉴于咨询师和来访者之间存在权力差异，加上来访者是自愿参与咨询的，适当的界限可以保护来访者的权益。

6. 界限侵犯是指咨询中剥削或者有害的行为，咨询师为了自己性、情绪或经济方面的

获益,不当地利用咨询师和来访者的权力差异,破坏适当的界限,做出不符合专业标准的行为。界限侵犯被认为是伦理和界限损坏过程中最严重的情况。

7. 界限跨越是经过深思熟虑和计划之后与来访者的一种关系,其目的在于增强咨询关系,最终提高治疗效果。界限侵犯和界限跨越的差异很大,界限侵犯一般对来访者有害,而界限跨越通常会对来访者有利。

8. 治疗师也是普通人,也会有一些人之常情或世俗的需要,而且也会通过治疗过程得到满足。一旦发生这种情况,治疗师与患者就形成了治疗关系以外的不同寻常的关系,即心理治疗中的双重关系。

9. 知情同意是指心理医生为患者提供足够医疗信息的基础上,由患者做出同意或拒绝的决定。包括提供信息、理解信息、能够做决定、自愿原则四个要素。

10. 司法精神病学鉴定是指对于涉及法律问题又有或怀疑有精神疾病的人,受司法部门的委托,鉴定人应用临床精神病学知识、技术和经验,对其进行精神状况的检查、分析、诊断以及判定其精神状态与法律的关系的过程。

11. 刑事责任能力又称责任能力,是指行为人能够正确辨认自己的行为性质、意义、作用和后果,并能依据这种认识而自觉地选择和控制自己的行为,从而对自己实施的刑法所禁止的危害社会行为承担刑事责任的能力。

12. 民事行为能力主要是指个人处理日常事物的能力,它关系到在相应阶段能否行使个人的权利和义务,如结婚、离婚、抚养子女、遗嘱、合同以及诉讼能力等。有行为能力的自然人是指达到一定年龄的、精神健全的,在民事法律问题中能够正确表达自己意思并能理智的处理自己问题的人。

二、填空题

1. 胜任的
2. 持续　发展
3. 专业能力　情感能力
4. 保密原则　保密例外
5. 保密　安全　信任
6. 档案　病历
7. 3　12　4　3
8. 来访者的名字　病情细节
9. 权力滥用　界限侵犯
10. 过程　孤立
11. 界限　距离
12. 伦理敏感性
13. 知情权
14. 强迫治疗　行为约束措施
15. 临床精神病学　法学
16. 辨认　控制
17. 完全责任能力　限定(部分或限制)责任能力　无责任能力
18. 处理日常事物的能力

19. 刑事性质 民事性质
20. 立足点在于预防 着力点在于诊断 最终落脚点在于保护精神障碍患者

三、单项选择题

1. C　　2. D　　3. C　　4. E　　5. B　　6. E　　7. E　　8. D　　9. C　　10. C
11. A　　12. C　　13. A　　14. D　　15. E　　16. E　　17. D　　18. B　　19. A　　20. E
21. D　　22. C　　23. A　　24. C　　25. E　　26. C　　27. A　　28. D　　29. C　　30. D

四、简答题

1. 确定保密例外原则的指导原则包括哪些?

答:如果来访者有伤害他人的打算或伤害自己的企图时,则属于保密例外。在这种情况下,专业人员必须决定是否要通知有关人员,特别是来访者企图伤害的人,以免发生不幸。有以下指导原则:①在开始干预前,要明确表示为来访者保密,但也有例外。一定要先告诫来访者,一旦他们有威胁他人或伤害自己的企图或想法时,不能再替他隐瞒。②在作决定前,先征求负责人、专家或其他有关人员的意见,同时制定处理计划,面对不同的来访者,该做什么以及如何做。③如果不能确定来访者的威胁性,则立即与其他专业人员商量或请示负责人,并作好记录。如果这样做了之后,仍然不能确定,则请其他专业人员来会诊。④如果来访者的威胁明确、具体,则应该采取行动。如果知道受害者会是谁,即有责任去告知、提醒他。⑤即使来访者用法律来威胁,也不应该成为阻碍专业人士将其危险性告知他人的理由。

2. 双重关系的危害是什么?

答:双重关系的危害包括:①危及治疗性医患关系;②影响客观评估,因为双重关系可能产生利益冲突,治疗师会更关注其自身的需要或利益,而把来访者的利益放在次要的地位,从而影响准确的专业判断;③影响来访者的认知判断,使得其对原有的治疗目标产生动摇或对治疗的过程产生怀疑,甚至影响治疗的依从性;④双重关系的存在会打破原本平等的咨访关系,导致来访者与治疗师不平等;⑤改变心理治疗的性质,治疗师可能会利用双重关系来掩饰对来访者进行心理治疗的真实情况,以期得到在社会、性、金钱或职业等方面的需要和满足;⑥影响公正性和真实性:在心理治疗与咨询实践过程中,难免会遇到一些司法纠纷,倘若治疗师又是来访者的商业伙伴、情人或朋友的话,则提供的证明或文件还具有多少客观性、可靠性、公正性及完整性?⑦违法:部分经历双重关系的来访者在治疗结束后会起诉或控告治疗师未执行伦理学规范。

3. 双重关系的处理原则是什么?

答:双重关系的处理原则包括:①不断进行反思,提高内省水平。从业者在心理治疗过程中应注意时刻内省自己的感情、敏锐地察觉来访者的心理变化和言外之意。②不断进行再学习,提高专业治疗技术。"来访者是最好的老师",从治疗中学习和总结提高、从同行中交流学习与探讨,从督导的指导和帮助中学习并改善自己。③转介、会诊或中断治疗,以免非治疗性关系的进一步发展,影响来访者的心理、生理健康和心理咨询和治疗师的声誉。④管理和监督,各级医疗和咨询机构及其他有关部门在负责聘用、考核和管理心理咨询和治疗师、社会工作者时,应该有责任、认真的审核受聘人员,包括核实其教育、督导、工作经历、伦理学投诉等方面的情况以及个人的人格特点。

4. 知情同意的基本要素是什么？

答：知情同意的基本要素包括：①提供信息，指为来访者提供有关心理咨询和治疗或研究的各种信息；②了解和评估来访者是否理解信息；③判断来访者是否能够做决定；④自愿原则，为尊重来访者的自主性，事先要申明，无论是否参与、拒绝还是中途退出，都会一视同仁，在心理咨询和治疗服务过程中其利益不会受到损害。

5. 伦理决策模型包括哪些步骤？

答：伦理决策模型包括以下内容：①对咨询过程中的问题发展伦理敏感性；②确定相关事实和当事人；③确定伦理难题中的关键问题以及可能的选择；④参阅专业伦理标准和相关法律法规；⑤查阅相关伦理文献；⑥在具体情境中贯彻基本伦理原则和理论；⑦就伦理难题与同事进行探讨；⑧独立思考并决定；⑨通知相关当事人并执行决定；⑩反思执行过程。

6. 患者没有权力拒绝治疗的情况有哪些？

答：以下三种情况，患者没有权力拒绝治疗：①当患者被判定为无责任能力时，没有权力拒绝治疗，因为没有责任能力的个体无法判断治疗是否适当；②如果患者属于强制入院，不可能有权力拒绝治疗，如有自杀倾向的抑郁症患者、处于妄想状态的患者都没有权力拒绝服药；③即使是有责任能力、自愿入院治疗的患者，如果其拒绝治疗将导致医疗费用增加时，同样没有权力拒绝治疗。

7. 司法精神病学鉴定的主要任务是什么？

答：司法精神病学鉴定的具体任务是：①明确被鉴定人员有无精神疾病；②为何种精神疾病；③疾病的严重程度；④实施触犯法律行为时的精神状态；⑤疾病和非法行为的关系；⑥有无刑事责任能力、民事行为能力；⑦医疗和监护建议。

（赵静波）